高校工程造价与建筑管理类专业软件应用系列教材

建筑工程工程量计算与软件应用
（第二版）

主编 张向荣

中国建材工业出版社

图书在版编目（CIP）数据

建筑工程工程量计算与软件应用（第二版）／张向荣主编．
—2版．—北京：中国建材工业出版社，2011.10（2013.8重印）
ISBN 978-7-5160-0038-0

Ⅰ．①建… Ⅱ．①张… Ⅲ．①建筑工程－工程造价－
应用软件 Ⅳ．①TU723.3-39

中国版本图书馆CIP数据核字（2011）第197105号

内 容 简 介

本书主要围绕"工程量计算与软件应用"这一主题展开，分为上、下篇。上篇为图形算量软件基础入门，主要讲解广联达最新算量软件GCL 2008（版本号2008.9.10.4.1858）操作方法，注意要点及操作技巧；下篇为图形算量实践应用，主要针对工程，讲解手工算量及软件算量的步骤和方法。通过对比加深对软件理解，最终达到会用、活用软件计算工程量的效果。本书资料新颖、内容全面，融理论和案例为一体，能帮助高校工程造价专业学生掌握实际业务技能，并掌握应用软件，以此提高就业择业的能力。

建筑工程工程量计算与软件应用（第二版）
主编 张向荣

出版发行：	中国建材工业出版社
地　　址：	北京市西城区车公庄大街6号
邮　　编：	100044
经　　销：	全国各地新华书店
印　　刷：	北京雁林吉兆印刷有限公司
开　　本：	787mm×1092mm　1/16
印　　张：	28.75
插　　图：	13
字　　数：	790千字
版　　次：	2011年10月第2版
印　　次：	2013年8月第3次
定　　价：	**72.00元**

本社网址：www.jccbs.com.cn
本书如出现印装质量问题，由我社发行部负责调换。联系电话：（010）88386906

编委会成员名单

主　编： 张向荣

副主编： 周小艺　张向军

成　员：（按姓氏笔画顺序）

员　峰　张　欣　张　璐　张慧琴

畅　强　赵　新　赵春婵　席翠敏

韩伟峰　韩晓敏　薛亚高

我们提供

图书出版、图书广告宣传、企业/个人定向出版、设计业务、企业内刊等外包、代选代购图书、团体用书、会议、培训，其他深度合作等优质高效服务。

编辑部	图书广告	出版咨询	图书销售	设计业务
010-88385207	010-68361706	010-68343948	010-68001605	010-88376510转1008

邮箱：jccbs-zbs@163.com　　　　网址：www.jccbs.com.cn

发展出版传媒　　服务经济建设

传播科技进步　　满足社会需求

（版权专有，盗版必究。未经出版者预先书面许可，不得以任何方式复制或抄袭本书的任何部分。举报电话：010-68343948）

第二版前言

这本书是 2005 年写的，写这本书时我还在北京广联达软件技术公司上班，当时定的目标客户是造价专业的大学生，上篇是软件基本操作，下篇是一个实际工程，目的是让学生掌握软件的基本功能。

时光荏苒，刹那间 6 年已经过去，本书的软件部分已经落后。今年年初我接到中国建材工业出版社朱文东编辑的电话，说很多书店一直在催着要书。但因为广联达的大部分软件都已发生变化，如果要写这本书，软件部分急需修改一下，我便放下手头的其他工作，腾出整块时间专门做这件事。

这次修改重点是更改软件部分内容，原来是用广联达图形软件 GCL V7.0 版本编写的，这次采用广联达最新钢筋软件 GCL 2008（版本号 2008.9.10.4.1858）编写，对因软件升级变化牵扯到的图片做了一些改动。

因修改工作实在太大，下面书店又催着要书，出版时间紧迫，所以我这次特别邀请两位在专业和软件方面都有很深造诣的专家帮我一起修改，一位是带领过无数学生成功就业的重庆三峡学院周小艺老师，另一位是在房地产公司和施工单位用软件做过上百个工程的张向军先生。我们三个人分工是这样的，周小艺老师修改上篇部分，张向军先生修改下篇部分。我分别和这二位老师进行了两次商讨。

这次修改在原书的构架上并没有做大的调整，还是讲解一些做工程的基本方法，对初级客户比较适用，如果大家在实际做工程中遇到一些比较高端的问题，而本书并没有牵扯到这方面的知识，欢迎大家到巧算量网站来咨询，网址为 www.qiaosuanliang.com（就是巧算量全拼.com），网站上还有企业 QQ：800014859，有专业老师在线回答您的问题。

另外，由于时间紧，我们水平有限，难免还有些错误会出现，希望细心的读者在企业 QQ 上提出来，我们会在下次印刷的时候修正过来。

张向荣

2011.9.5

前 言

  计算工程量是项目工程预算报价工作中工作量最大的一块业务。在建筑领域流传着这样的一句话："上面大干，下面大算，"足以形象地说明算量工作的繁琐与辛苦。对于老一代的预算工作者而言，他们传统的工作模式就是用笔在计算纸上列式子，用计算器算数字。由于手工的局限，存在着数据重复利用率差、计算量大、计算错误率高的问题，一旦某一数字错误，就会牵一发而动全身，重新计算汇总。随着工程量清单计价规范实施后，工程量的计算从算量模式到算量重点上都发生了重大的变化。规则所遵循的实物工程量计算的原则，其计算相对传统定额计价体系，工作要更为繁琐，而重要性却更显突出。因此，在现阶段掌握快速的算量业务技能——熟练应用算量软件开展业务，已经成为一名造价工作者所必备的素质之一。

  本教材主要围绕"工程量计算与软件应用"这一主题展开，分为上、下篇：上篇就软件的基础操作和应用做了深入的讲解。

  上篇第一章主要对最为广泛应用的广联达算量软件做了整体介绍，让读者能够对算量软件的特点和应用思路有一个整体性的了解。第二章、第三章围绕软件的安装与操作、软件中建筑工程的构件划分和建立做了详细介绍，通过这部分内容的学习，让读者掌握工程和软件的结合之处的思路，为软件应用奠定基础。第四章围绕软件的实际应用，以算量业务为主线，详细讲解了应用软件的操作方法和技巧。通过本章内容的学习，让您熟练掌握软件的功能操作。

  下篇主要通过工程实例，讲解了工程量计算的思路和方法，根据案例详细地讲解了软件在工程中的具体应用。

  下篇第一章讲解了工程算量的整体思路和方法，通过本章内容的学习，学员可以深入地掌握工程量计算要算哪些量、如何算的知识。第二章以培训楼工程算量为实例，第三章以商用楼为实例，讲解了软件应用的过程和思路。通过这二章内容的学习，学员可以同时掌握一个完整工程手工算量和软件算量的思路和方法。

  在使用本教材时，对于比较清楚算量方法和流程的学员，我们建议首先完成上篇的学习，熟练地掌握了软件的具体功能和操作方法后，结合下篇的实际工程反复操练总结，达到真正掌握算量技能的目的。学员亦可先完成下篇第一章内容的学习，带着问题和目的再完成上篇和下篇的学习，也能取得非常好的效果。

  总之，对于算量软件的应用，做到熟练、真正为我所用。专业是基础，勤学勤练是保障，相信广大读者在本教材的帮助下，能够取得好的效果。

  最后祝大家学有所用！

本书编委会
2005.7

目 录

上篇 图形算量软件基础入门

第一章 图形算量软件简介 3
  第一节 图形算量软件概述 3
  第二节 图形算量软件的原理 4
    一、软件继承了手工的算量思想 4
    二、软件的整体算量思路 4
    三、软件最大限度地遵循手工的算量流程 5
    四、总结手工与软件算量的异同点（软件比手工的优势所在） 6
  第三节 图形算量软件的特点 6

第二章 图形算量软件详解 13
  第一节 软件的安装、卸载、注册、运行环境 13
    一、软件的安装 13
    二、软件的卸载 16
    三、软件的注册 18
    四、软件的运行环境 18
    五、文字帮助 19
  第二节 快速入门 19
    一、软件的启动与退出 19
    二、主界面介绍 21
    三、快速操作流程 22
    四、名词解释 36
    五、常用操作方法 37

第三章 构件参考 39
  第一节 构件分类 39
  第二节 建筑构件 39
    一、墙体 40
    二、栏板 43

三、门、窗、门联窗 …………………………………………………… 44
　　四、墙洞、壁龛 ……………………………………………………… 49
　　五、过梁 ……………………………………………………………… 52
　　六、墙垛 ……………………………………………………………… 53
　　七、保温墙 …………………………………………………………… 55
　　八、屋面 ……………………………………………………………… 56
　　九、挑檐 ……………………………………………………………… 56
　　十、阳台 ……………………………………………………………… 56
　　十一、雨篷 …………………………………………………………… 58
　第三节　结构构件 …………………………………………………………… 58
　　一、柱 ………………………………………………………………… 59
　　二、梁 ………………………………………………………………… 62
　　三、板、板洞 ………………………………………………………… 65
　　四、楼梯 ……………………………………………………………… 68
　第四节　装修构件 …………………………………………………………… 70
　　一、房间 ……………………………………………………………… 70
　　二、单墙面装修 ……………………………………………………… 72
　第五节　基础构件 …………………………………………………………… 72
　　一、条基 ……………………………………………………………… 72
　　二、独立基础 ………………………………………………………… 75
　　三、满基 ……………………………………………………………… 78
　　四、满基垫层 ………………………………………………………… 79
　　五、桩 ………………………………………………………………… 79
　　六、桩承台 …………………………………………………………… 82
　　七、基槽土方 ………………………………………………………… 85
　　八、基坑土方 ………………………………………………………… 85
　　九、大开挖土方 ……………………………………………………… 87
　　十、地沟 ……………………………………………………………… 87
　第六节　其他构件 …………………………………………………………… 89
　　一、台阶 ……………………………………………………………… 89
　　二、散水 ……………………………………………………………… 90
　　三、平整场地 ………………………………………………………… 90
　　四、建筑面积 ………………………………………………………… 90
　　五、天井 ……………………………………………………………… 91

六、自定义点、线、面 ··· 91
第七节　重点构件要点讲解 ··· 92
　　一、墙 ··· 92
　　二、门窗 ·· 92
　　三、屋面 ·· 92
　　四、柱 ··· 93
　　五、板 ··· 93
　　六、条、独基 ·· 93
　　七、大开挖 ··· 93

第四章　功能详解 ··· 94

第一节　工程 ·· 94
　　一、新建 ·· 94
　　二、打开 ·· 97
　　三、关闭 ·· 97
　　四、保存 ·· 98
　　五、另存为 ··· 99
　　六、备份 ·· 99
　　八、修改工程信息 ·· 100
　　九、合并 GCL 工程 ·· 101
　　十二、导出 GCL 工程 ·· 103
　　十三、打印设置 ·· 105
　　十四、退出 ··· 106

第二节　楼层 ·· 106
　　一、楼层管理 ·· 107
　　二、切换楼层 ·· 108
　　三、上（下）一楼层 ·· 108
　　四、删除当前楼层构件单元 ·· 108
　　五、从其他楼层复制构件单元 ··· 110
　　六、修改楼层构件名称 ·· 111
　　七、批量修改楼层构件做法 ·· 112
　　八、块删除 ··· 113
　　九、块复制 ··· 114
　　十、块镜像 ··· 115

十一、块移动 …………………………………………………………………… 116
十二、块旋转 …………………………………………………………………… 117
十三、块拉伸 …………………………………………………………………… 118
十四、块存盘 …………………………………………………………………… 118
十五、块提取 …………………………………………………………………… 119
第三节 轴网 ……………………………………………………………………… 120
一、轴网管理 …………………………………………………………………… 121
二、新建轴网 …………………………………………………………………… 122
三、删除轴网 …………………………………………………………………… 124
四、平行辅轴 …………………………………………………………………… 124
五、两点辅轴 …………………………………………………………………… 125
六、点角辅轴 …………………………………………………………………… 125
七、轴角辅轴 …………………………………………………………………… 126
八、弧形辅轴 …………………………………………………………………… 127
九、转角偏移辅轴 ……………………………………………………………… 127
十、删除辅轴 …………………………………………………………………… 128
十一、修剪轴线 ………………………………………………………………… 128
十二、延伸轴线 ………………………………………………………………… 129
十三、恢复轴线 ………………………………………………………………… 130
十四、修改辅轴轴号 …………………………………………………………… 130
十五、修改轴号显示位置 ……………………………………………………… 130
第四节 构件 ……………………………………………………………………… 131
一、构件管理 …………………………………………………………………… 131
二、修改构件图元名称 ………………………………………………………… 134
三、拾取构件 …………………………………………………………………… 135
四、批量选择构件图元 ………………………………………………………… 135
五、查看构件图元属性信息 …………………………………………………… 136
八、查看构件图元坐标信息 …………………………………………………… 136
九、查看构件图元错误信息 …………………………………………………… 137
第五节 绘图 ……………………………………………………………………… 137
一、构件选择 …………………………………………………………………… 137
二、光标形状 …………………………………………………………………… 138
三、缩放平移 …………………………………………………………………… 138
四、绘图方式简介及交点捕捉 ………………………………………………… 138

五、画点 …………………………………………………………………… 139
六、画旋转点 ……………………………………………………………… 141
七、画直线 ………………………………………………………………… 141
八、画矩形 ………………………………………………………………… 142
九、画弧 …………………………………………………………………… 142
十、画圆 …………………………………………………………………… 142
十一、智能布置 …………………………………………………………… 143
十二、构件绘制方法举例（柱） ………………………………………… 143

第六节　修改 ………………………………………………………………… 144
一、撤销 …………………………………………………………………… 145
二、重复 …………………………………………………………………… 145
三、删除 …………………………………………………………………… 145
四、复制 …………………………………………………………………… 146
五、镜像 …………………………………………………………………… 146
六、移动 …………………………………………………………………… 147
七、旋转 …………………………………………………………………… 148
八、偏移 …………………………………………………………………… 148
九、延伸 …………………………………………………………………… 149
十、修剪 …………………………………………………………………… 150
十一、打断 ………………………………………………………………… 150
十二、合并 ………………………………………………………………… 151
十三、拉伸 ………………………………………………………………… 152
十四、定义斜板 …………………………………………………………… 153
十五、按梁分割板 ………………………………………………………… 153
十七、画线分割板 ………………………………………………………… 154
十八、定义屋面卷边 ……………………………………………………… 155
十九、设置门窗立樘位置 ………………………………………………… 155
二十、设置矩形楼梯起始踏步边 ………………………………………… 156
二十一、设置大开挖土方放坡系数 ……………………………………… 156
二十二、设置柱靠墙边 …………………………………………………… 157
二十三、调整柱端头方向 ………………………………………………… 158
二十四、自动生成土方构件 ……………………………………………… 159
二十五、调整构件图元显示方向 ………………………………………… 160

第七节　视图 ………………………………………………………………… 161

一、构件图元显示设置 161
二、构件属性编辑器 161
三、工具条 162
四、状态条 163
五、缩放 163
六、平移 164
七、三维显示 164

第八节 报表 166
一、汇总计算 166
二、报表输出 167
三、查看构件图元工程量 168
四、查看构件图元工程量计算式 168
五、查看楼层工程量 169

第九节 CAD 图 170
一、导入 CAD 图形 171
二、保存 CAD 图形 172
三、清除 CAD 图形 173
四、重定位 CAD 图形 173
五、显示 CAD 图形 175
六、设置 CAD 图层显示状态 175
七、只显示选中的 CAD 图元所在的图层 176
八、隐藏选中的 CAD 图元所在的图层 177
九、轴线识别 178
十、柱识别 180
十一、墙识别 181
十二、门窗识别 183
十三、梁识别 186
十四、CAD 图形调整工具 188
十五、CAD 识别选项 189

第十节 工具 190
一、多边形管理器 190
二、计算器 192
三、设置原点 193
四、计算两点间距离 193

五、合法性检查 ········· 193
六、选项 ········· 194
七、附：工程量代码说明 ········· 197

下篇　图形算量实战应用

第一章　算量的思考方法 ········· 213

第一节　建筑物分层思路 ········· 213
第二节　每层包括哪些构件 ········· 213
一、基础层包括哪些构件 ········· 213
二、其他各层分类思路 ········· 214
三、$-n \sim -2$ 层包括哪些构件 ········· 215
四、-1 层包括哪些构件 ········· 215
五、1 层包括哪些构件（有地下室情况） ········· 216
六、1 层包括哪些构件（无地下室情况） ········· 217
七、$2 \sim n$ 层包括哪些构件 ········· 218
八、屋面层包括哪些构件 ········· 219
九、屋面层的识别方法 ········· 220

第三节　构件的工程量及其计算规则 ········· 220
一、基础层 ········· 220
二、其他各层 ········· 224

第二章　培训楼工程算量实例 ········· 246

第一节　工程量整体分析 ········· 246
一、工程分层 ········· 246
二、每层包括哪些构件 ········· 246
三、每个构件要计算哪些工程量 ········· 248

第二节　1 层工程量计算 ········· 255
一、1 层门窗工程量计算 ········· 256
二、1 层过梁工程量计算 ········· 260
三、1 层构造柱工程量计算 ········· 262
四、1 层圈梁工程量计算 ········· 265
五、1 层墙体工程量计算 ········· 267
六、1 层板工程量计算 ········· 270

七、1层楼梯工程量计算 ·· 272
　　八、1层室内装修工程量计算 ·· 273
　　九、1层室外装修工程量计算 ·· 279
　　十、台阶工程量计算 ·· 282
　　十一、散水工程量计算 ·· 284
第三节　2层工程量计算 ··· 287
　　一、2层门窗工程量计算 ·· 287
　　二、2层过梁工程量计算 ·· 290
　　三、2层构造柱工程量计算 ··· 291
　　四、2层圈梁工程量计算 ·· 293
　　五、2层墙体工程量计算 ·· 294
　　六、2层板工程量计算 ··· 296
　　七、2层室内装修工程量计算 ·· 298
　　八、2层室外装修工程量计算 ·· 301
　　九、阳台工程量计算 ·· 302
　　十、雨篷工程量计算 ·· 308
　　十一、挑檐工程量计算 ·· 310
第四节　屋面层工程量计算 ·· 312
　　一、外围结构工程量计算 ·· 313
　　二、屋面及其装修工程量计算 ·· 316
　　三、屋面层外墙装修工程量计算 ··· 318
　　四、雨篷屋面工程量计算 ·· 319
　　五、挑檐屋面工程量计算 ·· 322
第五节　基础层工程量计算 ·· 325
　　一、满堂基础工程量计算 ·· 326
　　二、条形基础工程量计算 ·· 333
第六节　零星项目工程量计算 ··· 339
　　一、平整场地工程量计算 ·· 339
　　二、水落管工程量计算 ··· 340

第三章　商住楼工程算量实例 ··· 342

第一节　工程量整体分析 ·· 342
　　一、基础工程 ··· 342
　　二、主体工程 ··· 343

三、屋面工程……………………………………………………………………… 346
　　四、零星工程……………………………………………………………………… 347
　第二节　地下一层工程量计算………………………………………………………… 348
　　一、地下一层要计算哪些工程量………………………………………………… 348
　　二、工程量计算过程（本书应用的是广联达图形 2008.9.10.4.1858 版本，以下同）… 349
　第三节　首层工程量计算……………………………………………………………… 360
　　一、首层要计算哪些工程量……………………………………………………… 360
　　二、工程量计算过程……………………………………………………………… 362
　第四节　2 层工程量计算……………………………………………………………… 376
　　一、2 层要计算哪些工程量……………………………………………………… 376
　　二、工程量计算过程……………………………………………………………… 379
　第五节　3~6 层工程量计算…………………………………………………………… 392
　　一、3~6 层要计算哪些工程量…………………………………………………… 392
　　二、工程量计算过程……………………………………………………………… 394
　第六节　突出屋面层…………………………………………………………………… 408
　　一、要计算哪些工程量…………………………………………………………… 408
　　二、工程量计算过程……………………………………………………………… 408
　第七节　基础层………………………………………………………………………… 411
　　一、基础层要计算哪些工程量…………………………………………………… 411
　　二、工程量计算过程……………………………………………………………… 413
　第八节　屋面工程……………………………………………………………………… 423
　　一、计算哪些工程量……………………………………………………………… 423
　　二、工程量计算过程……………………………………………………………… 424
　第九节　零星工程……………………………………………………………………… 427
　　一、楼梯栏杆……………………………………………………………………… 427
　　二、水落管………………………………………………………………………… 428
附录　广联达培训楼………………………………………………………………………… 429

上篇　图形算量软件基础入门

　　随着改革开放的深入和清单规范的实施，算量已经成为招投标中最重要的一环。算量快而准成为考验所有造价工作者素质的重要指标。资讯发达的当今，依靠网络、资源和科技的共享，业内人士都在使用计算机算量。众多的软件中，广联达公司凭借资深的专业背景，对清单及整个行业前瞻性的把握，高端的软件技术研发出算量精品 GCL 2008，在市场上拥有相当份额的用户群。为了让在校学生能够最大限度地靠近造价前沿，学习手工算量知识及软件操作技巧，我们特编写了这套图形算量系列教材。

　　本书分为上、下篇。上篇为图形算量软件基础入门，主要讲解软件操作，注意要点及操作技巧。下篇为图形算量实践应用，主要针对实际工程，讲解手工算量及软件算量的步骤和方法。通过对比加深对软件理解，最终达到会用、活用软件计算工程量的效果。

　　想学会算量吗？想用活软件吗？想成为造价界的算量精英吗？

　　如果答案是肯定的，那么成功就从这里开始！

图形算量软件简介

第一节 图形算量软件概述

工程量清单计价规范实行后,工程量的计算发生了很大的变化。在清单计价规范及新的招投标体制下,对工程量的计算有了更深层次的要求。算量工作比在定额模式下对招、投标双方的要求都更加高了。无论是招标方还是投标方,计算工程量都是必不可少的一道工序,对工程量计算的准确性的要求大大提高了。最关键一点,时间要求会非常紧张,所有的算量工作都在极短的时间内完成,要求造价人员计算工程量快速、精确,修改灵活,以便有充裕的时间运用技巧报价。单靠过去的手工算量基本上是无法按时保量地完成的。

图形算量软件 GCL 2008 就是应这些需求横空出世的。它融合绘图和 CAD 识图功能为一体,内置由专家解释的计算规则,只需要按照图纸提供的信息定义好构件的属性,就能由软件按照设置好的计算规则,自动扣减构件,计算出精确的工程量结果,使枯燥复杂的手工劳动变得轻松并富有趣味。同时打造算量平台,钢筋利用图形搭好的框架,自动完成钢筋的工程量计算。

全新推出的图形算量软件 GCL 2008 是专为在目前传统定额模式向清单环境过渡时期里量身订做的、先进实用的算量工具,适用于定额模式和清单模式下不同的算量需求。使用人员只需按照图纸提供的信息定义好各种构件的材质、尺寸等属性,同时定义好构件立面的楼层信息,然后将构件沿着定义好的轴线画入或布置到软件中相应的位置,最后在汇总过程中,软件将会自动按照相应的规则进行扣减计算,并得到相应的报表。由于软件内置了清单工程量计算规则及当地计算规则,所以能够同时满足清单环境下招标人、投标人的不同需求。对于招标方,可以选套清单项,选配相应的工程项目明细特征,并直接打印工程量清单报表,帮助招标方形成招标文件中规范的工程量清单,亦可参考套用相应定额,形成标底。对于投标方,也可通过画图,在复核招标方提供的清单工程量的同时,根据招标方提供的工程量清单计算相应的施工方案工程量,并套取相应的定额子目。

第二节　图形算量软件的原理

一、软件继承了手工的算量思想

软件算量并不是说完全抛弃了手工算量的思想。实际上，软件算量是将手工的思路完全内置在软件中，只是将过程利用软件实现，依靠已有的计算扣减规则，利用计算机这个高效的运算工具快速、完整地计算出所有的细部工程量，让大家从繁琐的背规则、列式子、按计算器中解脱出来。

我们都应该知道，手工算量最常用的方法是统筹法，也就是先计算出三线一面"$L_{中}$"、"$L_{外}$"、"$L_{内}$"及"$S_{面}$"即外墙外边线、外墙中心线、内墙净长线及首层建筑面积这四个最基本的工程量，然后利用其他工程量和基本工程量的关系列出相应的式子，计算对应的工程量，继而完成所有工程量的计算工作。算量高手们都是对此法运用得得心应手、炉火纯青，所以能快速准确地计算出工程量。

我们简单举一个统筹法算量的例子：对于一张图纸，我们首先计算三线一面，有了这四个最基本的量之后，其他任何量都可以写成含有基本量的式子，比如：

1. 墙体积：$L_{中} \times 0.24 \times 3$（高度）
2. 地面积：$S_{面} - L_{内} \times 0.24$
3. 踢脚线：$L_{内}$
4. 内墙粉刷：$L_{内} \times (3 - 0.1)$
5. 顶棚粉刷：$S_{面} - L_{内} \times 0.24$

二、软件的整体算量思路

下面我们看一下软件算量的思路。图形算量软件 GCL 2008 是利用代码算量的。在软件中，三线一面就相当于代码，当然软件中的代码不仅限于三线一面，还有墙长、墙宽等。代码是按构件为单元进行划分，是不能再分解的最小量。每个工程的基本代码都可以有不同的数值。如：按规则扣减门窗、梁、柱的墙体积就相当于最终需要的工程量，列出代码和要计算量之间的表达式就是计算的过程。

软件算量的思路如下：

1. 绘图输入（设置构件属性，用画图方法画各个构件形成与设计相同的建筑物）。
2. 提取图元固有的代码（图元代码）。图元代码是几何图形固有的代码，如长方形的长和宽；长方体的长、宽和高；点的个数；线的长度等。对于建筑物内的构件也有固有的图元代码，就是构件几何尺寸代码。如墙体的墙长、墙宽和墙高；门窗的宽度和高度等。这些是图形算量中计算代码的基础。
3. 计算构件代码。用图元代码按工程量计算规则计算出的构件基本代码就是构件代码。如墙体按一定的规则计算的墙体体积代码，梁按一定规则计算的梁体积代码等。假设某地区中砖墙按规则应该算到板底，扣除大于 $0.3m^2$ 的所有洞口、梁、柱所占墙的体积，这时墙体积代码就是墙的一个构件代码,是按墙总体积减 $0.3m^2$ 以上的体积、减梁体积、减门窗所占体积等。图形算量软件已把计算规则内置,所以提供的构件代码所计算出的工程量是符合对应计算规则构件实体量。

4. 提取形成构件代码过程公式中的中间变量。假设某地区规则中地面积应扣独立柱所占面积,但是根据具体情况需要得到不扣独立柱的面积,所以软件给出中间变量未扣柱的面积,直接选用即可。正因为代码开放,才能最大限度地满足用户想算什么量,就有什么量的要求,也符合手工算量的核心目的。

5. 用构件代码及中间变量列表达式形成所需的工程量。代码不是工程量,工程量是按代码列式组合计算出的。代码开放后,就可以利用计算机提供的各种代码变量进行组合或者直接得到你想要计算的工程量。如门窗工厂量代码中提供的"洞口三面长度"可以算侧壁块料抹灰。所以用熟练以后可以直接用代码组合算出更多构件的工程量,达到少画图就能算量的境界。

综上所述,图形算量软件 GCL 2008 算量的整体思路就是用代码作为算量的最小参数单元,按工程量计算规则自动计算出构件的代码量,造价人员在计算工程量时就是用这些代码进行列式计算出所需要的工程量。还是上个例子,软件计算的最终结果如下:

1. 墙体积:墙内〔TJ〕
2. 地面积:楼地面〔DMJ〕
3. 踢脚线:踢脚〔TJMHCD〕
4. 内墙粉刷:墙面〔QMMHMJ〕
5. 顶棚粉刷:天棚〔TPMHMJ〕

三、软件最大限度地遵循手工的算量流程

每个有经验的造价人员,都有自己的一套算量方法。但是很多初学算量的人不知道该按照什么样的流程。其实任何建筑物都是由若干个楼层组成的,图纸也是按照楼层来设计的。所以不论是手工算量还是软件算量,我们都要建立"层"的概念。

下面我们就以建筑物首层为例,熟悉一下我们手工算量时,首层要计算哪些工程量。

墙、门窗、过梁、梁、柱————————外围部分
板————————————————顶盖部分
地面、踢脚、墙裙、墙面、顶棚、吊顶——内装部分
外勒脚、外墙面————————————外装部分
楼梯、水池、室内回填土————————室内部分
阳台、雨篷、挑檐、散水、台阶、平整场地等——室外部分

用图形算量软件来做,步骤相对来说就更好统一,也更简单了。建筑物的任何一层都由这六大实体组成,所不同的是,手工需要列出六大实体的计算式子,软件则是将六大实体"搬"入计算机。

下面以"墙"为例看一看手工算量与软件算量的关系:

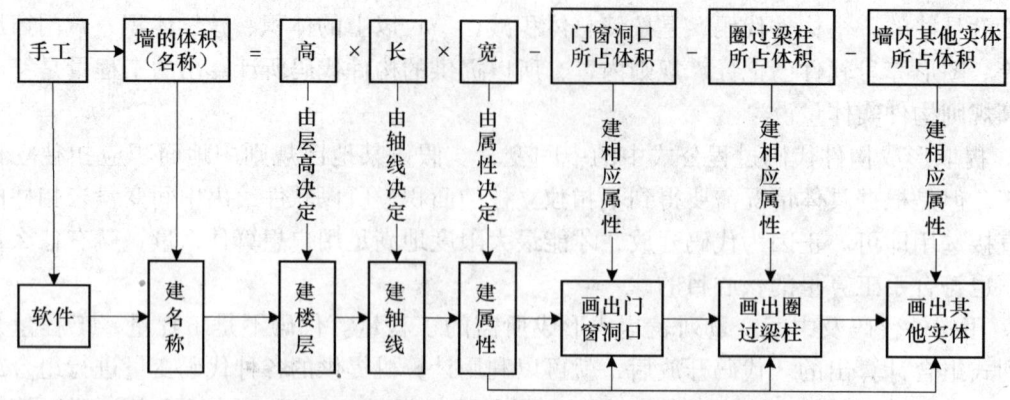

四、总结手工与软件算量的异同点（软件比手工的优势所在）

请参见下表：

表 1-1-1

	手　　工	软　　件	异　同　点
整体思路	建立层的概念，将每层分成6部分	建立层的概念，将每层分成6部分	思考方式相同
计算规则	各地规则，清单规则难理解，难记忆，难区分	直接将规则内置，只要选择需要的规则即可	规则不需考虑
识图问题	反复翻看图纸，记录，修改图形信息	导入CAD图或把图纸搬进软件，自动读取图纸信息	软件自动识图，直接照搬图纸即可
计算构件	列出构件计算式子	将构件画入电脑	工作方式不同
扣减关系	人工考虑扣减	软件自动扣减	扣减方式不同
计算结果	人工按计算器	软件自动计算	计算方式不同
核对数据	人工不好核对过程	软件提供计算过程	软件提供计算过程
分类汇总	人工不好分类汇总	软件按选定标准快速汇总	软件自动计算汇总数据
变更调量	人工调量，关联量不会自动调	软件按代码相互扣减，一个量改变，关联量随之改变	软件变更，自动调量
数据出错率	人工操作容易出错	程序内置不易出错	软件将错误率降到最低
准确程度	异型构件无法准确列出计算公式	异型构件可以用软件画出，可用微积分，计算很准确	数学公式内置，软件保证所有量计算的准确性

第三节　图形算量软件的特点

要想快速了解软件，最好从特点出发，在清单这个新的计价模式下，算量发生了许多变化，对软件的要求也越来越高，我们看看针对这些手工算量的具体难点，软件的解决方法如何？同时，也可进一步地认识软件。

1. 各种计算规则全部内置，不用记忆规则，软件自动按规则扣减

难点分析：多年以来，算量都由各地方造价管理部门制定的一套规则作为依据，必须按规则扣减。有经验的造价人员往往是将规则背得滚瓜烂熟，但是在工程量清单模式下，招标方要按全新的清单规则算量，按照定额规则计算标底。投标方则要按照清单规则核对工程量，按定额规则计算施工方案量。双方都需要运用两套计算规则，非常麻烦，且不容易记忆。我们来看看软件是怎样解决的。

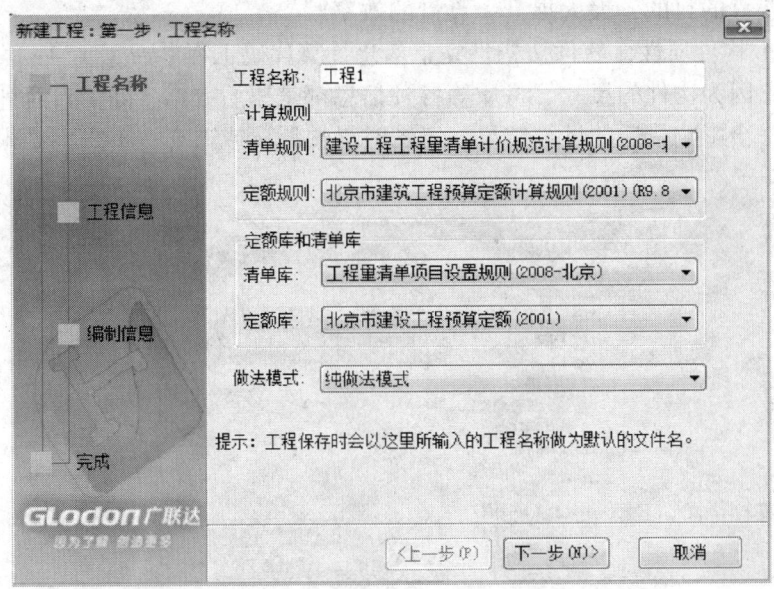

软件在建立工程项目的最开始处就设置了清单规则和定额规则以及它们相应的清单库和定额库，如果我们以清单招标模式计价，可以只选用清单规则及相应的清单库，如果我们以清单投标模式计价，可以清单及定额全选，如果我们仅以定额模式计价，可以只选用定额规则及相应的定额库，每种模式都满足了不同的算量需求。

软件直接将清单计算规则和各种地方定额规则内置，不用考虑清单计算规则和定额有哪些不同，也不用考虑各种构件间复杂的扣减关系，只要按照相应的位置把构件从图纸搬到屏幕上即可。比如把门窗放在相应的墙段上，自动扣减所占墙体积。梁柱板也是，放上后自动压墙。如此这般，相互关联的构件放在一起，就会按照内置的规则自动扣减，从而保证招标方算量快速准确。您只要选择相应的计算模式（清单或定额）和计算规则，该按照何种方式计算就让软件去考虑吧！

2. 一图两算，清单规则和定额规则平行扣减，画一次图同时得出两种量

难点分析：招标人如果想控制造价，防止串标，一定要有一个标准的评标依据，这就是要考虑正常情况的施工方案。按定额规则自己做一份代表实际市场水平的标底，加上清单需要的实体工程量，招标方需要按两种规则分别计算清单工程量和标底工程量。

投标方要想中标，获得理想利润，除了算好实物量，最好再审核清单项的量，针对工程量的误差做出相应的投标策略。也就是说它也需要同时算出清单量和定额量。

时间非常紧,如何能在一份时间内做两种工作而不受干扰,同时提供两种不同扣减规则下形成的所有构件的量呢?解决方法也是很简单的,举手之劳。

软件解决方案:您在新建工程时只要同时选择了清单和定额规则,软件就会将所有构件按照两种规则平行扣减(互不干扰),最终得出两种不同的量——实体的清单量和工作内容的量。满足清单模式下招标人算量准确、清楚描述项目名称的需求,同时满足计算清单量和标底的要求,也满足了清单模式下投标人审核招标方清单工程量的同时计算施工方案量的要求,达到一图两算的目的,大大提升了算量的效率。

3. 按图读取构件属性,软件按构件完整信息计算代码工程量

难点分析:因为构件的尺寸、材质等各种信息都是原始数据,除了自身计算还要参与其他构件的扣减,会影响最后的计算结果。读图时最怕漏读或遗忘,不得不做很多的标志,并且很容易混淆。

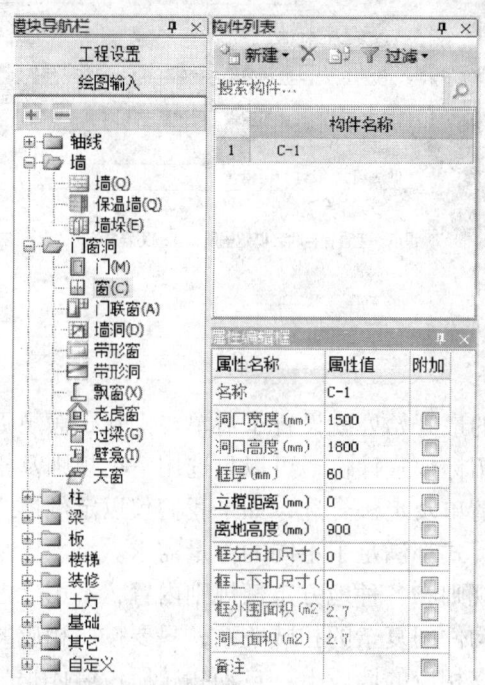

软件处理方案:按自己熟悉的顺序建立每个构件,按照软件内置的构件属性填入图示参数即可完成。建完属性后,就相当于把图纸上所有的构件信息都读到软件中了,再也不怕疏漏和遗忘了。

4. 内置清单规范,智能形成完善的清单报表

难点分析:招标方的关键是算准量,并且能够准确描述所包含的项目特征和主要工作内容,这对招标方清单项目的严谨性有很重要的意义,对清单项的描述是否清晰,直接影响招标方的对工程量的风险评估。软件与清单紧密结合,完全按照清单规范设计,对每一实体即时选定对应的清单项目,并自动生成12位工程量清单编码的报表。而且可以包含相关所有的项目特征和工作内容。

第一章 图形算量软件简介

软件处理方案：在定义构件属性的时候直接选取该构件的清单项，软件自动列出此清单项规范上的所有特征，只需从"项目特征备选框"中选择相应的名称明细，即可详细描述项目特征，并可根据实际情况进行增减补充。

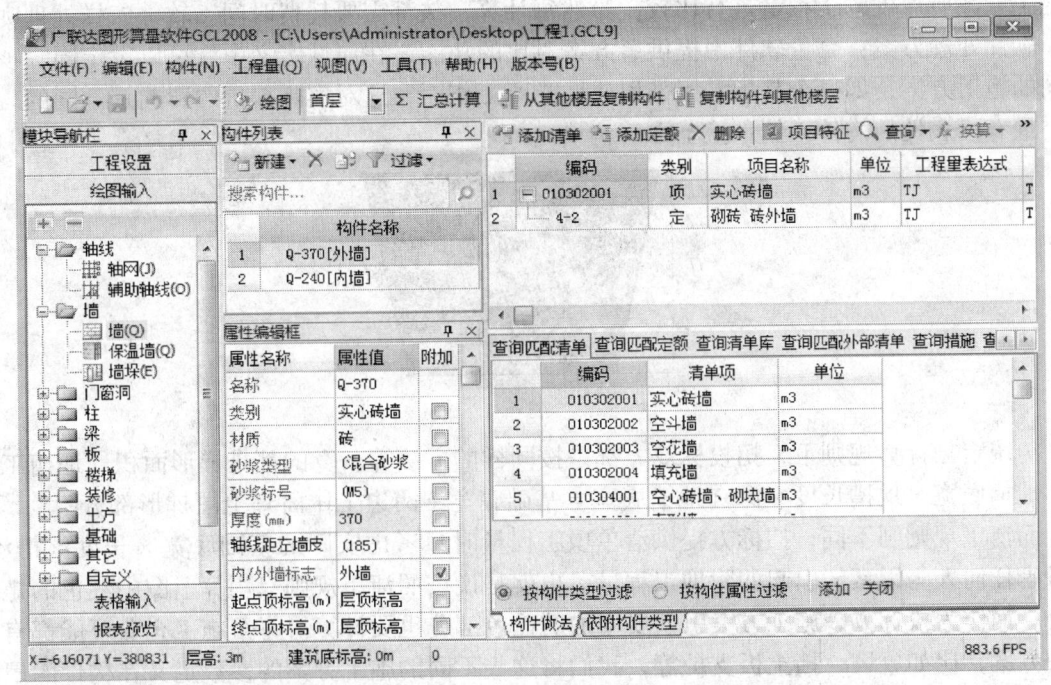

这样即可将工程量与清单项联系起来，汇总得到标准的符合规范要求的工程量清单表，不要小看这张表，它可是招标方招标文件中不可缺少的部分，也是乙方组价的基础。

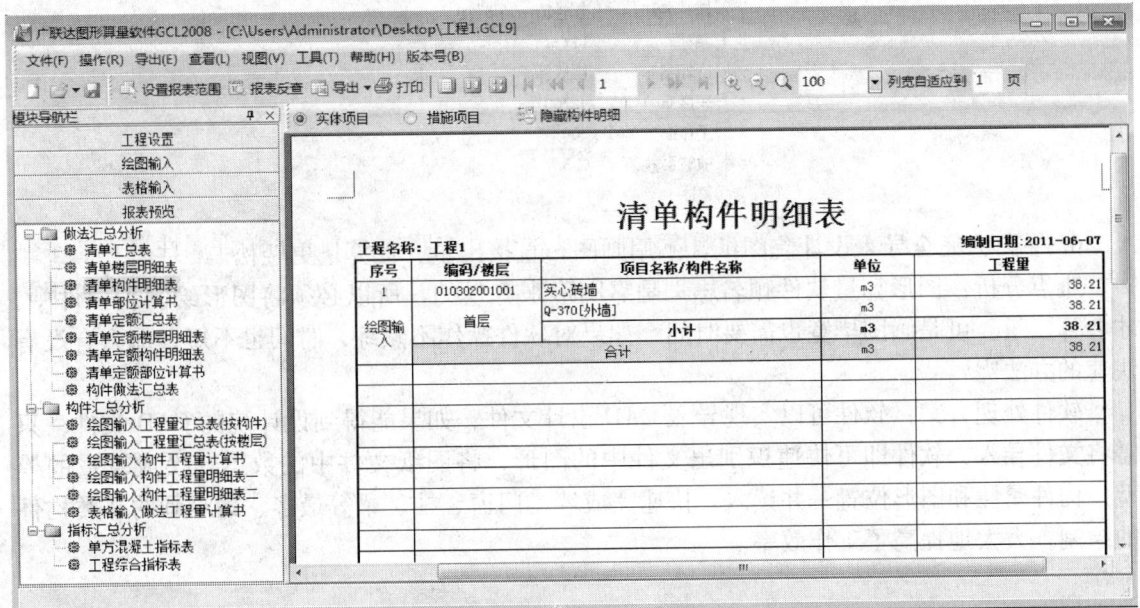

5. 属性定义可做施工方案，随时看到不同方案下的方案工程量

难点分析：投标方的工程量计算需要考虑到实际的施工方案和技术水平。在投标过程中，投标方需要从不同的施工方案中来选择适用报价的一种施工方案，这就需要我们对不同的施工方案所产生的工程量进行比较，当然每计算一次都需要耗费时间。软件怎样处理呢？

软件处理方案：算量软件中提供了方案对比的功能，在属性定义中就可以设定同一项目不同的施工方案，如一个基坑是否采用放坡或留工作面，这对实际报价的影响是不同的。

最有代表性的构件举例：挖土方（沟槽）。

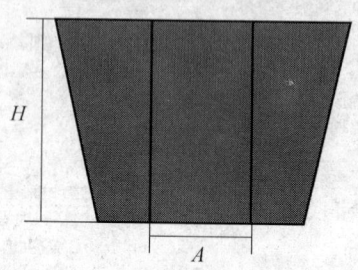

传统定额计算规则下，招投标双方都是按同样的方法算。算的都是梯形面积。地槽工程量＝地槽底宽×地槽长度×深（地槽底宽＝基础底宽＋两边工作面）上图梯形部分。

而清单规则则不同，招标方提供清单项工程量时只考虑实际的基础底宽×长度×槽深，不考虑任何人为因素的引起的附加工程量，也就是说按照清单规则只用算上图中红色的矩形部分。而作为投标方，施工方案引起要增加的蓝色部分也要计算。每个施工企业可能都有不同的方案，比如放坡、挡土板支护等，我们将这些不同的施工方案的参数定义在构件的属性中即可。

6. 导图：完全导入设计院图纸，不用画图，直接出量，让算量更轻松

难点分析：图形算量软件顾名思义是靠图形来算量的，所以必须将图形绘制到软件中，才会算出量。可是画图毕竟也需要时间，如果对软件操作不熟练，时间也不短，那么有没有快速的办法呢？

软件处理方案：软件可以实现导入 CAD 设计文件，如果能得到设计院的 CAD 文件，只需将文件导入，软件即可快速识别出文件中的图形，将图纸文件中的数据转换成算量的模型，构件属性和图形位置一并读入。快速完成墙、门窗、柱、梁等最多、最难画的几类构件的绘制，大大地提高了工作效率。

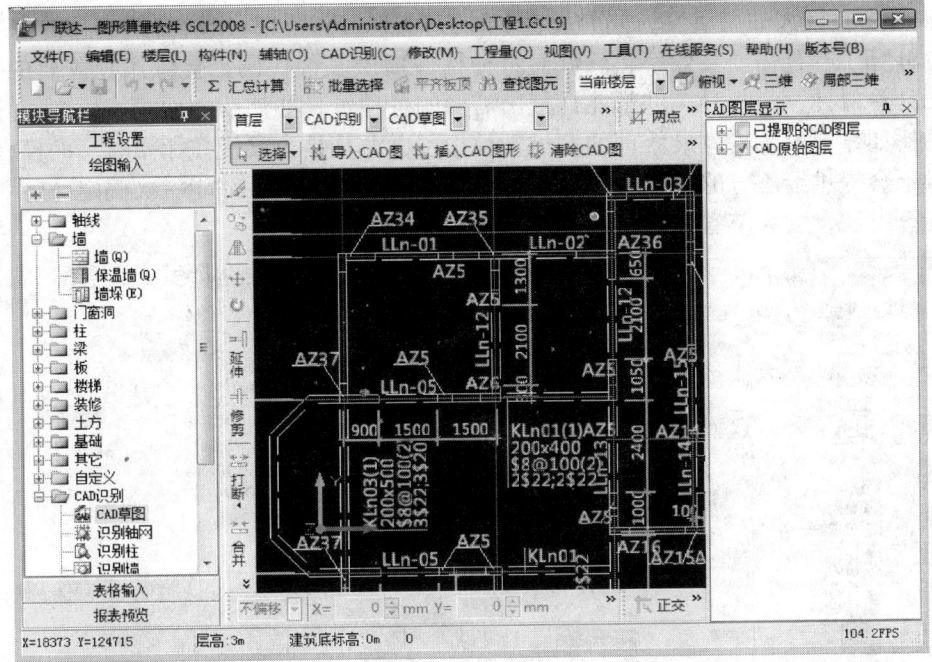

7. 软件直接导入清单工程量，同时提供多种方案量代码，在复核招标方提供的清单量同时计算投标方自己的施工方案量

投标方可将清单导入，在定义构件属性的同时，复核招标方提供的清单工程量，并对每一条清单项按实际的施工方案匹配相应的消耗量定额，按照两种规则同时计算定额施工方案量和清单量，一图两算，让投标方同时审核清单量和计算组价方案量。

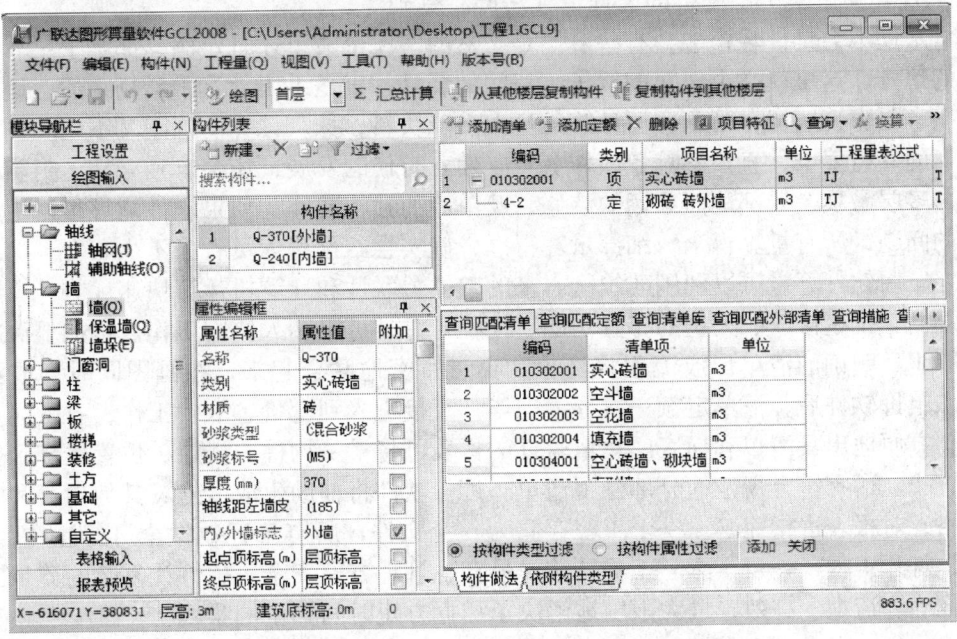

11

8. 软件具有极大的灵活性，同时提供多种方案量代码，计算出所需的任意工程量

如今计算工程量需要高效率，软件对每种构件提供多种代码，提供用户需要的所有量。由于使用计算机计算，每种构件都能计算出需要的各种量，如体积、面积、长度等等，供用户选择。比如，混凝土构件最繁琐的莫过于模板了，尤其是当梁板柱相交时。而模板量一般招标方都不会提供给乙方的，需要自己算。还有脚手架等。软件都能一次搞定，还可以自主地考虑计算方法，大大节省算量时间。

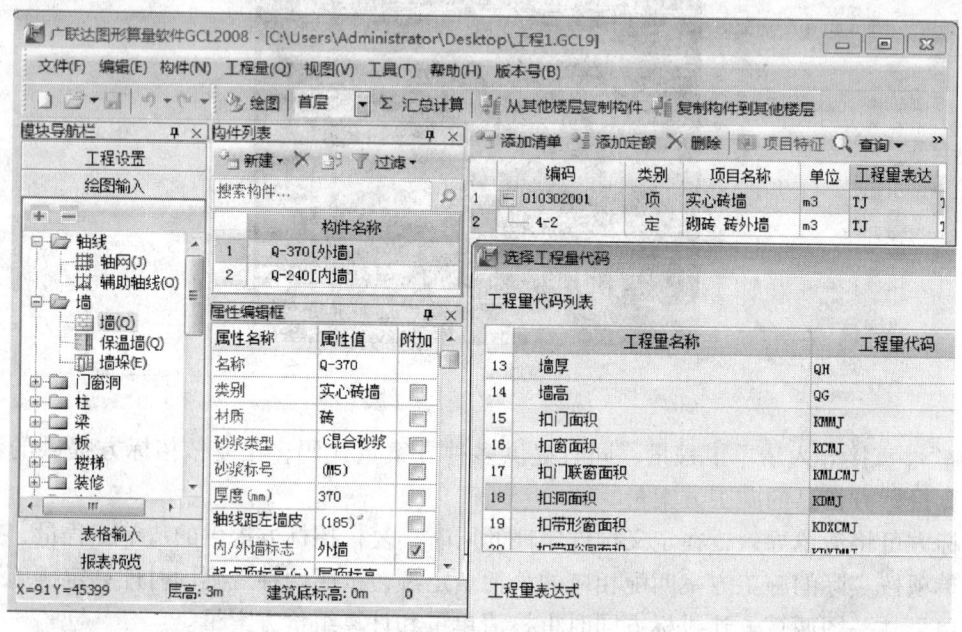

9. 软件如何解决手工复杂的工程量（房间，基础等）

算量永远不会是件轻松事，有些麻烦是必然的。无论清单还是定额，都是手工算量最无可奈何的地方，这里就举个房间的例子。房间的装修一直是手工计算中最复杂的，地面，墙面，顶棚，踢脚，墙裙，吊顶，要计算的量太多。块料，抹灰计算的规则又不同。柱梁的位置，门窗的立樘偏中，直接影响各项抹灰量。随着时代的发展，还会有独立柱、附墙柱的单独装饰，多层吊顶，局部地面顶棚的装修，及单墙的独特装修。如果软件能够很好地解决整体装修的问题，所有量算得全，细部量算得准，确实会给预算人员省去不少心力。

总之，用软件算量可以利用建筑物本来的整体关联性和计算机运算快速优势计算所有的量，如复制、批量修改、大量的布置功能、工程合并，可以多人协同工作。再加上深入的清单专业知识、明确的清单形成流程将清单和算量紧密地联合起来，在画图同时形成清单格式，导入组价软件后，清单定额一次导入完毕，直接进入到套价、取费工作，省去大量的重复劳动，方便地出具清单和标底。算量软件的报表可将量从构件、楼层、位置逐步细分，方便核对查找。还有符合规范的分部分项清单。计价软件将辅助生成措施、其他项目和整个报价的表格，对报表进行完善。一个工程存储为一个文件，所有工程数据全可标注在软件中，算到哪，打开工程，一目了然。工程转移、另存，管理方便安全。软件让复杂的算量工作变得更加准确、清晰、高效，最大限度地解决了招标方短时间算量的难题。

第二章 图形算量软件详解

第一节 软件的安装、卸载、注册、运行环境

一、软件的安装

GCL 2008 采用智能化安装引擎,因此安装操作比较简单,只要在系统的提示下,按部就班地安装即可。

第一步:启动安装程序

可在广联达服务新干线下载各省的 GCL 2008 图形算量程序,打开程序,双击 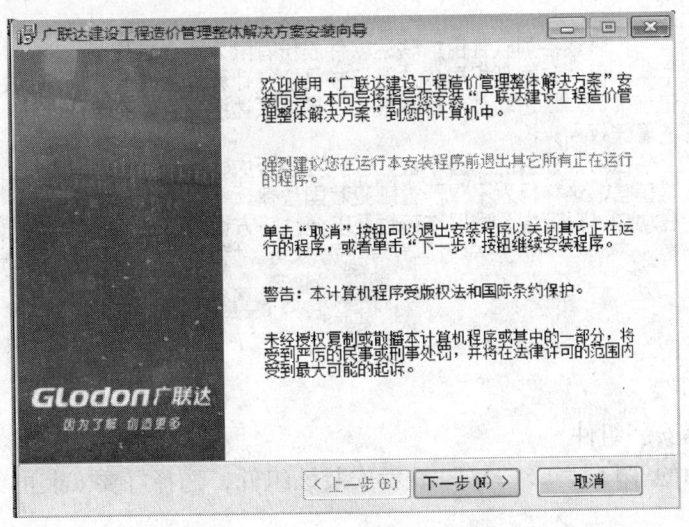,程序会自动运行安装程序;

安装程序运行后,会出现如下界面。

点击"下一步",弹出如下界面;

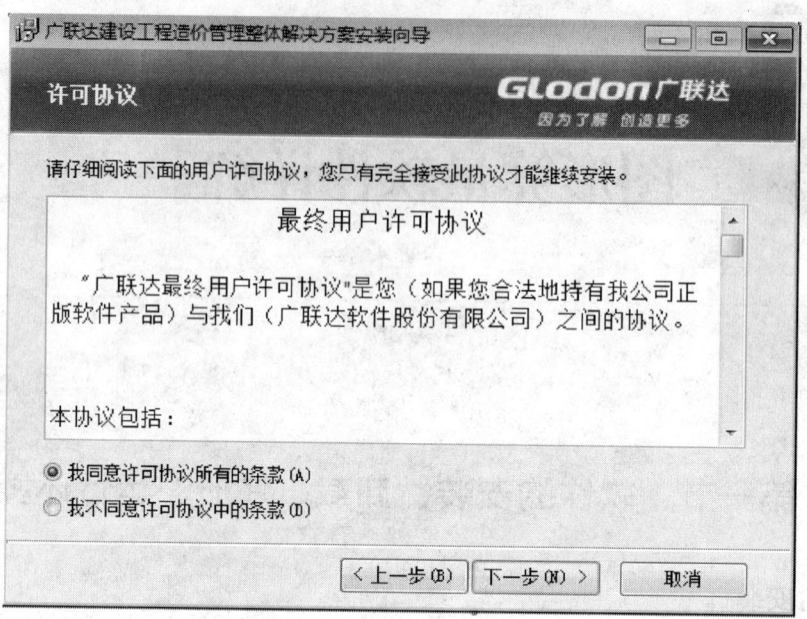

点击"我同意许可协议所有的条款"前面〇,点击"下一步",弹出如下界面:

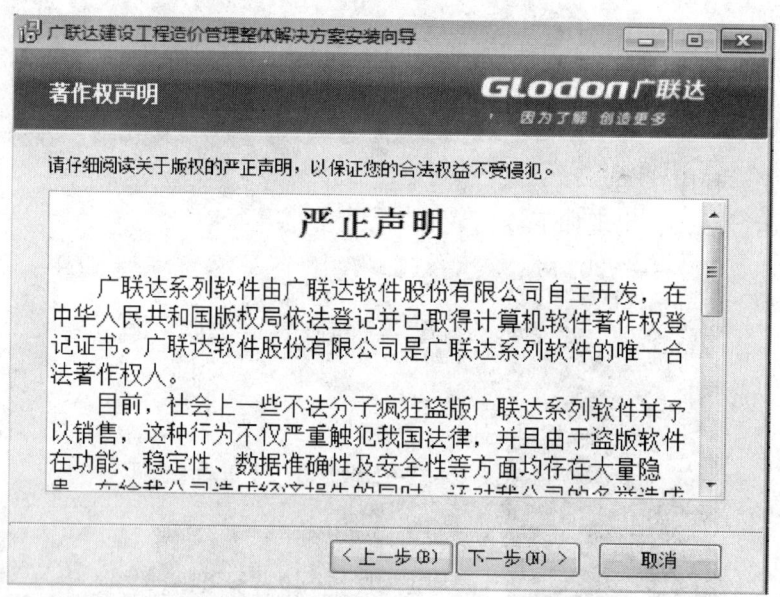

单击"下一步";
第二步:选择安装组件
点击组件前面的"口",带"√"表示安装该组件,选择好要安装的组件后,点击"下一步"。

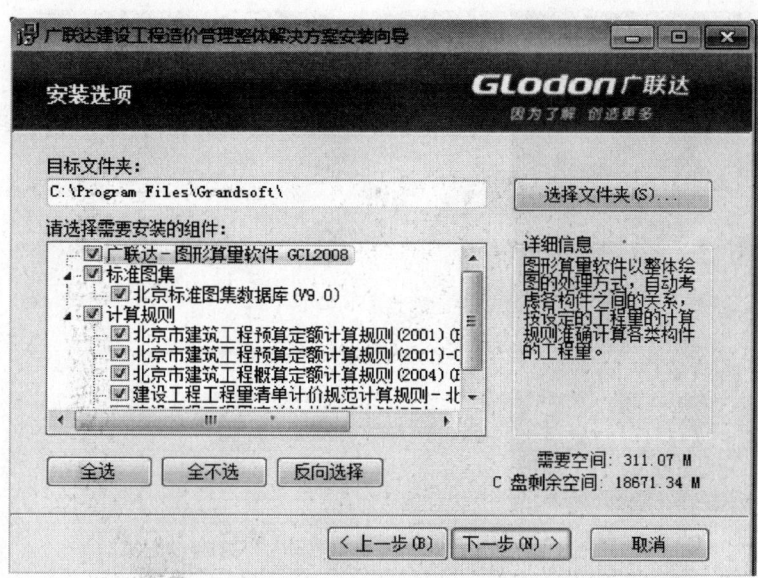

注:点击"选择文件夹",可把软件安装在认定的硬盘路径里。
第三步:安装进度
单击下一卡,安装程序把文件复制到硬盘。此时,会显示一个动态界面,显示安装过程、进度。

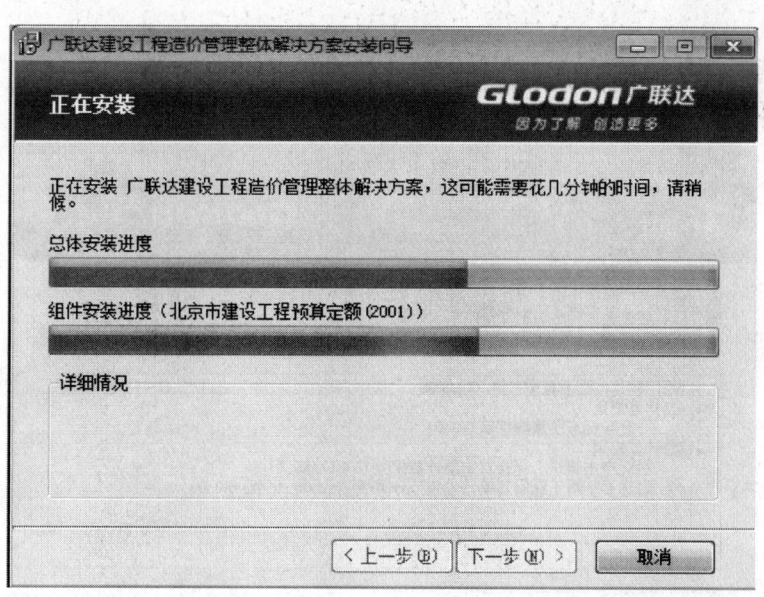

第四步:完成安装
安装程序把文件完全复制到硬盘后,会出现"安装完成"的界面,点击"完成"按钮完成安装。

15

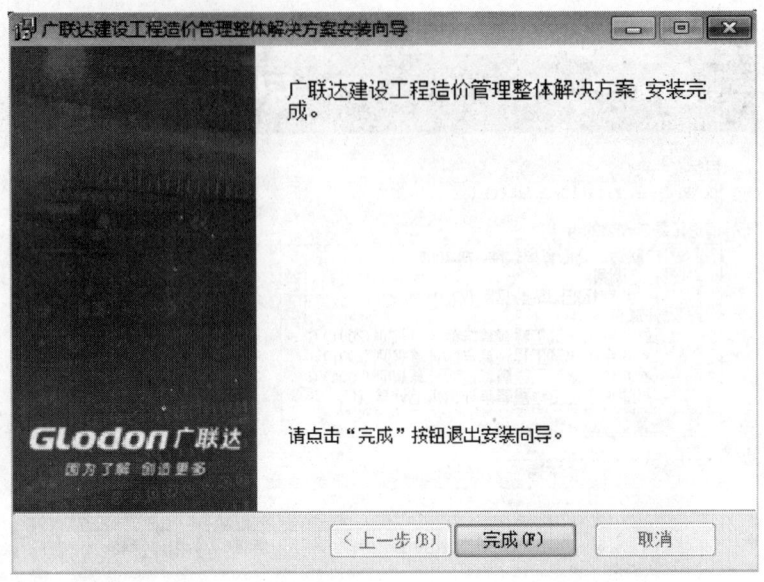

二、软件的卸载

第一步：启动卸载程序

在开始菜单中找到"卸载广联达建设工程造价管理整体解决方案"并单击鼠标左键。

第二步：选择卸载组件

选择需要卸载组件前面的"口"，点击"下一步"。

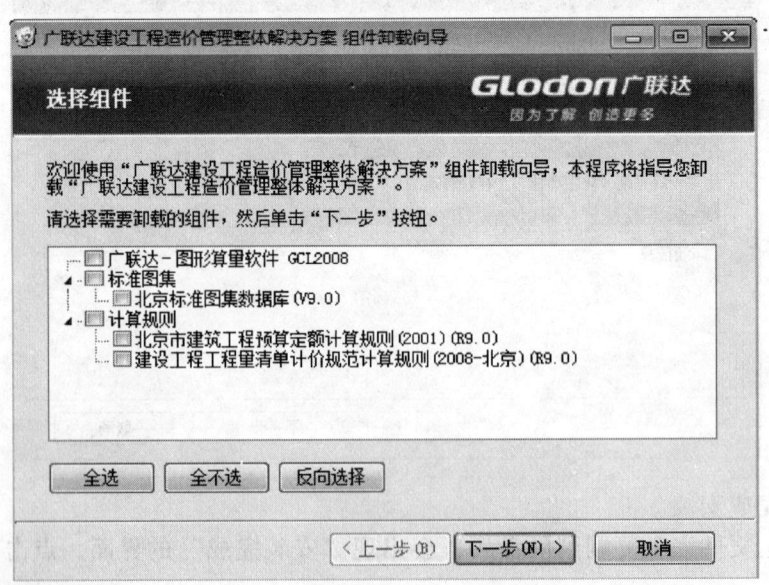

需要卸载的软件前面"口"里打上"√"，点击"下一步"，弹出如下界面：

第二章　图形算量软件详解

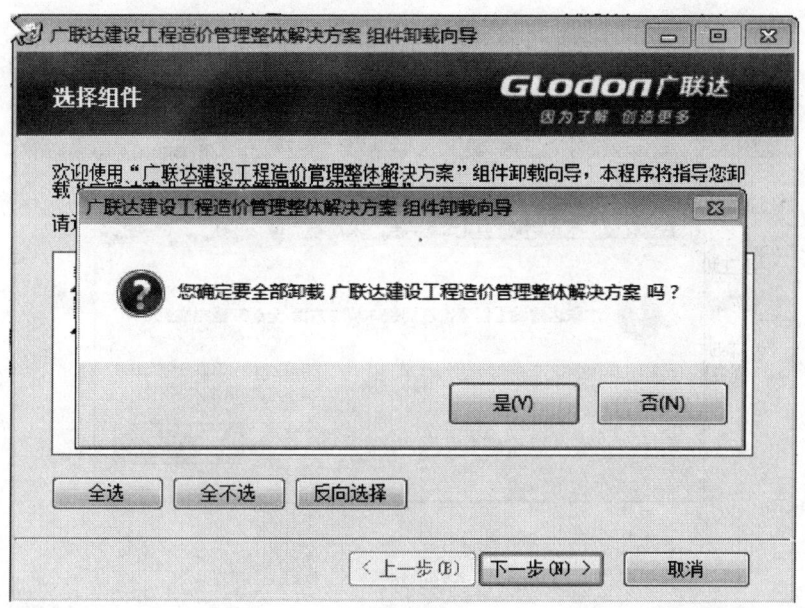

点击"是"。
第三步：显示卸载进度
卸载程序把文件从硬盘删除。此时，会显示一个动态界面，显示卸载过程、进度。

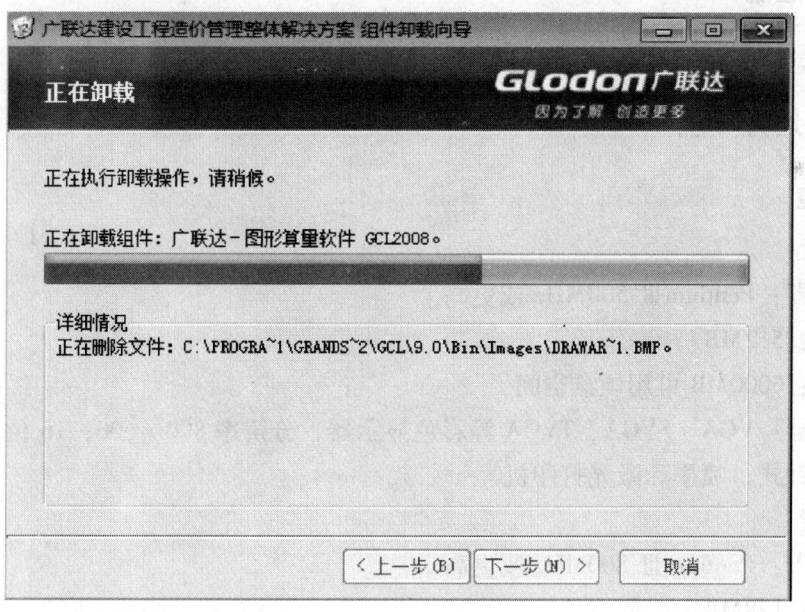

第四步：卸载完成
成功卸载后会显示下面的界面，点击"确定"完成卸载。

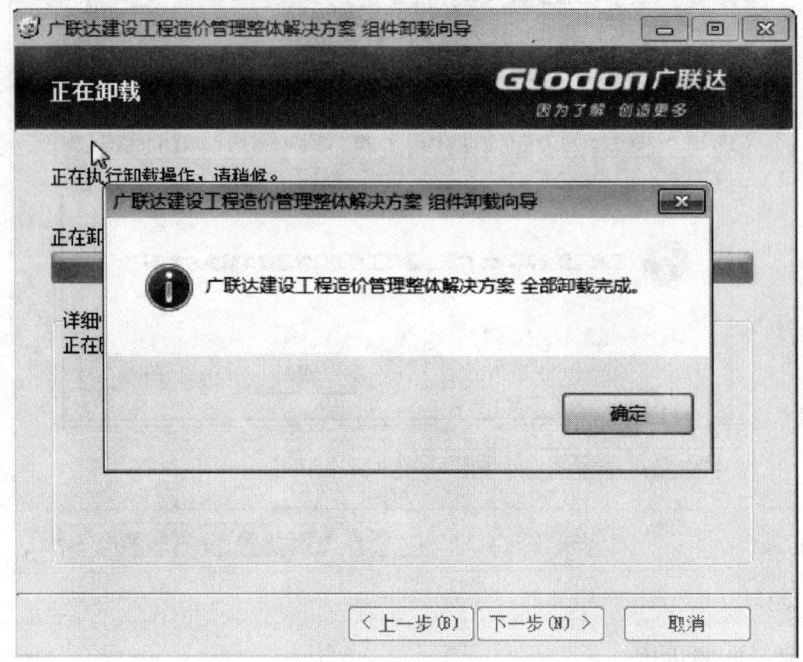

三、软件的注册

软件需要注册才能够成为正式版,由广联达专业人员进行注册。

四、软件的运行环境

❋ 硬件环境

最低配置:
- 处理器:PentiumⅢ 500MHz 或更高
- 内存:512MB
- 硬盘:6000MB 可用硬盘空间
- 显示器:VGA、SVGA、TVGA 等彩色显示器,分辨率 800×600,16 位真彩
- 各种针式、喷墨和激光打印机

推荐配置:
- 处理器:PentiumⅢ 800MHz 或更高
- 内存:128MB
- 硬盘:10000MB 可用硬盘空间
- 显示器:VGA、SVGA、TVGA 等彩色显示器,分辨率 1024×768,24 位真彩
- 各种针式、喷墨和激光打印机

❀ **软件环境**

操作系统：
- WindowsXP Professional & home
- Windows 7

浏览器：
- 建议使用 Internet Explorer 6.0 以上版本

五、文字帮助

众所周知，相对于手工来说，用软件计算工程量确实可以提高至少一倍其至数倍的工作效率，但要真正用好软件，确实应该花一点时间进行学习。对于造价工作者，往往时间都很紧，没有整块的时间来学习，希望能在工作的过程中学习。文字帮助能解决您的学习时间的难题，把培训课堂带回家，手把手地教您如何用软件！

文字视频帮助有以下几个特点：①该帮助有每个构件的类型、属性。囊括了软件中超过80%的功能和100%的必需功能；针对每个功能结合实际工程中常用实例，一步一步进行软件操作的讲解；②该帮助按初级培训班的流程进行讲解，只要您按着帮助流程一步一步学习并进行演练，就相当于参加了初级培训班，可以掌握软件的基本操作；③该帮助和软件无缝集成，您也可以在平时使用软件过程中，随时通过快捷的方式定位到自己不清楚或想学习的功能说明。

第二节 快速入门

通过下面几个模块的介绍，大家可以快速地熟悉图形算量的整个过程。
- 软件启动与退出——打开软件，关闭软件
- 主界面介绍——熟悉 GCL 2008 的主界面
- 快速操作流程——通过绘制几个简单的构件，您可以快速地熟悉图形算量的整个过程
- 名词解释——软件中经常提到的一些专用术语
- 常用操作方法

一、软件的启动与退出

1. 软件的启动

有三种方法可以启动 GCL 2008。

方法 1：在桌面上双击本程序的快捷图标" "，或者单击该图标后按回车键；点"打开文件"，找到你存放的工程路径，点击" "，点打开；如下图所示：

方法2：直接找到路径存放的工程，双击""打开工程；

方法3：通过开始菜单启动软件，点开始→所有程序→广联达建设工程造价管理整体解决方案→广联达图形算量软件 GCL 2008；如下图所示：

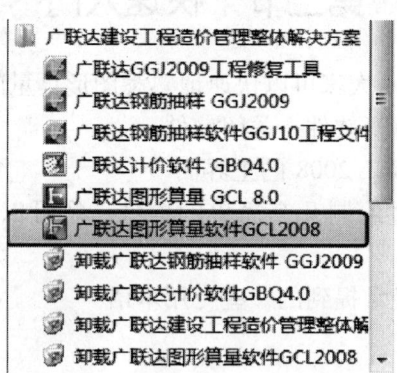

点"打开文件"，找到你存放的工程路径，点击""，点打开；

2. 软件的退出

有三种方法可以退出 GCL 2008。

方法1：单击软件界面右上角的""按钮；

方法2：双击软件界面左上角的""按钮；

方法3：左键点击软件界面左上角的"文件"→"退出"；

二、主界面介绍

这是 GCL 2008 的主界面，大部分工作将在这个界面中完成。

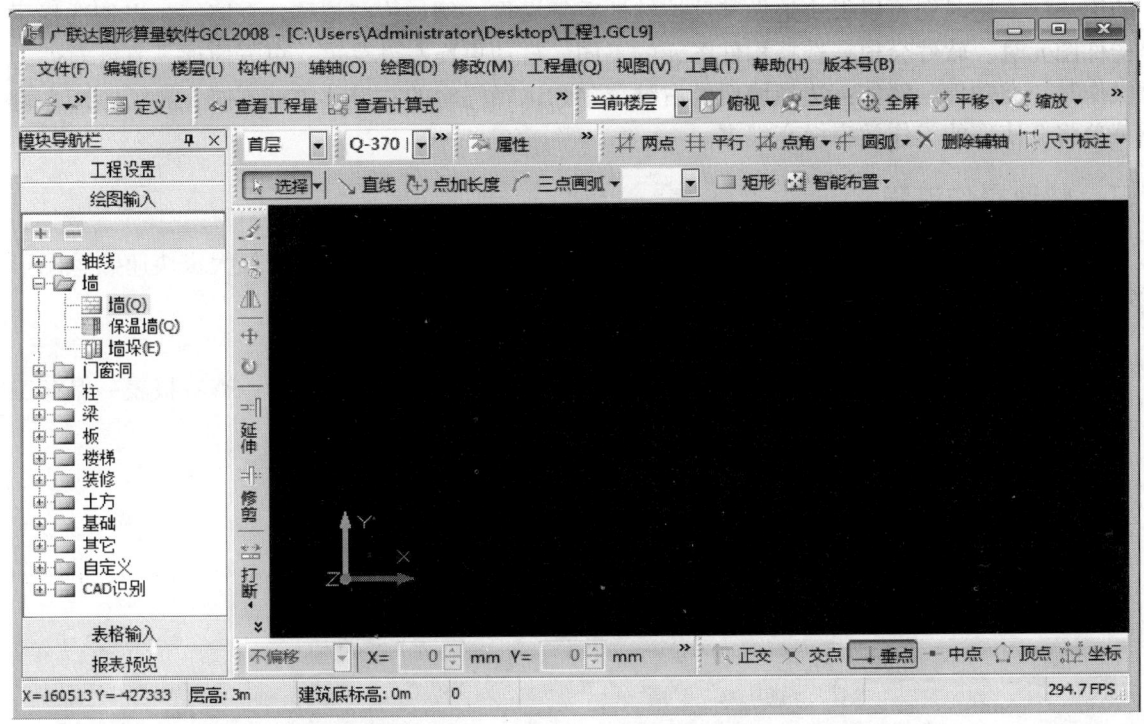

通过主界面介绍，大家可以对 GCL 2008 有个初步的认识。

主界面从上向下分为四大块：

最上部是"菜单栏"，"菜单栏"的主要作用就是触发软件的功能和操作，软件的所有功能和操作都可以在这里找到。

"菜单栏"的下面和主界面的左边是"工具栏"，"工具栏"的主要作用就是提供软件使用效率，因此在"工具栏"中可以找到软件的大部分常用功能。鼠标放上去，有该功能的介绍和快捷键。

"工具栏"的下面就是"绘图区"，可以在这里新建轴网，绘制构件，然后由软件自动计算出工程量来。

主界面的底部是"状态栏"，这里会显示各种状态下的绘图信息、各项提示信息。包括：坐标点位置、当前层高、当前层底标高、当前选择图元数量（如用鼠标框选一些柱子，在这里就可以看到选择的柱子的数量）；操作提示信息（这个十分重要，当您不知道下一步需要如何操作时，只要看这个地方，它就会教您如何做了。如偏移墙，点击偏移按钮，下面提示您"按鼠标左键选择图元"，您选择一个墙的图元后，下面又提示您"按鼠标左键选择偏移方向"，一步一步教您如何操作）。

在整个界面中特别值得一提的是"右键菜单"。在绘图区，当您在选择状态时，点击鼠标右键，软件会弹出"右键菜单"。当您没有选择任何构件图元时，软件弹出的"右键菜单"为一些常用功能的快捷操作按钮，用于加快您的绘图、编辑等各项操作的效率。这里需要重点提醒的是：软件自动记录您的上一次操作，并将其快捷操作按钮放在"右键菜单"的第一项，这时您可以很快地做某些连续地重复操作。例如连续偏移几个墙等。当您选择了构件图元时，软件会根据选择构件图元的不同，自动更换右键菜单，更方便地、有针对性地操作某一类构件。例如：选择墙后的右键菜单和选择门后的右键菜单就不同。灵活应用右键菜单将会使您的工作效率提高很多。

三、快速操作流程

到底如何利用软件算量呢？下面我们通过绘制几个简单的构件，带领大家快速熟悉图形算量的整个过程。

1. 操作步骤

启动软件→新建工程→建立轴网→建立构件→绘制构件→汇总计算→查看报表→保存工程→退出软件

2. 步骤详解

第一步：启动软件

启动 GCL 2008（启动方法参见"软件的启动"）

（1）双击图标"图形算量软件"

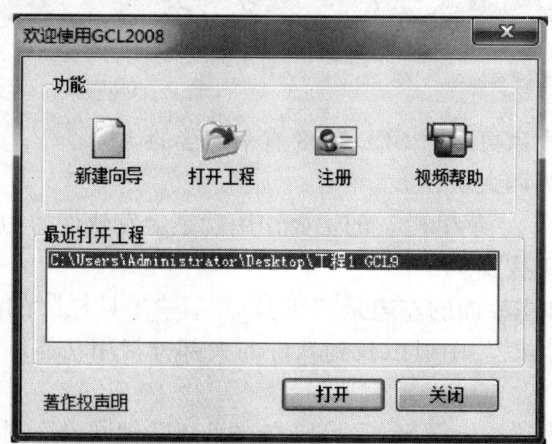

（3）新建向导
（4）修改工程名称（与图纸名称一致）
（5）确定算量模式及对应规则
（6）工程信息
（7）编制信息 }（为了管理和查询、与计算没有关系）
（8）辅助信息 （注意墙裙高度和室内外标高的处理）
（9）完成

设置好所有的信息后，点击"完成"按钮。

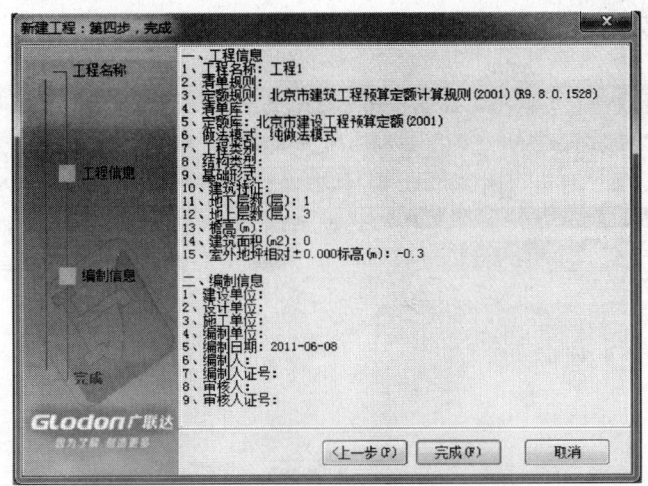

第二步：属性定义

（1）概念

属性定义是以构件为单元，确定构件尺寸、材质及其他与工程量计算有关的基本属性

（2）方法

1）单构件属性定义

2）批量构件属性定义：构件——构件管理；F2

（3）具体操作

1）在绘图输入界面里，点开"墙"右键点击"墙"左键点击"定义"，弹出如下界面；

2）点击"新建外墙"；

（4）注意

1）构件的名称反映尽可能多的构件信息；

2）复制同类构件加快速度；

3）构件信息中蓝色与黑色字区别；

4）构件的定义以算量为目的。

第三步：构件做法

（1）做法输入方法

1）直接输入定额/清单

2）查询匹配清单/定额

（2）具体操作

1）在界面的右侧显示出刚才所建立的墙体构件名称 Q-1 定为"Q-370"；

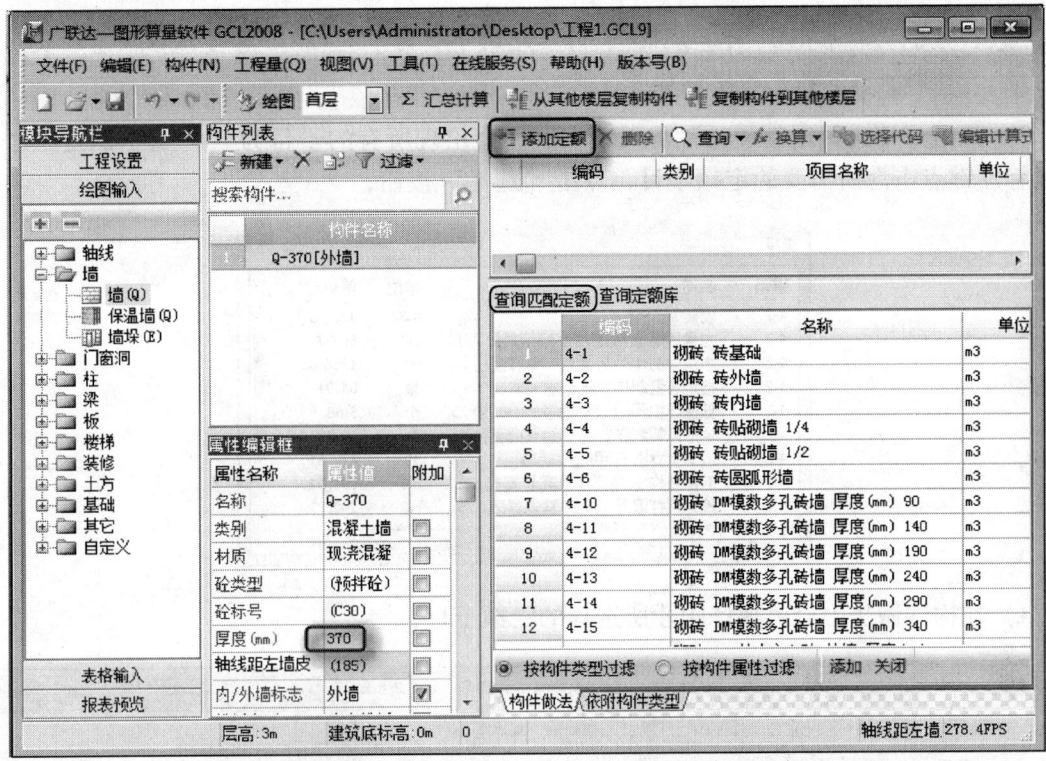

2）点击"添加定额"按钮；根据您所使用的计算规则，在"定额号"中输入墙体的定额子目，按"回车"键；

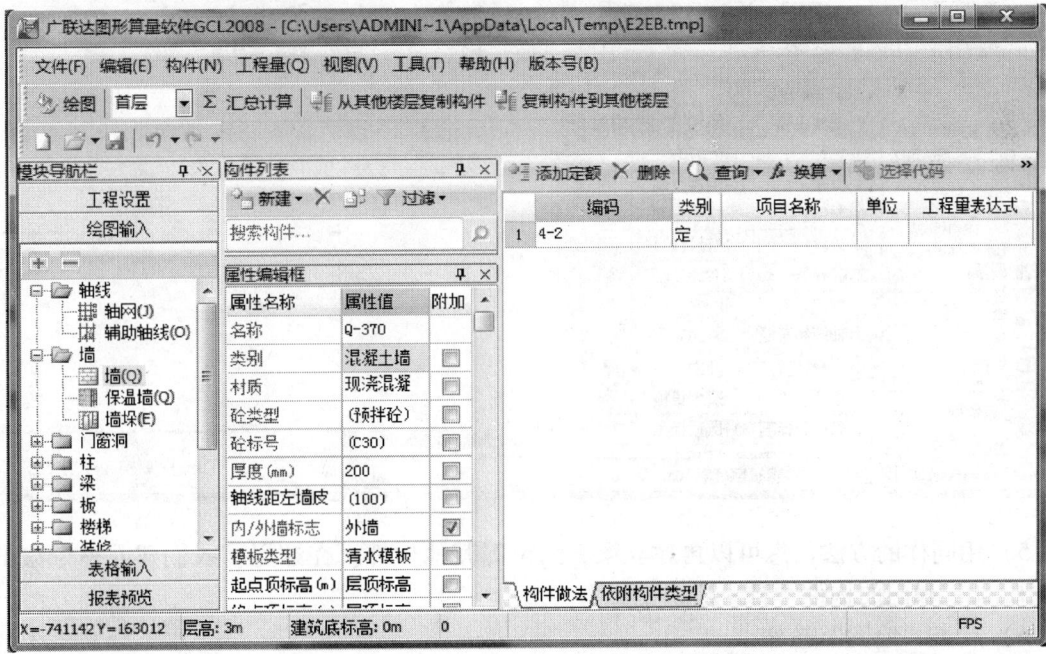

注意 对于"北京2001计算规则",外砖墙的子目为"4-2"。您可以根据您所使用的规则,录入相应的定额编号。

3)弹出"请选择定额子目"界面,在这里会出现所有的子目为"4-2"的定额子目,用鼠标左键点击您所需要的定额子目,点击"选择"按钮;

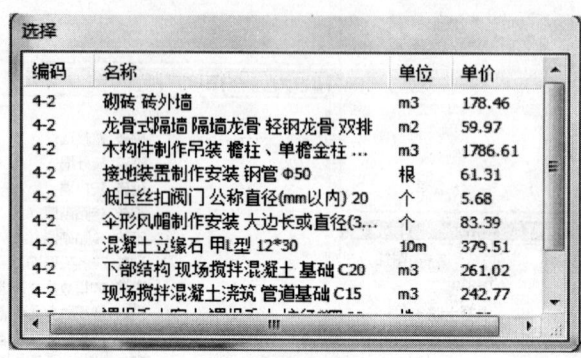

4)在构件做法中会出现您刚才所选择的定额子目;

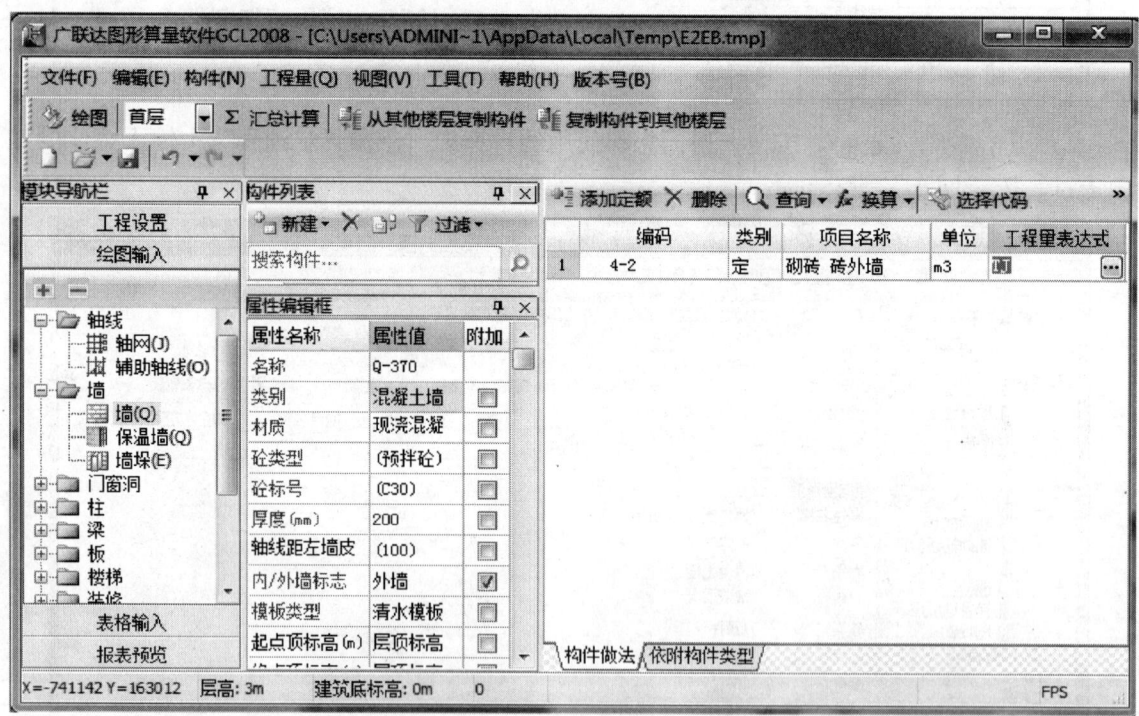

5)用同样的方法,您可以再建立梁、门窗等其他构件。在这里,我们建立一个梁的构件"L-1"和门的构件"M-1";

6)点击"绘图"按钮。

第二章 图形算量软件详解

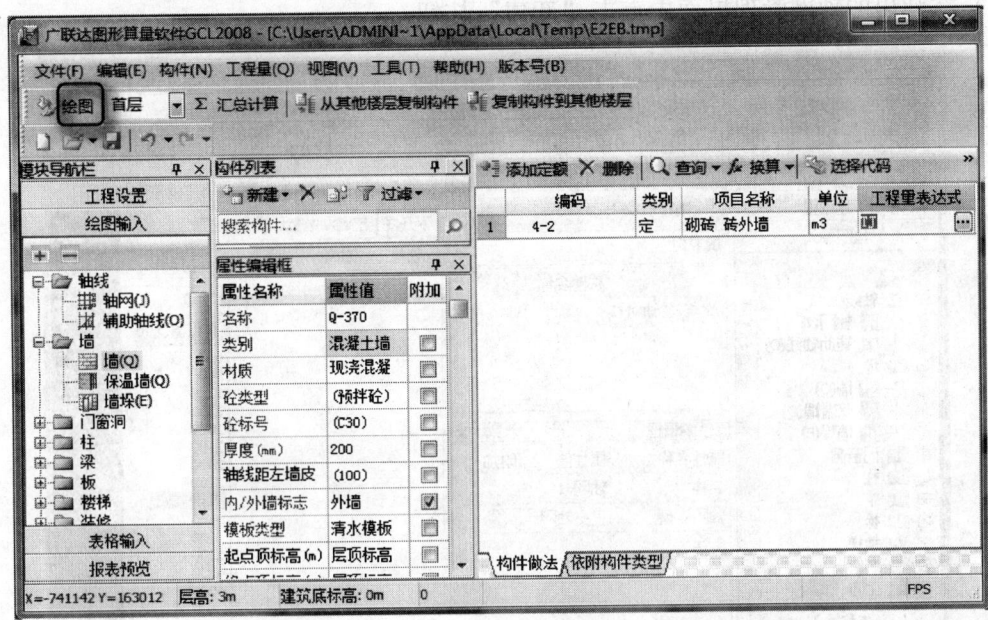

注意 1）工程量代码表达式：软件提供三种代码：规则代码、中间代码、图元代码；
2）利用三种代码相结合形成表达式达到算量的目的。

第四步：建轴绘图
1）左键双击菜单栏的"轴网"弹出如下界面；

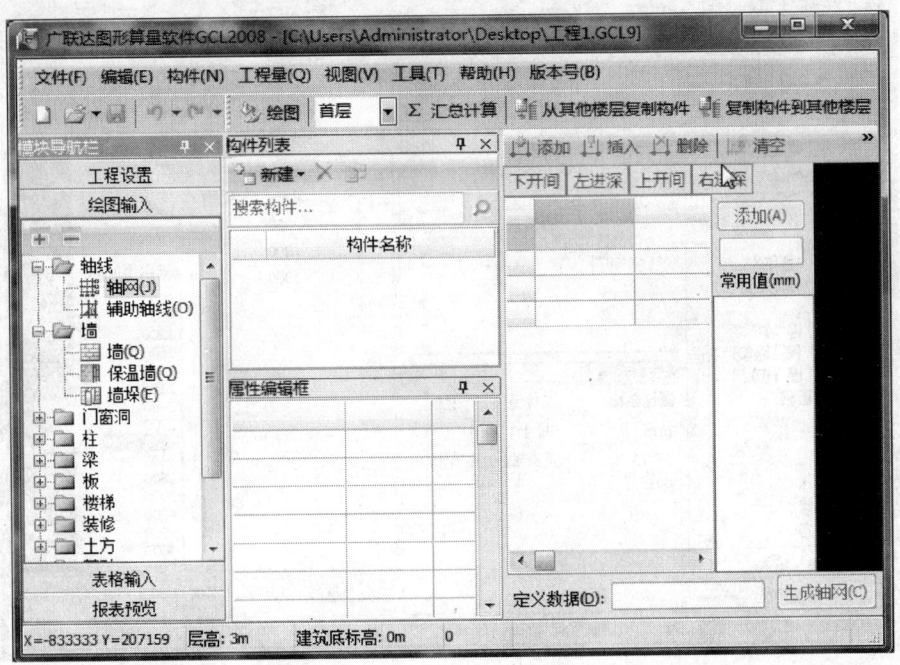

2）在弹出的轴网管理界面中点击"新建"按钮；

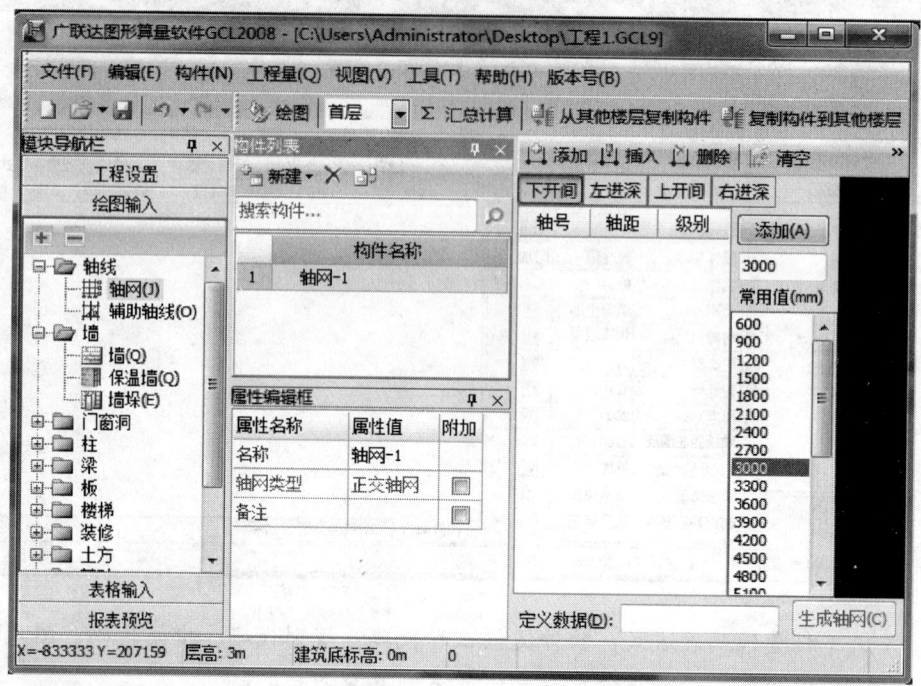

3）在弹出的界面的常用值的列表中选择"3000"作为轴网的下开间轴距，并点击"添加"按钮，在右侧的列表中会显示您所添加的轴距；

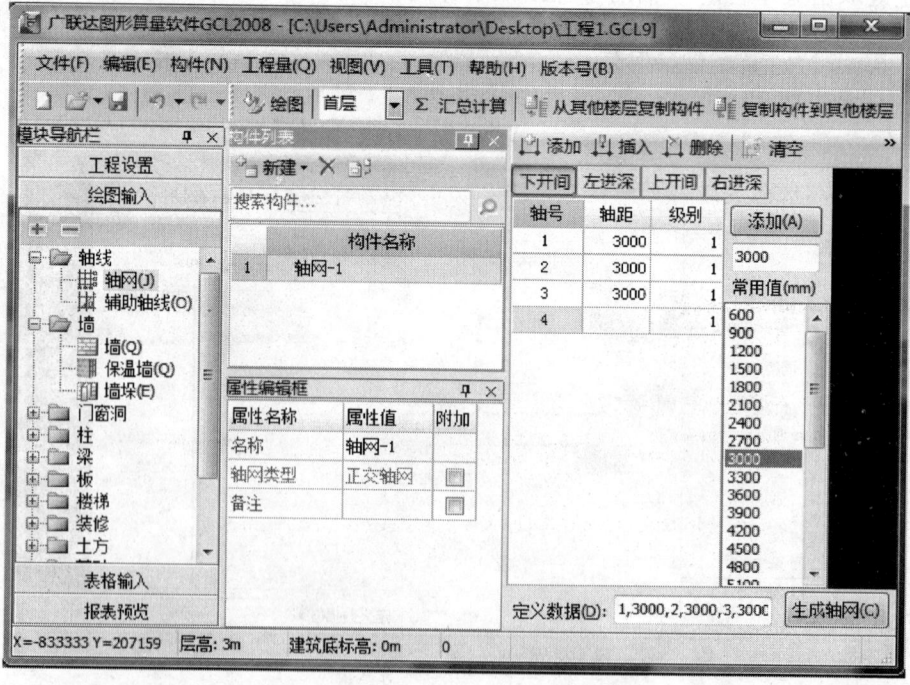

4）在类型选择中选择"左进深"，在常用值的列表中选择"2100"，并点击"添加"按钮，在右侧的列表中会显示您所添加的进深轴距；

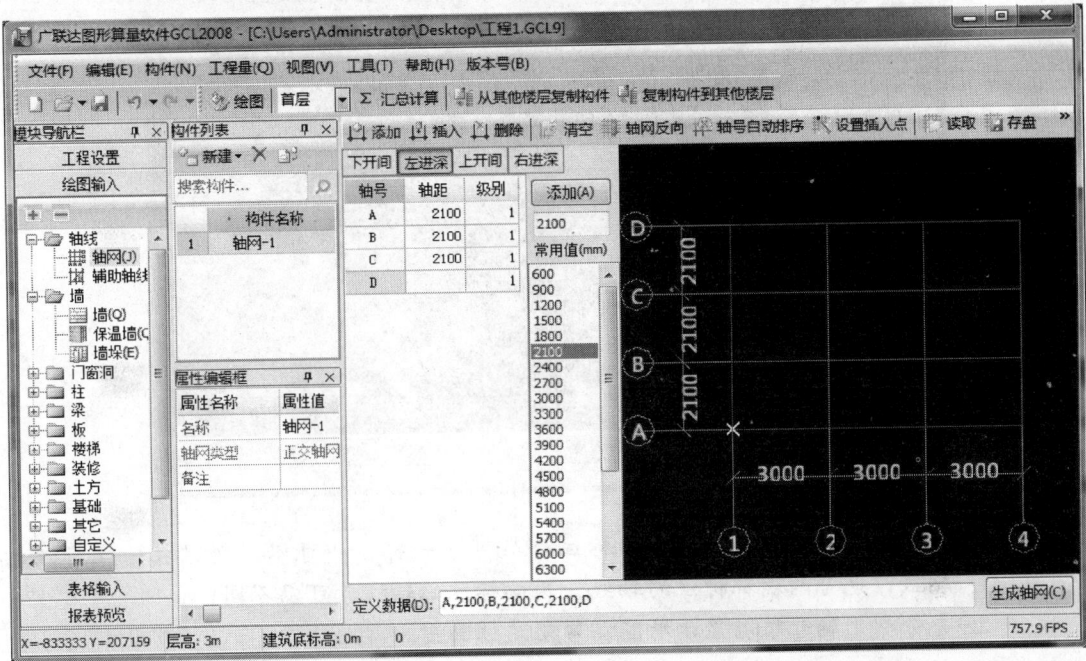

5）点击"绘图"按钮弹出如下界面；

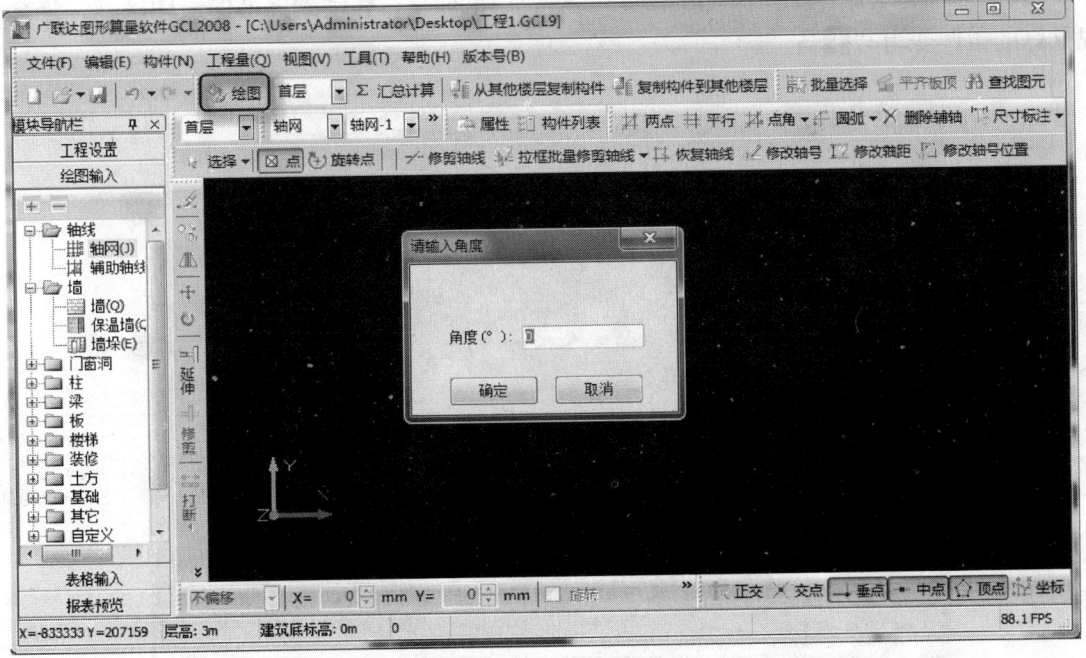

6）点击"确认"按钮；会显示您刚才所建立的轴网。

29

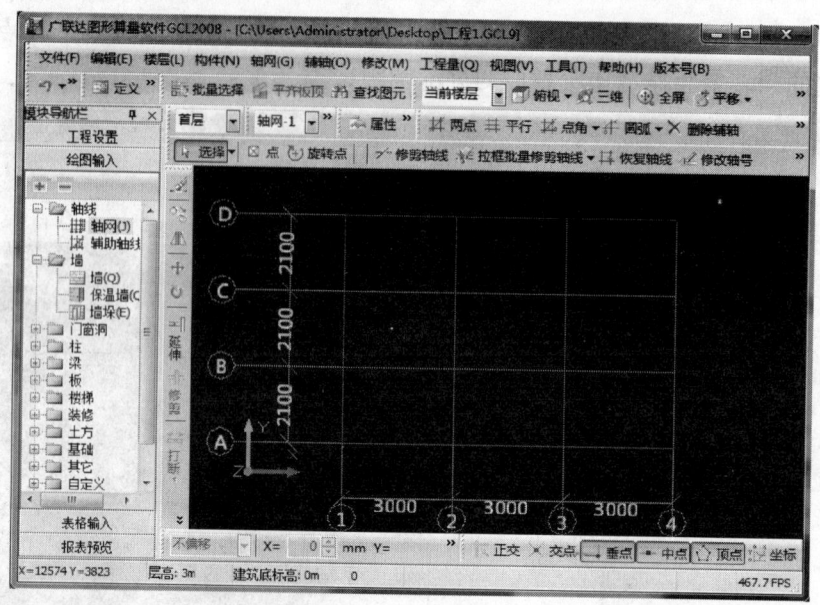

注意 1. 上、下开间，左、右进深的标注个数可不一样，即可以定义只在一端标注的轴线，也可两端都标注的轴线，两端标注的轴线号可以不同；
2. 充分利用轴号跟踪显示功能，帮助定位画图。

第五步：绘制构件

（1）在构件类型工具条中点击"墙"，然后把鼠标指针移动到屏幕的绘图区域，您会发现鼠标的指针变为"✥"；

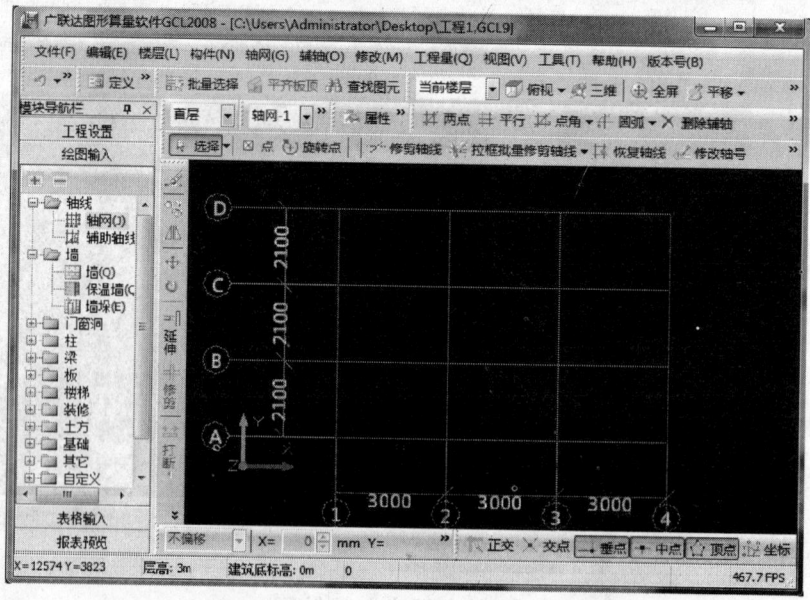

（2）点击轴网中①轴和Ⓐ轴的交点，然后再点击轴网中④轴和Ⓐ轴的交点，在屏幕的

绘图区域内会出现您所绘制的墙体；

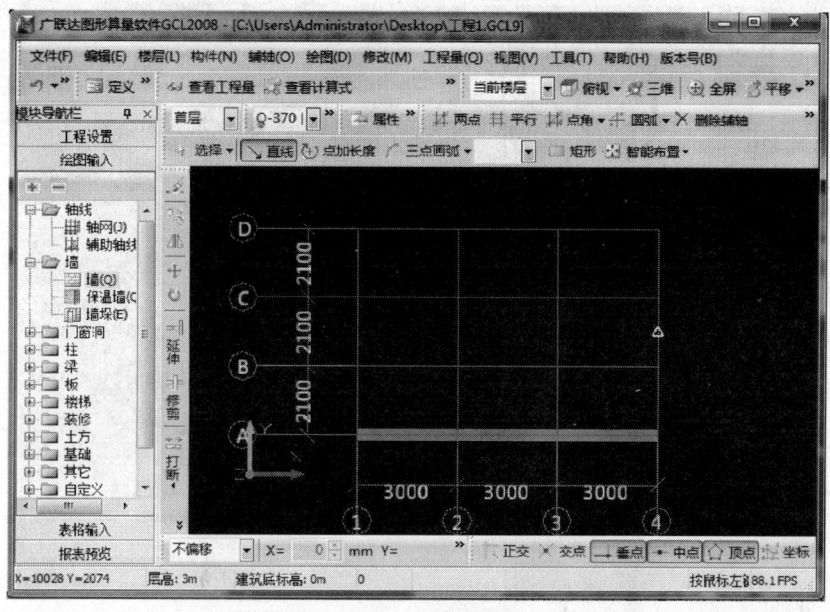

（3）点击构件类型工具条中点击"梁"，然后把鼠标指针移动到屏幕的绘图区域，您会发现刚才所绘制的墙没有显示，在这里，可以点击键盘上的字母"Q"，刚才所绘制的墙就会显示出来。在同样的位置绘制一道梁；

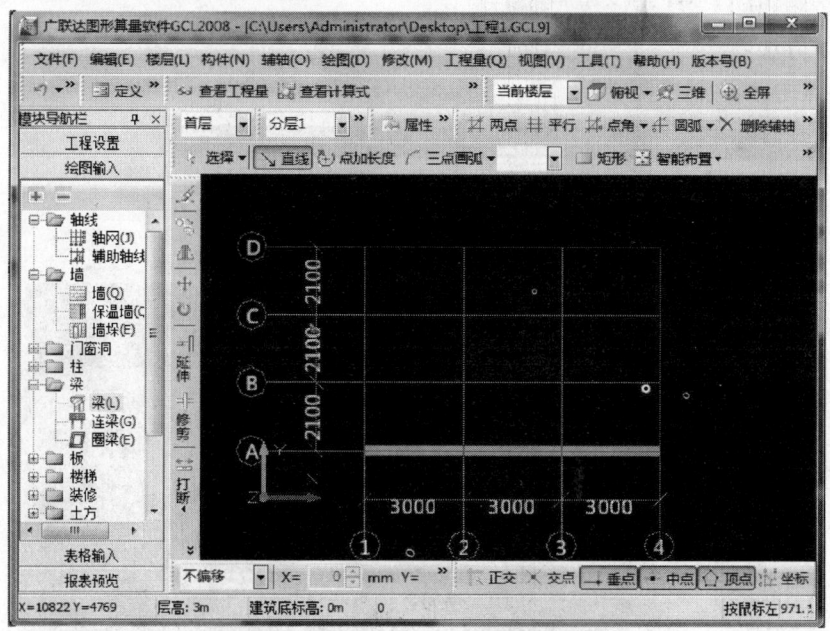

（4）点击构件类型工具条中点击"门"，然后把鼠标指针移动到屏幕的绘图区域，您会发现鼠标的指针变为"▣"，在墙体的任意位置点击一下鼠标左键，门就绘制出来了。

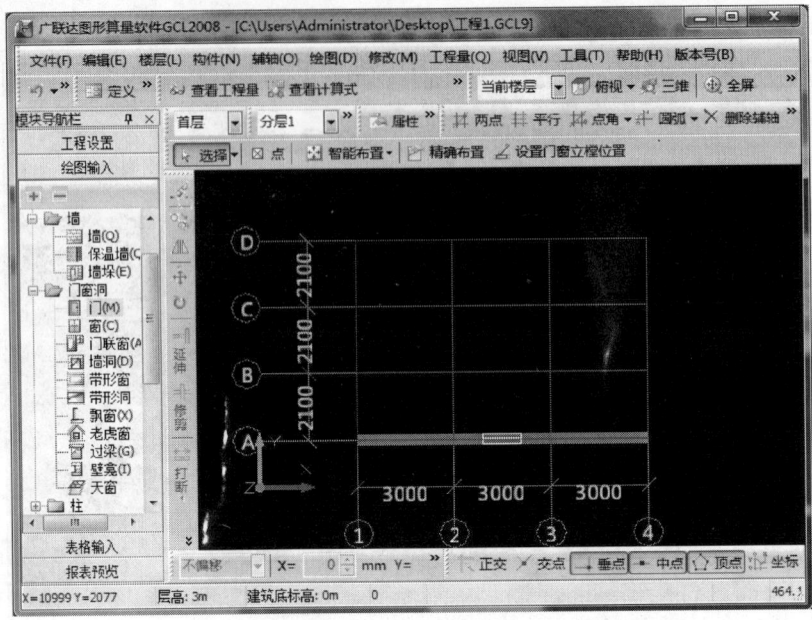

第六步：汇总

（1）汇总方法：工程量－汇总计算

1）F9

2）工具条上的汇总计算按钮 Σ

（2）操作方法：

1）直接点击菜单上"汇总计算"；

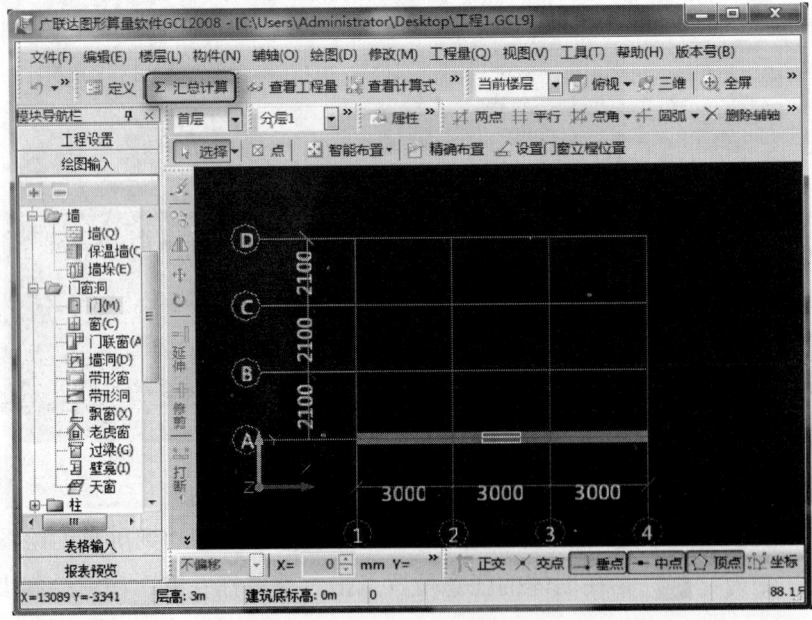

2）屏幕弹出"汇总计算"界面，点击"确定"按钮；

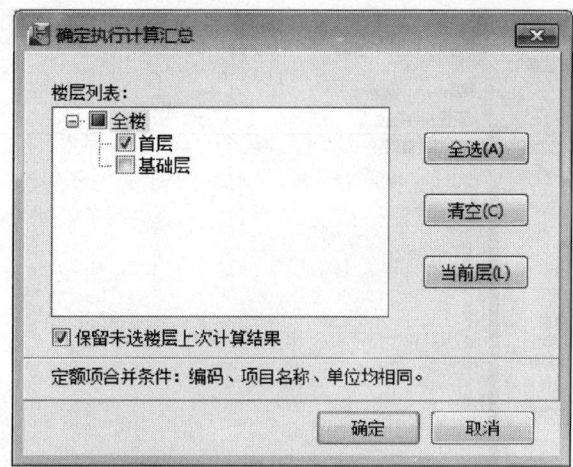

3）屏幕弹出"汇总成功"的界面；点击"确定"按钮。

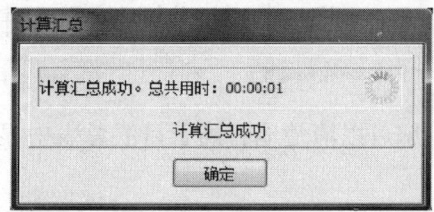

第七步：查看报表
1）点击菜单栏的"报表预览"；

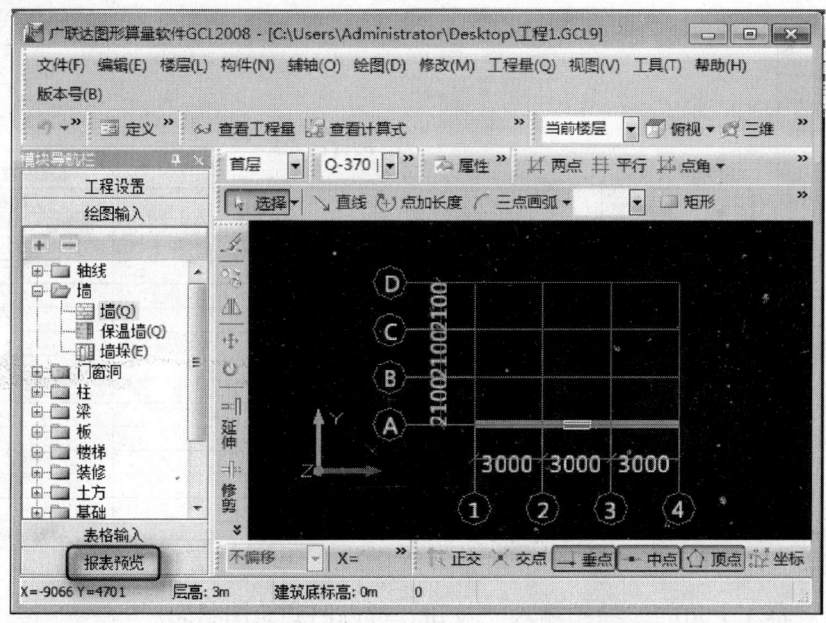

2）屏幕弹出"设置报表范围"界面；

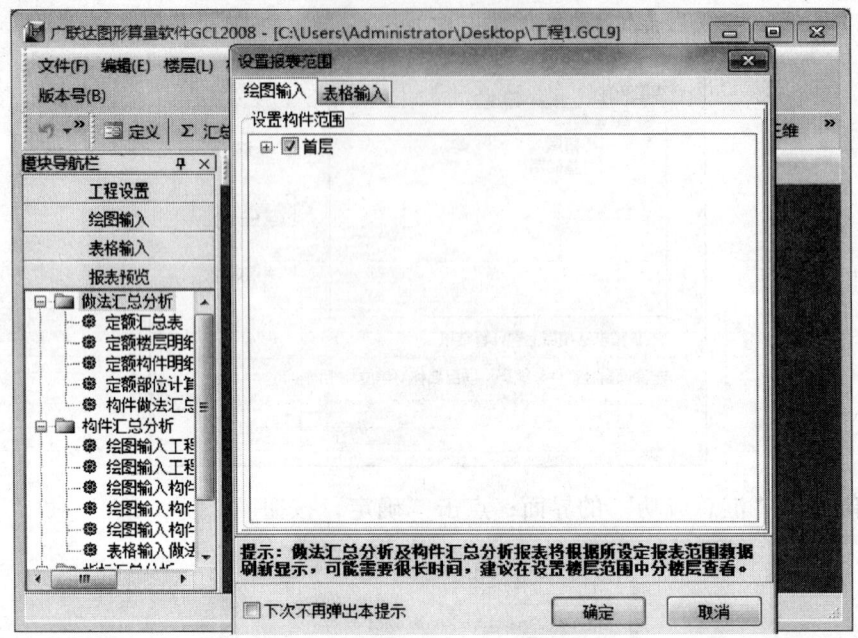

3）点击"确定"按钮，您可以清楚地看到子目汇总表中显示出墙、梁、门的子目及软件所计算的工程量；

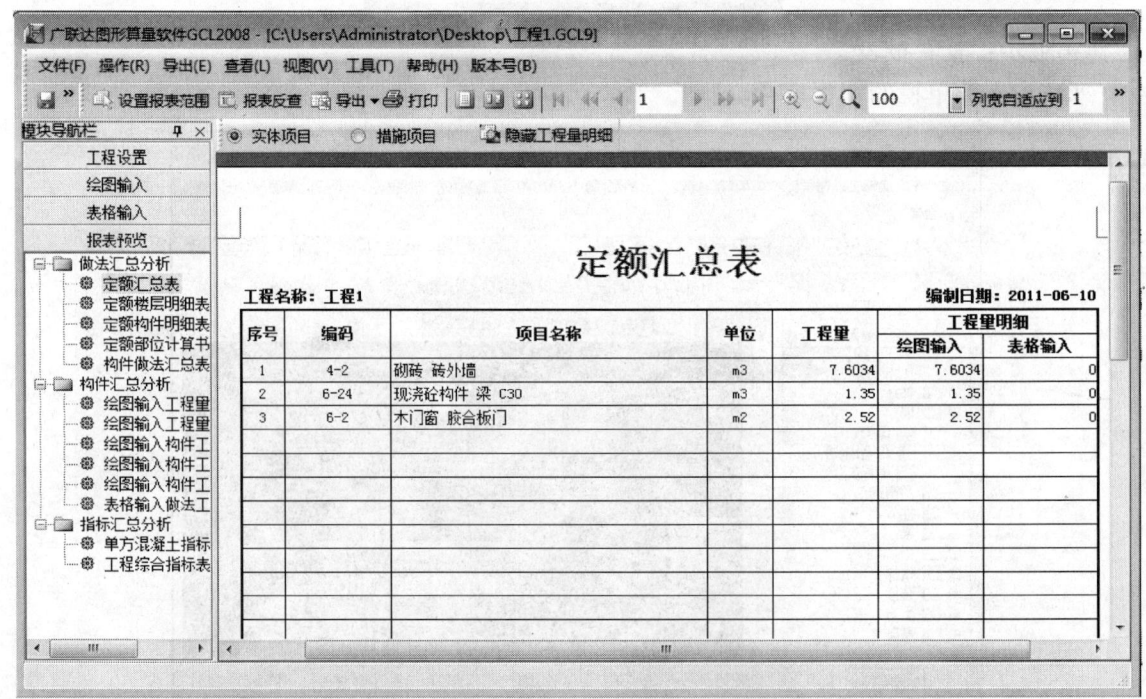

4）点击屏幕左上角的"绘图输入"按钮，可以回到绘图状态。

第二章 图形算量软件详解

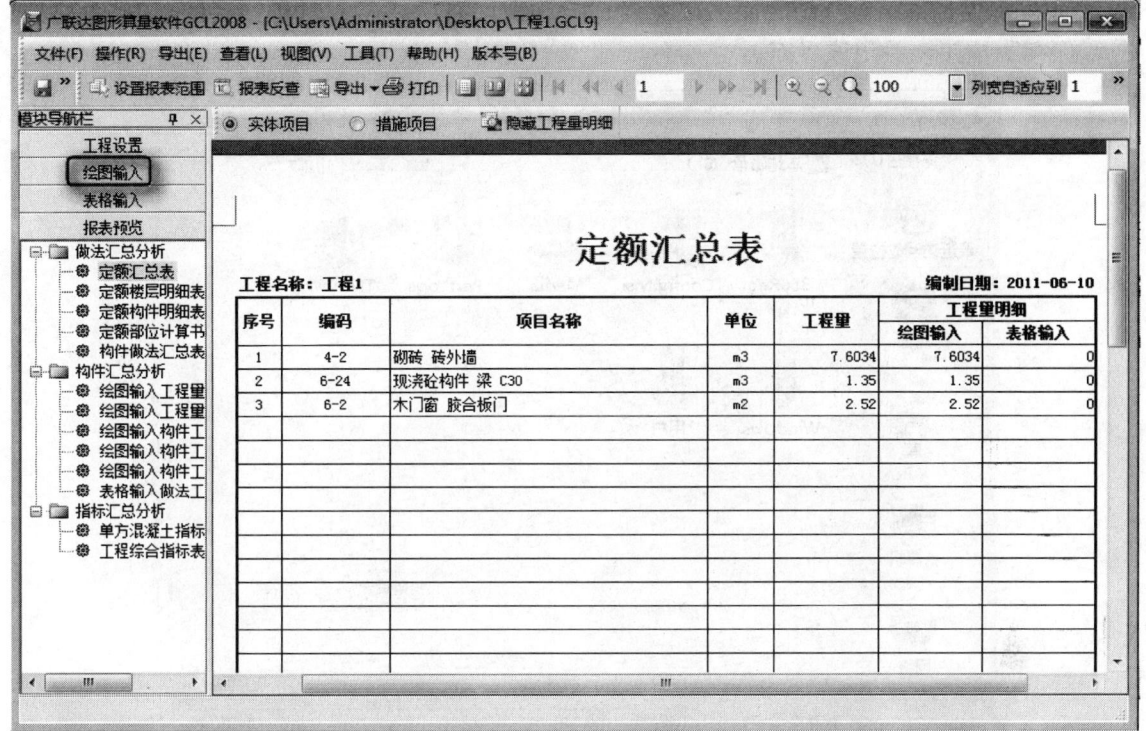

第八步：保存工程
（1）点击菜单栏的"文件"→"保存"；

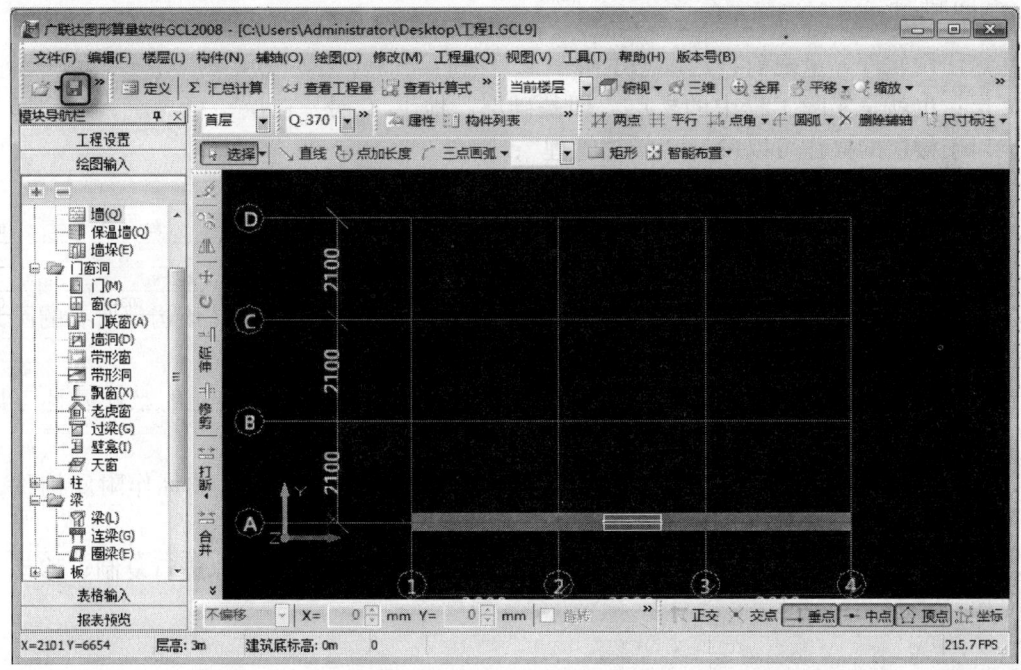

(2) 弹出"另存为"的界面，文件名称默认为您在新建工程时所输入的工程名称，点击"保存"按钮，关闭该界面。

四、名词解释

在您使用软件算量之前，建议您了解一下下面名词的含义。

楼层：也就是实际工程中的楼层，即基础层、地下 X 层、首层、第二层、标准层、顶层等，对于楼层的操作可以参见"楼层管理"；

构件：即在绘图过程中建立的墙、梁、板、柱等；

构件类型：即工程中的柱、板、墙、房间等；

构件图元：简称图元，指绘制在绘图区域的图形；

公有属性：也称公共属性，指构件属性中用蓝色字体表示的属性，该构件所有的图元公有属性都是一样的；

私有属性：指构件属性中用黑色字体表示的属性，该构件所有图元的私有属性可以一样，也可以不一样；

附属构件：当一个构件必须借助其他构件才能存在，那么该构件被称作附属构件，例如：门窗洞口、壁龛、过梁、房间、单墙面装修等；

块操作：用鼠标拉框选择范围内所有构件的集合称作块，对块可以进行复制、移动、镜像等操作。

五、常用操作方法

1. 选择构件

（1）单选

用鼠标左键直接单击图形中要选择的构件。

（2）正框选

从左上向右下方拉框，屏幕上显示框线为实线，只有完全包含在框内的构件才被选中。

（3）反框选

从右下向左上方拉框，屏幕上显示框线为虚线，框内及与拖动框相交的构件均都被选中。

（4）按名称选择构件

单击菜单"批量选择"、F3、右键。可以批量选择构件图元，当前楼层当前构件某一名称的全部构件。

注意 本功能常用于检查画图错误和批量转换某一构件。

按 Esc 或单击右键退出画图状态

注意 不管用哪一种选择方法，都必须先进入选择状态，进入软件的选择状态一般有三种方法：单击右键、按键盘上的 ESC 键、点工具条上的选择构件图元按钮 选择 。

2. 捕捉点

为了便于快速定位画图，软件设定了构件的一些点可以捕捉。

　　　　交点：捕捉构件与构件交点（须是同类构件）

　　　　垂点：自线状构件外一点作垂线

　　　　中点：线状构件的交点

　　　　顶点：构件的顶点（板、建筑面积、柱等）

3. 显示构件

（1）显示构件：按快捷字母。

（2）显示构件名称：shift + "快捷字母"。

注意
1. 此操作要求汉字输入法处于关闭状态；
2. 一般为构件中文拼音的第一个字母；
3. 可将光标停留在构件类型工具条上确认快捷字母；
4. 要想显示构件名称必须先显示构件；
5. 此功能为循环选择开关，即按一次显示，再按一次就不显示。

4. 当前构件

确认当前操作的是哪一个构件（非常重要）；

注意 当构件很多时可用"构件"→"拾取构件"功能来快速定位想要使用的构件。

5. 构件属性

（1）查看构件信息：【视图】→【构件列表】；

（2）修改构件信息：选中构件后，再单击右键→【构件属性编辑】。

6. 楼层切换

（1）直接在该工具条中选择相应楼层号 [首层▼] [墙] ；

（2）单击菜单"楼层"→"上一楼层"或"下一楼层"；

（3）单击菜单"楼层"→"切换楼层"。

7. 构件切换

点构件类型工具条上的构件名称切换

> **注意** 软件的设计基于图层的概念来区分各种不同形式的构件，除了块操作以外，其余操作只能作用于当前层的构件，其他存的构件的显示与否，只是您根据操作的方便，起到辅助与参考定位的作用。

8. 图面控制

（1）缩放整幅图形

1）方法1：使用3D（带滚轮）鼠标时，鼠标指向观察点，向上转动滚轮放大图形，向下转动滚轮缩小图形，观察点不会移位；

2）方法2：使用快捷键 Ctrl + I 和 Ctrl + U 分别放大和缩小图形；

3）方法3：单击缩放工具条中的实时缩放按钮 [缩放▼]，点住左键向上放大图形，向下缩小图形。

（2）放大指定区域

单击缩放工具条中的窗口缩放按钮，然后拉框选择要观察的区域。

（3）显示全图

1）方法1：单击缩放工具条中的显示全图按钮 [全屏]；

2）方法2：使用快捷键 Ctrl + 5；

3）方法3：双击3D（带滚轮）鼠标的滚轮。

（4）实时移动图形

1）方法1：单击缩放工具条中的实时平移按钮，鼠标为手状，点住鼠标左键，再移动鼠标可以移动整幅图形；

2）方法2：按住3D（带滚轮）鼠标的滚轮移动。

 构件参考

第一节 构件分类

按不同的分类方法，我们可以将构件分为不同的种类。

最直接的就是根据构件管理器窗口看到的按建筑、结构、装修等专业进行分类。建筑类中包括墙、栏板、门窗、墙垛等；结构类中包括柱、梁、板、楼梯等；装修类中包括房间等。

按绘图方式进行分类，有点状构件、线状构件和面状构件。点状构件就是鼠标一点就画到图上的构件，如柱等；线状构件就是拉一条线就画到图上的构件，如墙、梁等；面状构件就是绘制一个多边形才画到图上的构件，如板等。

按构件的构成方式进行分类，有简单构件和复杂构件。复杂构件指有多层单元的构件，在软件中，分层墙、条基、独基、桩承台就属于复杂构件；简单构件就是指只有一层的构件，在软件中，除上述复杂构件外其余都是简单构件。

下面我们按专业对构件进行分类讲解。

> **注意** 因每个构件的画法有雷同之处，所以，下属每个构件均只列举相应适合的画法。至于详细的画法操作，请统一参见第四章第五节绘图。

第二节 建筑构件

建筑构件分以下几部分：
- 墙
- 栏板
- 门、窗、门联窗
- 墙洞、壁龛

- 过梁
- 墙垛
- 保温层
- 屋面
- 挑檐
- 阳台
- 雨篷

下面分别介绍每种构件。

一、墙体

1. 属性定义

将光标切换到鼠标编辑窗口，然后根据图纸的实际情况，在每一个属性后面的编辑框中输入或选择相应的属性。例如，我们可以设置 Q–1 的名称为"混凝土 Q–240"，材质为"现浇混凝土"。

（1）相关属性解释

材质：在软件中设置了现浇混凝土、预制混凝土、砌块、石和砖五种材质，不同的材质对应不同的计算规则；

厚度：当墙的材质为"砖"时，对于墙体厚度，软件会做自动换算，例如：把370的墙自动换算为365；把120的墙自动换算为115；

底标高：缺省情况下墙体底标高为当前楼层底标高，修改楼层高度后，墙体的底标高也会随之变化；

高度：绘制墙体时，起点处的标高，缺省情况为当前层的层高；修改楼层高度后，墙体的高度也会随之变化；

终点高度：绘制墙体时，终点处的标高，缺省情况为当前层的层高；修改楼层高度后，墙体的终点高度也会随之变化；

轴线距左墙皮距离：在图纸中，当墙体为偏心时，需要设置该属性。墙体的左、右墙皮由绘制时的方向决定。如图所示：

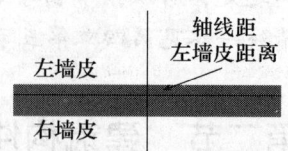

备注：该属性值仅仅是个标识，对计算不会起任何作用，但相关的属性请按规则填入相应位置。

（2）重要说明

1）墙的高度：缺省情况下墙体底标高为楼层底标高，墙体高度为楼层高度；若仅修改楼层高度，则构件及构件图元的标高与高度均随之相应改变；若仅修改构件的底标高，则构件图元按楼层关系底标高自动增加或减少，高度值为当前楼层高度；若仅修改构件的高度，则构件图元在各楼层均为该高度值，底标高为当前层底标高；若同时修改构件底标高及高度，则构件图元按楼层关系底标高自动增加或减少，高度值始终为该值；若同时修改楼层高度、构件标高及高度，则构件图元标高按修改后的标高值根据修改后的楼层关系自动增加或减少，高度为修改后的高度值，若修改的高度值与楼层高度相同，则高度随楼层变化，否则为修改值。

2）公共属性和私有属性：在属性编辑器中，蓝色字体的属性为公共属性，黑色字体为私有属性。公共属性的作用是：只要修改该属性，该工程的所有图元的这个属性也跟着修改，如我们把 NQ 的厚度由 240 改为 200，则该工程的所有 NQ 图元的厚度都变为 200；私有属性的作用是：修改该属性，不会影响已经绘制好的图元。

3）缺省属性和非缺省属性：在属性编辑器中，带括号的属性为缺省属性，不带括号的属性为非缺省属性。缺省属性的作用是：该属性会根据某些公共数据自动改变。如墙的高度，当它为缺省属性时，它就会跟着楼层高度走，楼层多高，它就为多高。

（3）墙体分为普通墙、间壁墙、虚墙三种类型。

- 普通墙

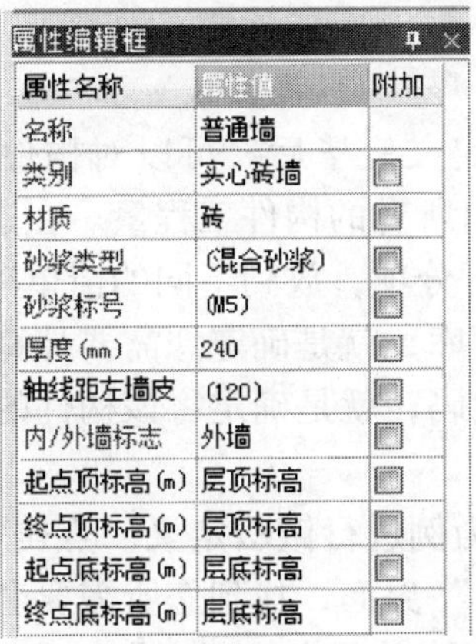

属性编辑框

属性名称	属性值	附加
名称	普通墙	
类别	实心砖墙	☐
材质	砖	☐
砂浆类型	(混合砂浆)	☐
砂浆标号	(M5)	☐
厚度(mm)	240	☐
轴线距左墙皮	(120)	☐
内/外墙标志	外墙	☐
起点顶标高(m)	层顶标高	☐
终点顶标高(m)	层顶标高	☐
起点底标高(m)	层底标高	☐
终点底标高(m)	层底标高	☐

- 间壁墙

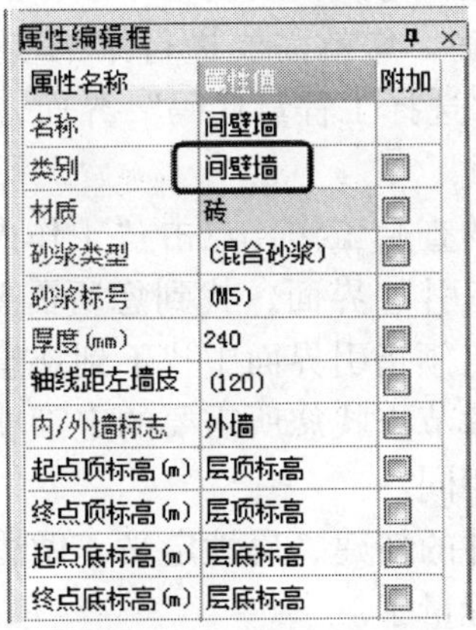

属性编辑框

属性名称	属性值	附加
名称	间壁墙	
类别	间壁墙	☐
材质	砖	☐
砂浆类型	(混合砂浆)	☐
砂浆标号	(M5)	☐
厚度(mm)	240	☐
轴线距左墙皮	(120)	☐
内/外墙标志	外墙	☐
起点顶标高(m)	层顶标高	☐
终点顶标高(m)	层顶标高	☐
起点底标高(m)	层底标高	☐
终点底标高(m)	层底标高	☐

间壁墙：间壁墙只能作为内墙，计算间壁墙时，高度自动算至梁底或板底。与普通墙的区别在于与地面抹灰、块料等处的扣减关系，一般用于房间的分隔，还可用于绘制施工图中的隔断墙，它对房间中的地面装修工程量有影响，不能参与布置建筑面积找外墙。

- 虚墙

虚墙：虚墙可以用来分割、封闭房间。

本身不计算工程量，可以设定厚度和轴线距左墙皮的距离两个属性值。

不参与其他构件的扣减，本身也不计算工程量。用于分割回形房间，围成建筑面积等。可以设定虚墙厚度。

2. 做法定义

（1）意义：对构件进行属性定义完毕后，可以对构件进行做法定义。如果不对构件进行做法定义，软件也能按规则算出所有的构件工程量。在这里我们进行构件做法定义的目的就是把已经算好的构件工程量进行分项，放到不同的清单项或定额项下。

（2）步骤：1）查询清单定额库，就是确定您需要计算的清单项或定额项；

2）选择工程量代码，就是确定将该构件的哪一个工程量匹配给相应的清单项或定额项。

（3）举例：以刚建好的构件为例进行做法定义。点击"查询"按钮，选择"查询匹配清单项"，弹出"查询匹配清单项"界面，找到您所需要套用的清单项，双击鼠标左键，清单项就套用完毕了。如果您在匹配清单项中找不到您想套用的清单项，您也可以通过查询清单库的方式，从清单库中按章节查找您所需要的清单项。然后再查看一下该清单项所套用的工程量代码是否正确，如果不正确，您就需要进行第二步工作——选择工程量代码。点击"选择工程量代码"按钮，弹出"选择工程量代码"界面，您可以在这里选择您想要的工程量代码，点击确定就完成了。

然后再对该构件进行定额项的查套工作，点击"工作内容"按钮，点击"查询"按钮，选择"定额指引"，弹出"定额指引"界面，找到您所需要套用的定额项，双击鼠标左键，定额项就套用完毕了。如果您在定额指引界面中找不到您想套用的定额项，您也可以通过查询定额库的方式，从定额库中按章节查找您所需要的定额项。选择工程量代码的操作和清单项下选择工程量代码的操作完全相同。

这样，我们就完成了一个构件的新建、属性定义、做法定义工作。您只要把该构件画到图上就可以计算出您所需要的工程量了。

3. 软件扣减规则

（1）材质优先：两道墙相交，优先级别：混凝土墙＞砖石砌块墙；

（2）外墙优先：材质相同时，优先级别：外墙＞内墙；

（3）横向优先：都为内墙时，判断墙体的方向，优先级别：横墙 > 竖墙；
（4）厚度优先：优先级别：厚墙 > 薄墙。

4. 构件画法

旋转点、直线、折线、弧线、矩形、圆形、智能布置。

声明：因不同的投标方选套定额可能也不一致，这里就不对每个构件的做法定义一一讲解。

二、栏板

1. 类型

栏板分为矩形栏板和异形栏板两种。

2. 属性

（1）矩形栏板

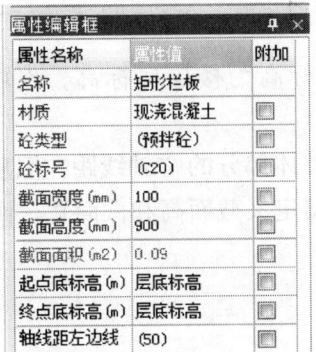

（2）异形栏板

新建异形栏板，弹出下面对话框，编辑图纸中要求的异形栏板截面，如下图所示：

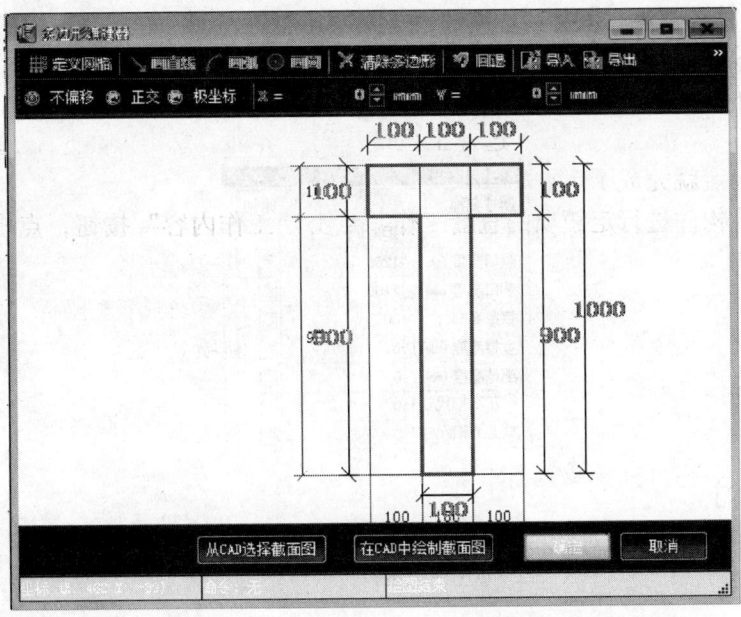

点击"确定"，如下图所示：

属性编辑框

属性名称	属性值	附加
名称	异形栏板	
材质	现浇混凝土	
砼类型	(预拌砼)	
砼标号	(C20)	
截面形状	异形	
截面宽度(mm)	300	
截面高度(mm)	1000	
截面面积(m2)	0.12	
起点底标高(m)	层底标高	
终点底标高(m)	层底标高	
轴线距左边线	(150)	

3. 相关属性解释

底标高：缺省情况下栏板底标高为楼层底标高，也可以修改为层顶标高或直接填写标高。

轴线距栏板左边线距离：见墙体部分的"轴线距左墙皮距离"。

编辑多边形：异形栏板不直接定义截面高和截面宽，而是通过画图编辑截面形状。

三、门、窗、门联窗

1. 类型

门分为矩形门、参数化门、异形门三种类型。

窗分为矩形窗、参数化窗、异形窗三种类型。

门联窗就一种类型。

2. 属性

（1）矩形门

属性编辑框

属性名称	属性值	附加
名称	矩形门	
洞口宽度(mm)	1200	
洞口高度(mm)	2100	
框厚(mm)	60	
立樘距离(mm)	0	
离地高度(mm)	0	
框左右扣尺寸(	0	
框上下扣尺寸(	0	

（2）参数化门

新建参数化门弹出下面对话框：

第三章 构件参考

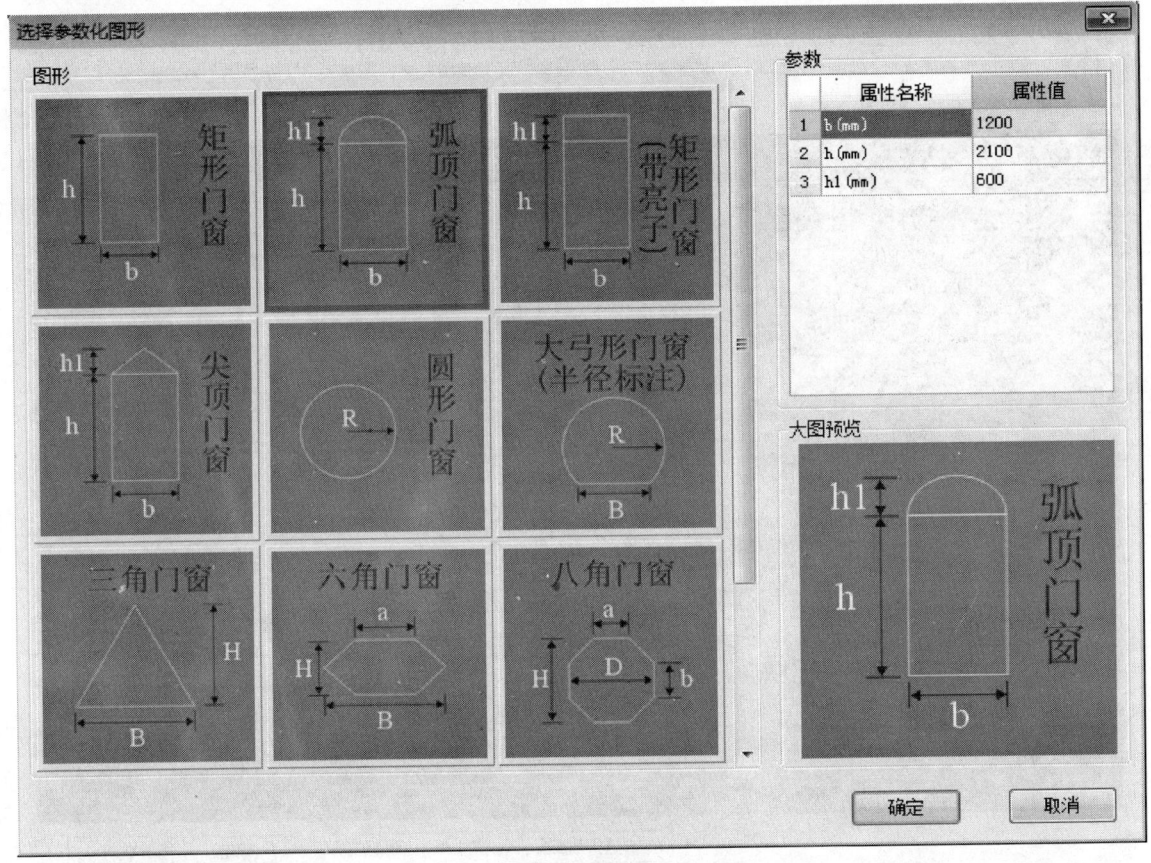

选择图纸对应的图形，点"确定"。

说明　参数化门可以选择门的参数化图形，并输入相关数值。

（3）异形门

新建异形门弹出下面对话框，定义图纸要求的门轴网（新建轴网用逗号隔开），如下图所示：

建筑工程工程量计算与软件应用

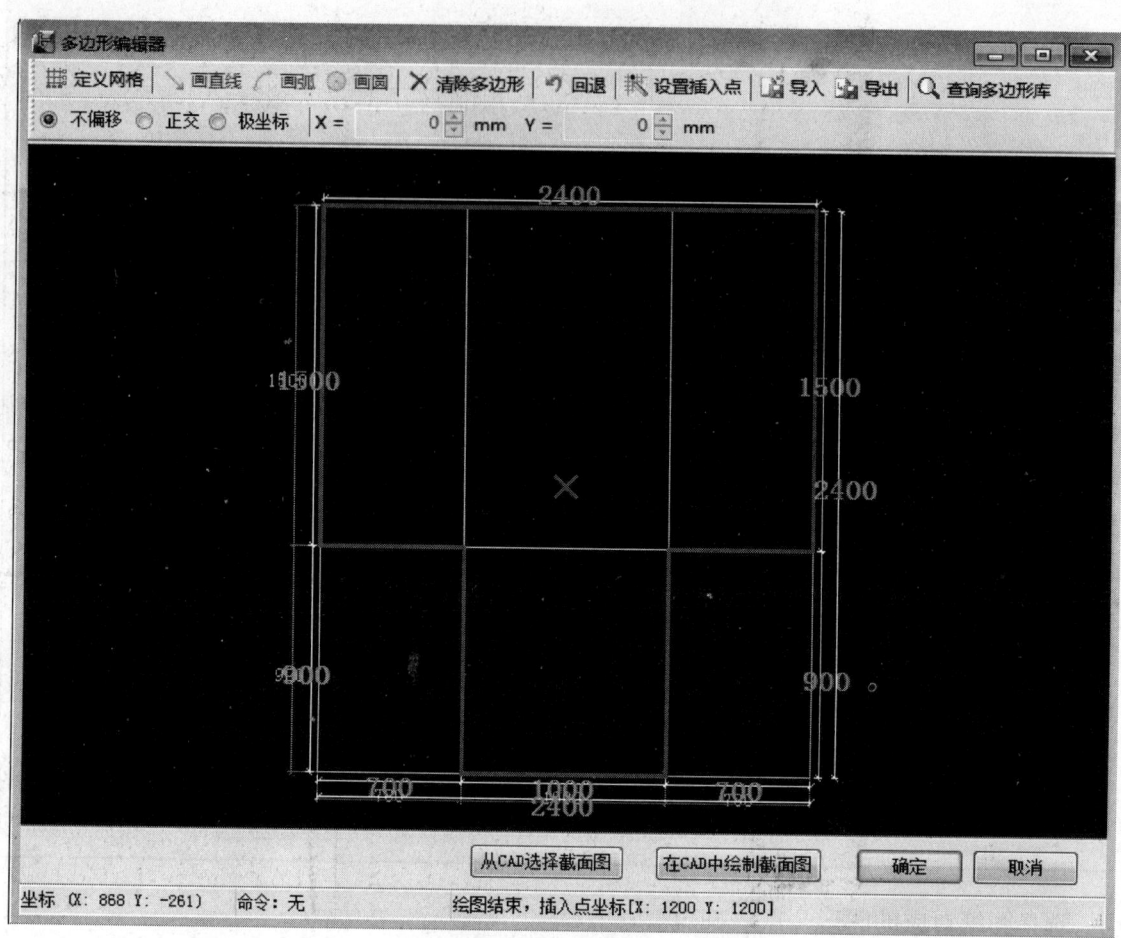

点"确定"。

说明　异形门需要您绘制门的几何形状。

(4) 矩形窗

(5) 参数化窗

新建参数化窗，弹出下面对话框：

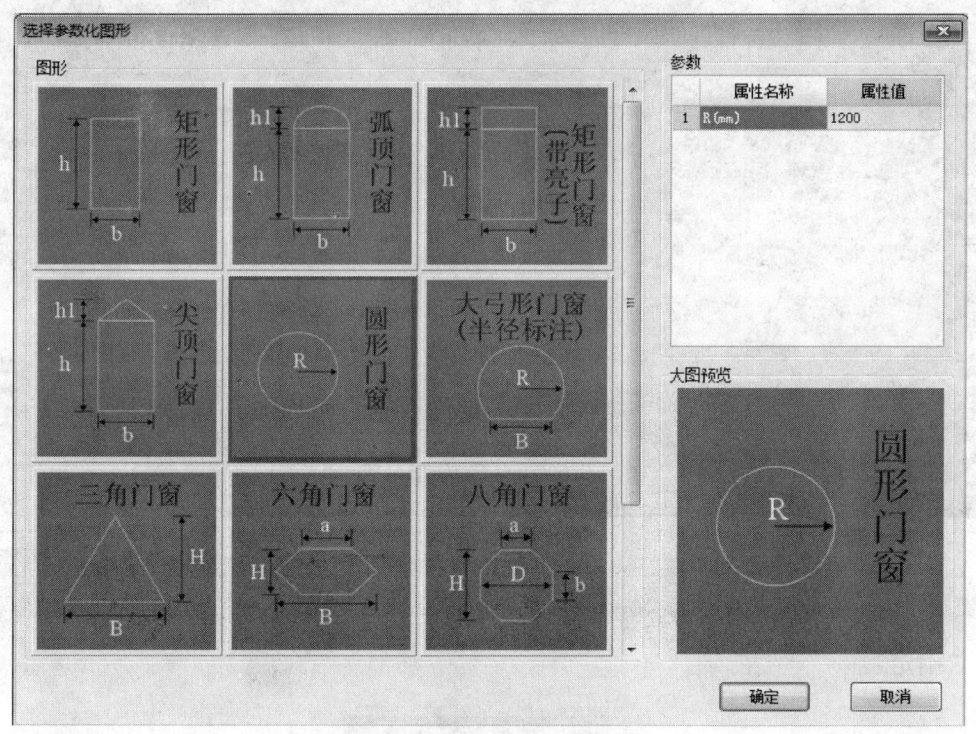

选择图纸对应的图形，点"确定"。

| 说明 | 参数化窗可以选择门的参数化图形，并输入相关数值。|

（6）异形窗

新建异形窗弹出下面对话框，定义图纸要求的窗轴网（新建轴网用逗号隔开），如下图所示：

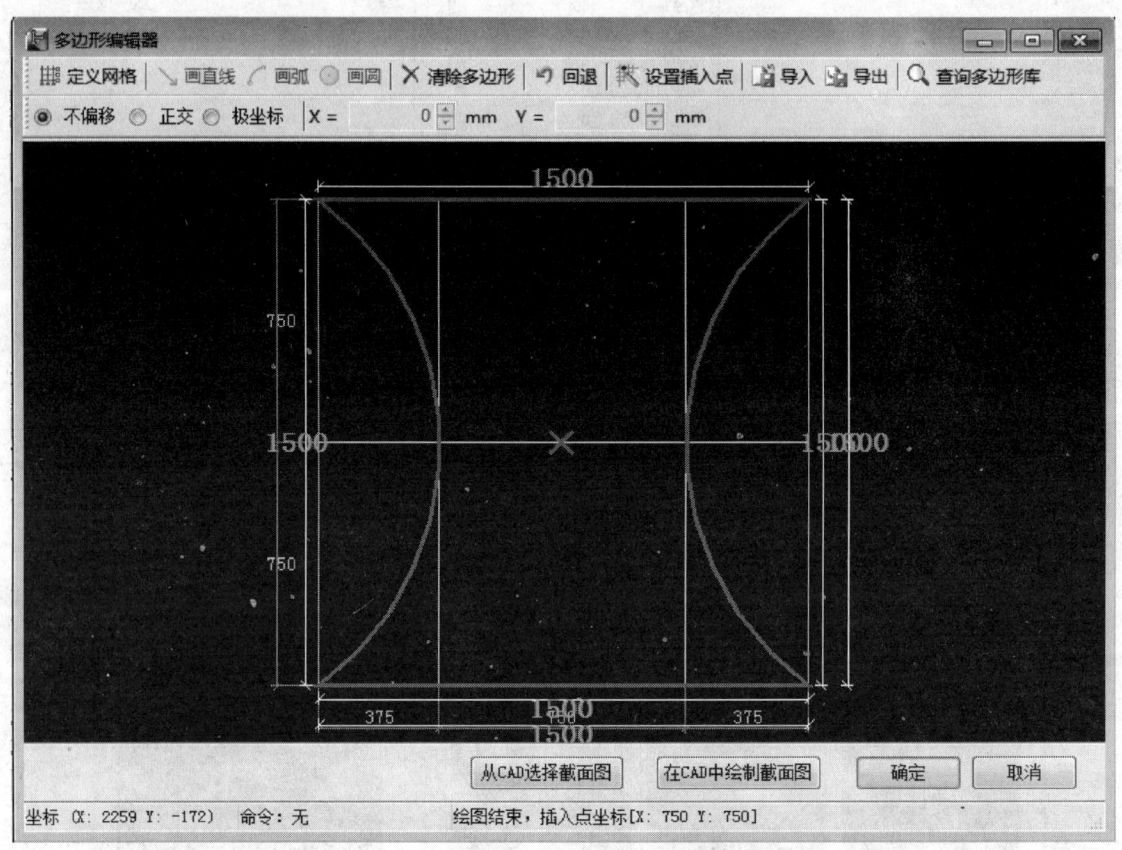

点"确定"。

| 说明 | 异形窗需要绘制窗的几何形状。|

(7) 门联窗

3. 相关属性解释

立樘距离：窗中心线与墙中心间的距离，默认为0。如果窗框中心线在墙中心线左边，该值为负，否则为正。

4. 其他说明

窗的框外围面积是小于窗洞口面积的，软件中"框上下扣尺寸"指的是窗上下框的外边与窗洞口对应上下边的距离之和，"框左右扣尺寸"指的是窗左右框外边与窗洞口对应左右边的距离之和。

缺省情况下门和门联窗中的属性"门底标高"与当前楼层底标高一致，修改楼层高度影响门窗底标高；若修改门标高与楼层标高不一致，则修改楼层高度不影响门标高。同时门依附于墙体创建并存在，其顶标高可以超过墙顶标高跨入上一层（比如楼梯窗），其始终同墙体的关系一致。

5. 注意之处

（1）建立异形门窗所定义的网格，逗号只支持英文输入法下所输入的逗号；

（2）参数化中没有的类型均可以用异形门窗处理；

（3）立樘距离和框厚尺寸都会影响地面装修和门窗侧面装修的工程量；

（4）在输入参数化门窗的数值时，如果 B 值小于默认的 $2H_1$，请先修改 H_1 的数值。

6. 构件绘制

点式、智能布置。

四、墙洞、壁龛

1. 类型

墙洞分为矩形墙洞和异形墙洞。

壁龛分为矩形壁龛和异形壁龛。

2. 属性

（1）矩形墙洞

(2) 异形墙洞

新建异形墙洞弹出下面对话框,定义图纸要求的墙洞轴网(新建轴网用逗号隔开),如下图所示:

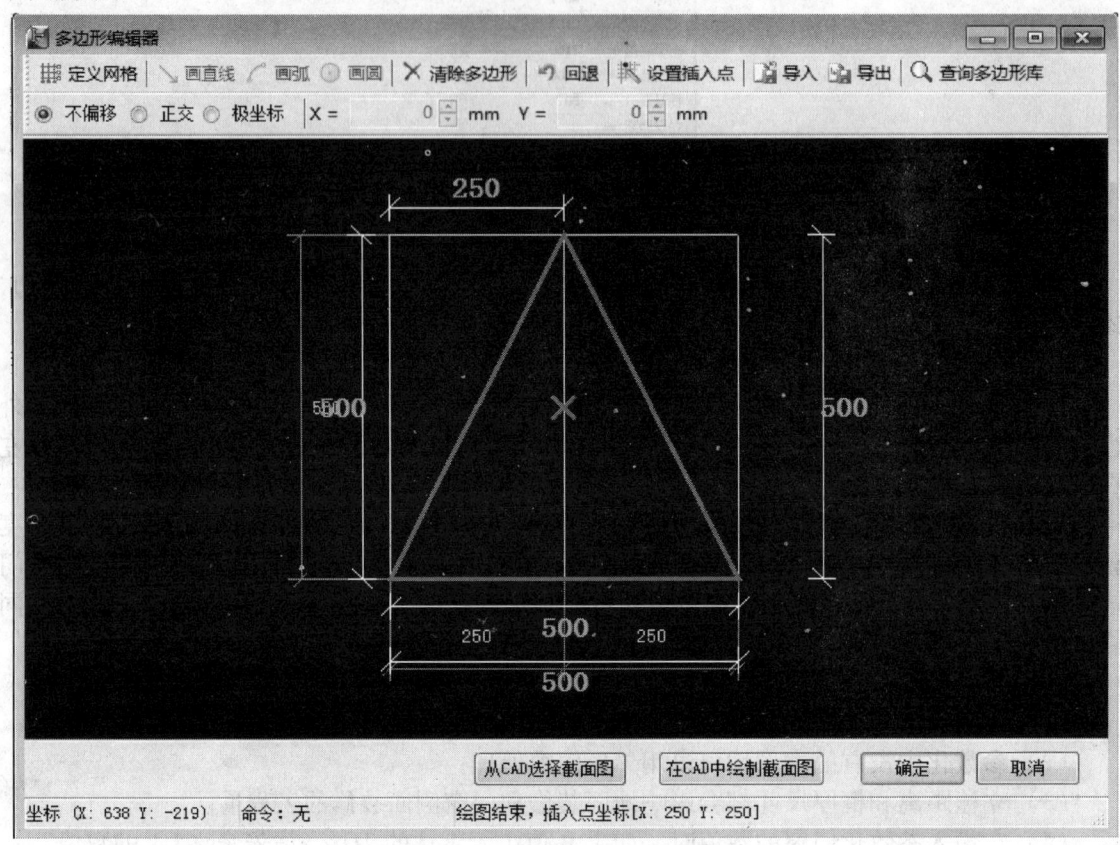

点"确定"。

(3) 矩形壁龛

(4) 异形壁龛

新建异形壁龛弹出下面对话框,定义图纸要求的壁龛轴网(新建轴网用逗号隔开),如下图所示:

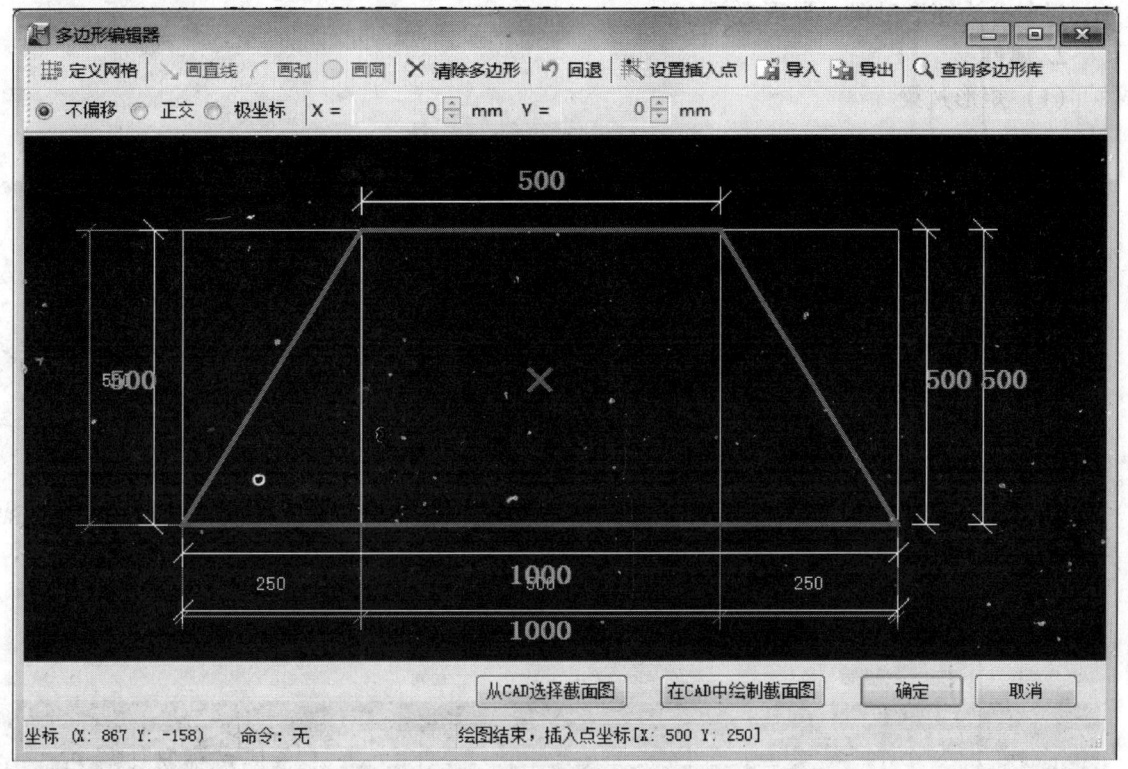

点"确定"。

3. 相关属性解释

壁龛深度:壁龛凹进墙内的深度。

编辑多边形:该属性只有在异形墙洞和异形壁龛中出现。

4. 构件画法

墙洞:点式、布置。

壁龛:点式。

五、过梁

1. 类型
过梁分为矩形过梁、异形过梁。

2. 属性
（1）矩形过梁

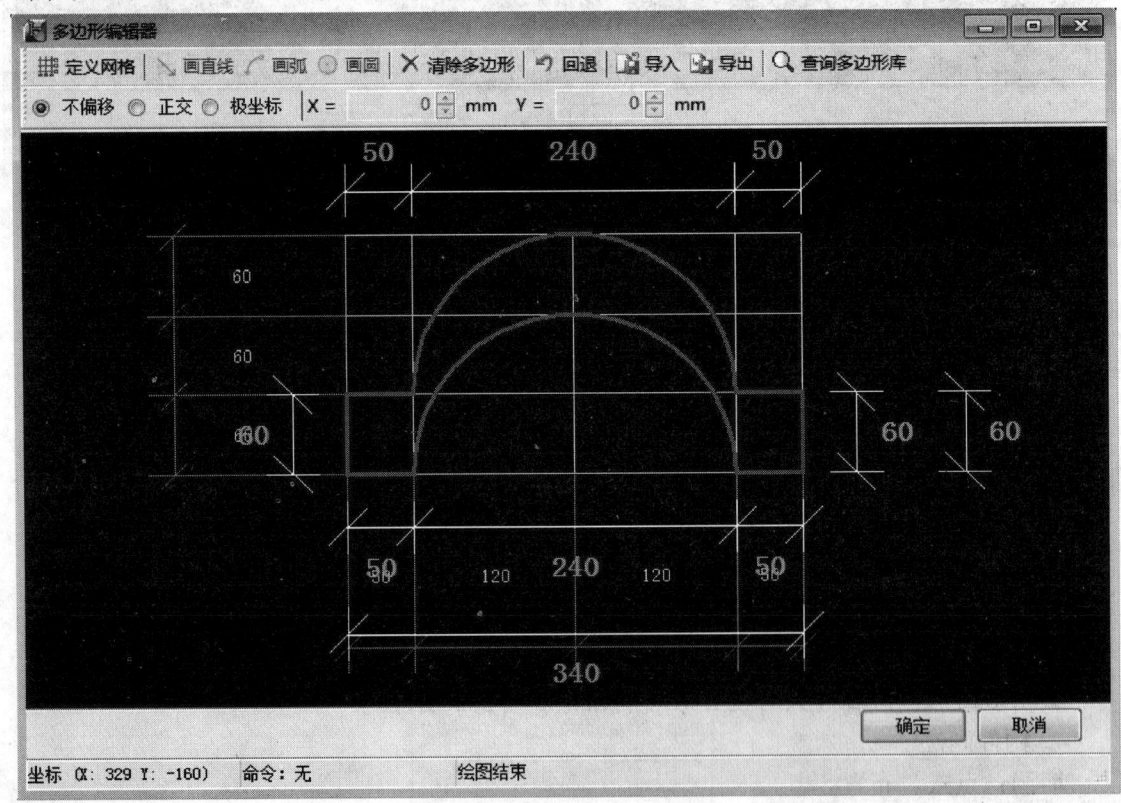

（2）异形过梁

新建异形过梁弹出下面对话框，定义图纸要求的过梁截面轴网（新建轴网用逗号隔开），如下图所示。

点"确定"。

说明　异形过梁需要绘制过梁的截面。

在过梁创建后，长度属性默认为空，在长度属性为空的情况下，将过梁绘制到窗洞口上，那么绘制到图中的过梁长度为"窗洞口的宽度与过梁伸入墙内长度之和"。默认为洞口宽度。两边各加250，如果洞口离墙端头小于250，软件自动调整过梁伸入墙端尺寸。

如果过梁为现浇过梁，尺寸可以直接计算出来，此时，可在长度一栏中输入实际的长度即可。

过梁的宽度属性值为空，在过梁绘制到洞口所在的墙上后，绘制到墙上的过梁会自动取墙的厚度作为过梁截面的宽度。

3. 相关属性解释

长度：北京定额默认值为500，过梁伸入墙内长度遇柱，软件可以自动扣减；

宽度：默认值为空时，过梁的宽度为其所在的墙的宽度。

4. 注意之处

（1）圈梁带过梁的情况，软件会按照计算规则自动处理过梁与圈梁的扣减；

（2）过梁的宽度默认为墙厚；

（3）软件没有考虑过梁与框架梁和普通梁的扣减。

5. 构件绘制

点式、布置。

六、墙垛

（此构件在工程中不常用，了解即可）

1. 类型

墙垛分为矩形墙垛和异形墙垛。

2. 属性

（1）矩形墙垛

（2）异形墙垛

新建异形墙垛弹出下面对话框，定义图纸要求的墙垛截面轴网（新建轴网用逗号隔开），如下图所示：

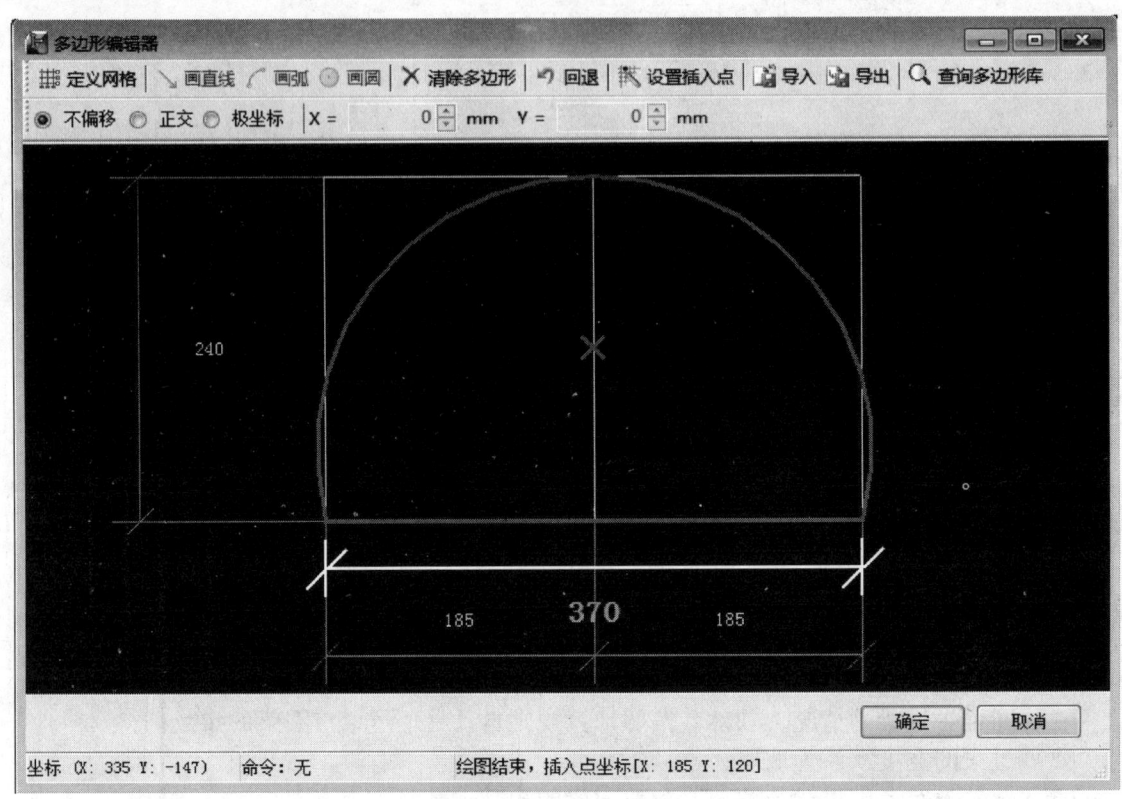

点"确定"。

说明　编辑多边形需要您绘制墙垛的截面形状。

3. 相关属性解释

长度：墙垛贴墙边的长度。

4. 其他说明

缺省情况下，墙垛底标高与楼层标高一致，修改楼层高度影响墙垛标高；若修改墙垛标高与楼层标高不一致，则修改楼层高度不影响墙垛标高。

5. 注意之处

（1）墙垛的装修面积是按照墙的外露面计算的；

（2）计算墙体积时，墙垛的高度是随墙的高度变化的。

6. 构件绘制

点式。

七、保温墙

1. 属性

新建保温墙

新建保温单元1，体现墙体的厚度、属性。

新建保温单元2，体现保温层的厚度、属性。

2. 相关属性解释

空气层厚度：保温材料与墙体之间的厚度。

3. 注意之处

（1）保温层的厚度不影响房间装修的工程量计算；

（2）保温层的空气层厚度影响保温层的体积。

4. 构件绘制

点式、布置。

八、屋面

1. 属性

2. 注意之处

遇到坡屋面时，屋面可以智能布置现浇斜板，这样屋面可以以坡屋面体现。

3. 构件绘制

点式、折线、弧线、矩形、圆形、布置。

九、挑檐

1. 属性

2. 其他说明

缺省情况下挑檐顶标高为楼层顶标高，且随楼层高度的改变而改变；如果修改挑檐顶标高与楼层标高不一致，则楼层高度的改变不影响挑檐顶标高。

3. 注意之处

计算挑檐的体积和面积时，软件会自动扣减挑檐与墙相交的体积和面积。

4. 构件绘制

点式、折线、弧线、矩形、圆形、布置。

十、阳台

1. 属性

目前版本 GCL 2008 9.10.4.1858 版本阳台为组合构件，包括阳台底板、顶板、墙洞、飘窗以及阳台内室内装修等构件组合，只能是把各个构件汇制完后才组合成阳台。

具体步骤：左键点击菜单里→其他→阳台界面，点击 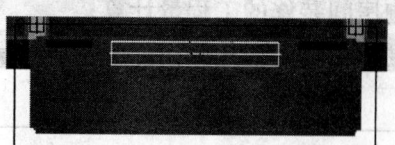，拉框属于阳台部分。

捕捉一个顶点，软件会弹出下面对话框。

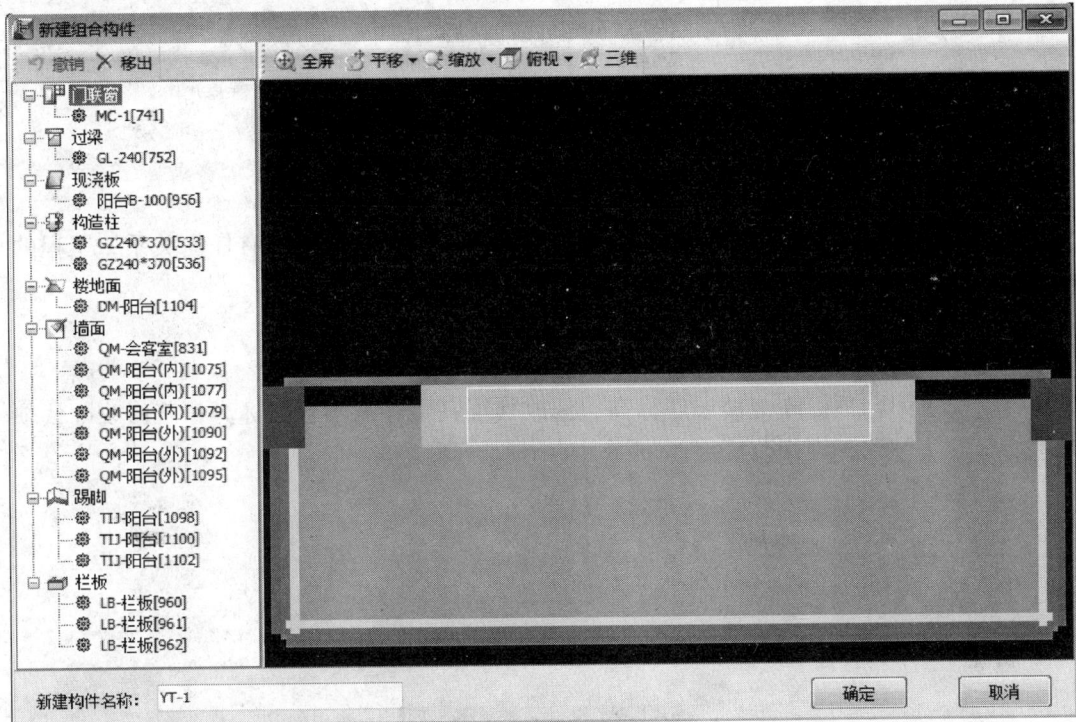

把不属于阳台的构件进行移除，对照如下。

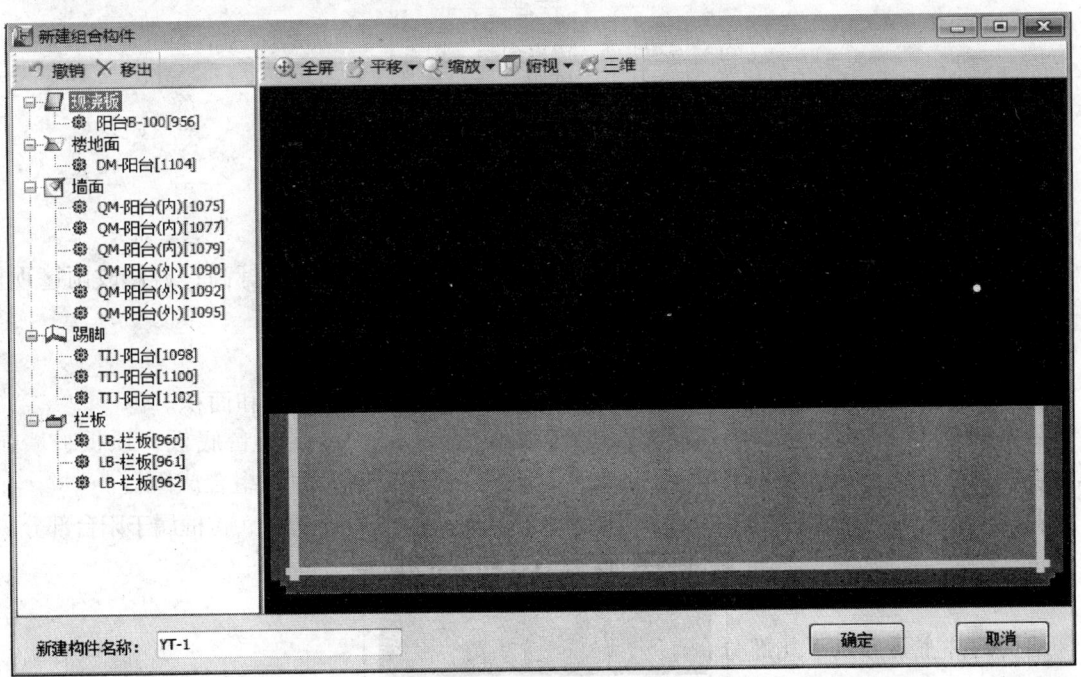

点确定，这样就可以建成阳台。

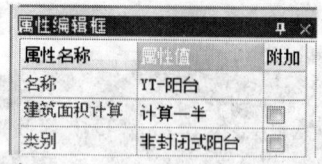

2. 相关属性解释

建筑面积计算：阳台属性中的建筑面积与实际绘制的建筑面积没有任何关系，工程的总面积为实际绘制的建筑面积。

3. 其他说明

阳台可存在于任何楼层；没有层的限制。

缺省情况下阳台顶标高为楼层底标高，修改楼层高度影响阳台顶标高；若修改阳台顶标高与楼层标高不一致，则修改楼层高度不影响阳台标高。

4. 构件绘制

点式、线式。

十一、雨篷

1. 属性

2. 其他说明

雨篷可存在于任何楼层。

缺省情况下雨篷顶标高为楼层顶标高，修改楼层高度影响雨篷顶标高；若修改雨篷顶标高与楼层标高不一致，则修改楼层高度不影响雨篷标高。

3. 注意之处

计算雨篷的体积和面积时，软件会自动扣减雨篷与墙相交的体积和面积。

4. 构件绘制

点式、折线、弧线、矩形。

第三节 结构构件

结构构件主要分以下几部分：

- 柱

- 梁
- 板、板洞
- 楼梯

一、柱

1. 类型

柱分为矩形柱、圆形柱、参数化柱和异形柱四种。

2. 属性

（1）矩形柱

属性编辑框

属性名称	属性值	附加
名称	矩形柱	
类别	框架柱	
材质	现浇混凝土	
砼类型	(预拌砼)	
砼标号	(C30)	
截面宽度(mm)	400	
截面高度(mm)	400	
截面面积(m2)	0.16	
截面周长(m)	1.6	
顶标高(m)	层顶标高	
底标高(m)	层底标高	

（2）圆形柱

属性编辑框

属性名称	属性值	附加
名称	圆形柱	
类别	框架柱	
材质	现浇混凝土	
砼类型	(预拌砼)	
砼标号	(C30)	
半径(mm)	400	
截面面积(m2)	0.502655	
截面周长(m)	2.513	
顶标高(m)	层顶标高	
底标高(m)	层底标高	

（3）参数化柱

新建参数化柱弹出下面对话框。

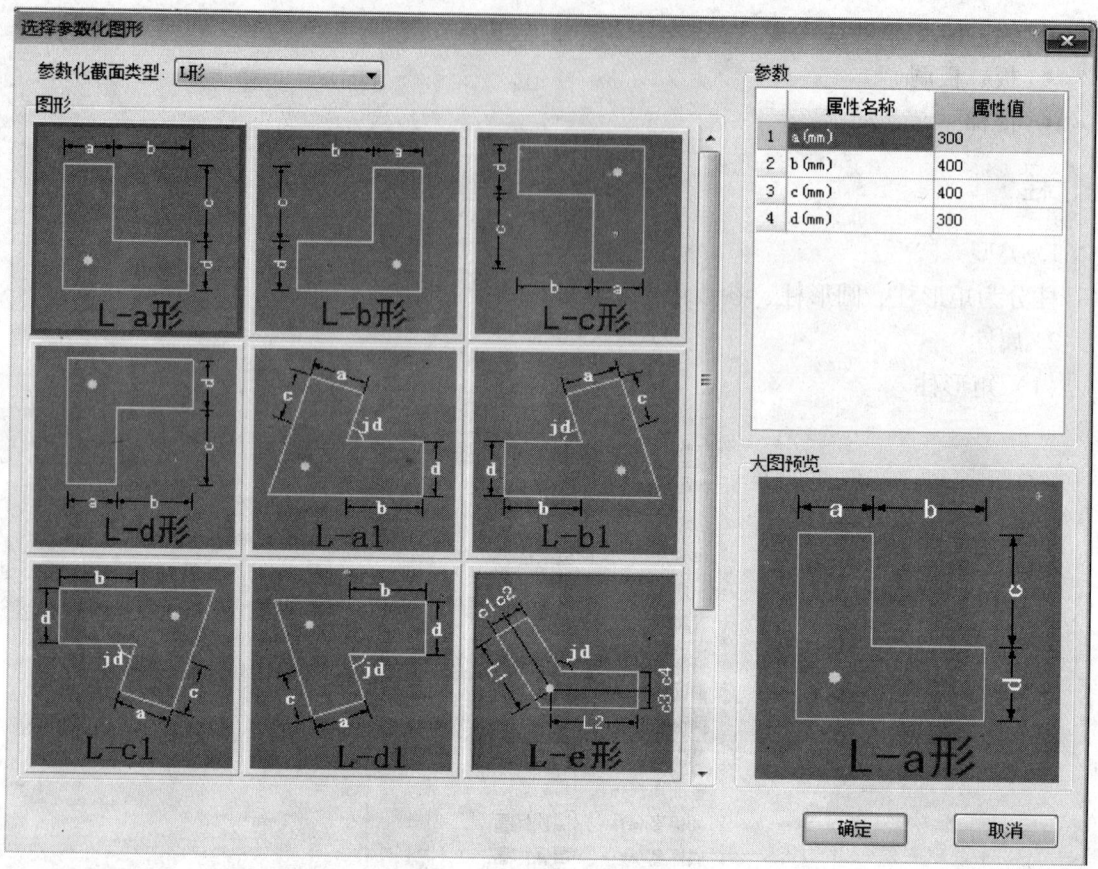

选择图纸要求的图形,点"确定"。

说明 参数化柱可以选择柱的参数化图形,并输入相关数值。

(4) 异形柱

新建异形柱弹出下面对话框,定义图纸要求的柱截面轴网(新建轴网用逗号隔开),如下图所示。

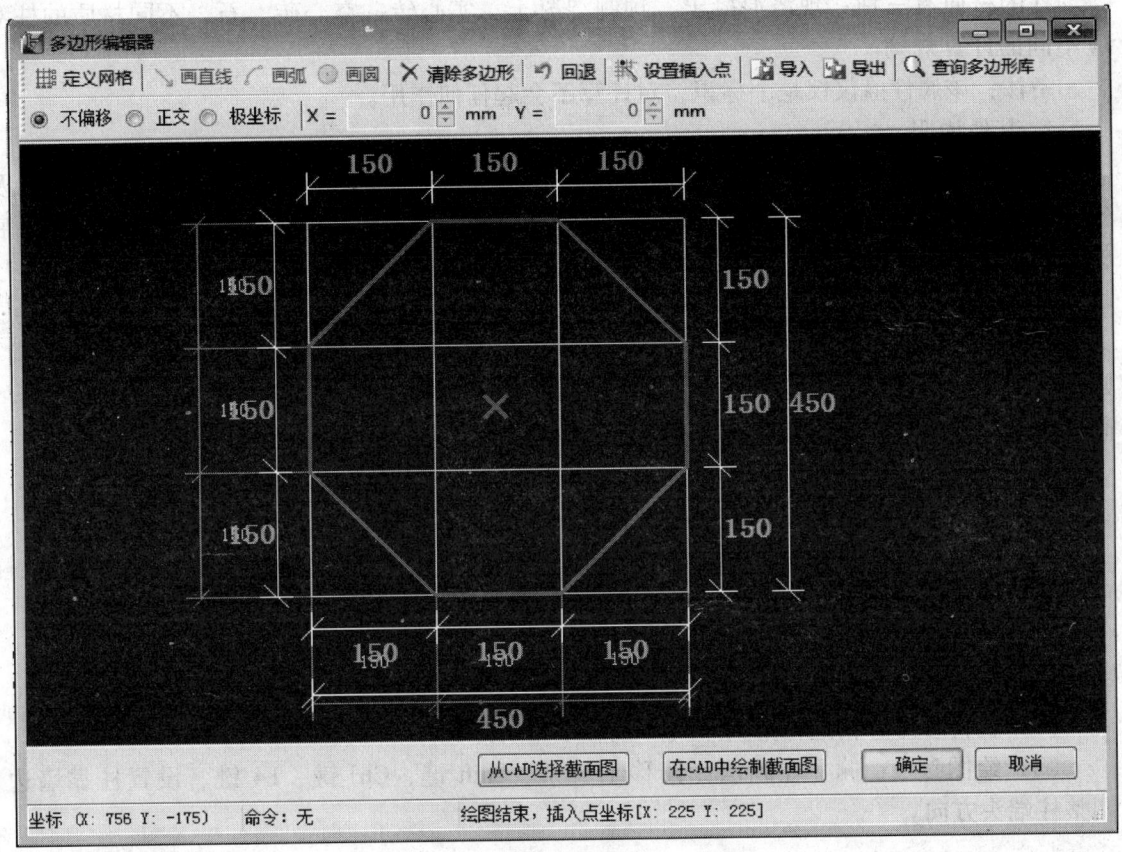

点"确定"。

3. 相关属性解释

柱的类别有四种：框架柱、框支柱、暗柱、端柱、普通柱、芯柱，不同的类别会对应不同的计算规则，其中普通柱和框架柱的计算规则是一样的。

柱的材质有三种：现浇混凝土、预制混凝土、实心砖、空心砖、石，不同材质的柱对应不同的计算规则。

备注：该属性值仅仅是个标识，对计算不会起任何作用。

4. 其他说明

缺省情况下柱底标高为楼层底标高，柱高度为楼层高度；若仅修改楼层高度，则构件及构件图元的标高与高度均随之相应改变；若仅修改构件的底标高，则构件图元按楼层关系底标高自动增加或减少，高度值为当前楼层高度；若仅修改构件的高度，则构件图元在各楼层均为该高度值，底标高为当前层底标高；若同时修改构件底标高及高度，则构件图元按楼层关系底标高自动增加或减少，高度值始终为该值；若同时修改楼层高度、构件标高及高度，则构件图元标高按修改后的标高值根据修改后的楼层关系自动增加或减少，高度为修改后的高度值，若修改的高度值与楼层高度相同，则高度随楼层变化，否则为修改值。

5. 注意之处

（1）圆形柱中的属性是半径而不是直径，请注意。

（2）框架柱的级别小于混凝土条形基础，当混凝土条形基础与框架柱相交时，框架柱自条基顶算起，软件会自动扣减，不需要再定义框架柱的底标高。

6. 构件绘制

点式、旋转点、布置。

（1）构件参考：构造柱分为带马牙槎和不带马牙槎。

（2）绘图参考：偏心柱画法：偏移工具条、Shift 键、Ctrl 键、F4 键、设置柱靠墙边、调整柱端头方向。

二、梁

1. 类型

梁分为矩形梁、参数化梁、异形梁三种。

2. 属性

（1）矩形梁

属性名称	属性值	附加
名称	矩形梁	
类别1	框架梁	
类别2		
材质	现浇混凝土	
砼类型	(预拌砼)	
砼标号	(C30)	
截面宽度(mm)	300	
截面高度(mm)	500	
截面面积(m2)	0.15	
截面周长(m)	1.6	
起点顶标高(m)	层顶标高	
终点顶标高(m)	层顶标高	

第三章 构件参考

(2) 参数化梁

新建参数化梁弹出下面对话框。

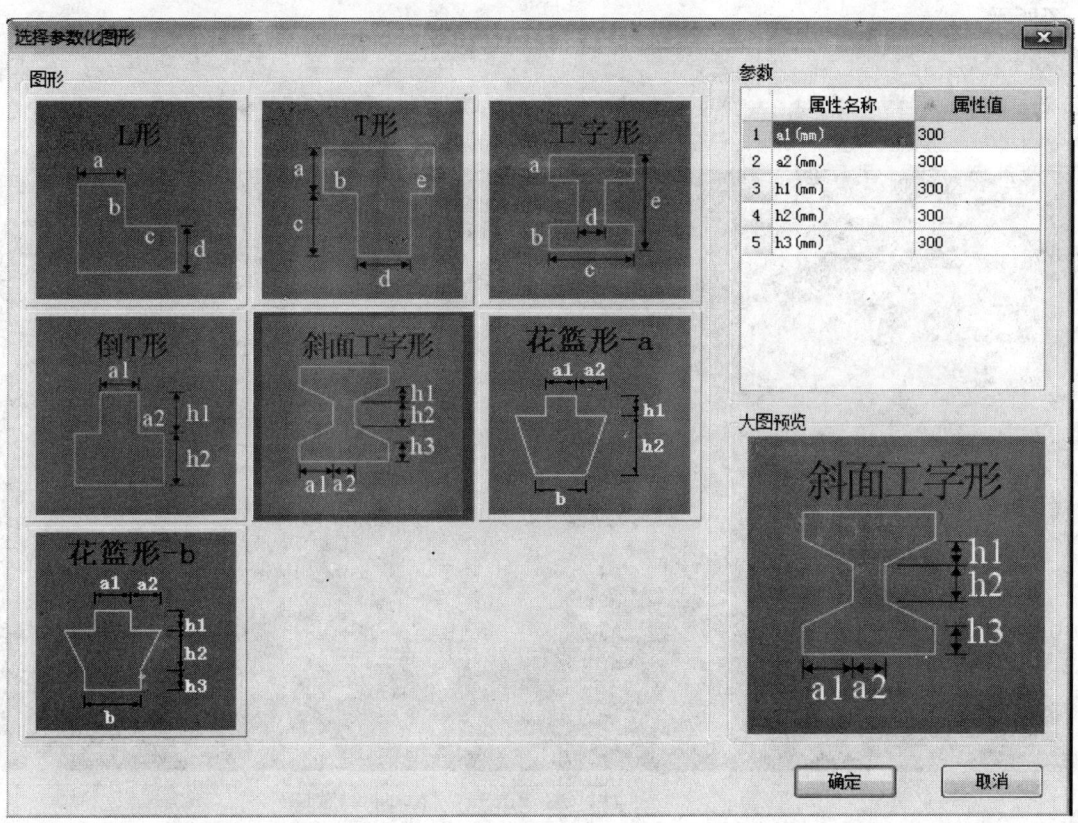

选择图纸要求的图形,点"确定"。

说明 参数化梁可以选择柱的参数化图形,并输入相关数值。

63

（4）异形梁

新建异形梁弹出下面对话框，定义图纸要求的梁截面轴网（新建轴网用逗号隔开），如下图所示。

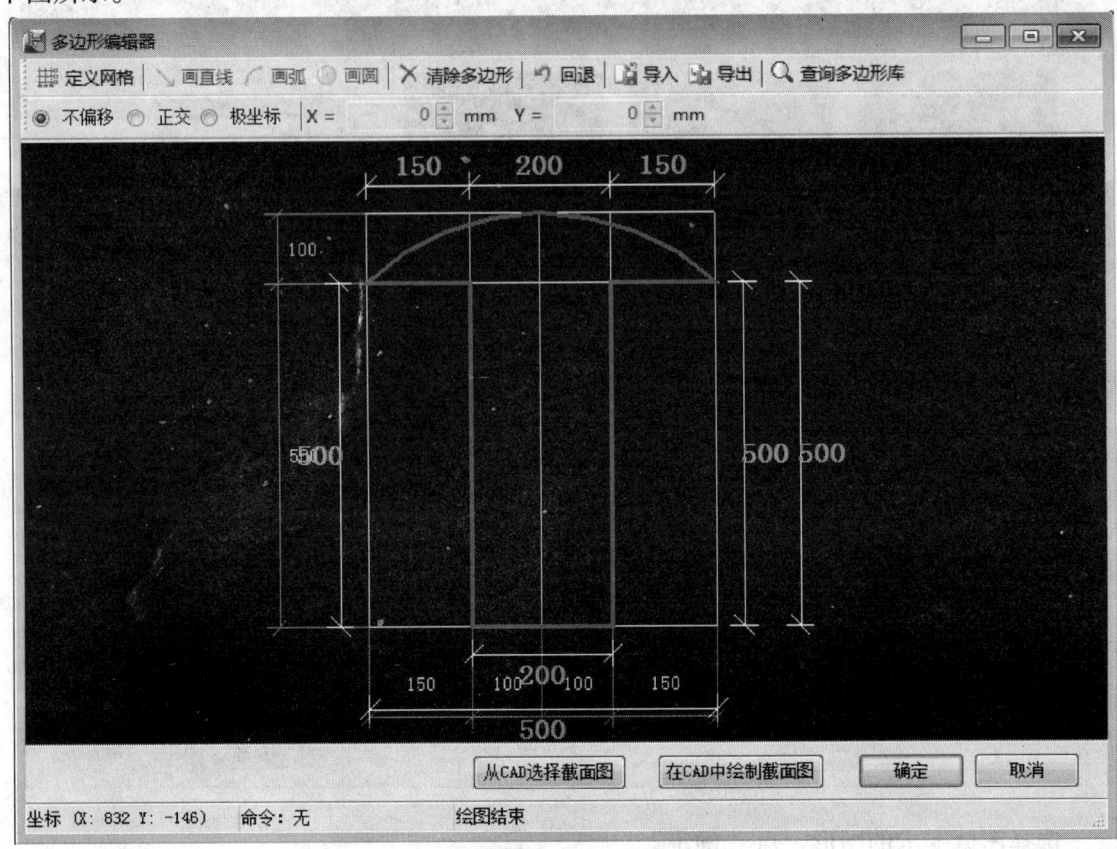

点"确定"。

3. 相关属性解释

类别：梁的类别有：框架梁、普通梁、框支梁、井字梁、圈梁、基础梁，不同类别的梁对应不同的计算规则；

材质：梁的材质有现浇混凝土和预制混凝土；

轴线距梁左边线距离：同墙的属性"轴线距墙左边线距离"。

备注：该属性值仅仅是个标识，对计算不会起任何作用。

4. 其他说明

缺省情况下梁的顶标高、终点顶标高为楼层顶标高，且随楼层高度的改变而改变；如果修改梁顶标高或终点顶标高与楼层标高不一致，则楼层高度改变不影响梁顶标高或终点顶标高。

5. 注意之处

任何材质、任何类别的梁均不与预制混凝土板扣减。

6. 构件绘制

旋转点、直线、折线、弧线、矩形、圆形、布置、分层。

（1）基础梁在计算的时候，不计算底模。

（2）根据计算规则的不同，当两个不同类别的梁相交时，有一定的扣减级别，一般的级别关系是：框架梁→普通梁→基础梁→肋梁→板底梁→圈梁。例如框架梁与板底梁相交时，框架梁通算，板底梁算到梁边。

（3）当两个相同类别的梁相交时，截面高的梁级别比截面低的梁要高，即截面高的梁通算，截面低的梁算到梁边。

（4）梁绘制在斜板下面时，所绘制的梁顶标高要调整为顶板顶标高，并在板折处把梁打断，这样梁会自动变为板同方向斜梁。

三、板、板洞

1. 类型

板分为现浇板、预制板、螺旋板三种类型。

板洞分为矩形板洞、圆形板洞、异形板洞、自定义板洞四种类型。

2. 属性

（1）现浇板

属性名称	属性值	附加
名称	现浇板	
类别	有梁板	
砼类型	(预拌砼)	
砼标号	(C25)	
厚度(mm)	(120)	
顶标高(m)	层顶标高	
是否是楼板	是	
模板类型	清水模板	

（2）预制板

属性编辑框

属性名称	属性值	附加
名称	预制板	
砼类型	(预拌砼)	
砼标号	(C25)	
长度(mm)	3000	
宽度(mm)	600	
厚度(mm)	100	
顶标高(m)	层顶标高	

（3）螺旋板

属性编辑框

属性名称	属性值	附加
名称	螺旋板	
砼类型	(预拌砼)	
砼标号	(C25)	
宽度(mm)	1000	
厚度(mm)	100	
内半径(mm)	1500	
旋转角度(°)	90	
旋转方向	逆时针	
顶标高(m)	层顶标高	
底标高(m)	层底标高	

（4）矩形板洞

属性编辑框

属性名称	属性值	附加
名称	矩形板洞	
长度(mm)	500	
宽度(mm)	500	
洞口面积(m2)	0.25	

（5）圆形板洞

属性编辑框

属性名称	属性值	附加
名称	圆形板洞	
半径(mm)	500	
洞口面积(m2)	0.785398	

（6）异形板洞

新建异形板洞弹出下面对话框，定义图纸要求的板洞轴网（新建轴网用逗号隔开），如下图所示。

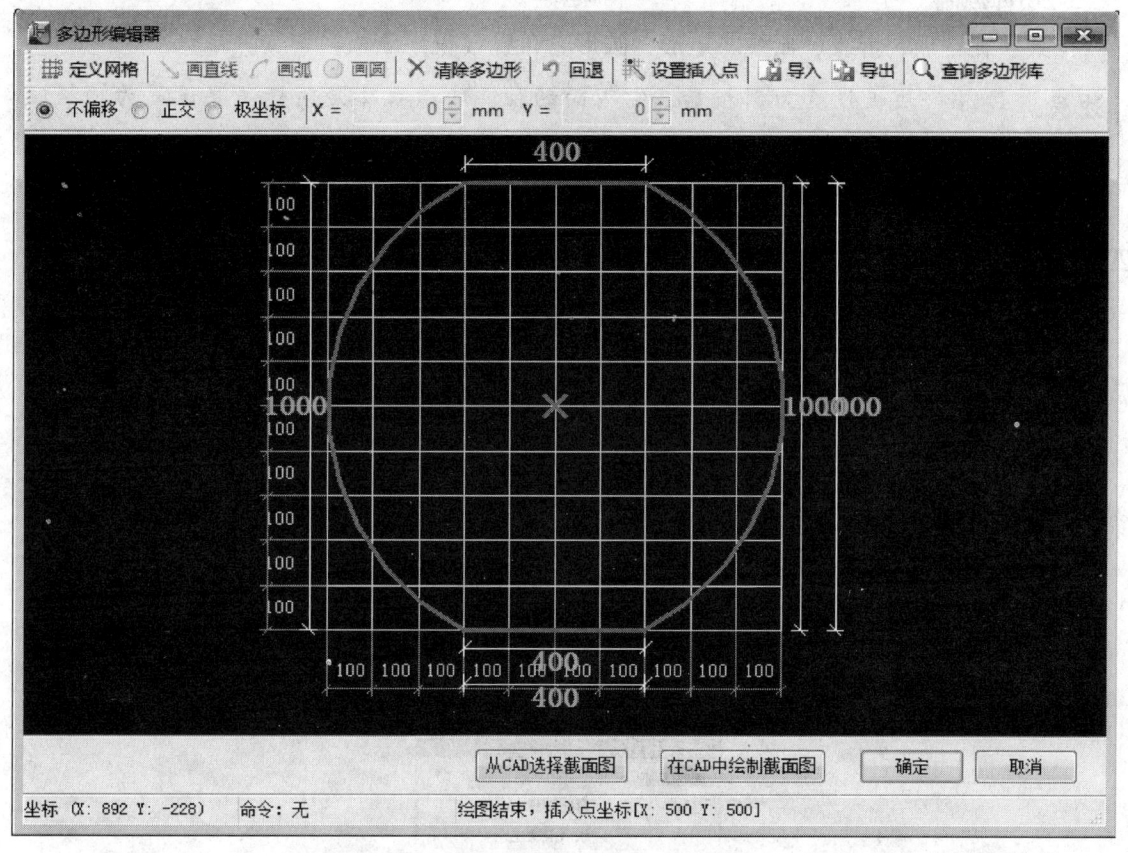

点"确定"。

（7）自定义板洞

3. 其他说明

缺省情况下板顶标高为楼层顶标高；仅修改楼层高度则构件图元的标高随之改变；若同时修改楼层高度与构件标高，若两者修改一致则楼层标高影响板标高，否则，楼层标高不影响板标高；若修改构件标高与楼层标高不一致，则修改楼层标高不再影响板标高。

4. 构件绘制

点式、旋转点、折线、弧线、矩形、圆形、布置（仅限于板）。

> **注意**
> 1. 当一块板设置为斜板后，它下面的柱、墙、垛及梁顶标高要设置为顶板顶标高。
> 2. 板厚或标高不同的情况可以局部修改。具体情况参见下篇实际工程讲解。

四、楼梯

楼梯分为楼梯、直段楼梯、螺旋梯段、楼梯井。

1. 属性

（1）楼梯

属性名称	属性值	附加
名称	楼梯	
材质	现浇混凝土	
砼类型	(预拌砼)	
砼标号	(C20)	
建筑面积计算	不计算	

（2）直段楼梯

属性名称	属性值	附加
名称	直段楼梯	
材质	现浇混凝土	
砼类型	(预拌砼)	
砼标号	(C20)	
踏步总高(mm)	3000	
踏步高度(mm)	150	
梯板厚度(mm)	100	
底标高(m)	层底标高	

（3）螺旋梯段

属性名称	属性值	附加
名称	螺旋梯段	
材质	现浇混凝土	
砼类型	(预拌砼)	
砼标号	(C20)	
踏步总高(mm)	3000	
梯段宽度(mm)	1500	
踏步高度(mm)	150	
梯板厚度(mm)	100	
内半径(mm)	500	
旋转角度(°)	90	
旋转方向	逆时针	
底标高(m)	层底标高	

(4) 楼梯井

2. 相关属性解释

建筑面积计算：属性中的建筑面积与实际绘制的建筑面积没有任何关系，工程的总面积为实际绘制的建筑面积。

3. 其他说明

缺省情况下楼梯高度为楼层高度，楼梯高度随楼层高度的改变而改变；若修改楼梯高度与楼层高度不一致，则修改楼层高度不影响楼梯高度。

4. 注意之处

（1）楼梯的高度默认为层高，即楼梯单跑的高度为层高，使用时需要根据实际情况进行调整；

（2）楼梯与平台和楼梯井可以使用虚墙进行分割；

（3）计算规则中计算楼梯工程量时，如果规定宽度小于500（或300）的楼梯井的面积不扣除，那么楼梯井就可以不绘制；

（4）如果当地规则规定楼梯按投影面积计算，可以完全只建立楼梯，不用建立梯段和休息平台。

5. 构件绘制

楼梯：点式、矩形及线形；

直形梯段：点式、矩形及线形；

弧形梯段：点式、旋转点式。

楼梯井：点式、矩形及线形；

画法说明：

楼梯梯段只支持点式布置画法，选择构件，点击"画点"按钮，在一个由墙或自定义线围成矩形区域内单击鼠标左键，一个楼梯梯段就绘制完成了。这里需要注意的是：楼梯梯段只能布置在矩形区域。

楼梯平台和楼梯井也可以和楼梯梯段一样，通过点式布置法绘制。这里值得注意的是：楼梯平台和楼梯井都可以布置在非矩形区域。

这里还需要特别提示的是：在算量软件中，用软件绘图是为了算量，如果对于某种计算规则，楼梯只需要计算一个面积，则您完全可以只用一个楼梯平台代替所有的楼梯梯段、楼梯平台和楼梯井。只需要点一下就可以了，不需要绘制用于分割的自定义线。

弧形楼梯绘制方法也很简单，只支持点式画法，用鼠标点在相应的位置即可。

第四节　装修构件

装修构件主要分以下几部分：
- 房间
- 单墙面装修

一、房间

房间是组合构件，由地面、墙面、踢脚或墙裙、天棚或吊顶组合而成，所以我们要先建立各个构件

1. 楼地面

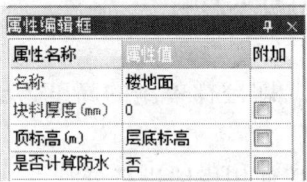

2. 踢脚线

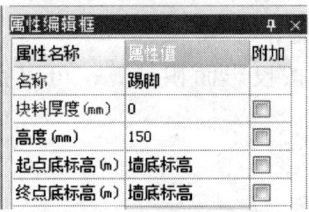

注：踢脚线和墙裙一般不会在房间里共存，也就是有踢脚就去掉不会有墙裙。

3. 墙面

4. 独立柱装修

5. 天棚

注：天棚和吊顶去掉不会在房间里共存，也就是有吊顶就一定不会有天棚装修。

6. 房间

各个构件建好以后，将它们组合到房间里面，如下图所示。

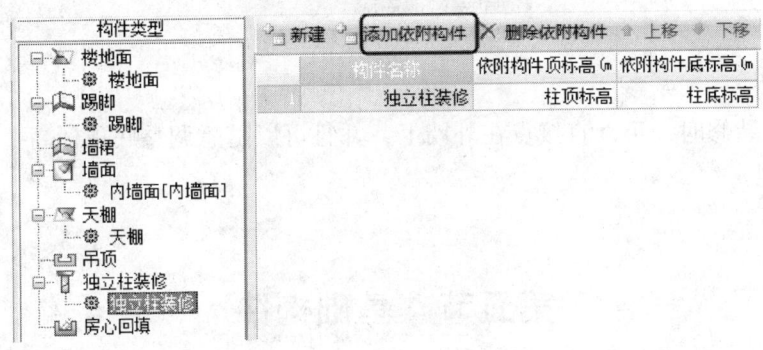

7. 其他说明

（1）构件参考

1）墙裙高度指需要做墙裙的房间的墙裙高度，墙裙高度从地面算起，包含踢脚部分高度。如果房间没有墙裙，直接删除属性值，或输入零即可。如果房间内几面墙的墙裙高度不同，可以通过单墙面装修来单独设置；

2）踢脚高度指房间内踢脚的高度，踢脚高度从地面算起；

3）吊顶高度指房间内吊顶的高度，吊顶高度从地面算起。例如一个3m层高的房间吊了一个20cm的吊顶，则该吊顶高度为2800cm；

4）块料厚度指房间内踢脚、墙裙、墙面所贴块料的厚度。软件在计算块料面积时，块料长度是按块料中心线长度计算，而该块料厚度对块料中心线长度会有一些小的影响，一般来说，对于一个矩形房间，块料中心线长度＝内墙皮长度－4×块料厚度。

5）房间由各个构件组成，每个构件有各自的标高属性。

（2）绘图参考

1）房间必须依赖它旁边的墙存在而存在。房间点上了，它的所有依附构件也就存在了；

2）处理回形房间采用虚墙分割的方法。

二、单墙面装修

1. 类型

单墙面装修一般为外墙单墙面装修。

2. 属性

属性名称	属性值	附加
名称	外墙面装修	
所附墙材质		
块料厚度(mm)	0	
内/外墙面标志	外墙面	✓
起点顶标高(m)	墙顶标高	
终点顶标高(m)	墙顶标高	
起点底标高(m)	墙底标高	
终点底标高(m)	墙底标高	

3. 注意之处

在计算外墙装修时,可以直接点在外墙上,并且可以随意调整底顶标高。

4. 构件绘制

点式、布置。

第五节　基础构件

基础构件分以下几部分:
- 条基
- 独立基础
- 满基
- 满基垫层
- 桩
- 桩承台
- 基槽土方
- 基坑土方
- 大开挖土方
- 地沟

一、条基

1. 类型

软件中条基是由一层层的单元组成的。构成条形基础的单元有矩形条基单元、参数化条基单元、异形条基单元。

2. 属性
（1）新建条形基础

（2）矩形条基单元

（3）参数化条基单元

新建参数化条基单元，弹出下面对话框：

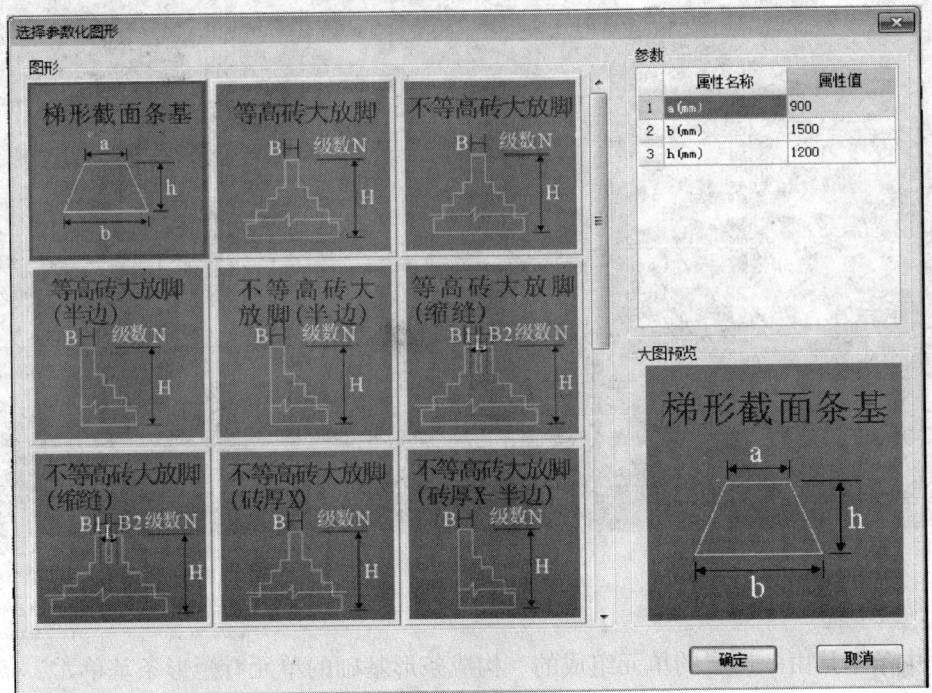

纸要求的图形,点"确定"。

(4) 异形条基单元

新建异形条基单元弹出下面对话框,定义图纸要求的条基截面轴网(新建轴网用逗号隔开),如下图所示:

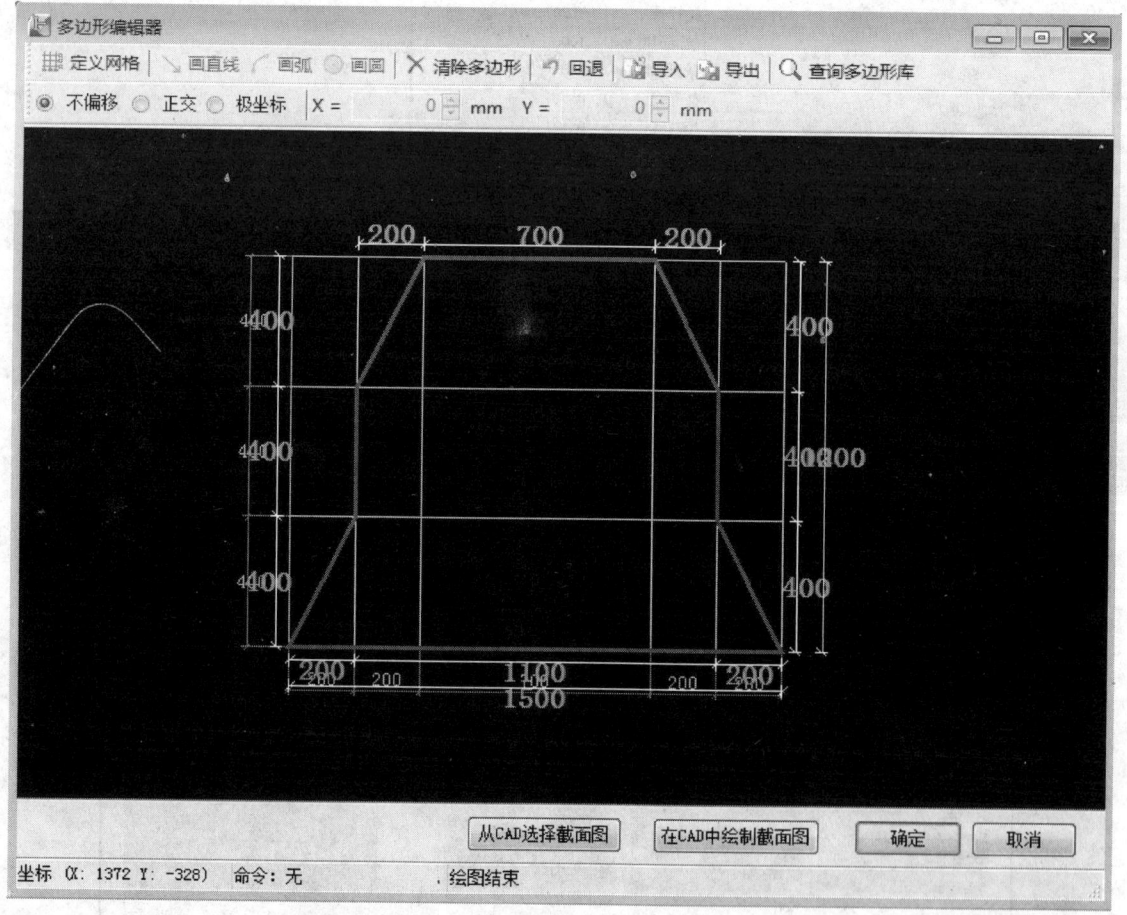

点"确定"。

3. 相关属性解释

(1) 底标高：条基的底标高默认为基础层的底标高。

(2) 材质：条基单元的材质分为砖、现浇混凝土、毛石、灰土砂石四种材质，不同的材质对应不同的计算规则。

(3) 轴线距基础左边线距离：同墙体。

(4) 垫层标记：所建立的单元是否为垫层，默认为"否"，如果选择"是"，那么软件就会把该层当做垫层来处理。

4. 其他说明

在某些地区的规则中，土方放坡是从垫层上表面开始计算的，因此在条基的最底层单元中，垫层标记要选择"是"。

5. 注意之处

(1) 建立条基单元是按照从上至下的顺序建立的；

(2) 参数化条基单元和异形条基单元的倾斜边与水平面的夹角大于45度时，倾斜边才计算模板面积。

6. 构件绘制

旋转点、直线、折线、弧线、矩形、圆形、布置。

画法说明：

(1) 条基的绘制方法与墙类似，具体的各种绘图方式请参见墙的画法说明。这里主要介绍一下条基按墙中心线布置的功能。

(2) 在实际工程中，条基上面一般都有墙体。因此，一般绘制条基的方法都是把首层墙体复制到基础层，根据墙布置条基，然后把墙体再删除。

(3) 条基布置好后，由于各种原因，条基的底标高可能不等于基础层底标高。这时，可以设置属性修改条基底标高。

二、独立基础

1. 类型

构成独立基础的单元有矩形独基单元、参数化独基单元、异形独基单元。

2. 属性

（1）独基

新建独立基础。

（2）矩形独基单元

（3）参数化独基单元

新建参数化独基单元，弹出下面对话框：

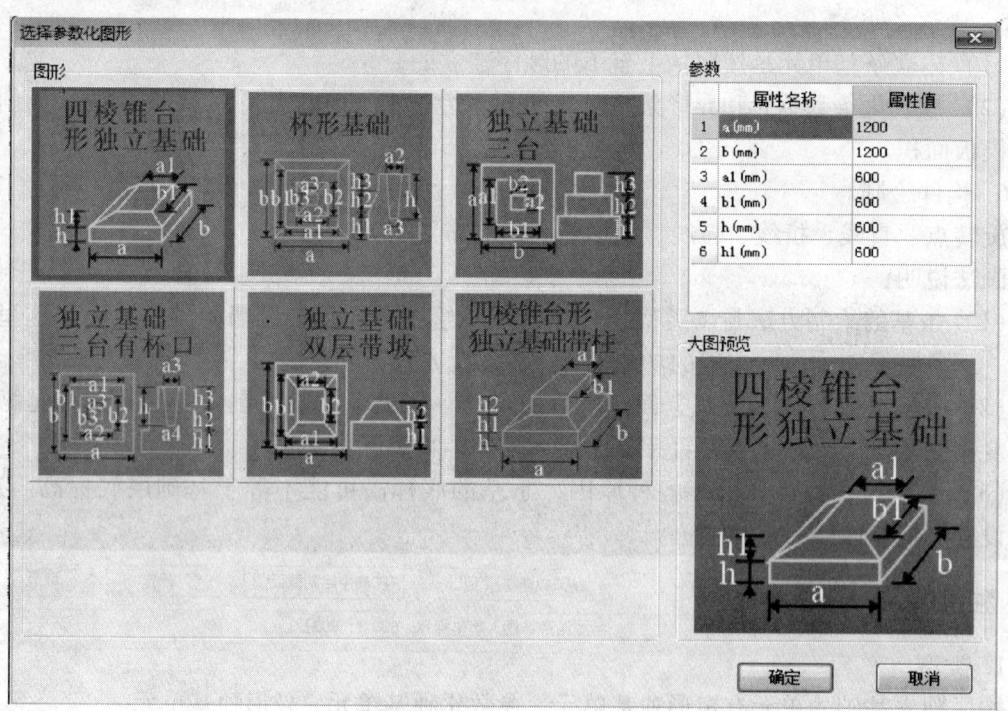

纸要求的图形，点"确定"。

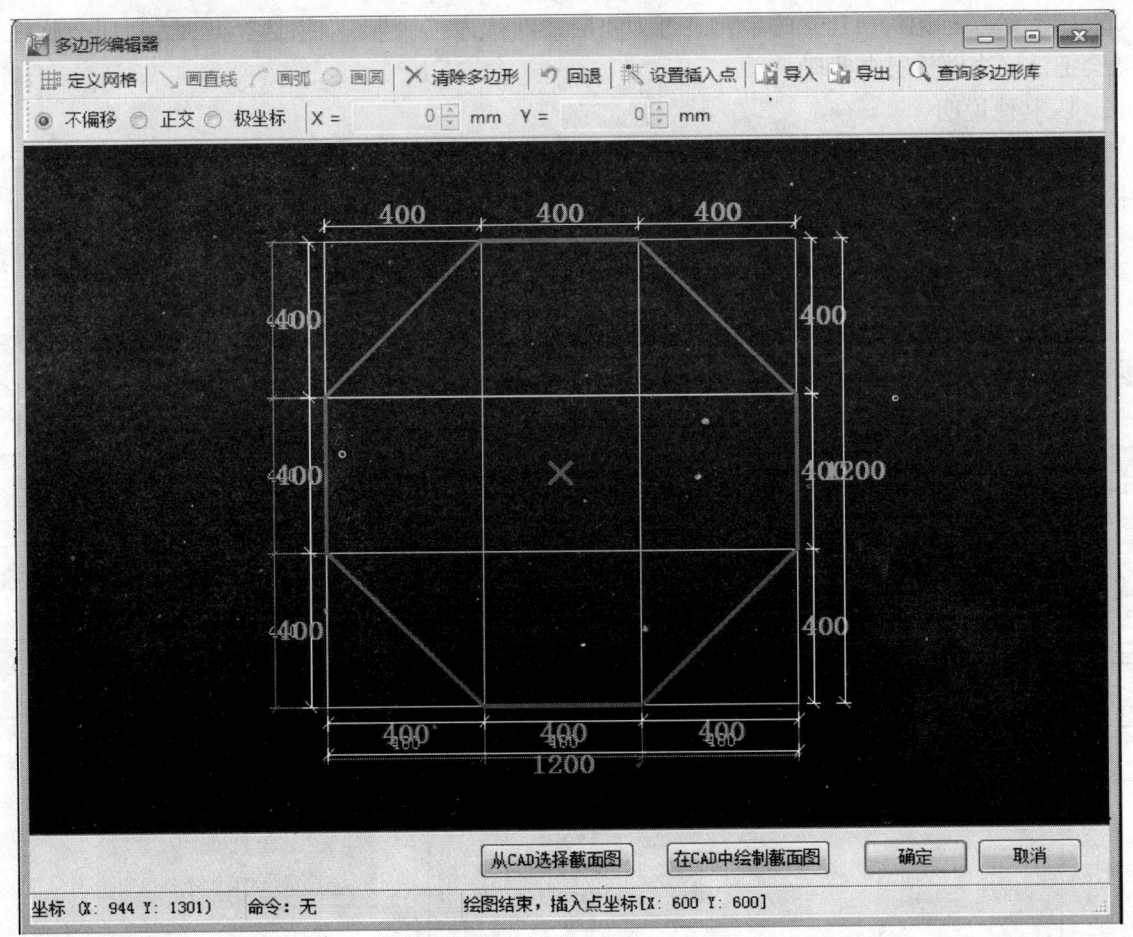

（4）异形独基单元

新建异形独基单元弹出下面对话框，定义图纸要求的独基截面轴网（新建轴网用逗号隔开），如下图所示：

点"确定"。

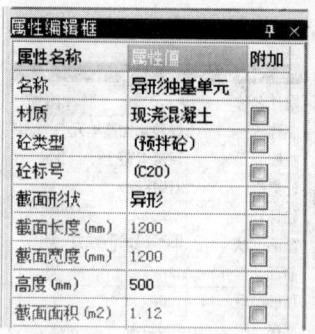

3. 相关属性解释

（1）底标高：独基的底标高默认为基础层的底标高；

（2）材质：独基单元的材质分为现浇混凝土、毛石、灰土砂石三种材质，不同的材质对应不同的计算规则；

（3）垫层标记：所建立的单元是否为垫层，默认为"否"，如果选择"是"，那么软件就会把该层当做垫层来处理。

4. 其他说明

在某些地区的规则中，土方放坡是从垫层上表面开始计算的，因此在独基的最底层单元中，垫层标记要选择"是"。

5. 注意之处

（1）建立独基单元是按照从上至下的顺序建立的；

（2）异形独基单元中的多边形只是独基平面的多边形，在绘制完截面多边形后，还需要设置异形独基单元的"高度"；

（3）参数化独基单元和异形独基单元的倾斜边与水平面的夹角大于45°时，倾斜边才计算模板面积。

6. 构件画法

独基的绘制方法与柱类似，具体的各种绘图方式请参见柱的画法说明。常用的方式有点式、旋转点、布置。

三、满基

1. 属性

2. 相关属性解释

（1）底标高：满基的底标高默认为基础层的底标高。

（2）边上倾斜高度（宽度）：如下图所示。

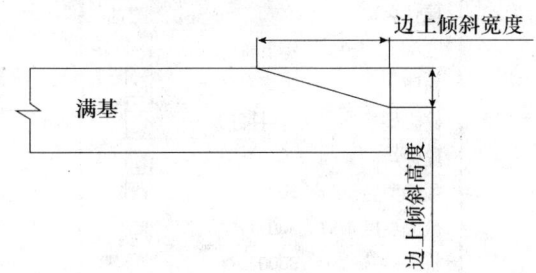

目前 GCL2008 版本完全可以处理满基边上的倾斜边。

3. 注意之处

对于满基边上倾斜边的模板面积，只有倾斜边与水平面的夹角大于或等于45°时才计算。

4. 构件绘制

点式、折线、弧线、矩形、圆形、布置。

四、满基垫层

1. 属性

2. 相关属性解释

（1）底标高：满基垫层的顶标高默认为基础层的底标高。

（2）材质：满基垫层的材质分为现浇混凝土、毛石混凝土、炉渣、灰土、三合土、素土六种材质。

3. 构件绘制

点式、折线、弧线、矩形、圆形、布置。

五、桩

桩分为矩形桩、参数化桩。

1. 属性
(1) 矩形桩

(2) 参数化桩
新建参数化桩,弹出下面对话框。

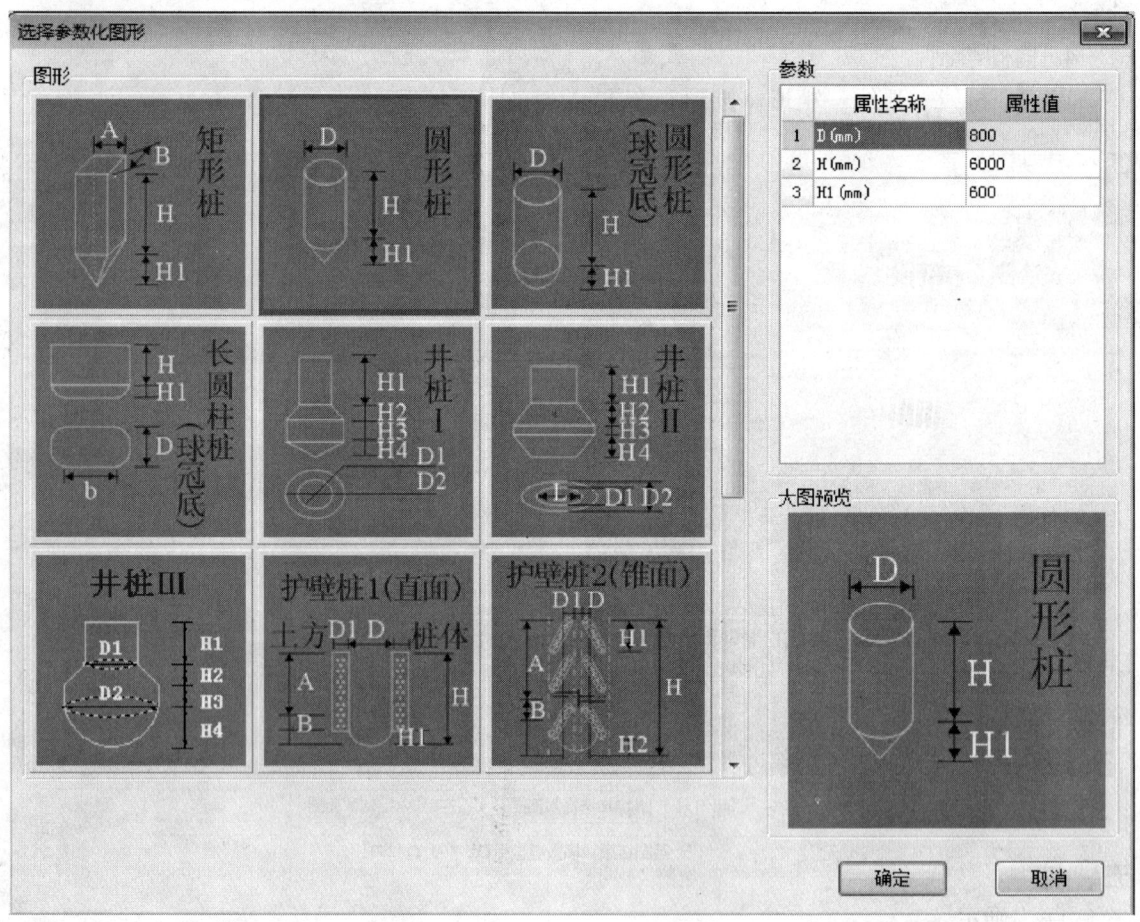

纸要求的图形,点"确定"。

(3) 异形桩

新建异形桩弹出下面对话框,定义图纸要求的桩截面轴网(新建轴网用逗号隔开),如下图所示。

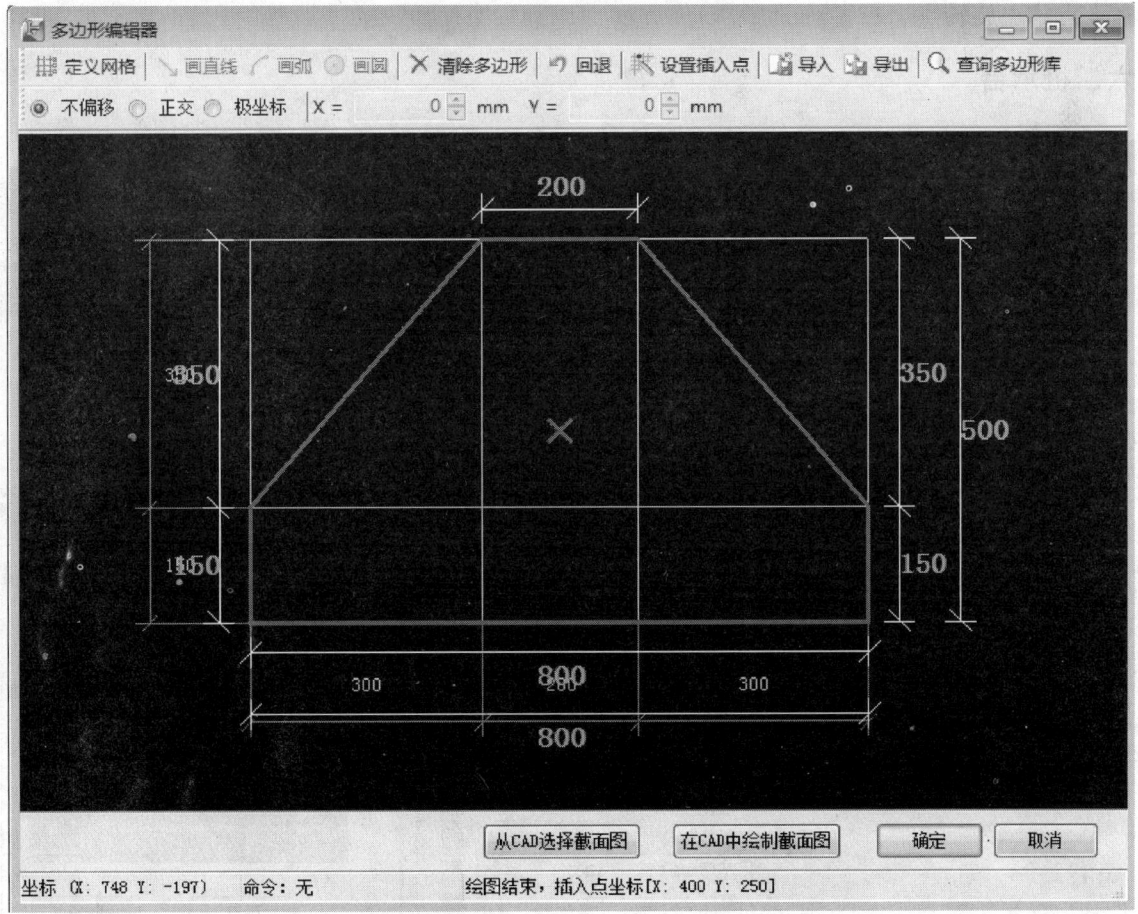

点"确定"。

2. 相关属性解释

桩的所有属性均取参数化图元的属性。

3. 构件画法

点式、旋转点、布置。

六、桩承台

1. 类型

构成桩承台的单元有矩形桩承台单元、参数化桩承台单元、异形桩承台单元。

2. 属性

（1）桩承台

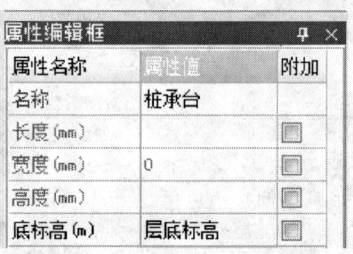

（2）矩形桩承台单元

（3）参数化桩承台单元

新建参数化独桩承台，弹出下面对话框。

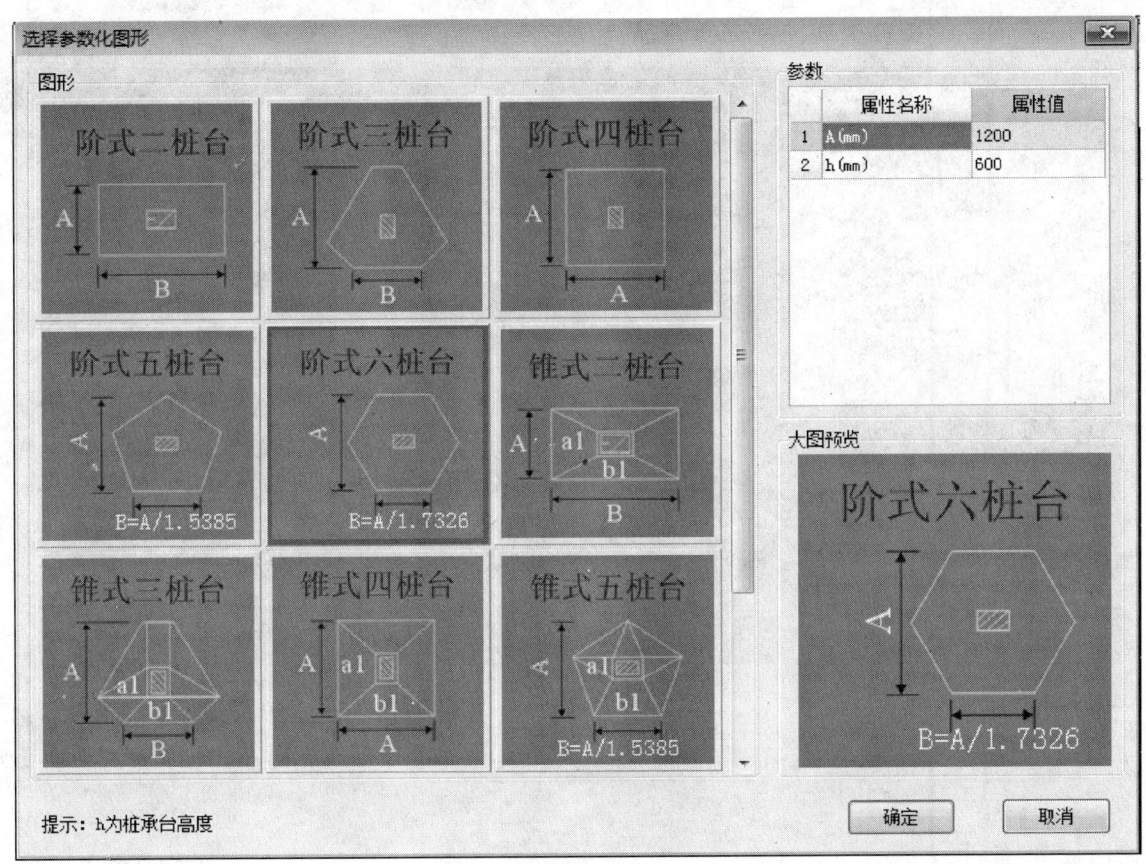

纸要求的图形，点"确定"。

（4）异形桩承台单元

新建异形桩承台单元弹出下面对话框，定义图纸要求的异形桩承台截面轴网（新建轴网用逗号隔开），如下图所示。

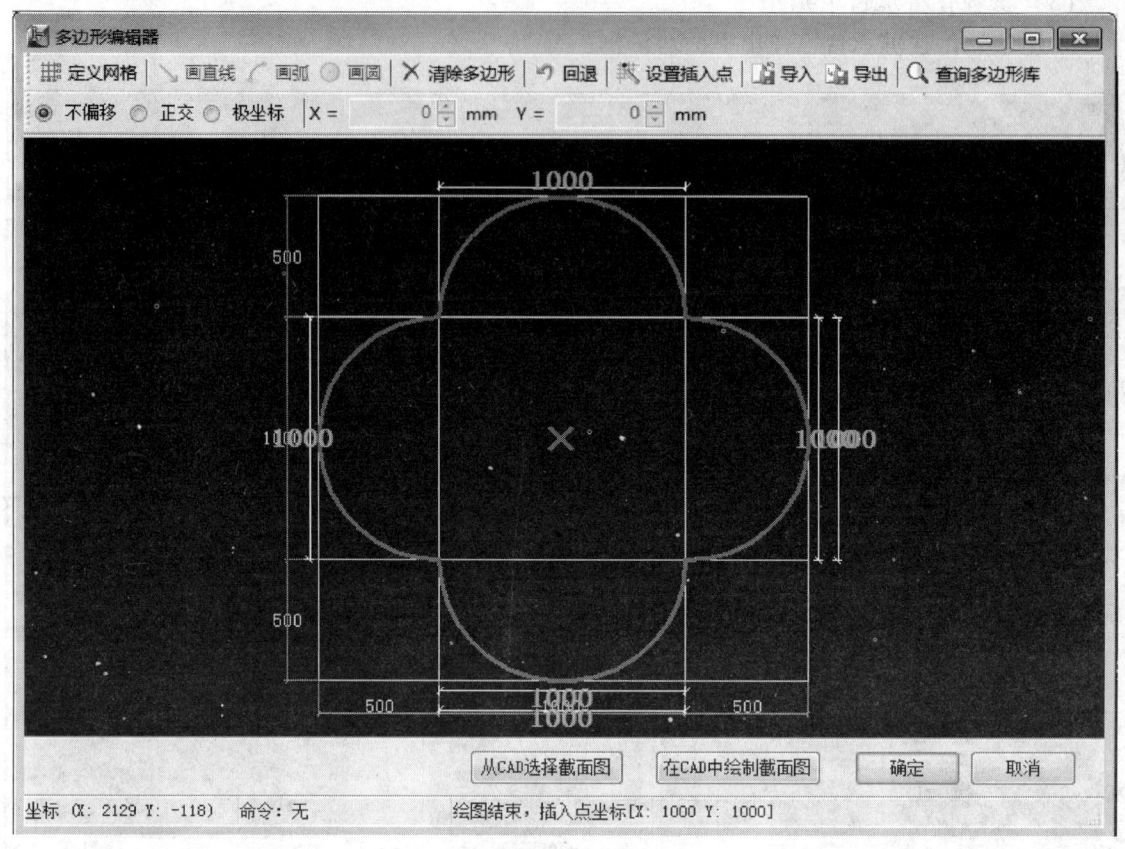

点"确定"。

3. 相关属性解释

（1）底标高：桩承台的底标高默认为基础层的底标高。

（2）材质：桩承台单元的材质分为现浇混凝土、毛石、灰土砂石三种材质，不同的材质对应不同的计算规则。

（3）垫层标记：所建立的单元是否为垫层，默认为"否"，如果选择"是"，那么软件就会把该层当做垫层来处理。

4. 其他说明

在某些地区的规则中，土方放坡是从垫层上表面开始计算的，因此在桩承台的最底层单元中，垫层标记要选择"是"。

5. 注意之处

（1）建立桩承台单元是按照从上至下的顺序建立的；

（2）异形桩承台单元中的多边形只是桩承台平面的多边形，在绘制完截面多边形后，还需要设置异形桩承台单元的"高度"；

（3）参数化桩承台单元和异形桩承台单元的倾斜边与水平面的夹角大于45°时，倾斜边才计算模板面积。

6. 构件画法

点式、旋转点、布置。

七、基槽土方

1. 属性

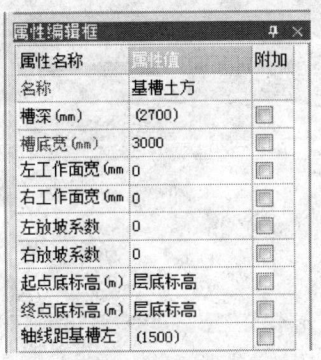

2. 相关属性解释

（1）底标高：默认的底标高为基础层的底标高。

（2）左、右放坡系数：对于部分计算规则中不计算土方放坡体积或不使用放坡系数计算土方放坡体积时，不需要设置该属性。

3. 注意之处

只有放坡系数设置为"0"时，基槽才会计算挡土板的面积。

4. 构件画法

旋转点、直线、折线、弧线、矩形、圆形、布置。

八、基坑土方

1. 类型

基坑分为矩形基坑和异形基坑。

2. 属性
(1) 矩形基坑

(2) 异形基坑土方

新建异形基坑土方弹出下面对话框,定义图纸要求的基坑轴网(新建轴网用逗号隔开),如下图所示。

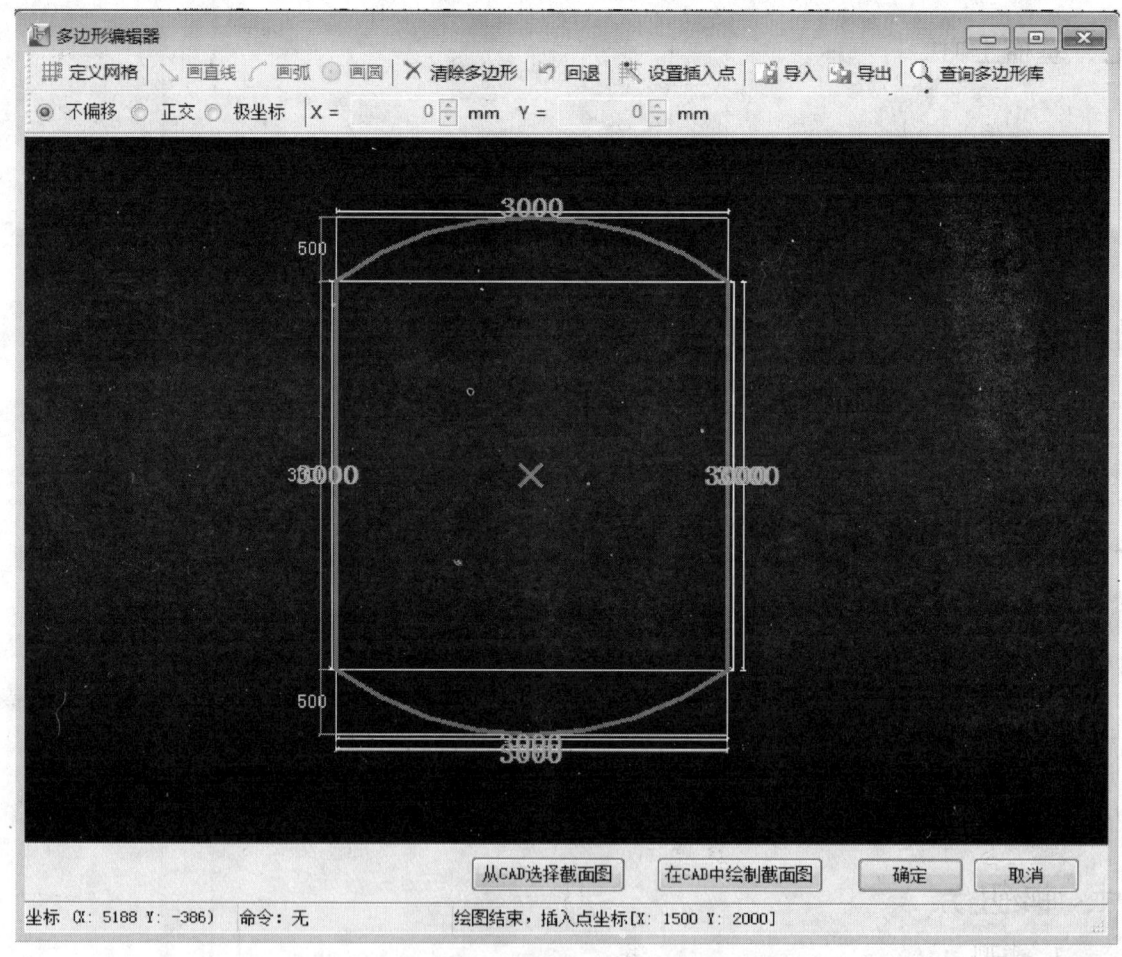

点"确定"。

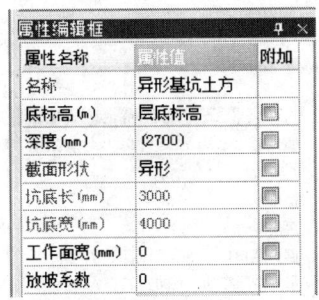

3. 相关属性解释

（1）底标高：默认的底标高为基础层的底标高。

（2）放坡系数：对于部分计算规则中不计算土方放坡体积或不使用放坡系数计算土方放坡体积时，不需要设置该属性；如清单规则下土方就不计算放坡及工作面。此项不用输即可。

4. 注意之处

只有放坡系数设置为"0"时，基坑才会计算挡土板的面积。

5. 构件画法

点式、旋转点、布置。

九、大开挖土方

1. 属性

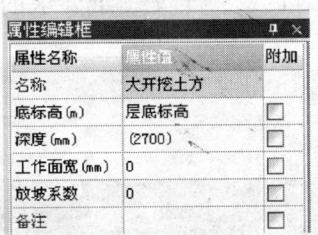

2. 相关属性解释

（1）底标高：默认的底标高为基础层的底标高，修改该属性会影响深度的属性值。

（2）放坡系数：对于部分计算规则中不计算土方放坡体积或不使用放坡系数计算土方放坡体积时，不需要设置该属性。

3. 注意之处

只有放坡系数设置为"0"时，大开挖土方才会计算挡土板的面积。修改大开挖底标高后，大开挖深度也会随着变化，因为大开挖深度等于室外地坪标高减去大开挖底标高。

4. 构件画法

点式、折线、弧线、矩形、圆形、布置、分层。

十、地沟

1. 类型

构成地沟的单元有矩形地沟单元、异形地沟单元。

2. 属性

（1）地沟

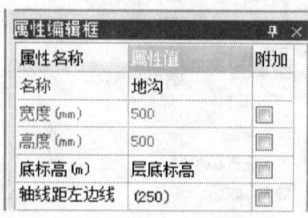

（2）矩形地沟单元

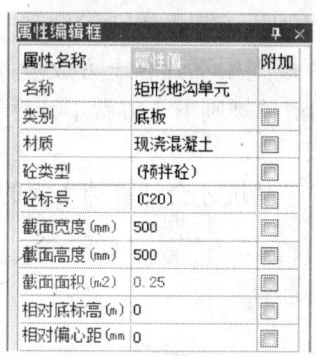

（3）异形地沟单元

新建异形地沟单元弹出下面对话框，定义图纸要求的地沟断面轴网（新建轴网用逗号隔开），如下图所示。

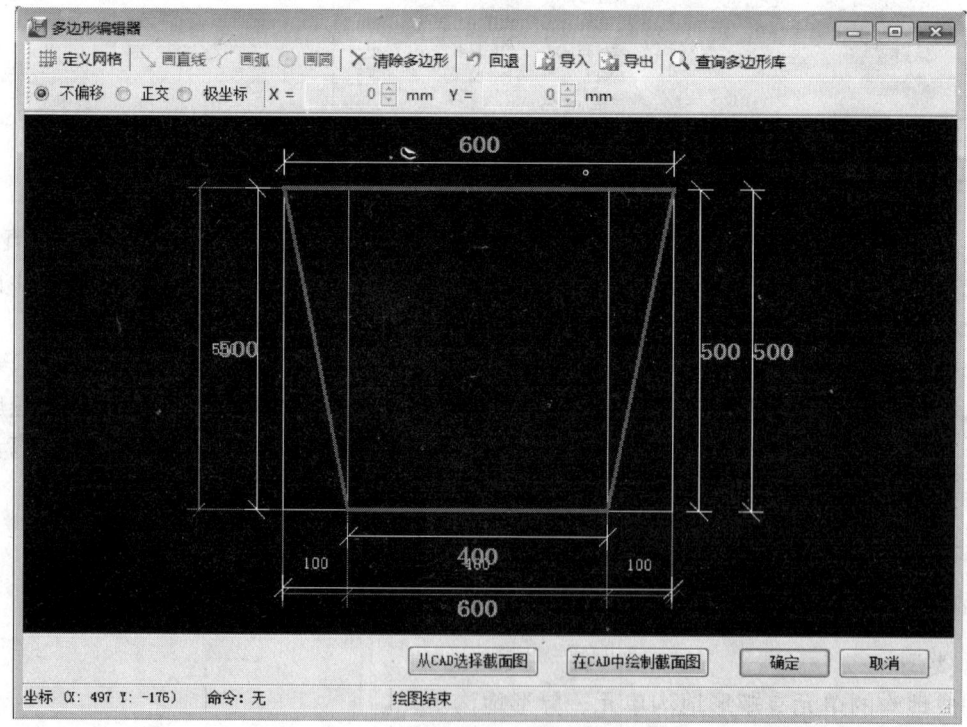

点"确定"。

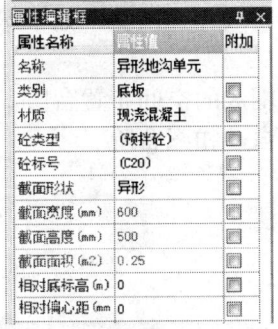

3. 注意之处
（1）如果地沟为贴墙地沟，则设置侧壁厚度时一侧厚度为"0"即可。
（2）地沟底标高为基础层的底标高。
4. 其他说明：
软件中的地沟只计算长度、体积、模板面积三个工程量。
如果需要计算地沟的底板、盖板、侧板的装修量，可以手工处理一下。一定要记住，用软件绘图是为了算量，如果软件某些功能没有手工算得快就用手工算量。
5. 构件画法
旋转点、直线、折线、弧线、矩形、圆形、布置。

第六节　其他构件

其他构件有：
- 台阶
- 散水
- 平整场地
- 建筑面积
- 天井
- 自定义点
- 线
- 面

一、台阶

1. 构件说明

在软件中台阶是一个面状构件，只计算面积，如果您需要计算台阶的体积，可以用面积乘以一个台阶高度。

台阶可以根据自定义线和外墙围成的空间布置台阶。

散水中有台阶时，散水工程量自动扣减台阶。

2. 构件画法

点、连续线弧、矩形、圆形画法。

二、散水

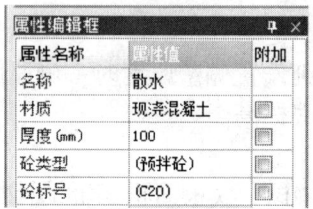

1. 构件说明

一般来说，在一个工程中只有一个散水。这里需要说明的是，软件计算散水面积时，会自动扣减与台阶的相交面积。

2. 画法说明

散水支持点、连续线弧、矩形、圆形画法，这些画法和台阶基本类似，请参见台阶构件的画法说明，还可按外墙布置。

三、平整场地

1. 构件说明

一般来说，在一个工程中只有一个平整场地，北京计算规则为首层建筑面积×1.4，软件自动考虑。

2. 构件画法

点、连续线弧、矩形、圆形画法。

当然还可以根据实际情况，对于各边外放不一样宽度时平整场地进行单边或整体偏移，以用于计算更准确的工程量。

四、建筑面积

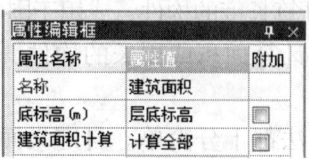

1. 构件说明（包括概要说明、属性说明、做法说明）

由于在实际工程中，建筑面积的计算十分复杂，因此，软件提供了一个建筑面积构件，同时还提供了一个天井构件用于处理某些有天井的建筑物。

> **注意**
> 1. 软件不再自动计算建筑面积，您画多少算多少；
> 2. 汇总计算楼层的建筑面积时，是将所有绘制的建筑面积构件图元的面积工程量之和的面积；
> 3. 还需要特别说明的是，在天井边上的墙，软件自动判断为外墙，计算外墙装修量。

2. 构件画法

建筑面积支持点、连续线弧、矩形、圆形画法。

当然还可以根据实际情况，自己用其他绘图方法绘制自己想要的建筑面积。

天井支持点式布置法。只要在由墙围成的空间内一点就可以布置上了。

当所绘制的建筑面积和天井相交时，建筑面积的扣减会在楼层工程量中体现。

五、天井

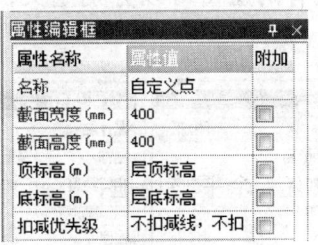

六、自定义点、线、面

1. 构件说明（包括概要说明、属性说明、做法说明）

在软件中，为了处理某些特殊构件，新增了自定义点、线、面三种构件，可以根据实际情况进行灵活运用。

自定义点主要用于处理不易计算个数的构件，如结合复制、镜像等功能用于计算桩的个数；或进行点的定位，如在某些没有轴网交点的地方绘制一个点用于绘制其他构件；

自定义线主要用于处理不易计算长度的构件，或用于围成其他构件，如围成台阶、散水等；

自定义面主要用于处理不易计算面积或周长的构件。

2. 构件画法

自定义点、线、面的绘图方法都十分简单。自定义面需要用到布置功能。

3. 构件绘制

台阶：点式、折线、弧线、矩形、圆形；

散水：点式、折线、弧线、矩形、圆形、布置；

平整场地：点式、折线、弧线、矩形、圆形；

建筑面积：点式、折线、弧线、矩形、圆形；

天井：点式；

自定义点：点式；

自定义线：旋转点、直线、折线、弧线、矩形、圆形；

自定义面：折线、弧线、矩形、圆形。

第七节　重点构件要点讲解

一、墙

1. 偏心墙、梁的处理；
2. 标高、高度、轴线距左墙皮距离数据括号的意思和修改方法；
3. 如何显示画的方向。

二、门窗

1. 框厚的作用：影响计算块料装饰。
2. 双层或多层窗：同一楼层有两层窗可以分别定义，可以调整离地高度来完成分层窗的操作。

三、屋面

1. 坡度系数的意思：用于解决坡屋面。
2. 设置卷边的操作方法：选中屋面→定义屋面卷边，出现如下窗口，根据需要设置。

四、柱

1. F4，修改插入点；
2. CTRL＋左键，设定插入偏心值；
3. 设置柱靠墙边；
4. F3；shift＋F3；
5. 调整柱端头方向。

五、板

1. 斜板的作用（软件是如何确定坡屋面的板、墙、柱、梁的关系的）。
2. 偏移命令的整体偏移和单边偏移。
3. 板上开洞：定义洞→用点画法。

六、条、独基

构件定义均是以单元的形式分层定义，默认的方向是从上向下分层定义，分别选择每层对应的形式和材质。

七、大开挖

工作面定义后，画的时候只需要外放到垫层外边线，软件会显示工作面。

功能详解

第一节 工 程

工程菜单由以下几部分组成：
- 新建
- 打开
- 关闭
- 保存
- 另存为
- 备份
- 恢复
- 修改工程信息
- 甲方招标书清单表
- 导入导出电子裸图
- 合并 GCL 工程
- 导出 GCL 工程
- 打印设置
- 退出

一、新建

根据新建向导，可以快速新建一个工程。
操作步骤：
第一步：点击"工程"→"新建"，打开"新建工程"界面；

第四章 功能详解

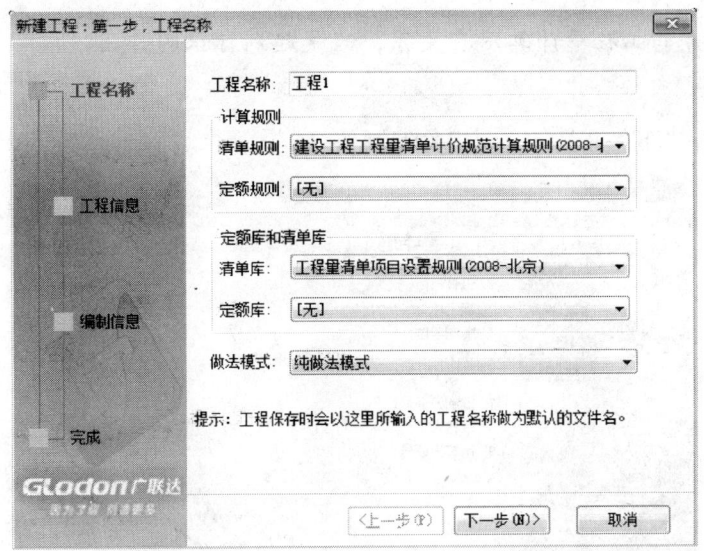

新建说明：

1. 工程名称：软件默认新建工程的名称为"工程1"、"工程2"，工程保存时会以这里所输入的工程名称作为工程文件的默认名称，建议您根据实际情况输入实际的工程名称，以便于管理。工程名称可以由文字、数字和特殊字符组成，但是不能为空；

2. 标书模式：分"清单模式"和"定额模式"，在清单模式下可以选择"招标"和"投标"两种方式，软件默认为"清单"模式；

3. 计算规则：根据实际情况选择"清单规则"或"定额规则"。当标书模式为"清单招标"，必须选择"清单规则"，"定额规则"为可选项；当标书模式为"清单投标"，必须选择"清单规则"和"定额规则"；当标书模式为"定额模式"时，只能选择"定额规则"。

第二步：点击"下一步"，输入相关工程信息；

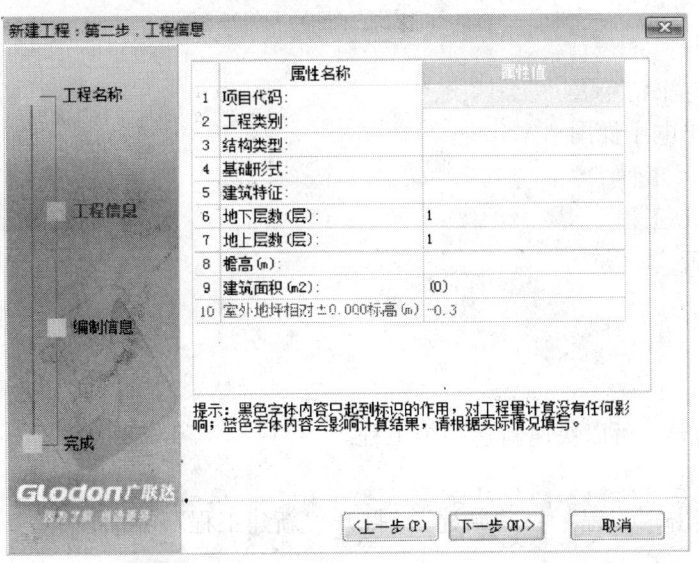

说明　工程信息与工程量计算没有关系，只是起到标识的作用，该部分内容均可以不填写。

第三步：点击"下一步"，输入相关编制信息；

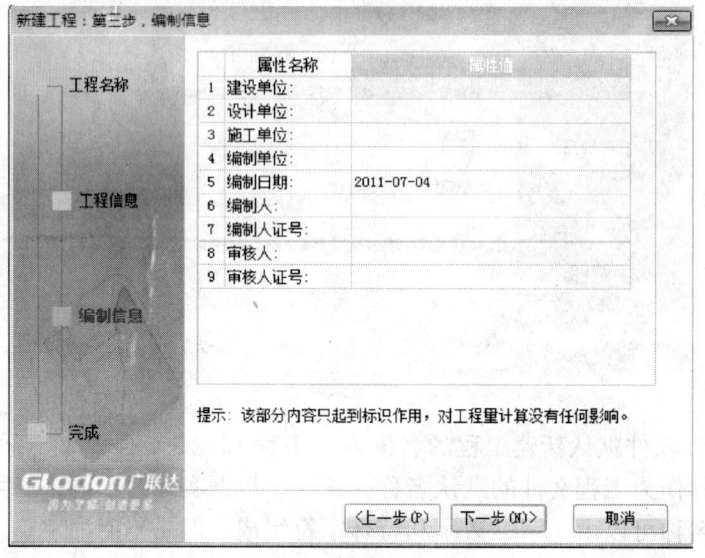

说明　该部分的内容您可以根据实际情况输入，不会对计算有任何影响。

第四步：点击"下一步"，查看所有输入的信息；

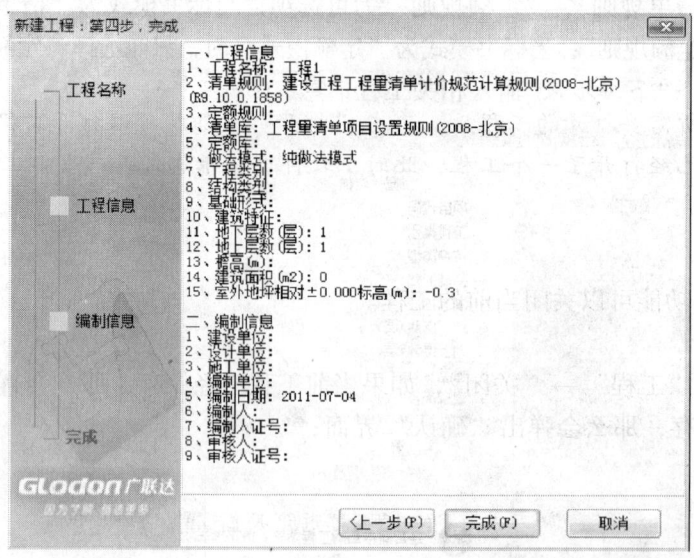

说明　您可以查看所输入的信息是否正确，如果不正确，您可以点击"上一步"进行修改；确认输入信息无误后可以点击"完成"。

第四章 功能详解

点击完成后就可以完成工程的新建。

二、打开

使用"打开"功能可以打开以前建立的工程。

操作步骤：

点击"工程"→"打开"，打开"打开工程"界面；

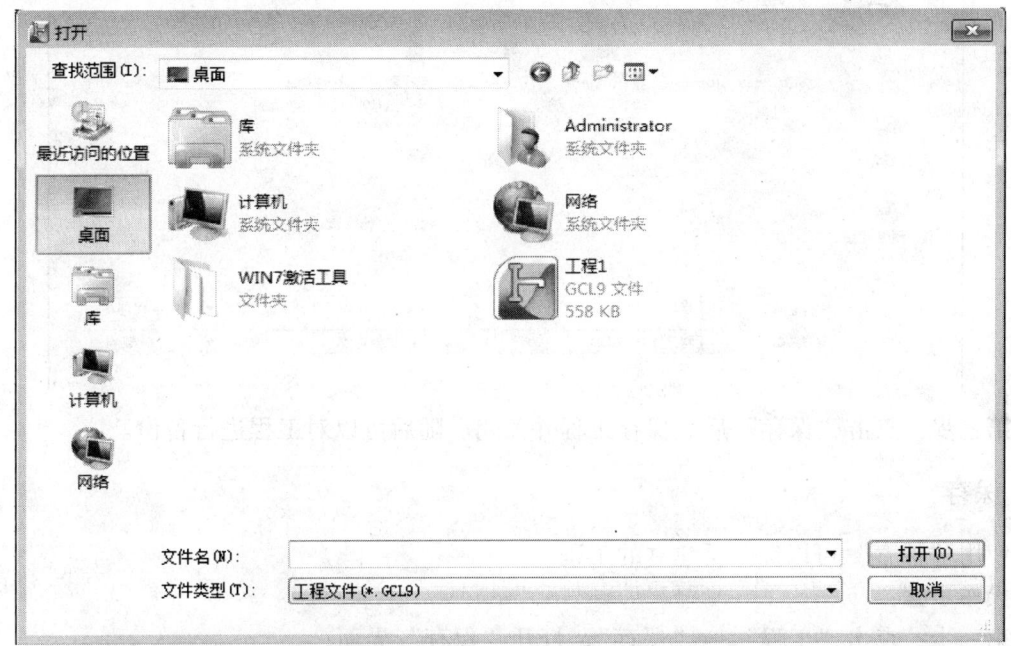

说明
1. 软件提示你把工程保存到路径里，方便自己查找；
2. 选中所需要打开的工程后，单击"打开"按钮就可以打开工程；
3. 如果已经打开了一个工程，此时，软件会提示您是否对当前工程进行备份。

三、关闭

使用"关闭"功能可以关闭当前的工程。

操作步骤：

第一步：点击"工程"→"关闭"，如果当前工程已经保存，那么会直接关闭工程；如果当前工程没有保存，那么会弹出"确认"界面；

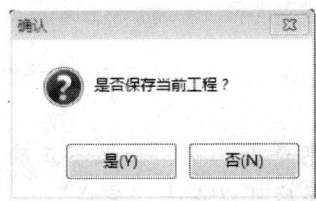

第二步：点击"否"，直接关闭工程；点击"是"，打开"保存"界面；

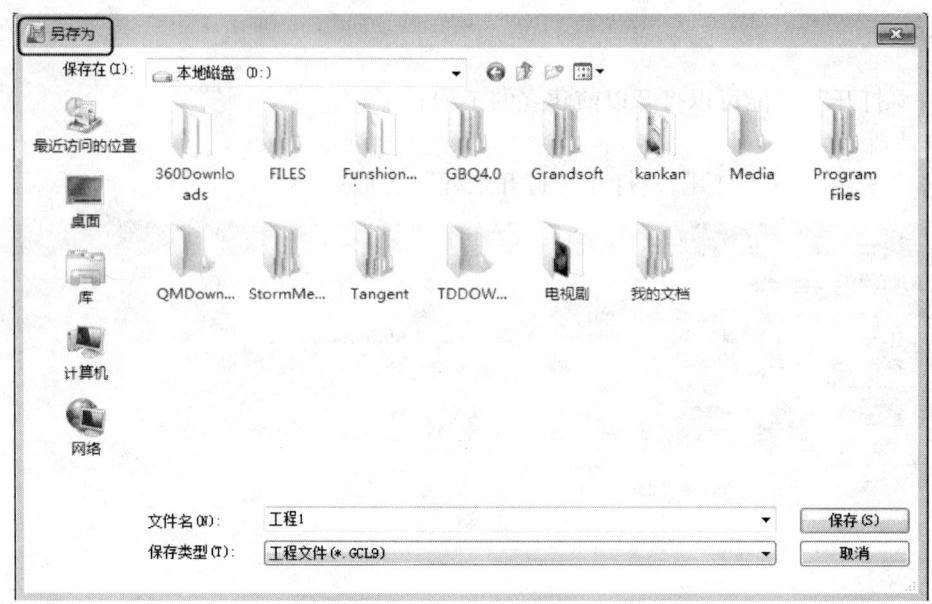

第三步：点击"保存"后会保存工程并关闭。随后可以对工程进行备份。

四、保存

使用"保存"可以保存所建立的工程。

操作步骤：

第一步：点击"工程"→"保存"，打开"保存"界面；

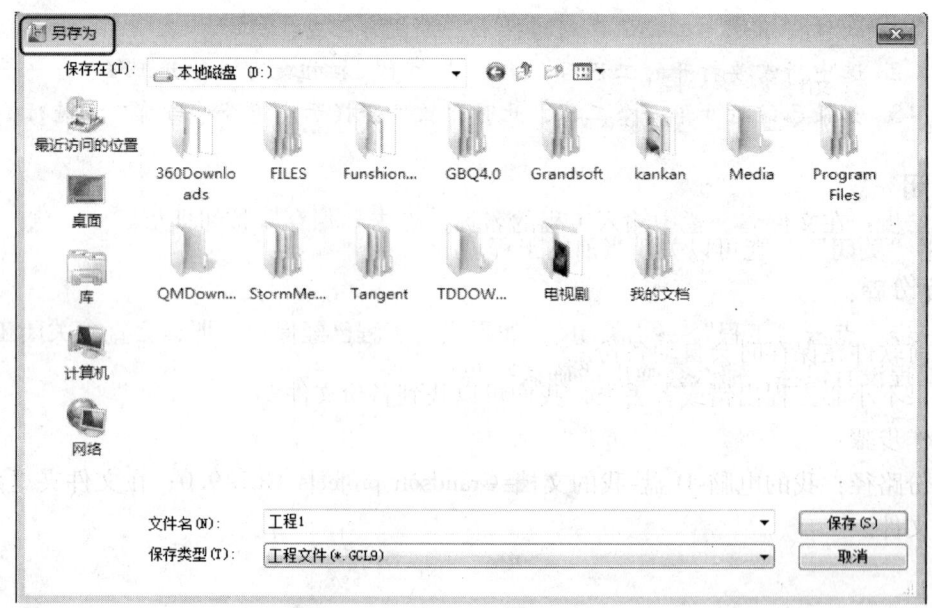

第四章　功能详解

第二步：在文件名一栏中输入工程的名称，点击"保存"按钮即可，随后可以对工程进行备份，也就是将保存的工程在当前位置再复制一份。

五、另存为

使用"另存为"可以把当前工程以另外一个名称保存。

操作步骤：

第一步：点击"工程"→"另存为"，打开"另存为"界面；

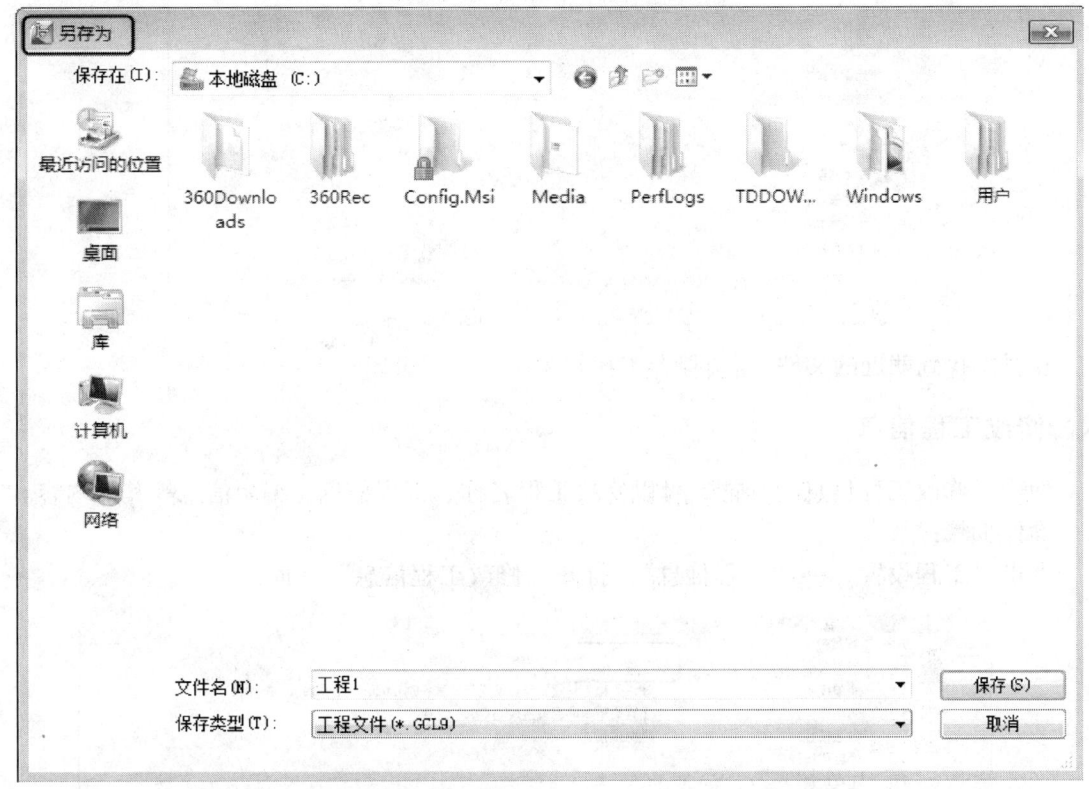

第二步：在文件名一栏中输入工程的名称，点击"保存"按钮即可。

六、备份

目前软件在保存时会自动备份。

如果不小心工程出错或者丢失，我们可以找到备份文件。

操作步骤：

备份路径：我的电脑-D 盘-我的文档-Grandsoft projects-GCL-9.0；在文件夹里可以找到备份的文件。

在里面找到就近的文件。

八、修改工程信息

使用"修改工程信息"功能,可以修改工程名称、工程信息、编制信息等其他内容。

操作步骤:

点击"工程设置"→"工程信息",打开"修改工程信息"界面;

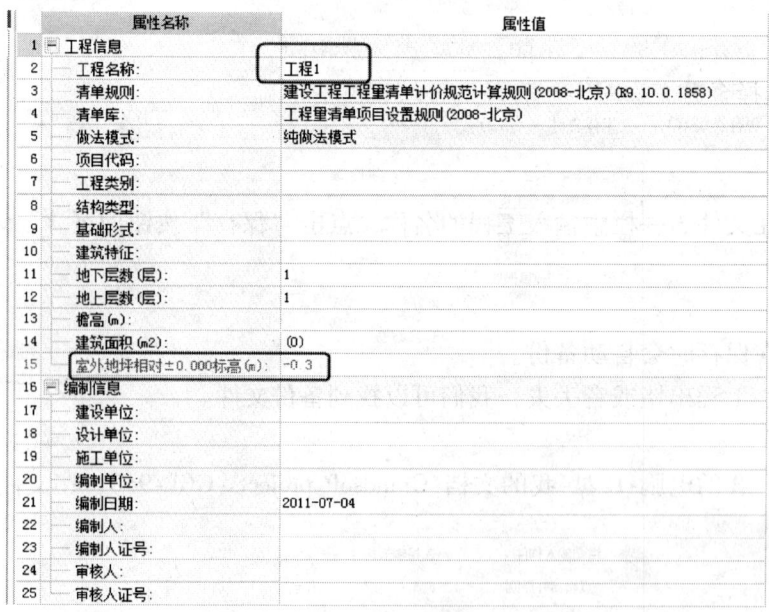

在这里面可以修改"工程名称"和"室外相对地坪标高"。

说明 除"标书模式"和"计算规则"以外,其他所有内容均可以修改,修改的方法在新建工程中有详细介绍。

九、合并 GCL 工程

使用"合并 GCL 工程"可以把标书模式一致的工程合并为一个工程。
操作步骤:
第一步:点击"工程"→"合并 GCL 工程",打开"合并 GCL 工程"界面;
第二步:选择需要合并的工程,点击"打开"后,弹出"合并工程"界面;

注意:所要合并的工程名称不能与此工程名称相同。
第三步:选择合并工程时需要合并的楼层,点击"确认"。

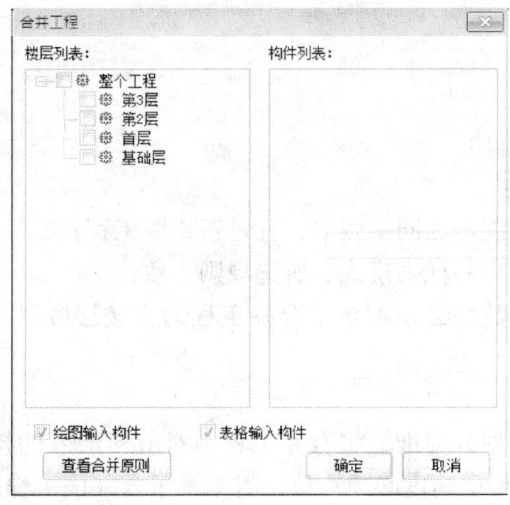

第四步:选择合并工程时需要合并的构件,点击"确认"。

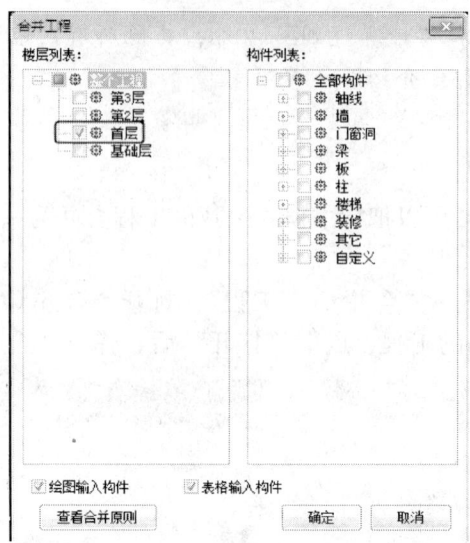

说明　如果所选择工程的构件与当前工程的已有构件名称相冲突,那么会弹出"确认"界面面:

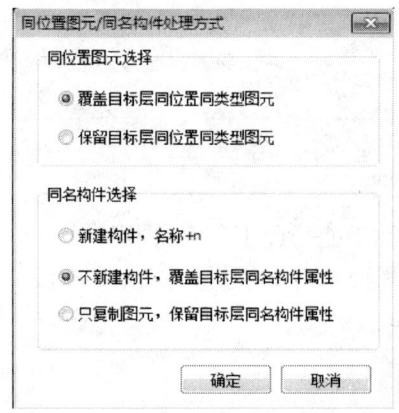

点击"确认",合并成功。

合并工程的前提条件:

1. 当前工程与合并工程均为同一版本,且是正式版工程;

2. 当前工程与合并工程的标书模式、所选规则一致;

3. 当前工程的主楼层数目必须不多于合并工程的主楼层数目,且主楼层楼层编码、楼层层高必须一致。

合并工程的原则:

1. 以当前工程的楼层划分为准,将合并工程中对应楼层号的楼层构件及图元合并至当前工程中;对应楼层号的楼层高度必须一致,否则不予合并该工程并予以提示;

2. 以合并工程中选择的构件及构件图元为准,将当前工程中同类型的构件及构件图元删除;合并工程中仅有构件(含做法)无图元时允许执行该功能,构件被合并至当前工程;

3. 子楼层:子楼层数目累加,即导入合并工程的子楼层,且当前工程子楼层保留;当前工程子楼层若有与主楼层相同的构件或图元,如果主楼层该构件或图元被删除,则子楼层中的该构件或图元也被删除;

4. 工程信息以当前工程为准,不导入合并工程的工程信息;

5. 不同类型构件重名时,当前工程中的构件名称不变,合并工程中的构件名称更改为"**(1)、**(2)"等;出现该情况时合并功能完成后提示用户合并工程中的构件名称已予以更改,且列出已更改的构件清单列表;

6. 附属构件不能单独执行该功能,必须与所附属的主构件共同执行该功能;但主构件可以单独执行该功能;

7. 其他项目:合并工程的其他项目复制到当前工程,若有相同清单项或定额子目,依据清单和定额合并条件,在汇总计算时予以合并。

十二、导出 GCL 工程

使用"导出 GCL 工程"可以把当前工程导出为其他模式或其他计算规则,实现"一图多算"。

操作步骤:

第一步:点击"工程"→"导出 GCL 工程",打开"导出 GCL 工程"界面;

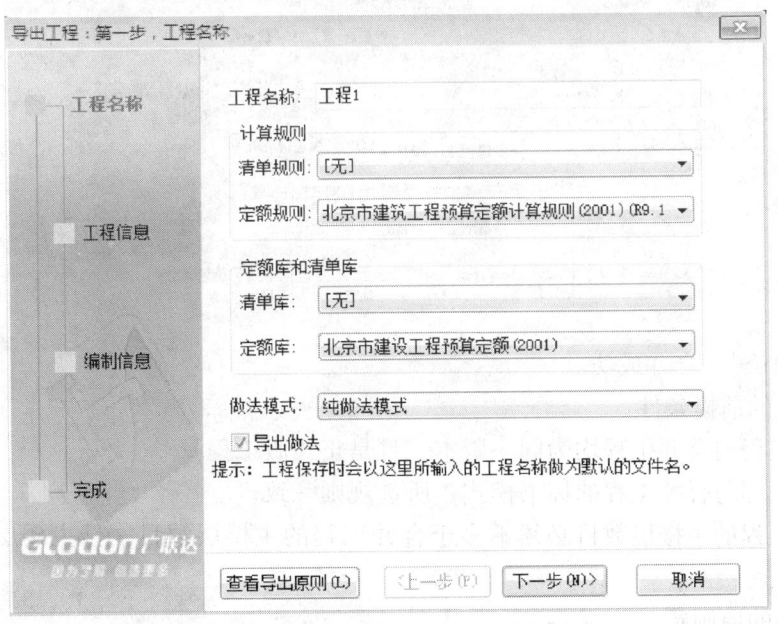

第二步:选择标书模式和计算规则;

建筑工程工程量计算与软件应用

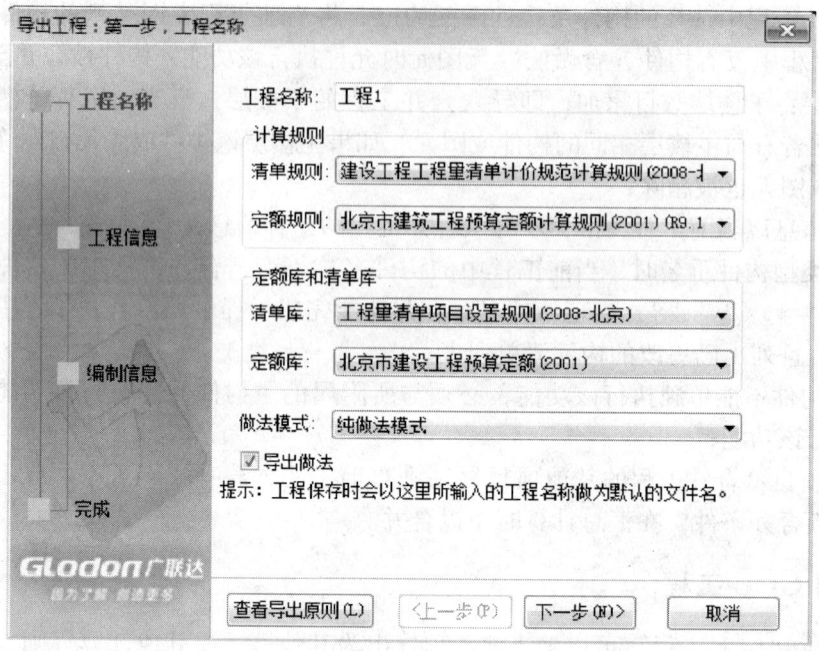

第三步：点击"下一步"修改"工程信息"和"编辑信息"；点击完成，弹出"保存"界面。

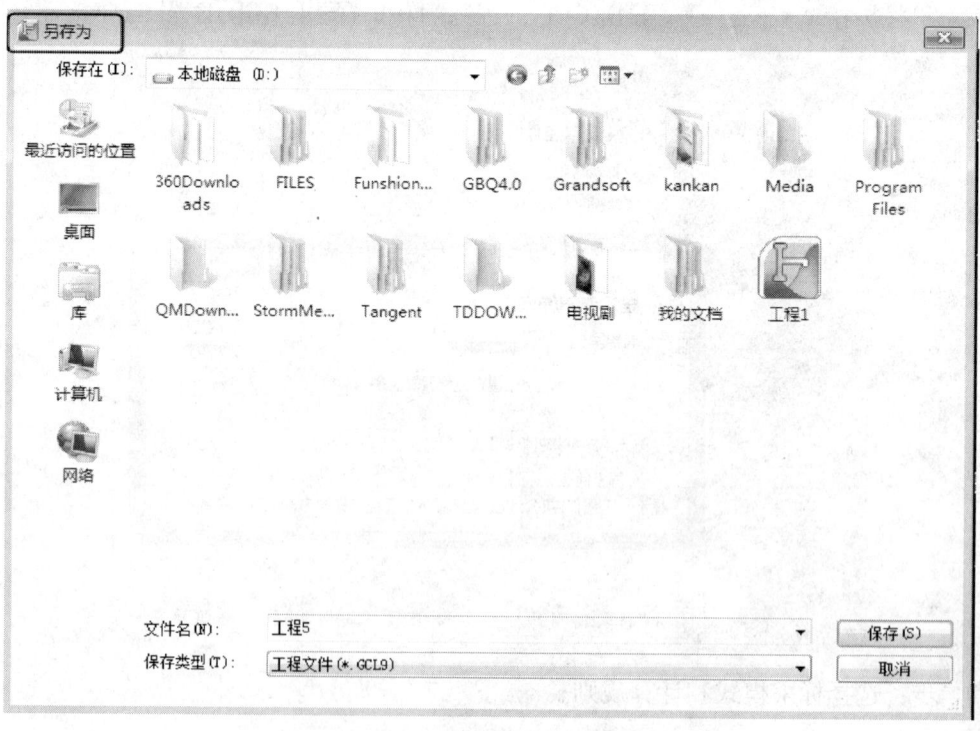

第四步：在文件名一栏中输入工程的名称，点击"保存"按钮，即可成功保存此图形文件。

注意

1. 当前工程标书模式为"清单模式"，如果导出工程为"定额模式"，则只将当前工程中的图形信息导出，不考虑与构件相关的做法子目或者清单编码；反之亦然；
2. 当前工程标书模式为"清单模式"中的投标模式，如果导出工程为招标模式，则只将当前工程中的图形信息导出，不考虑与构件相关的做法子目或者清单编码；
3. 当前工程标书模式为"清单模式"中的招标模式，如果导出工程为投标模式，并且规则不与当前工程相同，则只将当前工程中的图形信息导出，不考虑与构件相关的做法子目或者清单编码；如果规则相同则导出时附带相应清单信息或者做法信息；
4. 当前工程标书模式为"定额模式"，如果导出工程为"定额模式"，并且规则不与当前工程相同，则只将当前工程中的图形信息导出，不考虑与构件相关的做法子目；如果规则相同则导出时附带相应做法信息；
5. 如果当前工程与导出的目标工程、标书模式和计算规则完全相同，既导出构件图元信息，又导出做法或清单信息；
6. 当前工程的工程信息完全导出到导出工程。

十三、打印设置

使用"打印设置"可以对所要打印的报表进行设置。

操作步骤：

第一步：点击"工程"→"打印图形"，可以打印当前画好的图形界面；

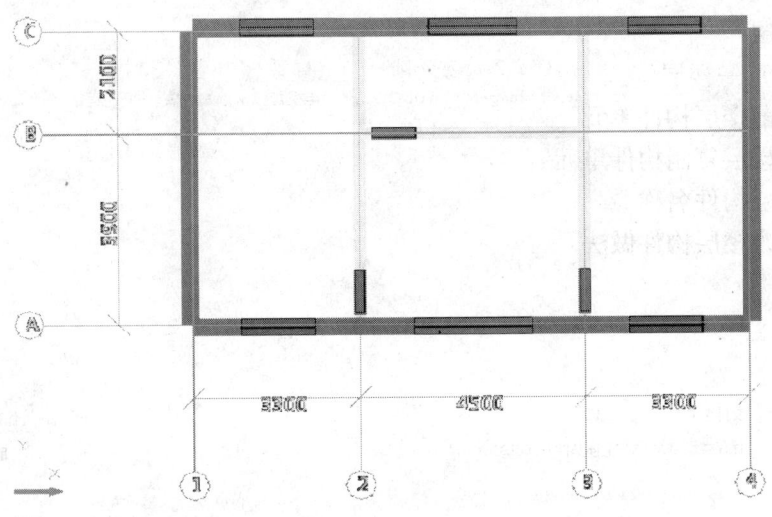

说明　您可以对您所安装的打印机的属性及纸张等其他属性进行设置。

第二步：点击"确认"保存设置内容并退出该界面，点击"取消"不保存设置内容并退出该界面。

十四、退出

使用"退出"可以退出 GCL 程序。

操作步骤：

点击"工程"→"退出"；如果当前工程已经保存，软件会提示您进行备份，如果当前工程没有保存，则弹出"确认"界面；

说明
1. 点击"是"，可以保存当前工程所做的修改；
2. 点击"否"，不保存当前工程所做的修改；
3. 点击"取消"，回到软件的主界面。

第二节　楼　　层

楼层菜单由以下几部分组成：
- 楼层管理
- 切换楼层
- 上（下）一楼层
- 删除当前楼层构件单元
- 从其他楼层复制构件单元
- 修改楼层构件名称
- 批量修改楼层构件做法
- 块删除
- 块复制
- 块镜像
- 块移动
- 块旋转
- 块拉伸
- 块存盘

- 块提取

一、楼层管理

工程建立之后，首先要建立建筑物楼层高度的相关信息，即设置立面高度方面的信息。
操作方法：
点击"工程设置"→"楼层信息"，弹出楼层管理界面：

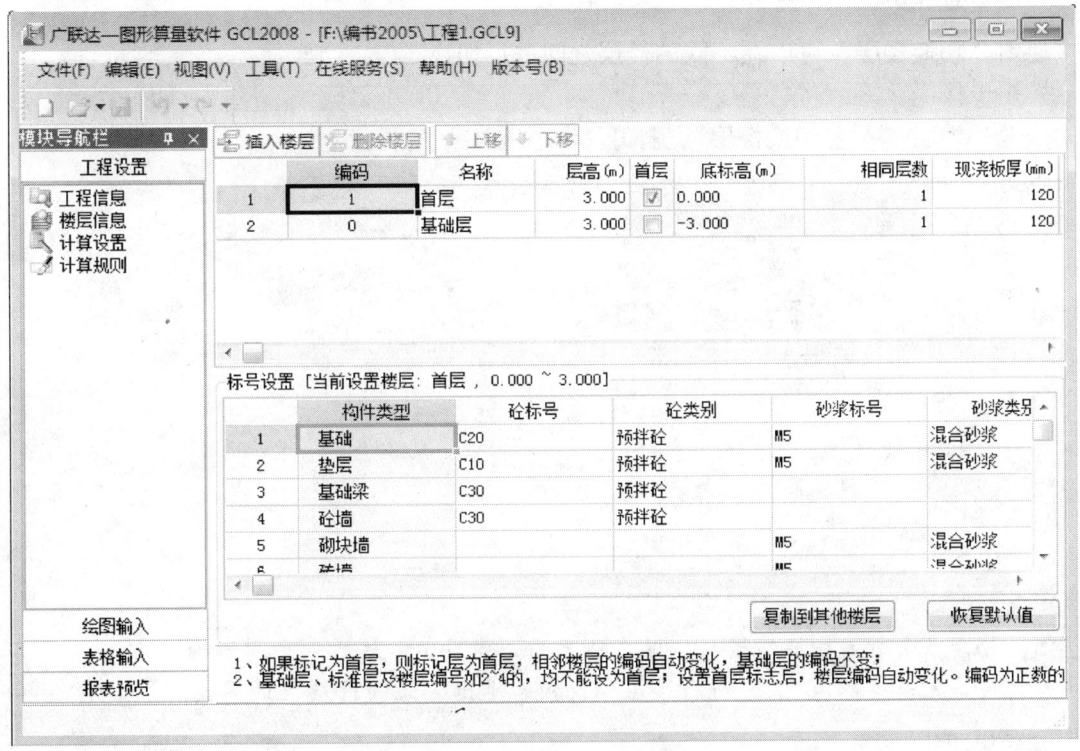

按钮说明：
1. 插入楼层：添加一个新的楼层到楼层列表；
2. 删除楼层：删除当前的楼层或子楼层；
3. 上下移：楼层可以上下移动进行排序；

其他说明：
1. 删除楼层时不能删除当前所在的层；
2. 首层和基础层是软件自动建立的，是无法删除的；
3. 当建筑物有地下室时，基础层指的是最底层地下室以下的部分，当建筑物没有地下室时，可以把首层以下的部分定义为基础层；

属性说明：
楼层编码：
1. 数字："0"表示基础层；"1"代表首层；地上层用正数表示，地下层用负数表示；

2. 相同楼层可在相同层数后填写层数，比如2~8层，在相同层数里填写7。
楼层名称：
1. 默认名称为"第X层"，为了便于识别，可以更改为：首层、标准层、顶层等；
2. 层高：当前楼层的高度，默认为3m；
3. 备注：可以填写一些便于识别的文字，对软件的计算没有任何影响。

二、切换楼层

使用"切换楼层"可以在不同的楼层之间进行切换。

操作步骤：

点击"楼层"→"切换楼层"，打开"切换楼层"的界面。

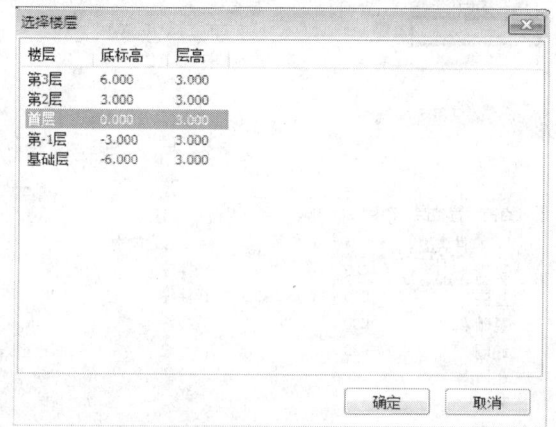

说明
1. 点击所要切换的楼层，该名称呈高亮度显示，然后点击"选择"即可；
2. 点击"取消"，不进行楼层的切换，退出"切换楼层"的界面。

其他说明：

直接双击相应楼层名称，也可以切换到该层。

三、上（下）一楼层

使用"上/下一楼层"可以逐层切换楼层。

操作方法：

点击"楼层"→"上/下一楼层"

四、删除当前楼层构件单元

使用"删除当前楼层构件图元"的功能，可以删除当前层中所有的构件图元。

操作步骤：

以删除某工程当前层中门构件的"M-1"和"M-3"为例：

第一步：点击屏幕上的"批量选择"弹出下面界面；

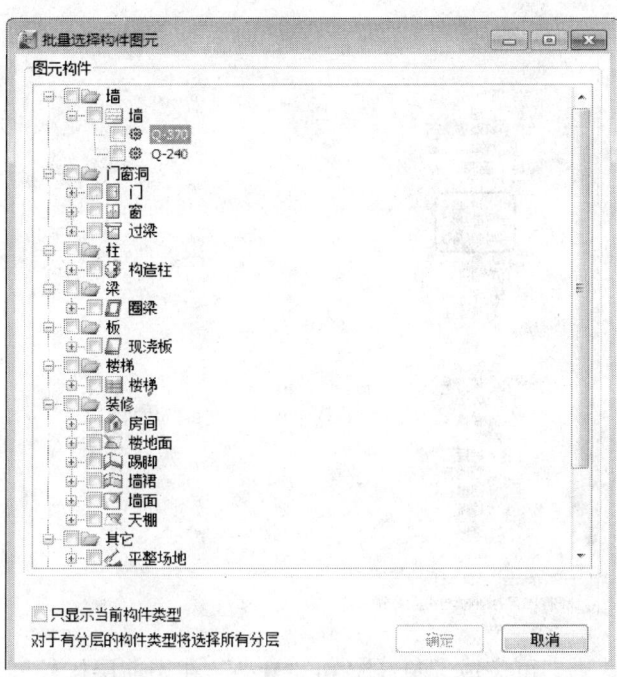

第二步：点击构件类型前面的"＋"可以显示某个构件类型的所有构件，例如：点击门构件前面的"＋"；

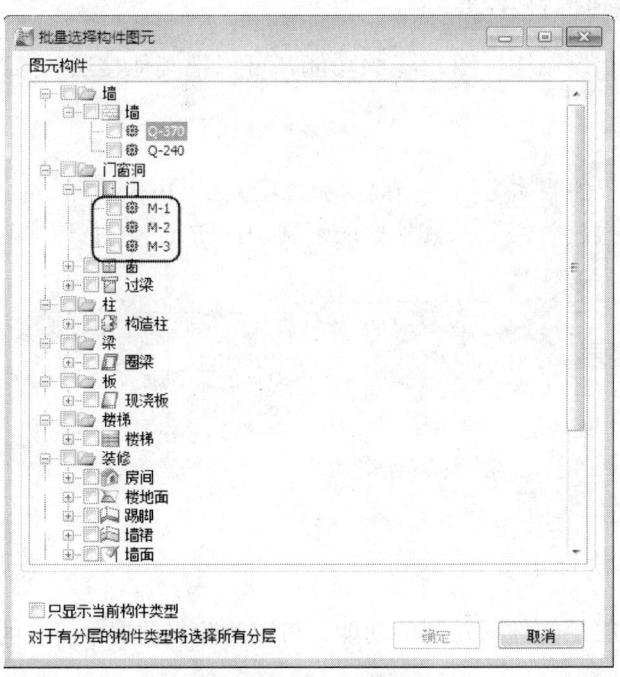

第三步：在门的所有构件中用鼠标选择"M-1"和"M-3"前面的"口"，使"M-1"和"M-3"为选中状态；

109

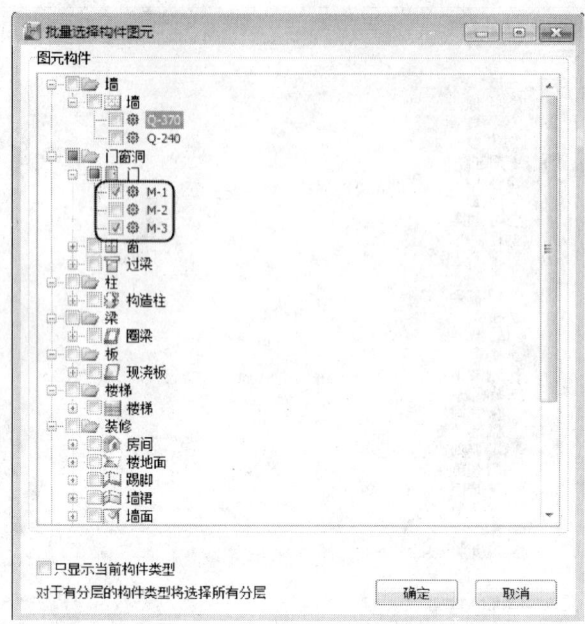

第四步：点击确认，即可完成"M-1"和"M-3"在当前层构件图元的删除，回到绘图状态，您会看到当前图层中"M-1"和"M-3"已经被删除了。

五、从其他楼层复制构件单元

使用"从其他楼层复制构件图元"的功能，可以把其他楼层的某个构件的图元复制到当前层。

操作步骤：

以复制某工程首层的墙体为例（当前层为二层）：

第一步：点击"楼层"→"从其他楼层复制构件图元"，打开"从其他楼层复制构件图元"的界面；

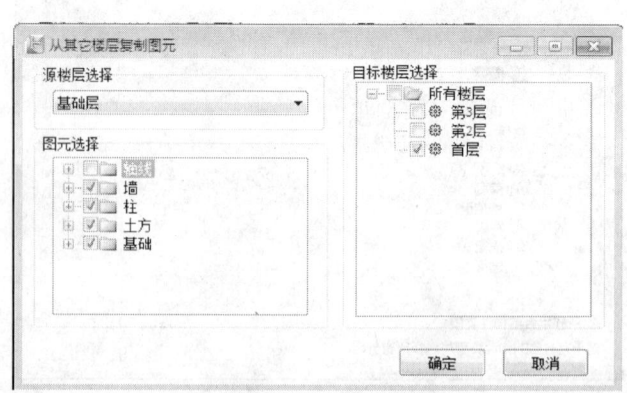

说明　"源楼层"指的是需要复制的构件所在的层，默认显示基础层。

第二步：在"源楼层"中选择首层，并选中所要复制的墙体构件，点击"确认"，完成复制。

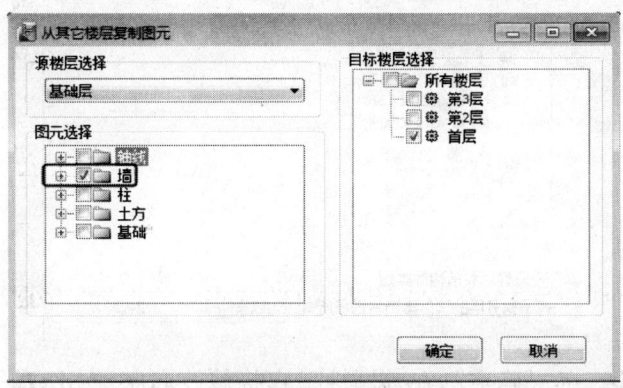

说明
1. 如果当前层中已经绘制了同类构件，那么，会弹出下面的界面；

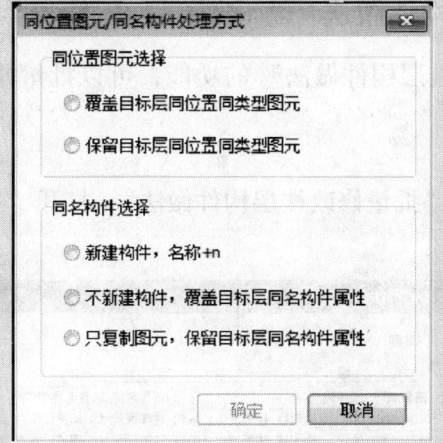

(1) 选择"是"，就会从源楼层复制选中的构件到当前层，并删除当前层中的同类构件；
(2) 选择"否"，就会从源楼层复制选中的构件到当前层，但是不会删除当前层的同类型构件；
(3) 选择"取消"，可以取消当前操作。
2. 由于门窗、洞口、壁龛、等部分构件需要附属在墙上，所以当复制这些构件时，需要连同这些构件所在的墙体也会复制到当前层。

六、修改楼层构件名称

使用"修改楼层构件名称"功能，可以修改当前楼层的构件的名称。
操作步骤：
以把"GZ370×370"重新命名为"GZ370×370（C25）"为例：

第一步：点击"批量选择"，弹出下面界面；

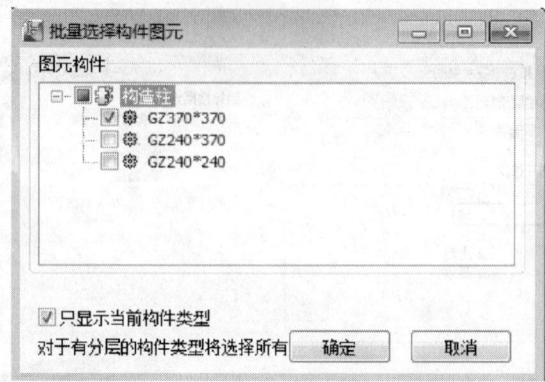

选中 GZ370×370，点"确定"在其属性里直接修改名字"GZ370×370-C25"，构件列表里会自动添加。

七、批量修改楼层构件做法

使用"批量修改楼层构件做法"的功能，可以批量修改当前楼层中构件的做法或进行批量换算。

操作步骤：

点击"楼层"→"批量修改楼层构件做法"，打开"批量修改楼层构件做法"界面。

修改清单做法：

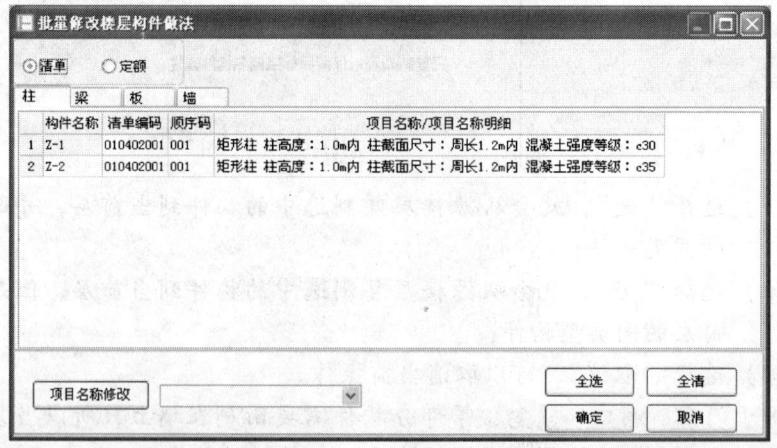

说明
1. 项目名称修改：在该按钮右侧一栏中可以输入修改的内容或通过下拉菜单选择修改的内容，点击该按钮完成修改；
2. 全选：选中当前界面中所有的构件；
3. 全清：点击该按钮，当前界面中所有的构件处于非选中状态。

修改定额做法：

第四章 功能详解

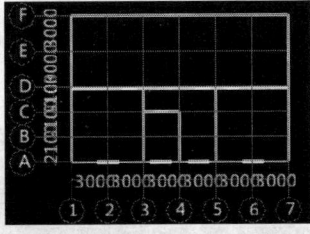

说明
1. 设置编号后缀：在该按钮右侧一栏中可以输入定额编号后缀的内容或通过下拉菜单选择定额编号后缀的内容，点击该按钮完成修改；
2. 设置名称后缀：在该按钮右侧一栏中可以输入定额名称后缀的内容或通过下拉菜单选择定额名称后缀的内容，点击该按钮完成修改；
3. 标准换算：点击该按钮，可对当前选中的构件进行材料的换算；
4. 全选：选中当前界面中所有的构件；
5. 全清：点击该按钮，当前界面中所有的构件处于非选中状态。

八、块删除

使用"块删除"功能，可以删除鼠标选中范围内的所有构件图元。
操作步骤：
第一步：点击"楼层"→"块删除"；

第二步：用鼠标拉框选所要删除的区域；

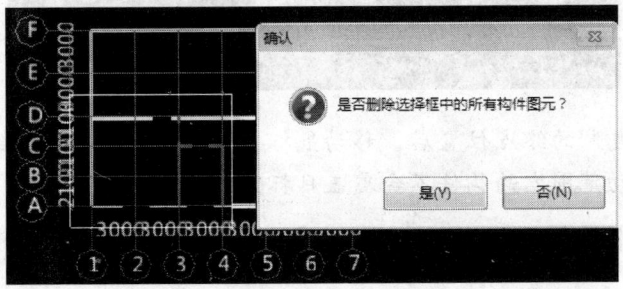

113

第三步：点击"是"，完成块删除。

> **说明** 进行"块删除"时，将删除选中的块中所有构件，即使不在一个图层上，也会被删除。比如块中有墙门窗、柱、梁等构件时，所有框中图元都会被删除。

九、块复制

使用"块复制"功能，可以复制鼠标选中范围内的所有构件图元。

操作步骤：

第一步：点击"楼层"→"块复制"；

第二步：用鼠标拉框选所要复制的区域；

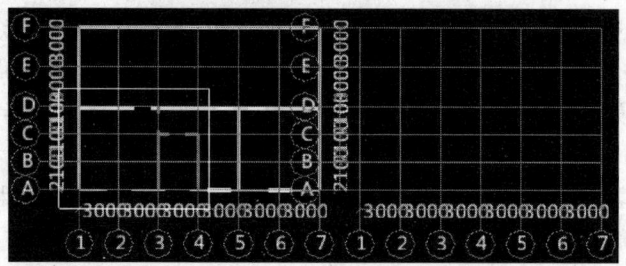

第三步：选择一个基准点，在这里以（A，1）点为基准点，点击基准点后，移动鼠标；

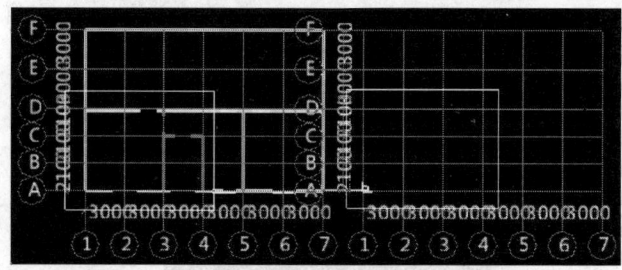

第四步：点击块复制的终点位置；

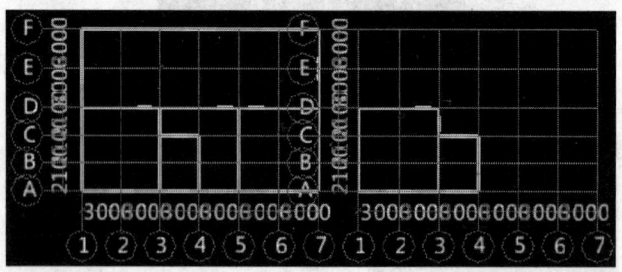

> **说明** 1. 点击块复制的终点位置后，移动鼠标，还可以选择其他的终点位置；
> 2. 复制移动范围内的构件不会覆盖目标位置的构件。

第五步：点击鼠标右键一次，可以重新选择基准点；点击鼠标右键两次，完成块复制操作。

| 说明 | 进行"块复制"时,将复制选中的块中所有构件,即使不在一个图层上,也会被复制。比如块中有墙门窗、柱、梁等构件时,所有框中图元都会被复制。|

十、块镜像

使用块镜像功能,可以镜像鼠标选中范围内的所有构件图元。

操作步骤:

第一步:点击"楼层"→"块镜像";

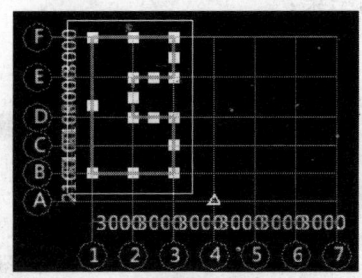

第二步:点击绘图区域内两个点,用来确定镜像线;然后在弹出的界面中选择"是"或"否",完成操作。

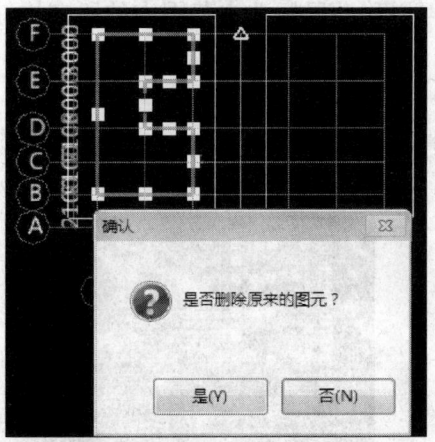

| 说明 | 1. 图中的黑龙江色的线为镜像线;
2. 当点击第二个点时,会弹出一个界面,询问是否需要删除原来的图元。|

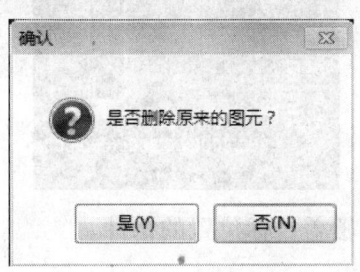

115

当选择"是"时,镜像后的结果:

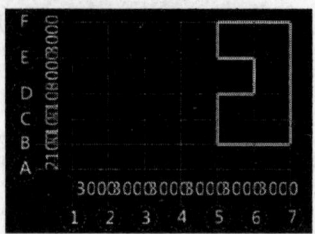

当选择"否"时,镜像后的结果:

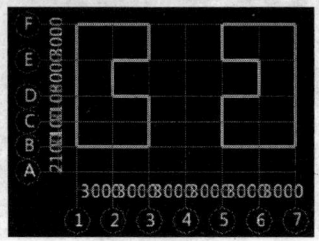

十一、块移动

使用"块移动"功能,可以移动鼠标选中范围内的所有构件图元。

操作步骤:

第一步:点击"楼层"→"块移动";

第二步:选择一个基准点,在这里以(A,1)点为基准点,点击基准点后,移动鼠标;

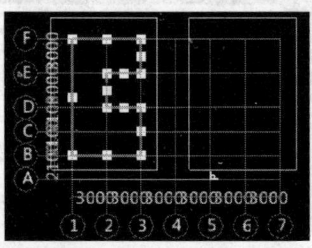

第三步:点击块移动的终点位置,结束操作。

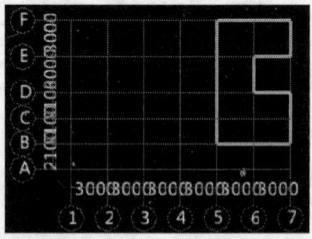

构件移动范围内的构件不会覆盖目标位置的构件。

第四章 功能详解

十二、块旋转

使用块旋转功能，可以把选定范围内的构件进行旋转。

操作步骤：

第一步：点击"楼层"→"块旋转"；

第二步：选择要旋转的基准点，点击鼠标左键（在这里以（3，D）点为准）；

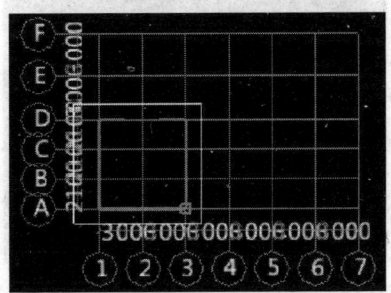

第三步：点击鼠标左键指定第二点以确定旋转角度或者按住键盘上的"Shift"+鼠标左键，在弹出的界面中输入旋转角度，并点击确认；

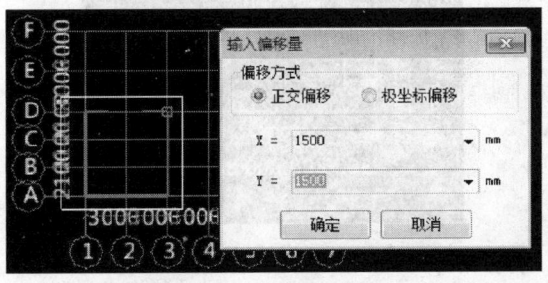

说明　点击鼠标时，光标的显示状态只能是 ✚ ，否则无法弹出该界面。

第四步：确定旋转角度后，会弹出确认的界面，点击"是"或"否"后完成操作。

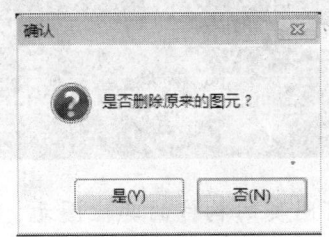

说明　1. 点击"是"可以删除原有的图元；
2. 点击"否"可以不删除原有的图元。

如果在旋转的目标位置存在同类构件的其他图元，那么所选中范围内的构件不会覆盖目标范围内构件图元。

117

十三、块拉伸

使用"块拉伸"功能，可以把构件进行拉伸。

操作步骤：

第一步：点击"楼层"→"块拉伸"，在绘图区域内选中需要拉伸的构件的范围；

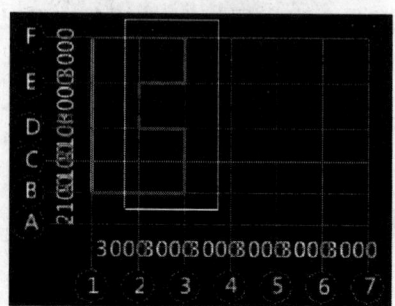

第二步：点击拉伸的基准点和目标点；

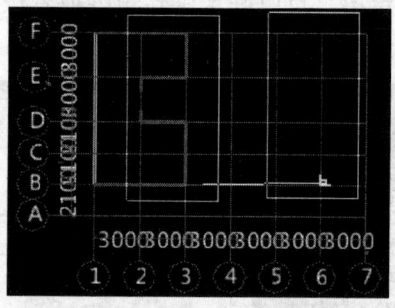

第三步：如图所示拉伸后的图形。

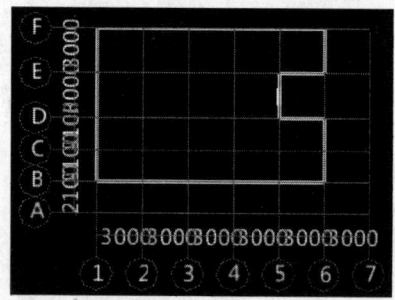

> **说明** 如果拉伸的目标位置有同类的构件的其他图元，那么拉伸时不会覆盖目标构件的图元。

十四、块存盘

使用块存盘功能，可以把选定范围内的构件进行保存。

操作步骤：

第一步：点击"楼层"→"块存盘"，在绘图区域内选中需要保存的构件的范围；

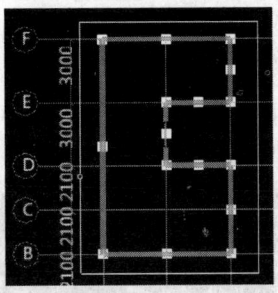

第二步：用鼠标左键选择一个保存时的基准点，点击后弹出"楼层块保存"界面；

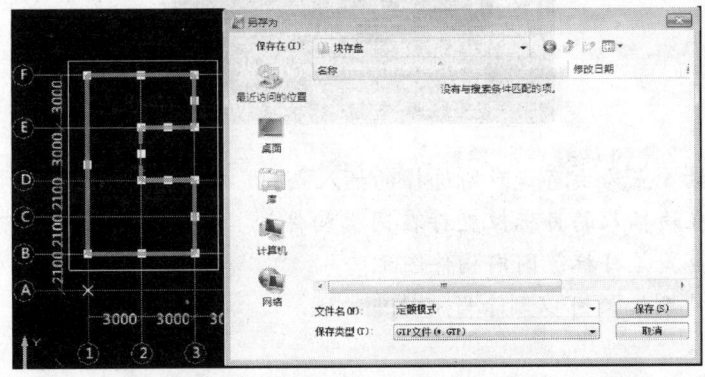

第三步：输入块的名称，并点击"确定"按钮，完成块存盘操作。

十五、块提取

使用"块提取"功能，可以把预先保存的块提取出来，并插入到当前工程中。

操作步骤：

第一步：点击"楼层"→"块提取"，打开块提取界面；

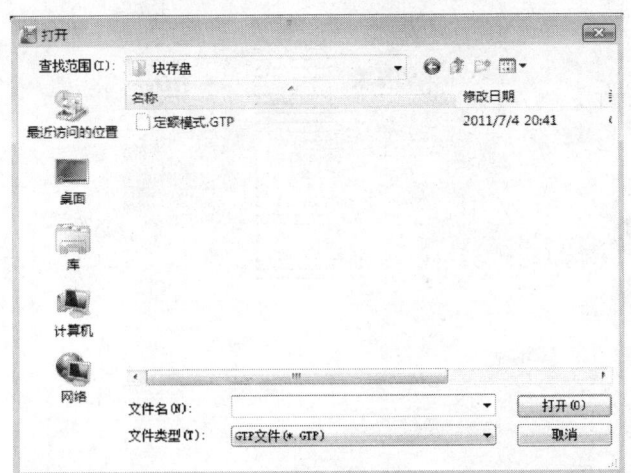

说明
1. 点击"确定"可以插入选定的块；
2. 点击"取消"可以取消当前操作；
3. 点击"删除"可以删除当前选中的块。

第二步，选择要提取的块，点击"确定"后，在绘图区域内选择插入点，点击鼠标左键，可以把选中的块插入到当前工程中，完成操作。

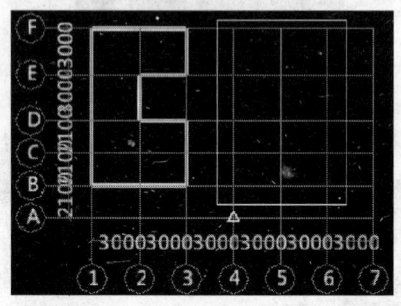

说明
1. 块的插入点为块存盘时所选择的插入点。
2. 如果在块插入的目标位置存在同类构件的其他图元，那么所选中范围内的构件不会覆盖目标范围内构件图元。
3. 点击"删除"可以删除当前选中的块。

第三节 轴 网

轴网菜单由以下几部分组成：
- 轴网管理
- 新建轴网
- 删除轴网
- 平行辅轴
- 两点辅轴
- 点角辅轴
- 轴角辅轴
- 弧形辅轴
- 转角偏移辅轴
- 删除辅轴
- 修剪轴线
- 延伸轴线
- 恢复轴线
- 修改辅轴轴号
- 修改轴号显示位置

一、轴网管理

使用"轴网管理"的功能，可以对轴网进行建立、删除、修改等操作。

以插入两个已经建立好的轴网为例。

操作步骤：

第一步：点击"新建轴网"→"轴网管理"，打开"轴网管理"的界面；

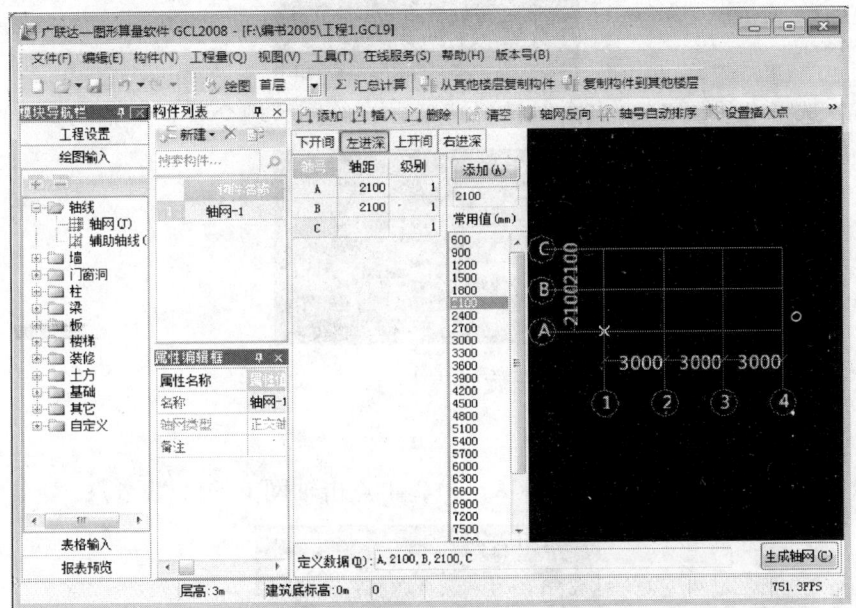

说明
1. 对于新建的工程第一次打开轴网管理界面时，轴网列表中是没有内容的；
2. "新建"：建立一个新的轴网；
3. "修改"：修改当前选中的轴网，操作方法与新建轴网的方法类似；
4. "删除"：删除当前选中的轴网，如果当前选中的轴网已经插入到工程中，则不允许删除；
5. "选择"：把当前选中的轴网插入到工程中；
6. "关闭"：关闭当前界面。

第二步：选中"轴网1"并单击"选择"，在绘图区域任意点击一点，弹出"输入角度"的界面，在角度值中输入"30"；

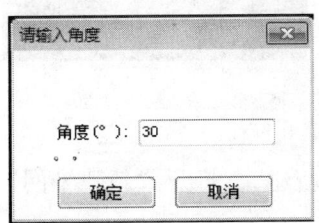

说明 该角度是指当前选中的轴网与绘图区 X 轴方向的夹角。

第三步：如图所示插入的轴网，再次点击"轴网"→"轴网管理"；

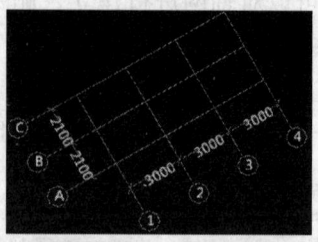

第四步：选择"轴网2"，点击"选择"后，在绘图区域会看到"轴网2"的外轮廓线；

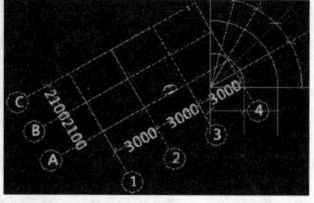

第五步：点击绘图工具栏中的"画旋转点"；

第六步：选择插入点为轴网1的（A，3），再点击轴网1的（A，4）；

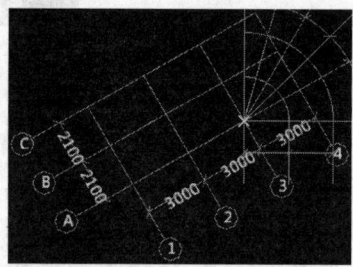

第七步：选中轴网2，由轴网1的（A，3），移入轴网1的（A，4）；

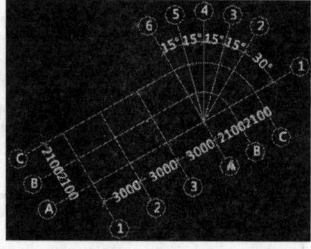

二、新建轴网

在轴网管理的界面中点击"新建"，打开"新建轴网"的界面，在这个界面中，可以新建一个轴网。

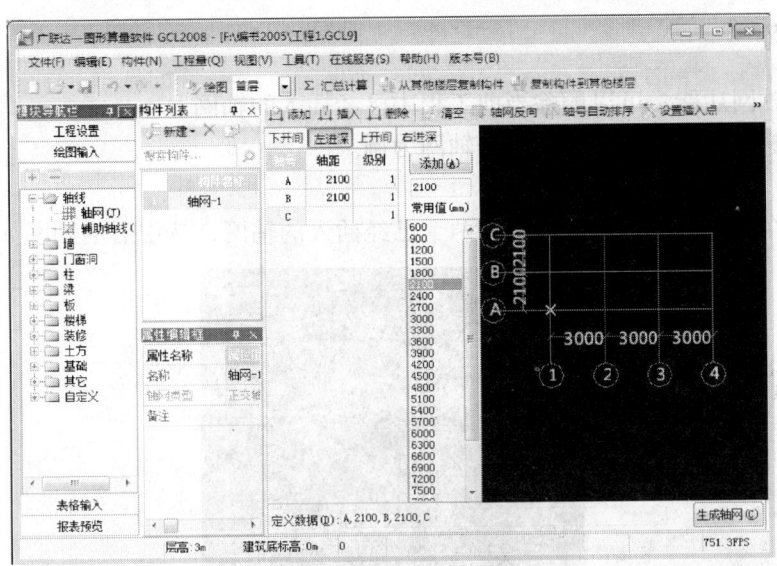

说明

1. 轴网类型：可以建立三种类型的轴网：正交轴网、圆弧轴网和斜交轴网；
2. 轴网名称：可以给当前的轴网定义一个名称，方便识别；
3. 黑色区域可以预览正在建立的轴网；
4. 常用值：这里给出了轴网最常用的一些数值，直接双击鼠标左键或单击后点击"添加"，就可以添加到右侧轴号列表中；
5. 轴号列表：显示当前轴网的轴号和轴距，选中某个轴号或轴距后可以直接进行编辑；
6. 轴号自动排序：当上开间和下开间（或左进深和右进深）的轴距不一致时，可以自动调整轴号，使建立的轴网与图纸的轴网标注一致；
7. 删除：选中轴号列表中的某一行，点击该按钮，可以删除当前选中行；
8. 定义数据：您可以直接输入轴号和轴距，建立轴网。输入的格式为："轴号，轴距，轴号，轴距，轴号"，如果几个连续的轴距是相同的，那么可以输入"轴距*X"，例如："1，3000，2，2700，3，2400*3，6，3900，7"；
9. 清空：清除当前已经输入列表的所有轴号和轴距；
10. 改变插入点：改变轴网在插入绘图区域时的位置；
11. 读取和存盘：在建立好轴网之后，如果该轴网还可以用于其他工程，那么可以把该轴网保存起来，再次使用时可以点击读取，就可以直接选择已经保存的轴网；存盘按钮只是把当前已经建立好的轴网保存起来，并没有在当前工程中建立，只有点击"确定"按钮后，所建立的轴网才能在当前的工程使用；
12. 起始半径：圆心距离第一条弧形轴线的距离；
13. 轴号反向：可以把轴号按照倒序进行排列，再次点击可以恢复轴号顺序；
14. 轴线夹角：下开间和左进深轴线的夹角，当夹角等于90°时，相当于正交轴网。

三、删除轴网

使用删除轴网功能，可以删除当前工程中已经插入的轴网。

以一次性删除当前绘图区域的两个轴网为例。

操作步骤：

第一步：在轴网的图层下分别点击两个已经插入的轴网，选中后的轴网如下图所示；

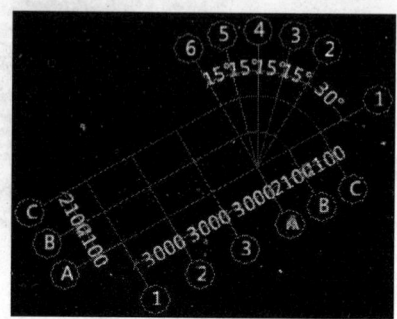

第二步：点击鼠标右键，在弹出的菜单中选择"删除"；

第三步：在弹出的确认界面中点击"确定"，完成操作。

四、平行辅轴

使用平行辅轴的功能，可以以任意一条轴线为基准，建立一条与该轴线平行的轴线。

操作步骤：

第一步：点击"轴网"→"平行辅轴"，在轴网中选择一条轴线，弹出"输入偏移距离"界面；

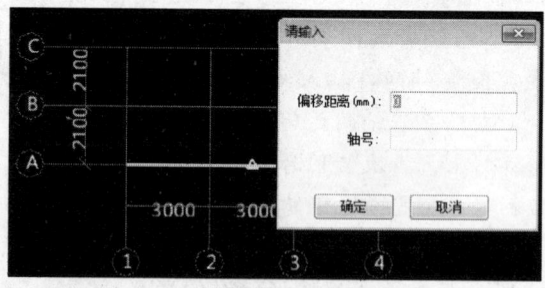

说明
1. 当输入的偏移距离为正数时，偏移的方向为 X 轴或 Y 轴的正方向；
2. 当输入的偏移距离为负数时，偏移的方向为 X 轴或 Y 轴的负方向；

第二步：输入偏移数值1500，轴号为A′后，点击"确定"，完成操作。

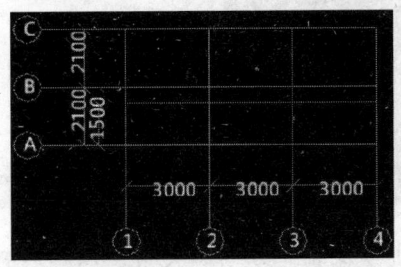

五、两点辅轴

使用两点辅轴的功能，可以在已经建立的轴网中任意选取两点，建立一条辅轴。

操作步骤：

第一步：点击"轴网"→"两点辅轴"，在轴网中选取一点［在这里以（2，B）为第一点］；

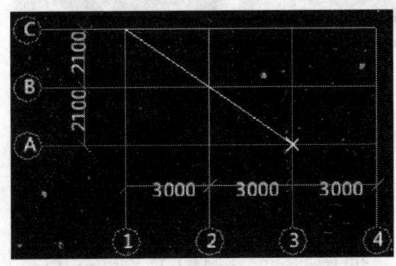

第二步：点击（3，A），以确定辅轴的第二点，并在弹出的界面中输入辅轴的轴号，点击"确定"，完成操作。

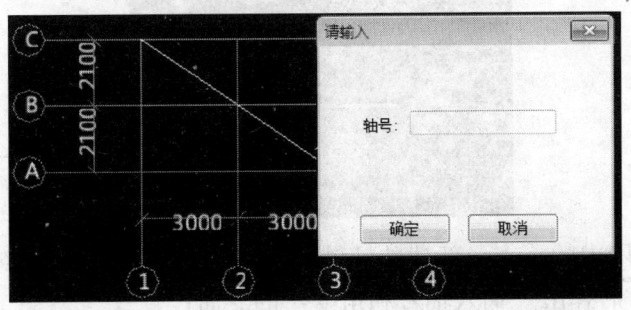

说明　在输入轴号的界面中点击"取消"，可以重新确定辅轴第二点。

六、点角辅轴

使用点角辅轴的功能，可以以一个点和一个角度建立一条辅轴。

操作步骤：第一步：点击"轴网"→"点角辅轴"；在已经建立的轴网中选择一点［在这里以（1，A）点为准］，弹出"输入角度和轴号"的界面；

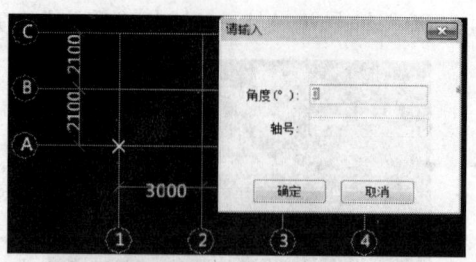

说明 这里的角度是指辅轴与 X 轴正方向的夹角,以顺时针为负,逆时针为正。

第二步:输入角度数值"30",和辅轴轴号"辅轴1",点击确定,完成操作。

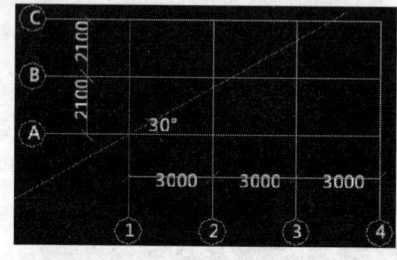

七、轴角辅轴

使用轴角辅轴的功能,可以以轴网的一条轴线、一个点和一个角度建立一条辅轴。

操作步骤:

第一步:点击"轴网"→"轴角辅轴",在已经插入的轴网中选择一条轴线(选中的轴线显示颜色为蓝色);

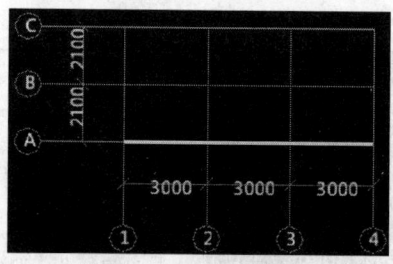

第二步:点击轴网内的一点,新建的辅轴将通过该点,在这里以(2,A)为辅轴通过的点,点击(2,A)后弹出"输入轴号和角度"的界面;

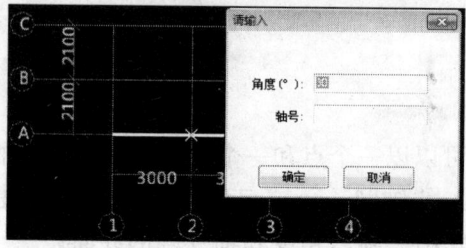

说明　1. 点击"取消",可以重新选择辅轴通过的点;
　　　2. 这里的角度以顺时针为负,逆时针为正。

第三步：输入角度的数值"30"和辅轴的轴号"辅轴1",点击"确定"完成操作。

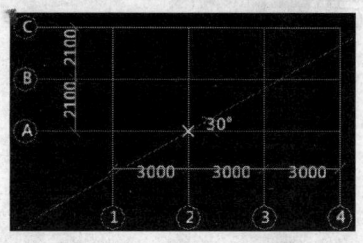

八、弧形辅轴

使用弧形辅轴的功能,可以建立一条弧形的辅轴。

操作步骤：

点击"轴网"→"弧形辅轴",在已经建立好的轴网中点击三个不在同一直线上的点,以确定弧形辅轴通过的点,在弹出的界面中输入辅轴的轴号即可完成操作。

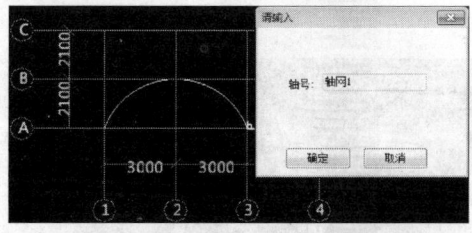

说明　点击"取消",可以重新确定辅轴的第三个点。

九、转角偏移辅轴

使用"转角偏移辅轴"功能,可以在弧形轴网中建立一条与轴线成一定角度的辅轴。

操作步骤：

第一步：点击"轴网"→"转角偏移辅轴",在弧形轴网中选择一条轴线为基准线,弹出"输入角度和轴号"的界面；

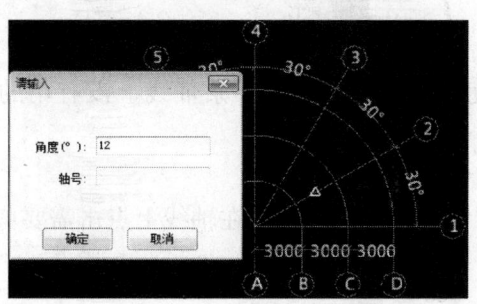

说明 这里的角度以顺时针为负，逆时针为正。

第二步：输入角度的数值"12"和轴号"辅轴1"，点击"确定"，完成操作。

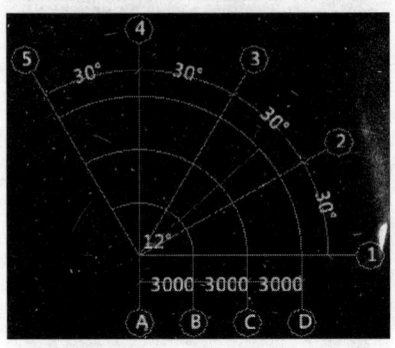

十、删除辅轴

使用"删除辅轴"的功能，可以删除当前层中的辅轴。

操作步骤：

第一步：在辅轴的图层下，在绘图区域点击已经绘制的辅轴，然后点击鼠标的右键，在弹出的菜单中点击"删除"；

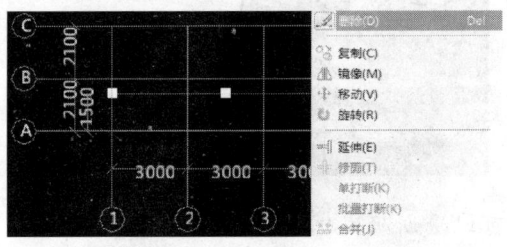

第二步：在弹出的界面中点击"是"完成操作。

十一、修剪轴线

使用"修剪轴线"的功能，可以把任意一条轴线上没有用的部分修剪掉，使绘图区域显得更加清晰。

操作步骤：

第一步：点击"轴网"→"修剪轴线"，在轴线上点击需要剪掉的位置，该位置会用一个"×"来表示；

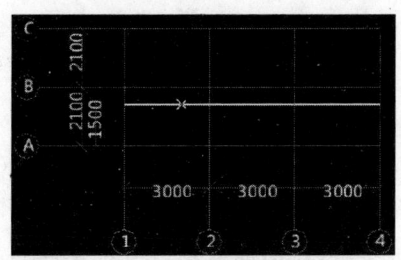

第二步：点击轴线需要剪掉的一端，完成操作。

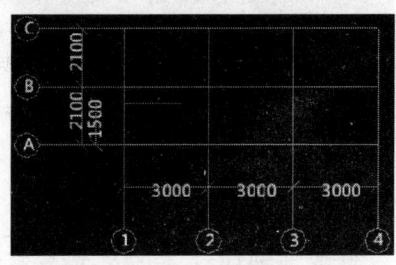

十二、延伸轴线

使用延伸轴线的功能，可以把两条不相交的轴线通过延伸的功能将其延伸相交，捕捉到轴线的交点。

操作步骤：

第一步：点击"轴网"→"延伸轴线"，点击轴线延伸的边界（如图所示蓝色的轴线）；

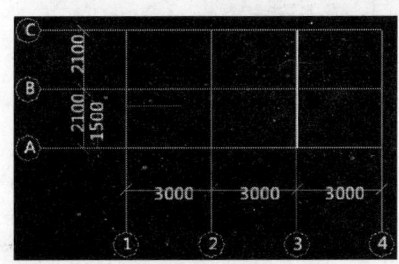

说明 如果发现所选取的延伸边界是错误的，则可以点击鼠标右键，重新选取延伸边界。

第二步：点击需要延伸的轴线，轴线会延伸至刚才所选择的延伸边界，完成操作。

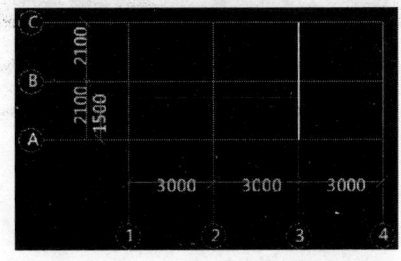

> 说明 如果还需要延伸其他轴线至相同的边界，那么直接点击需要延伸的轴线即可。

十三、恢复轴线

使用恢复轴线的功能，可以将延伸或修剪过的轴线恢复原状。

操作步骤：

点击"轴网"→"恢复轴线"，点击需要恢复原状的轴线，按鼠标右键结束操作。

> 说明 如果对一条轴线进行了多次操作，那么在恢复轴线时，只能恢复到该轴线最原始的状态。

十四、修改辅轴轴号

使用修改辅轴轴号的功能，可以修改辅轴的轴号。

操作步骤：

第一步：点击"轴网"→"修改辅轴轴号"，点击需要修改轴号的轴线，按鼠标右键弹出"输入辅轴轴号"的界面；

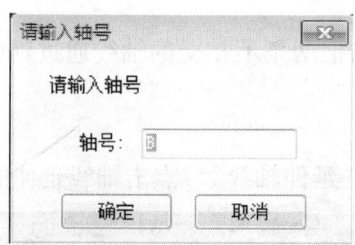

第二步：输入新的轴号，点击"确定"完成操作。

十五、修改轴号显示位置

使用修改轴号显示位置的功能，可以改变轴号所在的位置，增加绘图区的清晰度。

操作步骤：

第一步：点击"轴网"→"修改轴线显示位置"，点击需要修改的轴线；

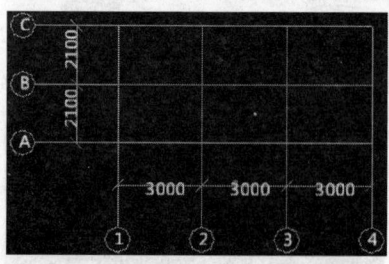

> 说明
> 1. 选中的轴线为蓝色虚线；
> 2. 可以一次选中多条轴线。

第二步：点击鼠标右键，弹出"修改标注位置"菜单，选择修改方式；

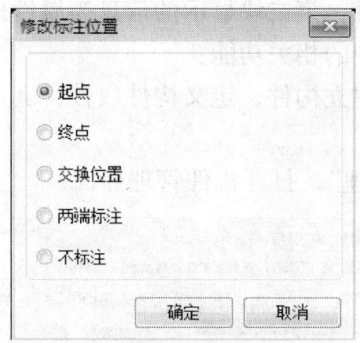

> **说明**
> 1. 起点：插入轴网时默认的端点；
> 2. 终点：和起点位置相对的一端；
> 3. 交换位置：交换轴号的标注位置；
> 4. 两端标注：在轴线的两端标注轴号；
> 5. 不标注：不显示轴号。

第三步：点击"确定"完成操作。

第四节 构 件

构件菜单由以下几部分组成：
- 构件管理
- 其他项目
- 修改构件图元名称
- 拾取构件
- 按名称选择构件图元
- 按类型选择构件图元
- 查看构件图元属性信息
- 查看构件图元坐标信息
- 查看构件图元错误信息

一、构件管理

所有的建筑物都是以构件为单元的，软件也是如此。并且，软件还对所有的构件提供了一种统一的管理界面。

点击菜单"构件"→"构件管理"，就可以调出构件管理界面。

在构件管理器的上部是"工具条"，在这里，您可以新建、删除、复制构件等。左边是一个构件树，本工程的所有构件都在这里管理。右边是属性编辑窗口和构件做法窗口，您可以在这里进行构件属性和做法的定义。下部是状态条，状态条分为两块，第一块显示的信息为您当前编辑构件的子类型信息，第二块显示的信息为属性提示信息。

下面我们介绍一下工具栏中的相关功能：

使用构件管理功能，可以建立构件，定义构件属性，套用构件子目等。

操作步骤：

点击"构件"→"构件管理"，打开构件管理界面；

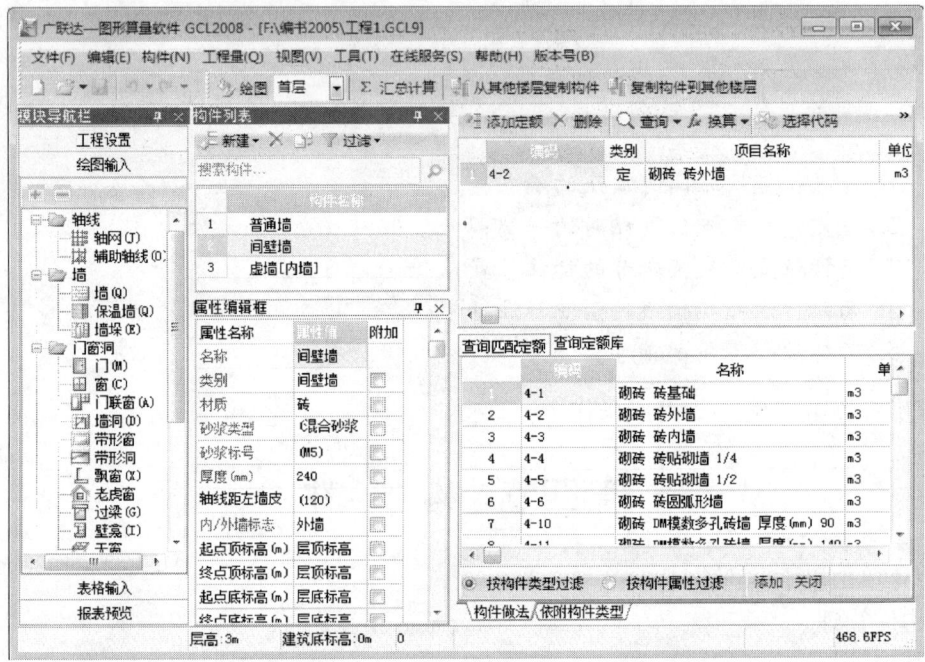

说明

1. 新建：选中某个构件类别后，点击该按钮，可以新建一个当前构件。例如：鼠标选中墙后，点击该按钮，可以建立各种类型的墙；
2. 删除：选中某个已经建立的构件后，点击该按钮，可以删除当前选中的构件。如果选中的构件已经绘制了构件图元，那么该构件无法删除；
3. 复制：选中某个已经建立的构件后，点击该按钮，可以复制当前选中的构件；
4. 重命名：选中某个已经建立的构件后，点击该按钮，可以修改当前选中构件的名称；
5. 帮助：选中某个已经建立的构件后，点击该按钮，可以查看当前构件的"文字帮助构件参考"或"文字帮助构件画法"；
6. 存档：见后面的"存档"菜单功能介绍；
7. 选配：如果当前构件的构件做法和某个构件做法相同，那么可以直接选配到当前构件。点击该按钮，在下拉菜单中选择构件做法相同的构件；
8. 适配：如果当前构件的构件做法适用于某个构件，那么可以使用适配的功能，把当前构件的做法复制到其他构件；

9. 查找：当建立的构件比较多时，可以使用查找功能快速找到某个构件。点击该按钮后，输入构件的名称所包含的部分文字，点击"确定"，可以快速定位包含该文字的构件；
10. 查找下一个：当有多个构件都包含查找时输入的文字时，点击该按钮，可以快速定位下一个构件；
11. 排序：构件可以按照一定的顺序排列，软件提供按名称、按子类型、按子类型和名称、按创建顺序，四种排序方式；
12. 过滤：使用过滤功能，可以查看所建立的构件中哪些是当前层使用过或整个工程使用过；
13. 选择构件：选中某个构件后，点击该按钮，可以关闭构件管理界面，并在绘图区域可以直接绘制该构件。如果选中构件后该按钮为灰色，那么说明在当前楼层无法绘制该构件或者选中的是构件的某个单元或者所选择的是构件类别（即：建筑构件、结构构件、基础构件等）；
14. 关闭：关闭构件管理界面；
15. 构件做法：见后面的构件做法。

存档：

选中某个已经建立的构件后，点击该按钮，弹出下拉菜单；

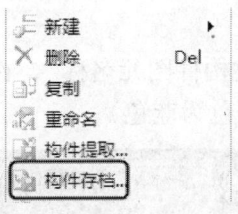

弹出对话框：

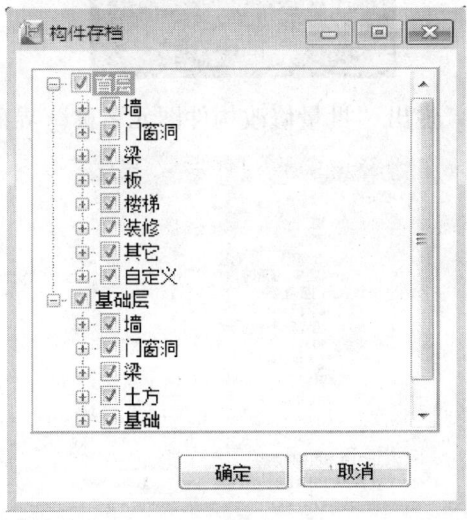

选中需要存档的构件。点击"确定",将文件保存到一个路径里。

说明
1. 构件做法存档:把当前构件套用定额子目、清单子目和构件特征保存起来,可以在以后的工程中使用;
2. 提取存档做法:提取一个构件的做法;

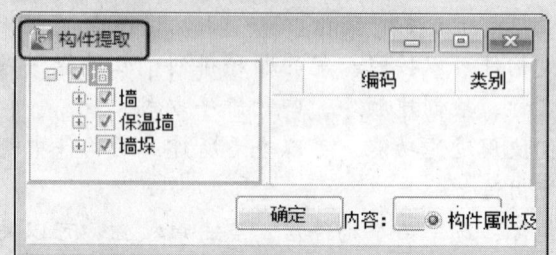

3. 提取存档构件:提取一个构件并提取该构件的做法。

说明 删除:删除选中构件;重命名:重命名当前选中的构件;合并:把其他的构件存档文件与当前的构件做法文件合并。

二、修改构件图元名称

使用修改构件图元名称的功能,可以修改当前已经绘制好的构件图元的名称。

操作步骤:

第一步:点击"构件"→"修改构件图元名称",在绘图区域用鼠标左键选择需要修改名称的构件图元(选中的图元显示颜色为蓝色);

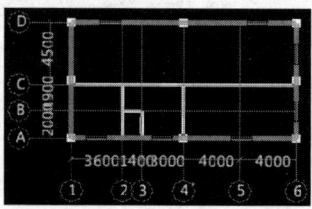

第二步:点击鼠标右键,弹出"批量修改构件图元名称"界面;

选择要改的构件名称，点击"确定"。

> **说明**
> 1. 选择构件子类型：当选中的多个构件不属于同一类型时，可以分别选择不同的构件进行修改；
> 2. 保留私有属性：如果选中此项，那么在把选中构件命名为其他构件时，可以保留当前选中构件的私有属性，例如：选中的墙体高度为 2 米，目标构件的高度为 3 米，修改名称时，如果选中了该选项，那么，修改后的墙体高度仍然为 2 米。关于构件的私有属性，请参见"名词解释"。

第三步：点击"选中构件"窗口中构件名称前面"口"，在"目标构件"窗口中选择构件名称，点击"确定"完成操作。

三、拾取构件

在绘制了许多构件之后，需要再次绘制其中某个已经绘制过的构件，而这个构件在构件工具条中不易找到时，可以使用"拾取构件"这个功能。

操作步骤：

点击"构件"→"拾取构件"，在绘图区域选择需要再次绘制的构件，然后可以绘制该构件。

四、批量选择构件图元

在绘图过程中，如果需要对同一名称的构件进行编辑或核对它们所在的位置，就可以使用"批量选择构件图元"的功能。

操作步骤：

第一步：点击屏幕上的"批量选择"，打开"批量选择"界面；

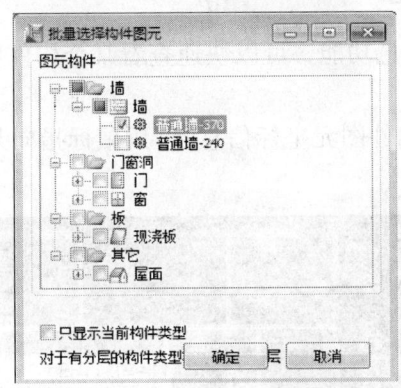

第二步：在构件列表中显示了当前图层中所有的构件名称，可以选择所有构件，也可以选择其中某一个构件，点击构件名称前面的"口"即可选中该构件，点击"确定"完成操作。

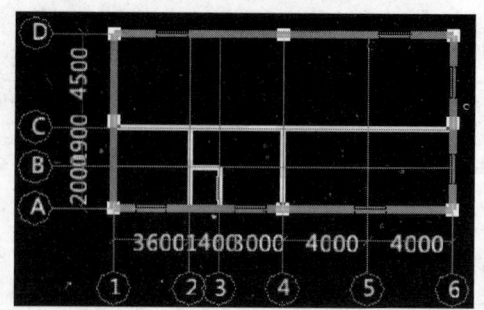

| 说明 | 选中的图元在绘图区域显示颜色为蓝色。 |

五、查看构件图元属性信息

使用查看构件图元属性功能，可以快速查看某个构件图元的属性。

操作步骤：

点击"构件"→"查看构件图元属性信息"，用鼠标指向某个构件之后，就会出现该构件的属性信息。

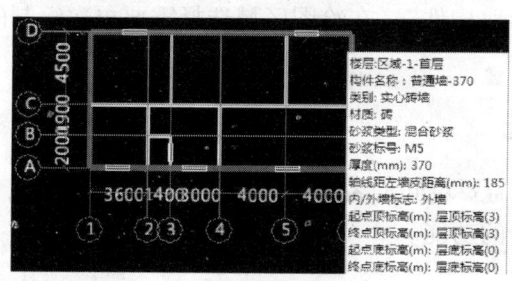

八、查看构件图元坐标信息

使用查看构件图元坐标信息功能，可以快速查看某个构件图元的坐标信息。

操作步骤：

点击"构件"→"查看构件图元坐标信息"，用鼠标指向某个构件之后，就会出现该构件的坐标信息。

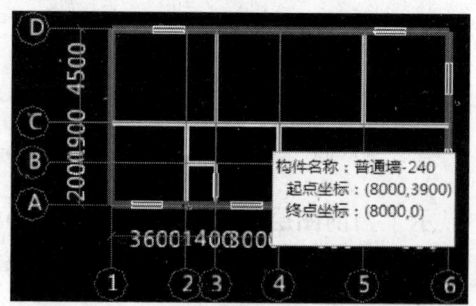

九、查看构件图元错误信息

使用"查看构件图元错误信息"的功能，可以查看存在错误的构件图元。

所绘制的构件图元是否存在错误，可以在通过汇总计算或合法性检查来确定，存在错误的图元会以红色显示。

操作步骤：

点击"构件"→"查看构件图元错误信息"，用鼠标指向出错的图元，就会显示该图元的错误信息。

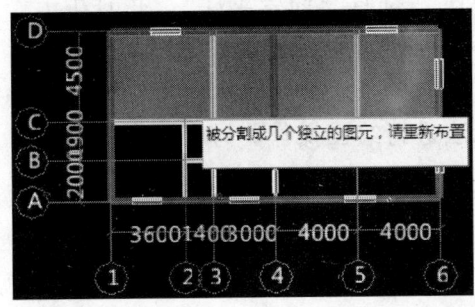

第五节 绘 图

一、构件选择

使用图形算量软件，有很大一部分工作都是在绘图区完成的，而在这大部分工作中，又有很大一部分工作与选择构件图元有关系。因此，在图上熟练选择构件图元十分重要。

在绘图区只有三种状态：选择状态、绘图状态、编辑状态。只要在选择状态，就可以选择构件图元。如何切换到选择状态呢？只要点击绘图工具条中的"选择"按钮，就进入选择状态；点击其他按钮，就进入绘图状态。

在软件中还有一种快捷进入选择状态的方式，在绘图状态，点击鼠标右键，也可进入选择状态了。另外，也可以通过 ESC 键，在选择状态和绘图状态之间进行切换。

进入选择状态，就可以选择构件了。软件提供两种选择方式：

第一种为点选，如：鼠标在门上一点，就选择一个门；

第二种为框选，如：用鼠标拉一个框就把所有的门都选择上了。

> **注意** 从左向右拉框选择和从右向左拉框选择是不同的，对于前者，拖动框为实线，只有完全包含在框内的构件才被选中；对于后者，拖动框为虚线，框内及与拖动框相交的构件均都被选中。如果想取消选择，可以点击鼠标右键，选择"取消选择"按钮。如果只想取消选择已经选择的部分构件，可以在构件上在重复点一点，即可取消。

如果我们想选择所有的 M-1，软件还提供一种更快捷的选择办法——按名称选择构件图元。点击菜单"构件"→"按名称选择构件图元"，或按键盘上的 F3 键。弹出"按名称选择构件图元"对话框，选择 M-1，点击确定。所有的 M-1 都被选上。

二、光标形状

在软件中，不同的光标形状也代表不同的状态，如果您了解这些状态，将对您的绘图工作带来很大的方便。

在选择状态，主要有两种光标。一种是"十字光标"，此时代表在鼠标下面没有可选中的实体，无法进行单选。另外一种是"回字光标"，此时代表在鼠标下面有可以选择的实体，可以点击鼠标左键进行单选了。

在绘图状态，也主要有两种光标。一种是"大十字，小方框"光标，此时代表在鼠标下面没有可以画图的点，无法进行绘图操作。另外一个是"小十字，大方框"光标，此时代表鼠标下有可以画图的点，可以点击鼠标左键进行绘图操作了。

了解了光标形状是不是感觉绘图操作简单了许多。

三、缩放平移

为了便于操作，在绘图时经常需要将图形进行放大、缩小或移动。软件提供了很多快捷的方式进行放大、缩小或移动操作。

如果您所用的鼠标有滚轮，您只需要上下推动鼠标滚轮就可以对图形进行放大缩小；双击鼠标中键就可以显示全图；按着鼠标中键拖动鼠标，您就可以移动图形。

如果您所用的鼠标没有滚轮，对图形的操作也不复杂。您可以点击工具条中的"实时缩放"按钮，然后在绘图区按住鼠标左键上下拖动鼠标，就可以对图形进行放大缩小了，达到您想要的大小后，可以通过点击鼠标右键来结束放大缩小状态；您还可以点击工具条中的"窗口缩放"按钮，然后在绘图区按住鼠标左键拉一个窗口，对该窗口范围内的图形进行放大；如果您想看全部图形，您可以通过点击工具条中的"全部"按钮，或按快捷键"Ctrl＋5"来显示全图；如果您想移动图形，您可以点击工具条上的"实时平移"按钮，然后在绘图区按住鼠标左键拖动鼠标来移动图形。

四、绘图方式简介及交点捕捉

单击"绘图"菜单，可以看到软件提供的八种绘图方法分别是画点，画旋转点，画直线，画折线，画矩形，画弧，画圆和智能布置。软件根据每种构件的不同特点有不同的绘制方法，如果绘图菜单的按钮显示为灰色，那么说明该种绘图方法不适用当前构件。

在软件中，只有在捕捉点才能画图，而捕捉点一般为轴网的交点。当然，软件也提供一种可以不在轴网上画图的方法，那就是偏移功能。关于偏移功能，后面会有详细讲解，这里就不做介绍了。

附表：各构件常用绘图方法参考一览表：

▲为常用方法　△为可能用到的方法

	主轴线	墙	栏板	门	窗	门联窗	墙洞	壁龛	过梁	墙垛	保温层	屋面	挑檐	阳台	雨篷	柱	梁	板	板洞	楼梯
画点	▲			▲	▲	▲	▲	▲	△	▲	△	▲				▲			▲	▲
画旋转点																				
直线		▲																		
圆弧		▲																		
布置									▲		▲		△	△	△	▲	▲	▲		▲
顶点画法		▲											▲	▲	▲					
相对坐标画法		△	△																	
精确布置				△	△	△	△													

	房间	地面局部装修	顶棚局部装修	单墙面装修	台阶	散水	平整场地	建筑面积	天井	条基	独基	满基	垫层	桩	桩承台	地沟	基槽土方	基坑土方	大开挖土方
画点	▲			▲		▲	▲	▲	▲					▲	▲			▲	▲
画旋转点																			
直线		▲	▲		△	△										▲	▲		▲
圆弧		▲	▲		△	△										▲	▲		
布置					▲	▲				▲	▲	▲	▲						
顶点画法																			
相对坐标画法																			

五、画点

点式绘制适用于点式构件或部分面状构件。

绘图步骤：

139

第一步：在"构件工具条"选择一种已经定义的构件；

第二步：点击"绘图"→"点"；

第三步：在绘图区域点击一点作为构件的插入点（只有鼠标的显示方式为"⊞"才能绘制），完成绘制。

> **说明**
> 1. 选择了适用于点式绘制的构件之后，软件会默认为点式绘制，直接在绘图区域绘制即可。例如，在构件工具条中选择了"门"之后，可直接跳过绘图步骤的第二步，直接绘制。
> 2. 对于面状构件的点式绘制，例如：阳台、雨篷等，必须在封闭的空间内才能进行点式绘制；
> 3. 对于部分点式构件，在插入之前，按"F3"可以进行左右镜像翻转，按"Shift + F3"可以进行上下镜像翻转，按"F4"可以改变插入点；
> 4. 如果构件的插入点不是轴线的交点或偏轴状态，那么可以采用偏移插入点画法，即在插入时按住键盘的"Ctrl"或"Shift"。

按住"Ctrl"时点击鼠标左键会弹出下面的界面：

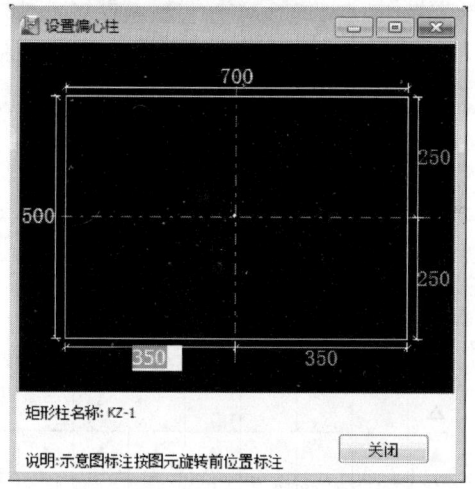

输入柱子偏移轴线的数值。

按住"Shift"时点击鼠标左键会弹出下面的界面：

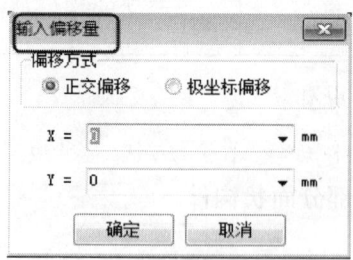

第四章 功能详解

> **说明** 输入偏移量之后点击"确定"即可。

六、画旋转点

旋转点式绘图主要是指在点式绘图的同时，对实体进行旋转的方法来绘制构件，主要适用于实体旋转一定角度的情况。

绘图步骤：

对于点式构件：

第一步：在"构件工具条"选择一种已经定义的构件；

第二步：点击"绘图"→"旋转点"；

第三步：在绘图区域点击一点作为构件的插入点（只有鼠标的显示方式为"⊞"才能绘制）；

第四步：移动鼠标，光标在绘图区域内捕捉到的点，确定构件的旋转角度；也可以在鼠标没有捕捉到任何点的情况下按住"Shift"后点击鼠标左键，在弹出的界面中输入偏移的数值即可。

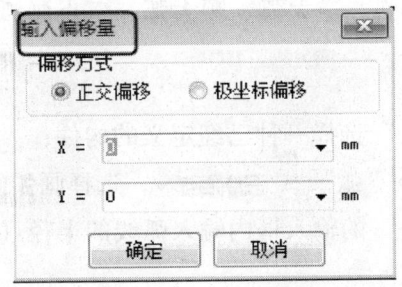

> **说明** 上述第四步中的角度数值以逆时针方向为正，顺时针方向为负；

七、画直线

直线绘制主要用于条形构件，采用直线式绘图方式的构件有：墙、条基、梁、自定义线等。

绘图步骤：

第一步：在"构件工具条"选择一种已经定义的构件；

第二步：点击工具栏上"直线"；

第三步：点击条形构件的起点和终点，完成绘制。

> **说明** 在点击构件的起点和终点时，按住"Shift"可以打开"输入偏移量"界面。

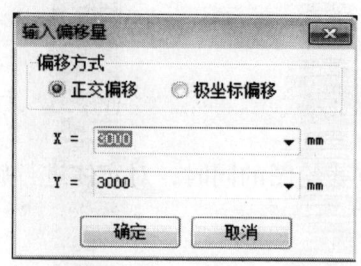

八、画矩形

矩形画法就是点取一个矩形的对角线两点，一次性画出四道直线或一个矩形的画法。

绘图步骤：

第一步：在"构件工具条"选择一种已经定义的构件；

第二步：点击"绘图"→"矩形"；

第三步：点击矩形对角线的两个点，即可完成绘制。

九、画弧

软件提供了逆小弧、顺小弧、逆大弧、顺大弧、三点画弧五种画弧的方式，适用于墙、梁、条基等条形构件。

绘图步骤：

第一步：在"构件工具条"选择一种已经定义的构件；

第二步：点击"绘图"→"弧" 三点画弧▼，选择画弧的方式；

第三步：在"绘图工具条"的输入框内输入弧线的半径（如果是采用三点画弧的方式，那么可以跳过此步骤）；

第四步：在绘图区域点击弧线的起点、终点，完成绘制（如果是采用三点画弧的方式，那么还需要点击弧线的中点）。

十、画圆

使用画圆的方式可以绘制线性构件或面状构件。

绘图步骤：

第一步：在"构件工具条"选择一种已经定义的构件；

第二步：点击"绘图"→"圆"；输入圆的半径。鼠标移至绘图区，如下图。

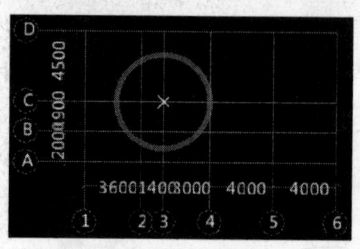

点击鼠标左键，一个圆就绘制上了。

十一、智能布置

智能布置是区别于其他绘图方法的一种快速画图方法，每种构件都有不同的布置方法。

绘图步骤：

第一步：在"构件工具条"选择一种已经定义的构件；

第二步：点击"绘图"→"智能布置"，选择智能布置的方式；

第三步：根据绘图区域下方的状态条提示，进行布置，点击鼠标右键完成操作（对于部分构件，无需此步骤，直接选择智能布置的方式即可完成操作）。

> **说明** 对于门窗等构件，还可以进行精确布置，精确布置的方法如下：
> 第一步：选取需要精确布置的门窗构件，点击"绘图"→"智能布置"，选择智能布置的方式中的精确布置；
> 第二步：点击门窗所在的墙体；
> 第三步：点击该墙体的一端，作为精确布置的参考点；
> 第四步：在弹出的"输入偏移距离"界面中输入偏移距离，点击"确定"按钮，完成操作。

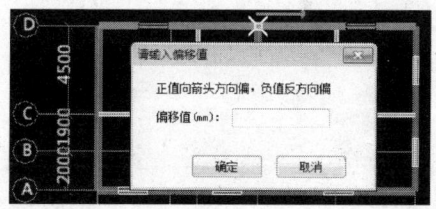

十二、构件绘制方法举例（柱）

绘制方法：柱是点的形式，所以软件提供了点、旋转点等绘图方式，同时也提供了强大的布置功能（一般布置于轴线交点）。

布置功能操作：选择构件柱，鼠标左键点击绘图工具条上"智能布置"按钮，在下拉菜单中可以看到柱智能布置时所能参照的图元。这里以用得最多的按"轴线"布置为例介绍。选择按轴线布置，在绘图区拉框选择需要布置柱的轴网区域，则在这个区域内所有的轴网交点上都布置上了柱，这时可以根据实际情况删除图纸上没有柱的轴网交点上的柱。其他的几种布置方式比较简单，这里不再详细介绍了。

偏心柱的绘制：在实际工程中，偏心柱也很常见。对于偏心柱，软件提供了很多方便的绘图方式。

第一种：利用偏移工具条；

第二种：按住键盘上的 Shift 键，在绘图区点击鼠标左键弹出偏移对话框；

第三种：利用"绘图"里的"单对齐"可以"设置柱靠墙边"；

第四种：利用"修改"菜单中的"调整柱端头方向"。以上四种功能都已经在功能说明中进行了介绍，这里不再详细介绍。这里再介绍两种绘制偏心柱的方法。

第五种：利用F4键。选择构件柱，选择点式画法，在绘图区，按键盘上的"F4"键，就可看到柱插入点在柱的中心点和角点之间不断变换，选择适合的插入点后，点击鼠标左键，一个偏心柱就画好了。

第六种：利用柱偏移对话框。选择构件柱，选择点式画法，在绘图区，按键盘上的"Ctrl"键，单击鼠标左键，软件就弹出一个柱偏移对话框，在这个对话框中，可根据图纸输入相应的偏心尺寸，点击确定，一个偏心柱就画好了。

只要灵活运用以上六种偏心柱画法，绘图效率就会提高很多。

第六节　修　　改

修改菜单由以下几部分组成：
- 撤销
- 重复
- 删除
- 复制
- 镜像
- 移动
- 旋转
- 偏移
- 延伸
- 修剪
- 打断
- 合并
- 拉伸
- 定义斜板
- 设置现浇板支模边
- 按梁分割板
- 画线分割板
- 定义屋面卷边
- 设置门窗立樘位置
- 设置矩形楼梯起始踏步边
- 设置大开挖土方放坡系数
- 设置柱靠墙边
- 调整柱端头方向
- 自动生成土方构件
- 调整构件图元显示方向

一、撤销

使用撤销功能，可以返回操作前的状态。

操作方法：

方法1：点击"修改"→"撤销"，即可返回上一步的绘图状态；

方法2：使用快捷键"Ctrl + Z"可以撤销上一步的操作。

注意之处：

1. 在构件管理的界面中的操作不支持撤销的功能；
2. 楼层的删除不支持撤销功能；
3. 撤销最多可以回退10步；
4. 点击保存或进行汇总计算后，不支持撤销功能。

二、重复

使用撤销功能后，如果还想恢复撤销以前的状态，则可以使用重复功能来实现。

操作方法：

方法1：点击"修改"→"重复"，即可返回撤销之前的状态；

方法2：使用快捷键"Ctrl + Shift + Z"可以返回撤销之前的状态。

注意之处：重复最多可以恢复到多次撤销前的状态。

三、删除

使用删除功能，可以删除当前层中的构件及其附属构件。

操作步骤：

第一步：点击"修改"→"删除"；

第二步：用鼠标左键选择需要删除的构件（构件呈虚线显示即表示选中）；

第三步：点击鼠标右键，打开"确认对话框"，点击"确定"完成操作。

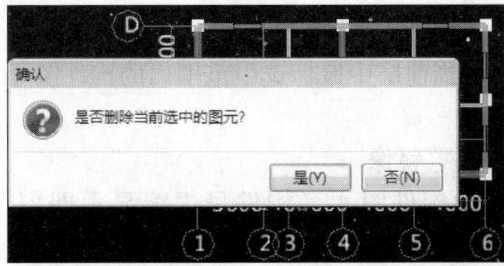

说明
1. 先选中需要删除的构件图元，点击鼠标右键，在下拉菜单中选择"删除"，同样能达到删除构件的目的；
2. 选中需要删除的构件图元，按"DEL"键，同样能达到删除构件的目的；
3. 删除之后，可以使用"撤销"的功能取消删除；
4. 当前构件图元被删除后，其附属构件也会被删除。

四、复制

使用复制的功能,可以复制鼠标选中的构件图元。

操作步骤:

第一步:点击"修改"→"复制";

第二步:用鼠标左键选择需要复制的构件(构件呈虚线显示即表示选中)点击鼠标右键完成选择;

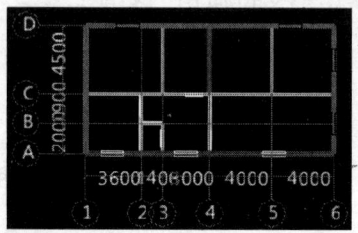

第三步:点击左键确定基准点,移动鼠标,点击左键确定目标点,完成操作。

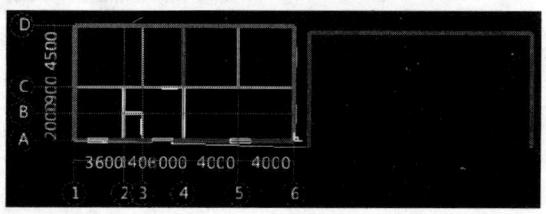

说明
1. 点击完目标点后,移动鼠标可以继续复制选中的构件图元到其他位置;
2. 当前构件图元被复制后,其附属构件也会被复制;
3. 复制构件时不会覆盖目标位置的构件图元。

五、镜像

使用镜像功能,可以镜像当前层中鼠标选中范围内的构件图元。

操作步骤:

第一步:点击"修改"→"镜像";

第二步:选择需要镜像的构件图元(构件呈虚线显示即表示选中),点击右键完成选择;

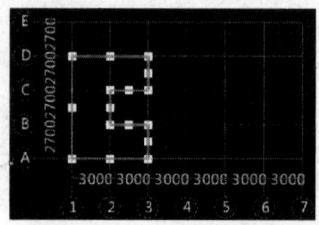

第三步：点击绘图区域内两个点，用来确定镜像线，当点击第二个点时，会弹出"确认"界面，询问是否删除原有的构件图元。

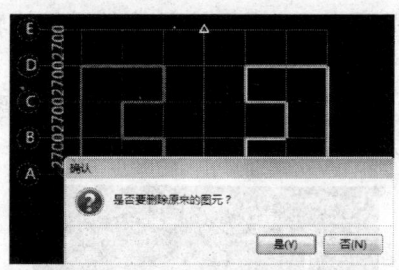

说明　如果选择的第一个镜像点不正确，可以点击鼠标右键，重新选择镜像点。

注意之处：
1. 当图元被镜像时，其附属构件同时被镜像。例如，在镜像墙体时，选中墙上的门窗等附属实体同时被镜像；
2. 镜像构件时不会覆盖目标位置的构件图元。

六、移动

使用移动的功能，可以把当前层所绘制的构件移动到其他位置。

操作步骤：

第一步：点击"修改"→"移动"，用鼠标选择需要移动的构件图元（构件呈虚线显示即表示选中），点击鼠标右键结束选择；

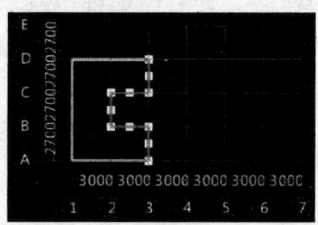

第二步：点击绘图区域内的一个点作为移动的基准点，移动鼠标，点击绘图区域内的一个点作为移动的目标点，完成操作。

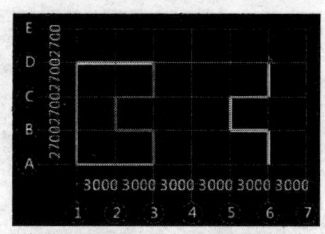

注意之处：
1. 当前构件图元被移动后，其附属构件也会被移动；
2. 移动构件时不会覆盖目标位置的构件图元。

七、旋转

使用旋转功能，可以把当前层中选定范围内的构件进行旋转。

操作步骤：

第一步：点击"修改"→"旋转"，在绘图区域内选中需要旋转的构件图元（构件呈虚线显示即表示选中）点击鼠标右键完成选择；

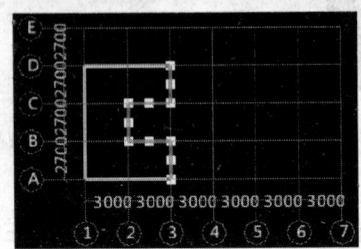

第二步：在绘图区域选择一点作为旋转的基准点，基准点，完成操作。

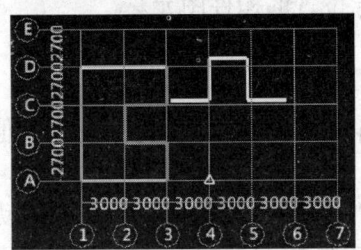

注意之处：当前构件图元被旋转后，其附属构件也会被旋转。

八、偏移

使用偏移功能，可以把条形构件进行偏移复制或把面状构件进行放大或缩小。

操作步骤：

对于条形构件：

第一步：点击"修改"→"偏移"，选择需要进行偏移的条形构件图元（构件呈虚线显示即表示选中），点击鼠标右键完成选择；

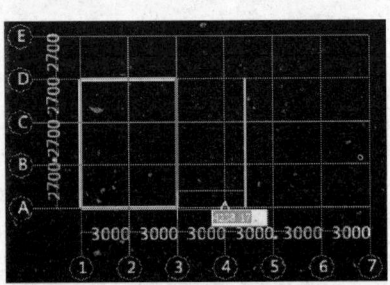

第二步：点击条形构件的偏移方向，打开"输入偏移距离"界面，输入偏移的距离4500，点击左键；弹出如下对话框；

第四章 功能详解

说明 偏移距离：与构件边线垂直方向的距离。

第三步：在弹出的"对话框"界面中选择是否需要删除原有的图元，完成操作。

说明 1. 点击"是"，删除原来的图元；
2. 点击"否"，不删除原来的图元。

对于面状构件

第一步：点击"修改"→"偏移"，打开"选择偏移方式"界面，选择一种偏移方式，点击"确认"按钮；

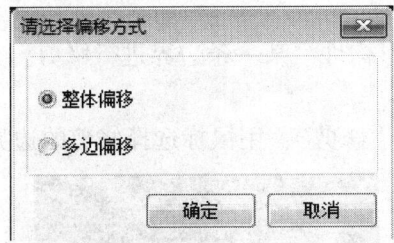

说明 整体偏移：选中的面状构件所有边线，均向构件外外放（或向构件内缩进）一定的距离；
单边偏移：所选中的边线向面状构件外放或缩进一定距离。

第二步：如果选择的是整体偏移，那么选择需要偏移的面状构件，并点击鼠标左键确定偏移的方向，打开"输入偏移距离"界面，输入偏移的距离，点击"确定"；如果选择的是单边偏移，那么在选择偏移的面状构件之后还要选择构件的边线，然后点击鼠标左键确定偏移方向，打开"输入偏移距离"界面，输入偏移的距离，点击"确定"，完成操作。

注意之处：

1. 当前构件图元被偏移后，其附属构件也会被偏移；
2. 偏移构件时不会覆盖目标位置的构件图元。

九、延伸

使用延伸功能，可以使条形构件达到指定的边界。
操作步骤：
第一步：点击"修改"→"延伸"，用鼠标选择延伸的边界；

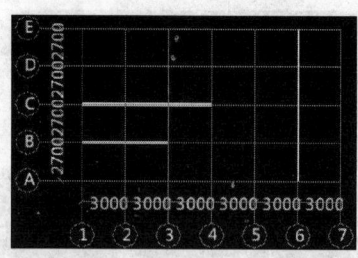

第二步：点击需要延伸的构件图元（可以选取多个构件同时延伸），完成操作。

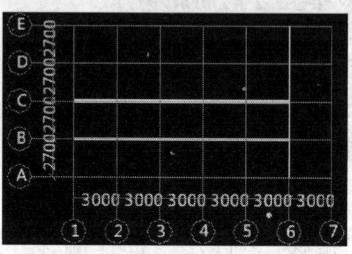

十、修剪

使用修剪功能，可以把条形构件沿某一条边界进行修剪。
操作步骤：
第一步：点击"修改"→"修剪"，用鼠标选择修剪的边界；

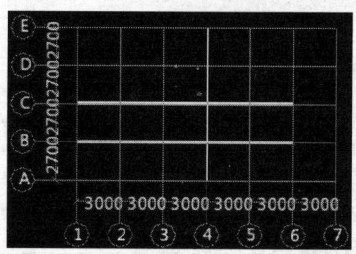

第二步：用鼠标左键选择修剪构件要剪断的一边（可以选取多个构件同时修剪），点击右键完成操作。

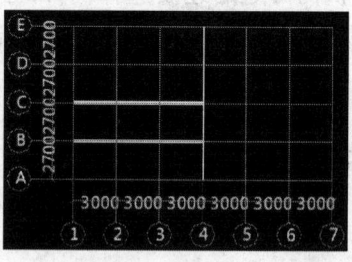

十一、打断

使用打断的功能，可以把条形构件按要求断开。

操作步骤

第一步:点击"修改"→"单打断",选择需要打断的条形构件和与该构件相交的构件图元;

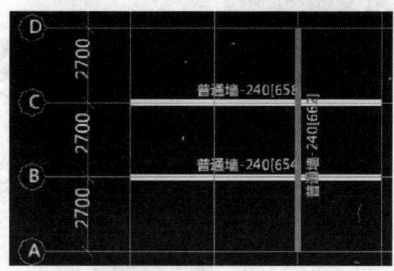

第二步:点击鼠标右键,打开"确认"界面;

第三步:点击"是"完成操作。

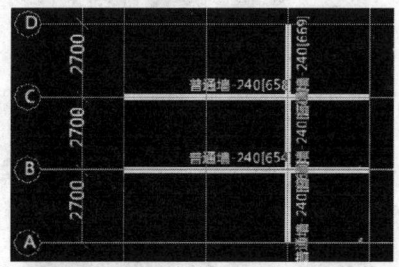

十二、合并

使用合并功能,可以把打断后的构件图元合并为一个构件图元。

操作步骤:

第一步:点击"修改"→"合并",选择需要合并的条形构件图元,点击鼠标右键,打开"确认"界面;

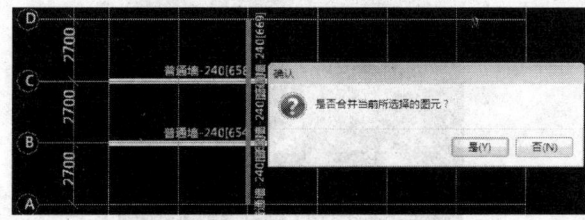

第二步:点击"是"完成操作。

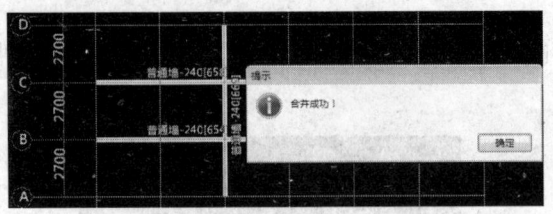

十三、拉伸

使用拉伸功能，可以拉伸面状构件或条形构件。

操作步骤：

对于条形构件：

第一步：点击"修改"→"拉伸"，拉框选择要拉伸构件的一端（只能选择一个端点），在绘图区域选择一个点作为基准点，移动鼠标；

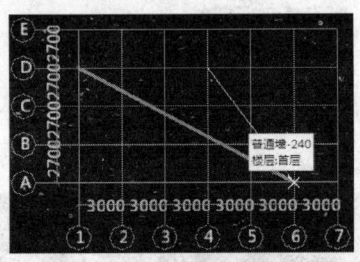

第二步：点击鼠标左键确定拉伸的目标点，完成操作。

对于面状构件：

第一步：点击"修改"→"拉伸"，拉框选择面状构件的顶点（没有选中的顶点不会被拉伸）；

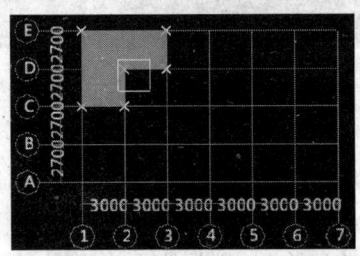

第二步：在绘图区域选择一个点作为基准点，移动鼠标，点击鼠标左键确定拉伸的目标点，完成操作。

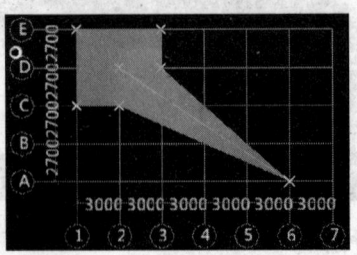

十四、定义斜板

使用定义斜板的功能，可以把绘制好的水平板定义成一块斜板。

操作步骤：

第一步：点击"修改"→"定义斜板"，点击与板倾斜方向垂直的一条基准边，打开"选择编辑方式"界面；

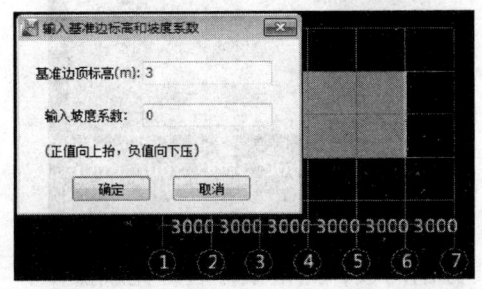

说明
1. 输入坡度系数：在倾斜方向上，水平投影的长度为1m时，板升高或降低的高度（m），当输入"-0.5"时，表示板在倾斜方向每1m降低0.5m。由于板默认的顶标高为当前层的高度，所以一般情况下输入的数值为负数。
2. 选择抬起点：选择除基准边以外的任意两条边的交点作为抬起点，在弹出的"板的参数"界面中输入该点相对于板的原始标高变化的高度。当输入"-1000"时，表示该点相对于板的原始标高降低了1000mm。由于板默认的顶标高为当前层的高度，所以一般情况下输入的数值为负数。

第二步：选择一种编辑方式，点击确定，完成操作。

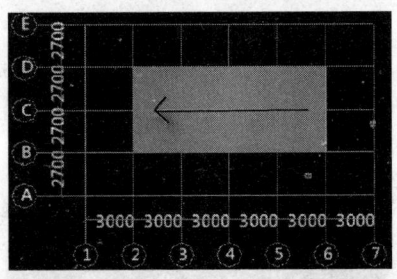

说明
1. 定义斜板后，板会作出相应的标记，箭头指向方向为板较低的一边；
2. 如斜板定义完成后，用户需要将斜板恢复至平板，其操作方法同定义斜板相同，仅需要将其坡度系数设置为零即可；
3. 将板定义为斜板后，在板下的顶标高要设置成顶板顶标高，且墙、梁遇顶板阴阳折角处要打断。

十五、按梁分割板

使用按梁分割板的功能，可以把一块板按照梁的轴线分割为多块板，主要用于处理楼梯间和电梯间。

操作步骤：

第一步：在板的图层下，点击"修改"→"按梁分割板"；

第二步：用鼠标选择梁，点击鼠标右键完成选择；

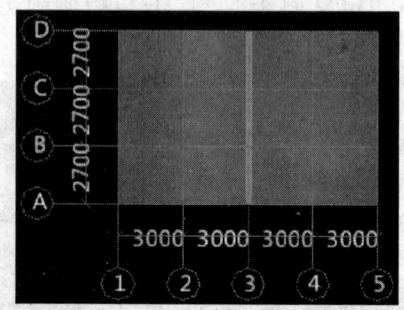

第三步：用鼠标选择要分割的板，点击鼠标右键完成操作。

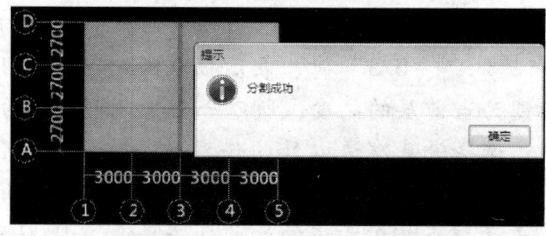

注意之处：除了可以按照梁分割板以外，还可以使用"画线分割板"的功能随意分割板。

十七、画线分割板

使用画线分割板的功能，可以把一块板分割为多块板。

操作步骤：

第一步：在板的图层下，点击"修改"→"画线分割板"；

第二步：用鼠标选择要分割的板，点击鼠标右键完成选择；

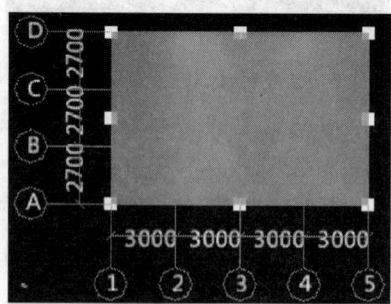

第三步：用鼠标左键绘制分割线（可以绘制多条分割线），点击右键完成绘制；再次点击右键完成操作。

第四章 功能详解

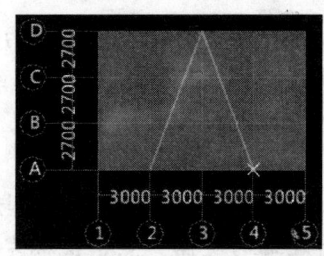

注意之处：除了可以画线分割板以外，还可以使用"按梁分割板"的功能，按照梁的轴线分割板。

十八、定义屋面卷边

软件在默认情况下是不计算屋面的卷边面积的，如果需要计算，则可以使用定义屋面卷边的功能。

操作步骤：

点击"绘图"→"定义屋面卷边"，在弹出的"定义屋面卷边方式"界面中，选择一种定义方式；

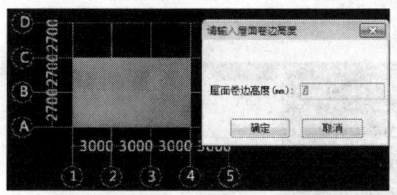

十九、设置门窗立樘位置

在实际工程中，如果门窗的位置并不是居中的（与墙的中心线重合），那么需要设置门窗的立樘位置。

操作步骤：

第一步：点击"修改"→"设置门窗立樘位置"，选择需要设置立樘位置的门窗，点击鼠标右键，打开"设置立樘位置"界面；

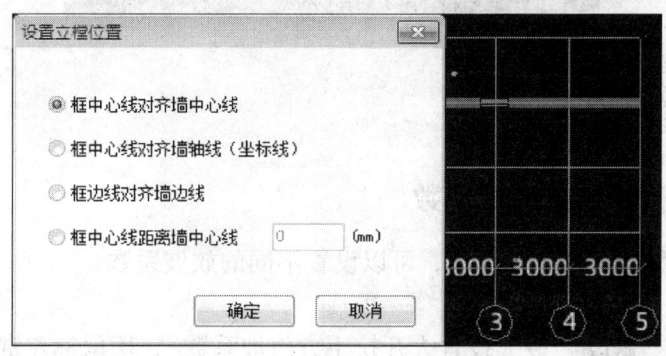

155

> **说明**
> 1. 框中心线对齐墙中心线：即门窗居中，门窗的中心线与墙的中心线重合；
> 2. 框中心线对齐墙轴线（坐标线）：门窗的中心线与墙所在的轴线重合；
> 3. 框边线对齐墙边线：门窗边线与墙边线重合，选择该门窗所在墙的一侧，点击鼠标左键即可；
> 4. 框中心线距离墙中心线长度：门窗的中心线与墙中心线之间的距离，输入数值后，选择该门窗所在墙的一侧，点击鼠标左键即可。

第二步：选择一种设置方式，点击"确认"，根据绘图区域下方的状态条提示内容进行操作。

二十、设置矩形楼梯起始踏步边

在实际工程中，楼梯的走向直接影响楼梯的体积及抹灰工程量，因此需要正确的设置楼梯踏步边。

操作步骤：

点击"修改"→"设置矩形楼梯起始踏步边"，点击楼梯的起始踏步所在的边，即可完成操作。

设定前：

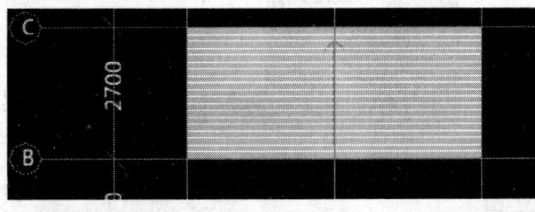

设定后：

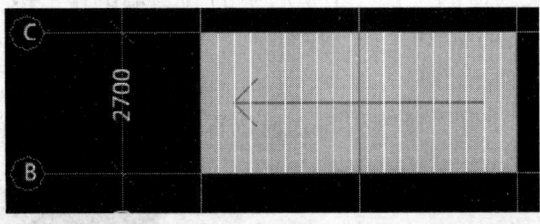

> **说明** 选择的边线为 $\left(\dfrac{1}{B-C}\right)$。

二十一、设置大开挖土方放坡系数

对于一个大开挖土方的不同边线，可以设置不同的放坡系数。

操作步骤：

第一步：点击"修改"→"设置大开挖土方放坡系数"，用鼠标左键点击大开挖土方构件的一条边线，在弹出的"输入放坡系数"界面中输入放坡系数；

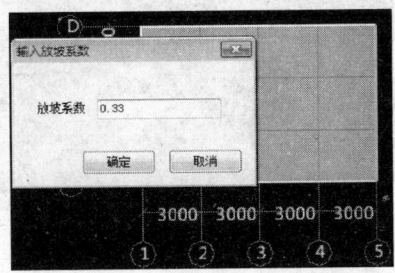

第二步：点击确定完成操作。

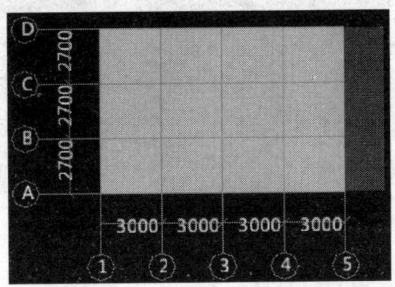

说明
1. 设置放坡系数后的大开挖土方边线会有明显的标记；
2. 关于放坡系数：
   (1) 输入范围为 0~10 之间的数字；
   (2) 输入格式只能是以下三种格式："X"、"$1:X$"、"$1/X$"（其中 X 为输入范围为 0~10 之间的数值）。
   (3) 输入的 X，为"当挖土深度为 1 时，水平方向的外放宽度"。

二十二、设置柱靠墙边

在实际工程中，有些柱子的边线是与墙的边线平齐的，但是在绘制柱子时，柱的插入点却不在墙中心线上，为了使柱边线与墙平齐，可以使用"设置柱靠墙边"的功能。

操作步骤：

第一步：点击"修改"→"对齐"→"单对齐"；

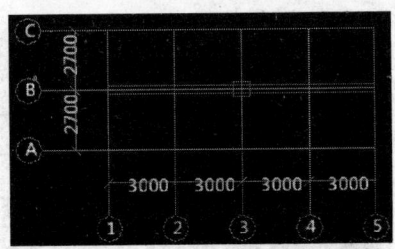

第二步：选择一道与柱边线平齐的墙体（该墙体不一定与柱相交）；

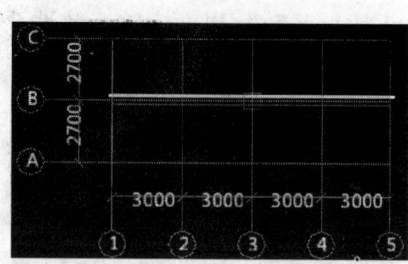

第三步：点击墙与柱边线平齐的一侧，点右键确认，完成操作。

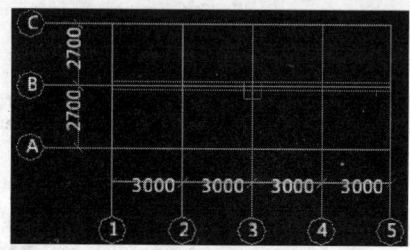

二十三、调整柱端头方向

使用调整柱端头方向的功能，可以改变非对称柱的柱头方向。

操作步骤：

点击"绘图"→"调整柱端头方向"，点击需要调整端头的柱，点击鼠标右键完成操作。

调整前：

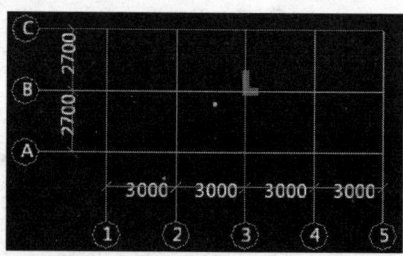

调整后：

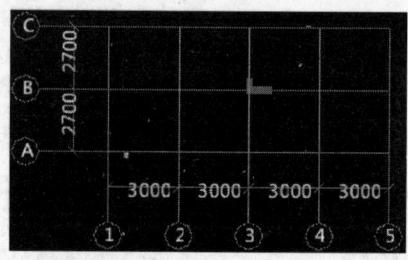

说明 在点击鼠标右键结束该功能前，还可以点击其他柱进行操作。

二十四、自动生成土方构件

使用自动生成土方构件的功能，可以按照已经绘制好的独立基础、桩承台或条形基础自动生成基坑或基槽。

操作方法：

生成基坑：

第一步：在独基或桩承台的图层下，点击"绘图"→"自动生成土方构件"；打开"生成方式及相关属性"界面；

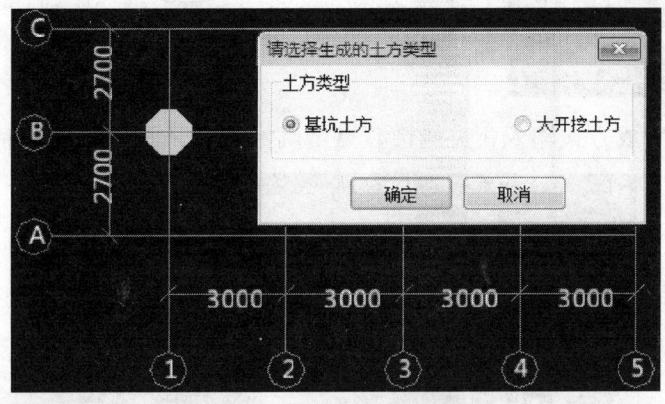

第二步：选择生成方式输入相关属性，点击确定按钮，弹出"生成结果"的界面；

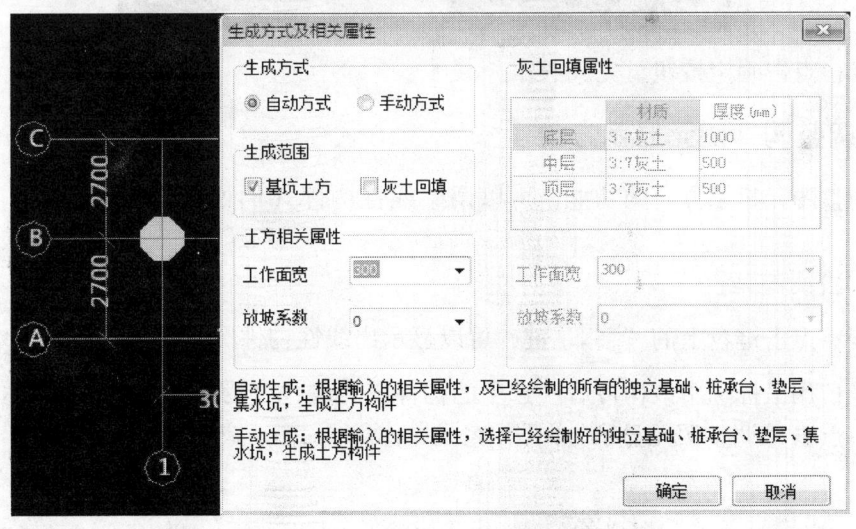

第三步：点击确定按钮，完成操作。

生成基槽：

第一步：在条基图层下，点击"绘图"→"自动生成土方构件"；打开"生成方式及相关属性"界面；

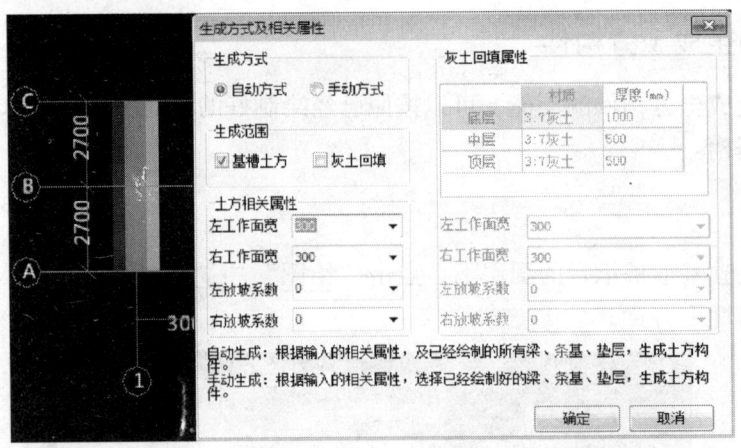

第二步：选择生成方式输入相关属性，点击确定按钮，弹出"生成结果"的界面；

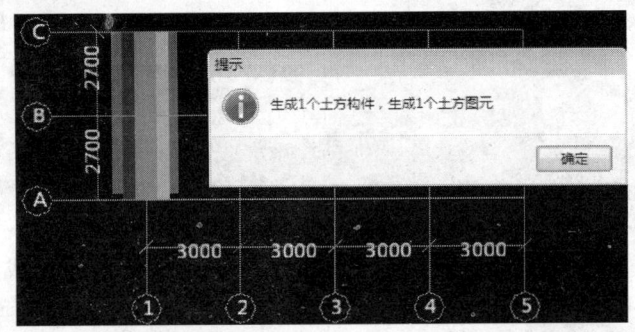

第三步：点击确定按钮，完成操作。

二十五、调整构件图元显示方向

使用调整图元显示方向的功能，可以调整线性构件（例如：墙、梁、条基等）的显示方向。

操作方法：

第一步：点击键盘上的"～"键，可以显示出线性构件图元的显示方向；

第二步：用鼠标选中该构件后（选中的构件图元颜色变为蓝色），点击鼠标右键，在弹出的菜单中点击"调整图元显示方向"，完成操作。

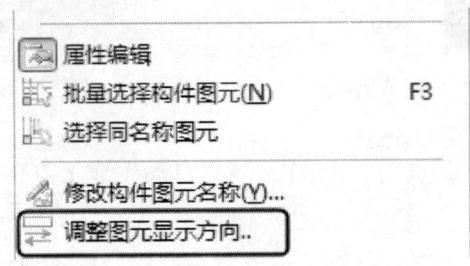

第七节 视 图

视图菜单由以下几部分组成：
- 构件图元显示设置
- 构件属性编辑器
- 工具条
- 状态条
- 缩放
- 平移
- 视口
- 三维显示

一、构件图元显示设置

在绘图过程中，针对构件数量多而复杂的情况，为了提高绘图效率，需要将暂时不需参照的实体隐藏起来；或为了便于检查，需要某种实体的名称直接显示到图上，这就可以使用"构件图元显示设置"功能。

操作步骤：

第一步：点击"视图"→"构件图元显示设置"，打开"构件图元显示设置"界面。

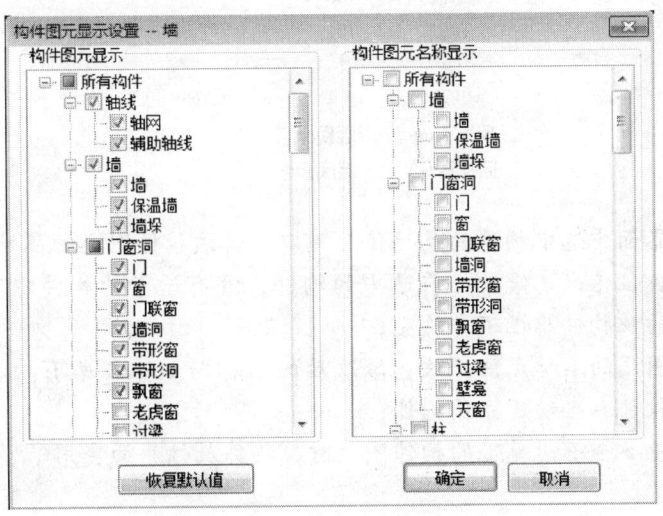

第二步：点击构件前面的"口"，可以控制当前图层中是否显示该构件和控制构件名称是否显示，点击"确定"完成操作。

二、构件属性编辑器

使用构件属性编辑器功能，可以编辑当前图层中已经绘制好的图元属性。

操作步骤：

第一步：点击"视图"→"构件属性编辑器"，打开"属性编辑器"界面。

第二步：点击当前图层中需要编辑的构件图元，在"属性编辑器"界面中会显示选中构件的属性。

说明
1. 在该界面中选中构件的属性值后可以编辑该构件图元的属性；
2. 修改属性值只是修改当前选中的构件，没有选中的构件以及在构件管理器中设置的该构件属性不会改变；
3. 构件图元的名称允许修改，修改后的名称与该工程所有的构件名称均不相同时，软件会自动建立该构件；
4. 当选中多个不同属性的构件图元时，构件属性界面会用"？"来标记。

三、工具条

根据不同用户的操作习惯，可以自由设置工具条显示/隐藏状态。

操作步骤：

点击"视图"→"工具条"，点击不同的工具条，可以控制该工具条是否显示。

第四章 功能详解

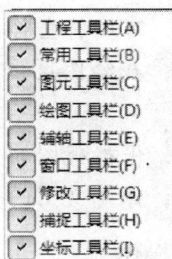

说明　当工具条前面有"√"显示时，表示已经显示了该工具条。

四、状态条

GCL 2008 的状态条可以显示当前工作状态，给用户相关的提示。

层高:3m　建筑底标高:0m　0

状态条的作用在于提示用户以下几方面内容：
1. 显示当前鼠标所在的坐标位置；
2. 显示当前层的层高；
3. 显示当前层的底标高；
4. 选中构件的数量；
5. 提示用户操作步骤。

说明　操作过程中，状态条会提示下一步该如何操作，初学者需要随时注意状态条的变化。

五、缩放

为了便于用户操作，在绘图中需要随时将图放大或缩小。
操作步骤：
第一步：点击"视图"→"缩放"，选择显示各种缩放方式。

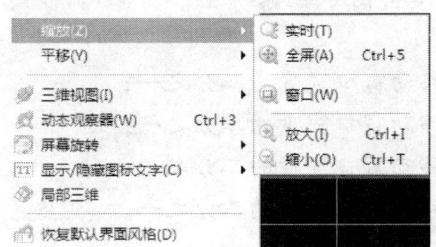

说明　1. 实时：选择该种缩放方式，鼠标的指针会变为"🔍+"，在绘图区域滚动鼠标滚轴，可以实现图形的缩放；

163

2. 全部：选择该种缩放方式，可以将全部图形显示在绘图区域；
3. 窗口：选择该种缩放方式，在绘图区域点击矩形窗口的两个顶点确定屏幕的显示区域；
4. 放大：选择该种缩放方式，保持视图的中心点不变，可放大当前视图；
5. 缩小：选择该种缩放方式，保持视图的中心点不变，可缩小当前视图。

第二步：点击键盘的"ESC"完成操作。

说明 在绘图状态下，滚动鼠标的滚轴，可以实现实时缩放的功能。

六、平移

在绘图过程中，如果需要移动绘图区而不进行图形缩放时，可以使用平移的功能。

操作步骤：

第一步：点击"视图"→"平移"，选择一种平移方式。

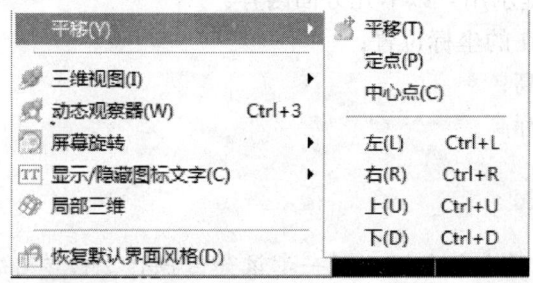

第二步：选择"实时"平移时，点击键盘的"ESC"可以完成操作。

说明
1. 实时：进入"实时平移"状态时，鼠标指针变为"🖐"形状，点住鼠标左键移动鼠标，整幅图形随着鼠标移动；
2. 定点：鼠标左键在第一个点按下，移动鼠标后拉出一条线段后松开左键，图形沿线段的方向和距离平移；
3. 中心点：鼠标单击图中任意一点，立即平移图形，将该点显示在绘图区中心；
4. 左：窗口向左移动窗口宽度的二分之一；
5. 右：窗口向右移动窗口宽度的二分之一；
6. 上：窗口向上移动窗口宽度的二分之一；
7. 下：窗口向下移动窗口宽度的二分之一。

七、三维显示

使用三维显示功能，可以显示建筑物的立体图，在三维空间下检查构件绘制的是否正确。

操作步骤：

点击"视图"→"三维显示"，打开三维显示界面：

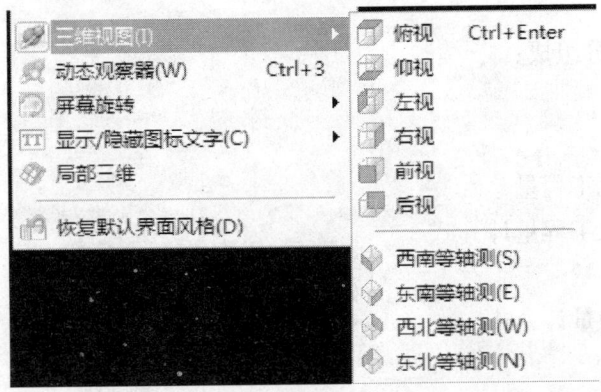

比如我们点后视，就会看到绘图区图形三维。方便查看构件。

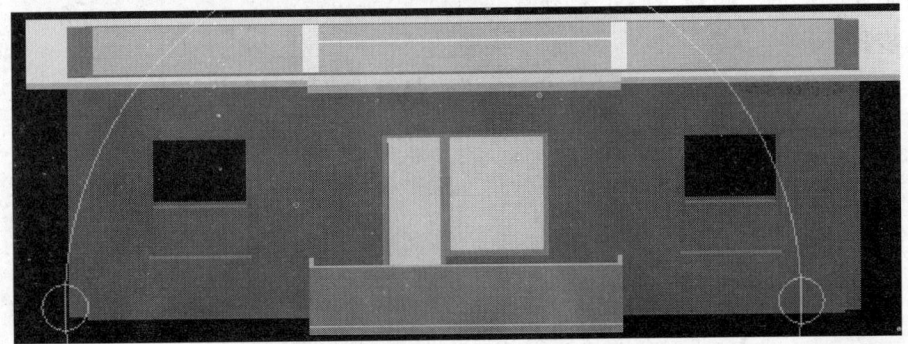

按钮说明：

1. 选择：点击该按钮后，用鼠标点击三维显示区域的构件，可以显示相关的属性信息；
2. 视图放大：放大显示构件；
3. 视图缩小：缩小显示构件；
4. 自由缩放：点击该按钮后，在三维显示区域自由移动鼠标，可以自由缩放构件显示大小；
5. 平移：整体移动；
6. 窗口缩放：在绘图区域点击矩形窗口的两个顶点确定屏幕的显示区域；
7. 显示全图：将全部图形显示在三维显示区域；
8. 滚动、转动、倾斜、自由旋转：使用不同的转动方法显示建筑物，并检查构件绘制的是否正确；
9. 选择楼层：可以选择要显示的楼层；
10. 当前楼层：只显示当前所在的楼层；
11. 显示所有层：显示建筑物的所有楼层。

第八节 报 表

报表由以下几部分组成：
- 汇总计算
- 报表输出
- 查看构件图元工程量
- 查看构件图元工程量计算式
- 查看楼层工程量
- 查看楼层工程量计算式

一、汇总计算

在绘制完图形后，可以进行汇总计算。

操作步骤：

第一步：点击"工程量"→"汇总计算"，打开"汇总计算"界面。

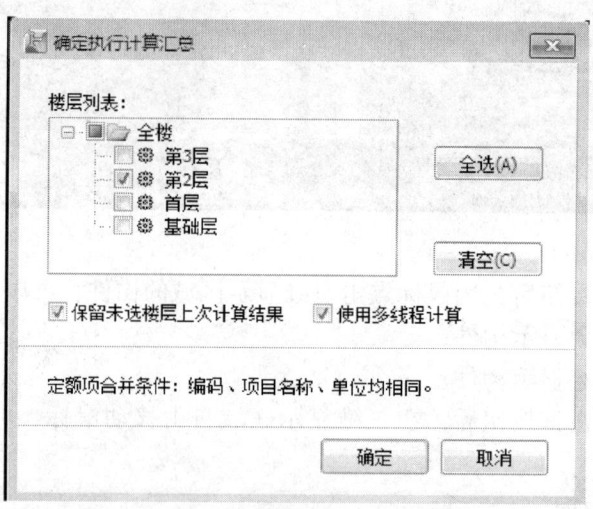

说明
1. 在楼层列表中可以选择所要汇总计算的层；
2. 全选：可以选中当前工程中的所有楼层；
3. 清空：清空选中的楼层；
4. 当前层：只汇总当前所在的层。

第二步：选中所要计算的层，点击"计算"，计算完成后，会弹出"汇总计算成功"界面，完成操作。

第四章 功能详解

说明 在绘制过程中难免会出现非法构件，建议在汇总计算前进行合法性检查。

二、报表输出

在汇总计算完以后，可以选择您所需要的报表进行打印。

操作步骤：

第一步：点击"报表预览"，打开"报表预览"界面。

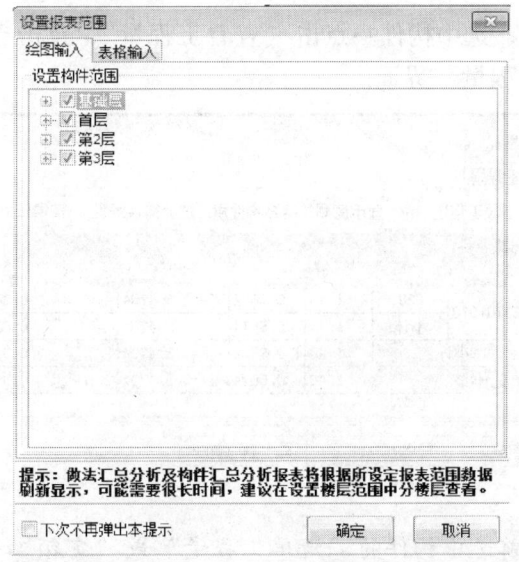

第二步：选择所需要楼层的报表后，点击"确定"，打开所选中的报表。

序号	编码	项目名称	单位	工程量	工程量明细	
					绘图输入	表格输入
1	B	XB-100砼模板面积	m2	50.8428	50.8428	0
2	B	XB-100砼体积C20	m3	5.0843	5.0843	0
3	C	C-1洞口面积（塑钢窗）	m2	10.8	10.8	0
4	C	C-1运输面积（塑钢窗）	m2	10.8	10.8	0
5	C	C-2洞口面积（塑钢窗）	m2	3.24	3.24	0
6	C	C-2运输面积（塑钢窗）	m2	3.24	3.24	0
7	DM	DM-钢筋培训室地板砖面积	m2	17.7336	17.7336	0
8	DM	DM-钢筋培训室垫层体积	m3	1.7626	1.7626	0
9	DM	DM-钢筋培训室房心回填土体积350厚	m3	6.169	6.169	0

> 说明　报表界面工具条的各个按钮可以通过下拉菜单来实现，在此只对菜单中的功能作简要的介绍。
> 1. 构件菜单：可以选择不同的构件报表；
> 2. 操作：可以进行报表设计、报表缩放、页面选择、修改页面内容；
> 3. 导出：可以把当前报表导出到 EXCEL 文件；
> 4. 查看：可以选择单页、双页、多页或自适应进行预览；
> 5. 退出：退出报表预览界面。

注意之处：通过"操作"→"编辑预览"可以修改报表中的任何内容。

三、查看构件图元工程量

在汇总计算后，可以使用查看构件图元工程量功能，查看当前层的构件工程量。

操作步骤：

第一步：绘图区域里，选中构件→点击"查看工程量"，点击当前层中所要查询的构件图元，打开"构件图元工程量"界面。

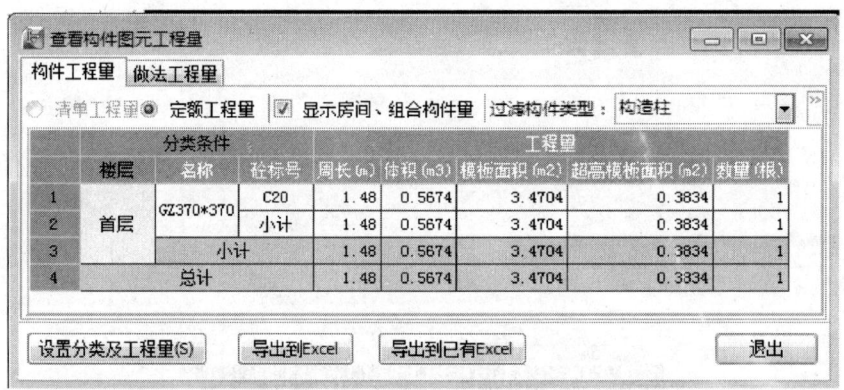

> 说明　1. 可以查看当前选中构件的"清单工程量"或"定额工程量"；
> 2. 再次点击其他构件图元，可以查看多个构件图元工程量之和；
> 3. 如果需要查看其他构件图元工程量，那么需要再次点击当前选中的构件图元，取消选择。

第二步：点击该界面右上角的退出按钮，可以退出该界面，完成操作。

四、查看构件图元工程量计算式

使用查看构件图元工程量计算式的功能，可以查看当前层构件图元的工程量计算式。

操作步骤：

第一步：绘图区域里，选中构件→点击"查看构件图元工程量计算式"，点击需要查看的构件，打开"查看构件图元工程量计算式"界面。

第四章 功能详解

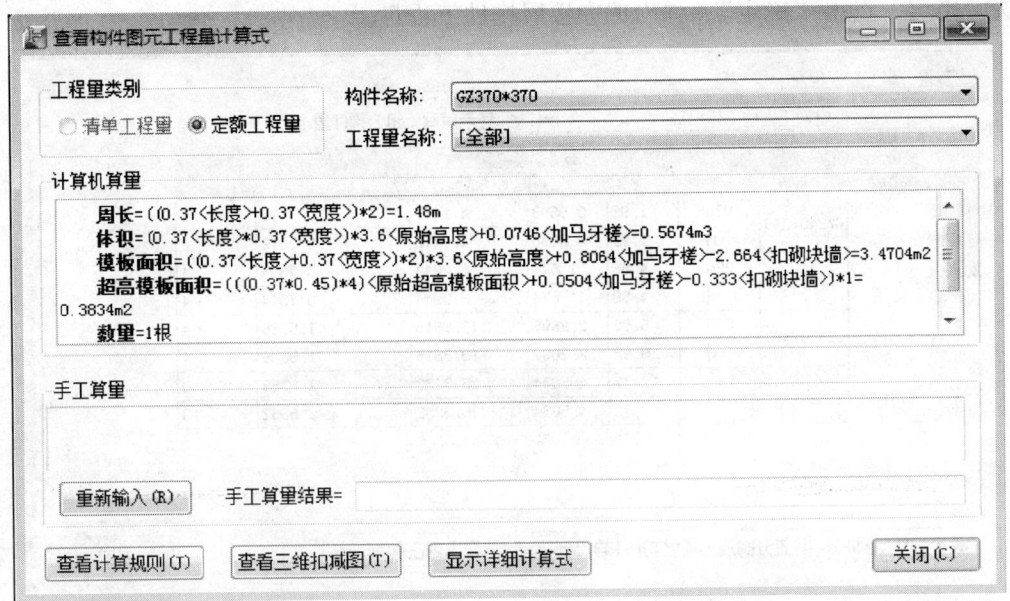

| 说明 | 1. 在工程量类别中可以选择查看"清单工程量"或"定额工程量";
2. 构件名称:选择该构件不同单元的名称(在分层墙和部分基础构件中可以使用);
3. 工程量名称:可以选择查看当前构件的所有工程量计算式或某一个工程量;
4. 计算机算量:显示计算机计算的结果;
5. 手工算量:手工输入计算式,可以和计算机计算的结果进行比较;
6. 重新输入:点击该按钮,可以清空手工输入的计算式;
7. 手工计算结果:显示手工输入计算式的结果。 |
|---|---|

第二步:点击右上角的退出按钮,完成操作。

五、查看楼层工程量

在汇总计算后,可以使用查看构件图元工程量功能,查看当前层的楼层各构件及其不同属性工程量。

操作步骤:

第一步:点击"工程量"→"分类查看构件工程量",弹出"楼层工程量"界面。

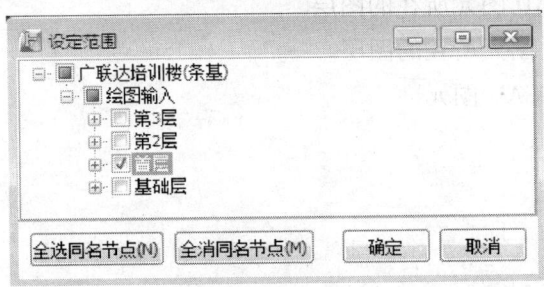

选中楼层，点击"确定"，弹出选中楼层构件工程量。

楼层	分类条件		工程量				
	名称	砼标号	周长(m)	体积(m3)	模板面积(m2)	超高模板面积(m2)	数量(根)
首层	GZ240*240	C20	1.92	0.5598	4.1472	0.3672	2
		小计	1.92	0.5598	4.1472	0.3672	2
	GZ240*370	C20	4.88	1.674	8.2944	0.7344	4
		小计	4.88	1.674	8.2944	0.7344	4
	GZ370*370	C20	5.92	2.2696	13.8816	1.5336	4
		小计	5.92	2.2696	13.8816	1.5336	4
	小计		12.72	4.5034	26.3232	2.6352	10
	总计		12.72	4.5034	26.3232	2.6352	10

说明 可以查看当前选中构件的"清单工程量"或"定额工程量"。

第二步：点击该界面右上角的退出按钮，可以退出该界面，完成操作。

第九节 CAD 图

如果有工程设计图纸的 CAD 电子版本，可以利用导入 CAD 图形的功能来快速完成图形的绘制，进行工程量的计算。CAD 图由以下几部分组成：

- 导入 CAD 图形
- 保存 CAD 图形
- 清除 CAD 图形
- 重定位 CAD 图形
- 显示 CAD 图形
- 设置 CAD 图层显示状态
- 只显示选中的 CAD 图元所在的图层
- 隐藏选中的 CAD 图元所在的图层
- 还原错误提取的 CAD 图元
- 补画 CAD 线
- 轴线识别
- 柱识别
- 墙识别

- 门窗识别
- 梁识别
- CAD 图形调整工具
- CAD 识别选项

在使用 CAD 识别功能时，推荐您使用下面的识别流程：

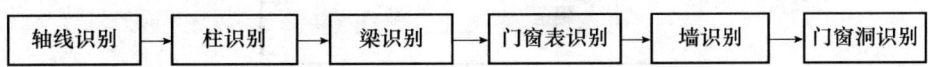

一、导入 CAD 图形

导入 CAD 图形的功能主要用于导入一张电子图纸，电子图纸的格式可以为"*.DWG"或"□.GVD"。

操作步骤：

第一步：点击"CAD 图"→"导入 CAD"，选择电子图纸所在的文件夹，并选择需要导入的文件，点击"打开"；

说明 在界面的右侧可以预览当前选中的文件，单击右上角的"🔍"按钮，可以把选中图形放大预览。

第二步：在弹出的"输入原图比例"界面中输入实际尺寸和标注尺寸的比，点击"确定"按钮；

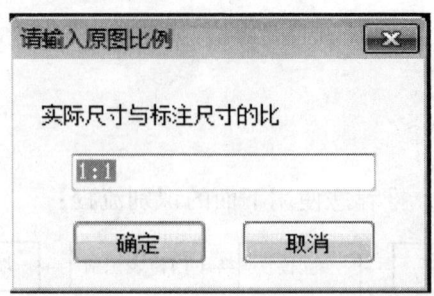

说明　该比值为图纸实际像素尺寸与图纸标注尺寸的比例。例如某条线段的实际像素尺寸为100，标注尺寸为300，则原图比例为1:3。

第三步：在绘图区域显示导入的图形文件，完成操作。

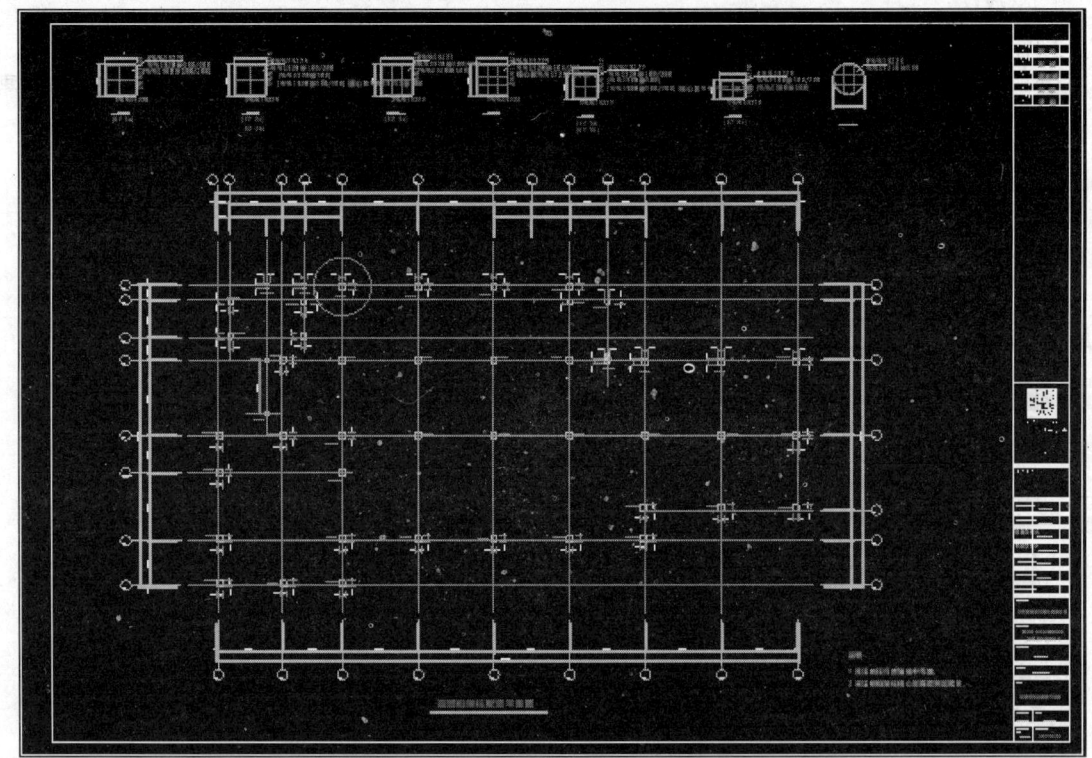

二、保存 CAD 图形

在导入 CAD 图形后，可以删除一些没有用的图元，然后把当前 CAD 图形文件保存为另外一个文件。

操作步骤：

第一步：点击"CAD 草图"→"导出选中的 CAD 图形"，选中界面中 CAD 图形，打开"保存"界面；

第四章 功能详解

第二步：在文件名一栏输入文件名称，点击"保存"完成操作。

三、清除 CAD 图形

如果错误的导入 CAD 图形或在导入的 CAD 图形中已经识别完，为了使界面不凌乱，可以使用清除 CAD 图形的功能，清除当前的图形。

操作步骤：

点击"CAD 图"→"清除 CAD 图形"，在弹出的界面中点击"是"，可以清除 CAD 图形；点击"否"，取消操作。

四、重定位 CAD 图形

在识别完某个构件之后，导入另外一张图纸时，如果两张图纸的构件没有重合，那么可以使用重定位的功能使两张图纸的构件重合。

操作步骤：

第一步：点击"CAD 图形"→"重定位 CAD 图形"，点击当前 CAD 图形中的一个点作为基准点；

173

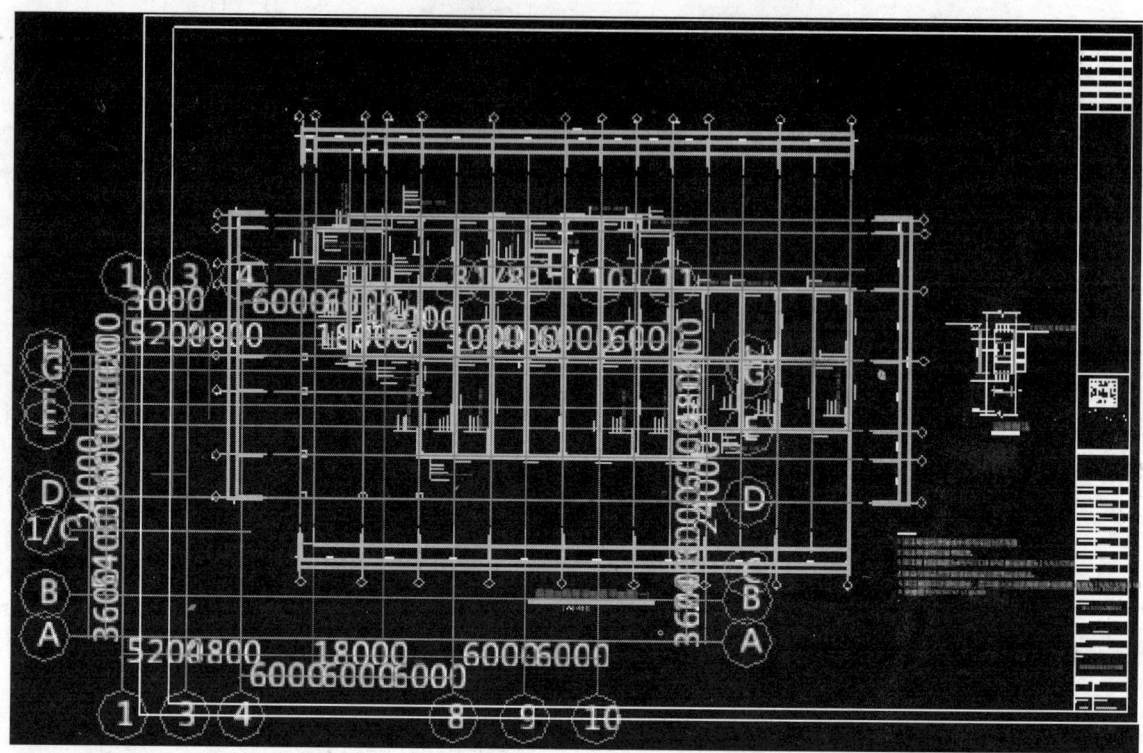

第二步：移动鼠标，选择第二点作为目标点；

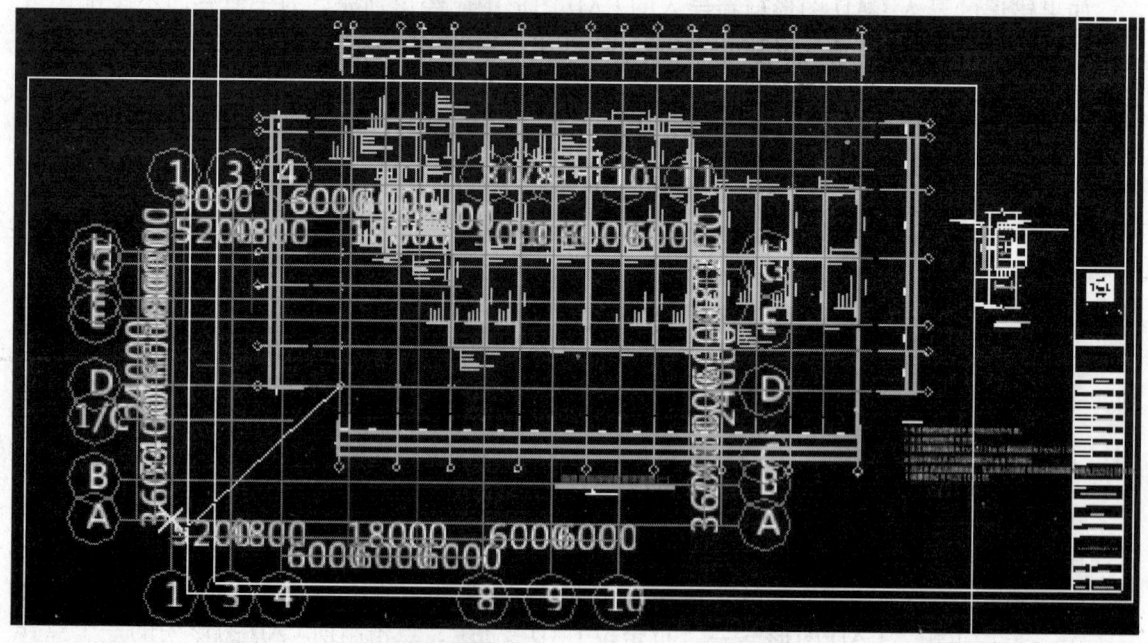

第三步：点击目标点，完成操作。

第四章 功能详解

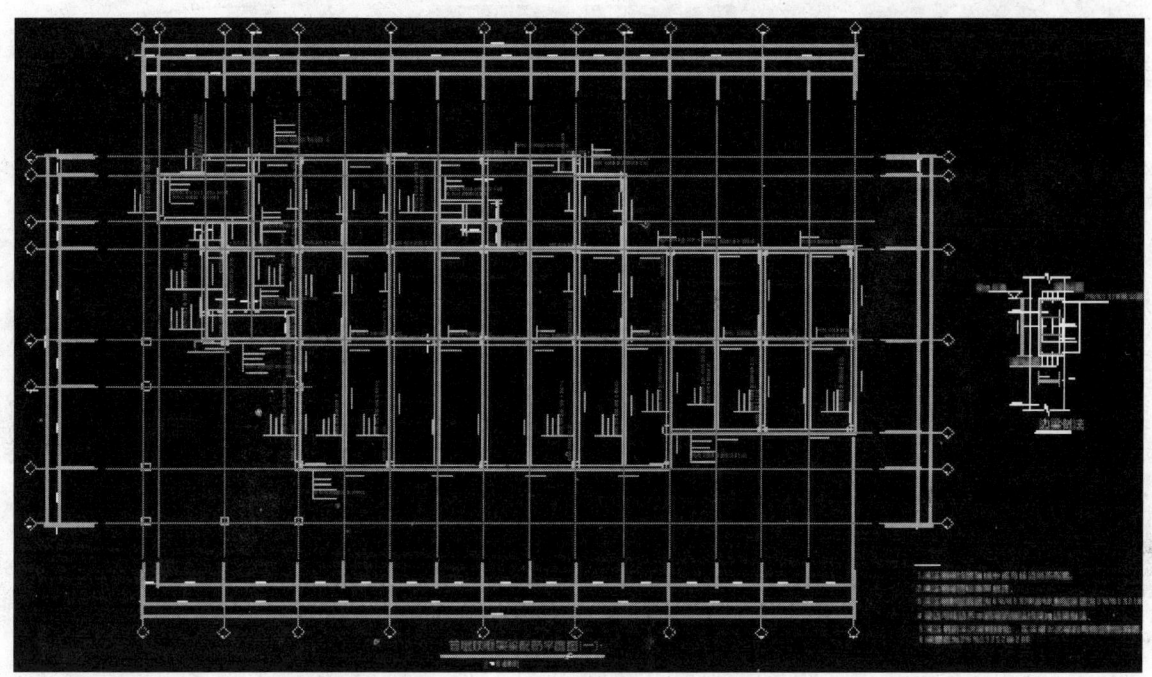

> **说明** 该功能用于不同图纸之间构件的重新定位。例如：先导入柱图，并把柱子都识别完了，这时需要识别墙，把墙图导入进来，就会发现墙图不重合，此时就可以使用这个功能。

五、显示 CAD 图形

在导图操作中，可以根据实际情况的需要选择显示或隐藏 CAD 图形。

操作步骤：

点击"CAD 图"→"显示 CAD 图形"可以对 CAD 图形进行显示和隐藏的切换。

六、设置 CAD 图层显示状态

在导图操作中，为了方便快速地提取和识别构件，可以使用设置 CAD 图形显示状态的功能来查看导入的情况。

操作步骤：

点击"CAD 图"→"设置 CAD 图形显示状态"，在绘图区域会显示"设置 CAD 图形显示状态"的界面。

建筑工程工程量计算与软件应用

说明 该界面主要分两部分，即："已提取的CAD图层"和"CAD原始图层"，单击不同图层前面的"□"，可以显示/隐藏所选的图层。

七、只显示选中的CAD图元所在的图层

在导图操作中，有时候图中的信息太多太乱，为了更清晰地提取所需要的信息，我们可以使用"只显示选中的CAD图元所在的图层"的功能。

操作步骤：

第一步：点击"CAD图"→"只显示选中的CAD图元所在的图层"，点击绘图区域内的构件图元，选中的图元显示为蓝色；

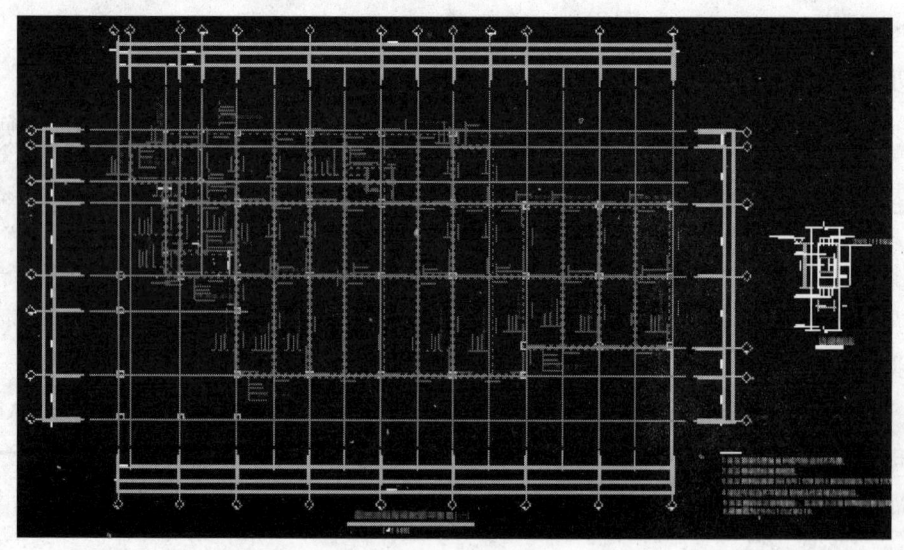

176

第二步：点击鼠标右键，绘图区域只显示选中的图元所在的层，完成操作。

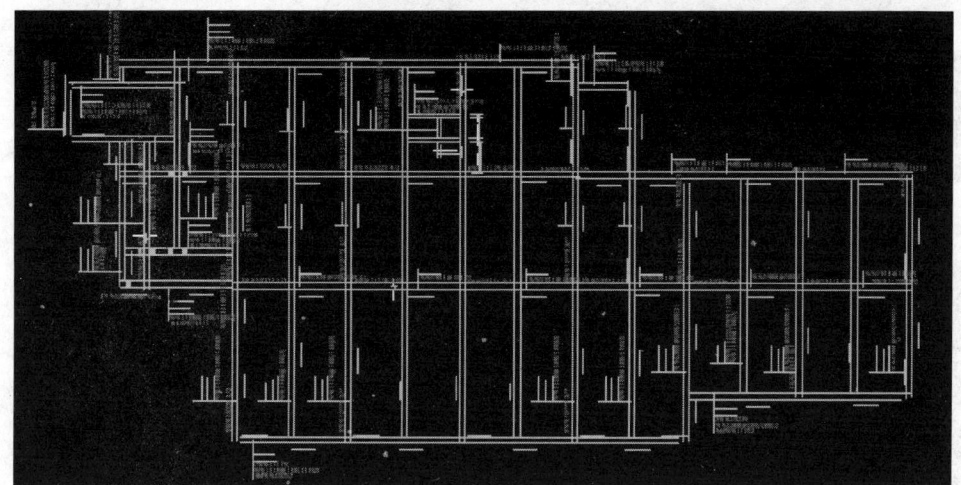

八、隐藏选中的 CAD 图元所在的图层

在导图操作中，有时候图中的信息太多太乱，为了更清晰地提取所需要的信息，我们可以使用隐藏选中的 CAD 图元所在的图层的功能，它与只显示选中的 CAD 图元所在的图层功能是相对应的。

操作方法：

第一步：点击"CAD 图"→"隐藏选中的 CAD 图元所在的图层"，点击绘图区域内的构件图元，选中的图元显示为蓝色；

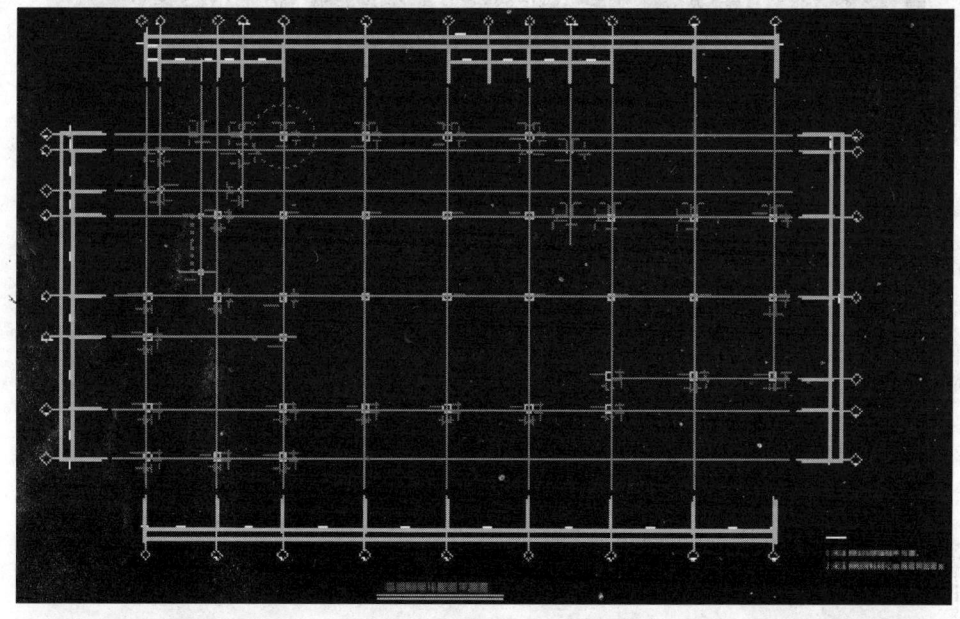

177

第二步：点击鼠标右键，绘图区域隐藏选中的图元所在的层，完成操作。

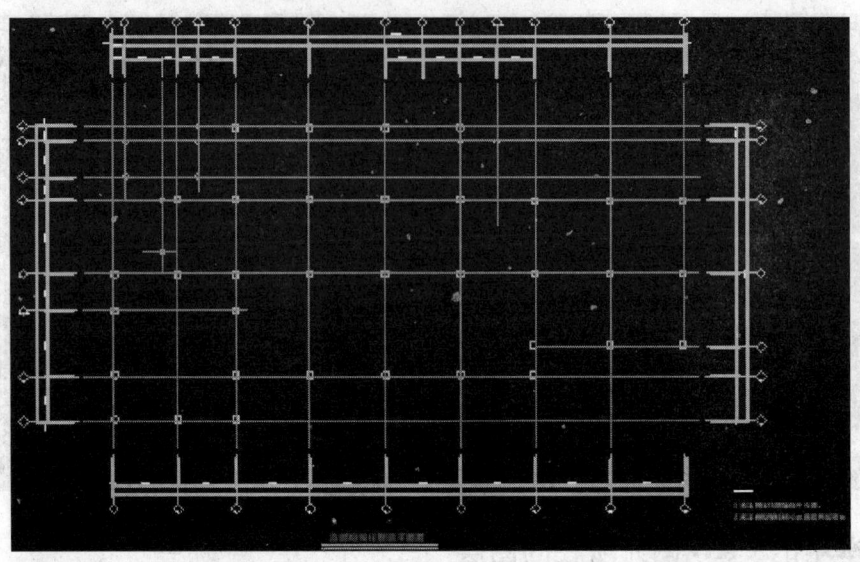

九、轴线识别

使用轴线识别的功能，可以识别出 CAD 图形中的轴线，并转换为 GCL 2008 的轴网。

操作前提：

已经导入一个 CAD 图形文件，例如：

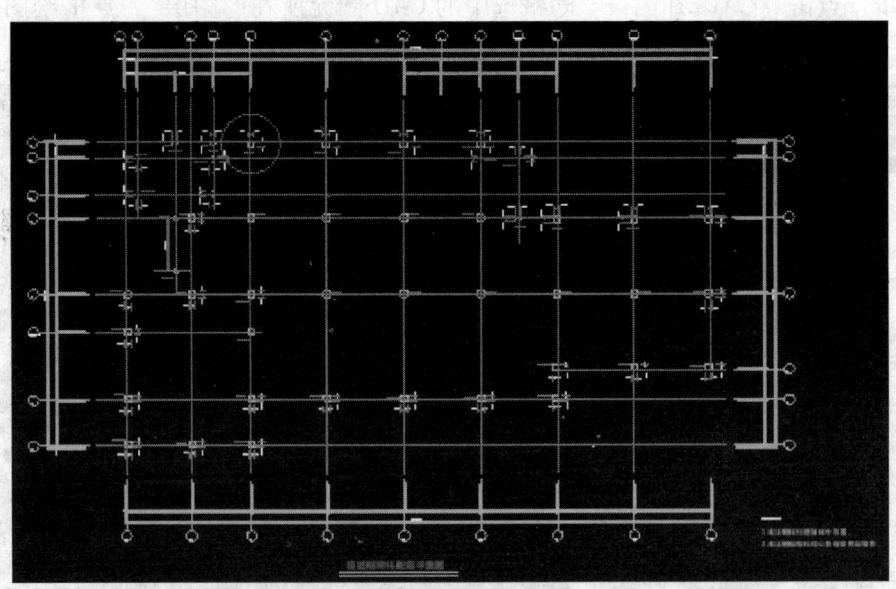

主要步骤：提取轴线→提取轴线标识→识别轴线。

操作步骤：

第一步：点击"识别轴网"→"提取轴线"；

第二步：利用"选择相同图层的 CAD 图元"或"选择相同颜色的 CAD 图元"的功能，选中需要提取的轴线，提取后的图元会自动消失，并存放在"已提取的 CAD 图层"中（如果还有其他图元需要识别，可以再次进行提取）；

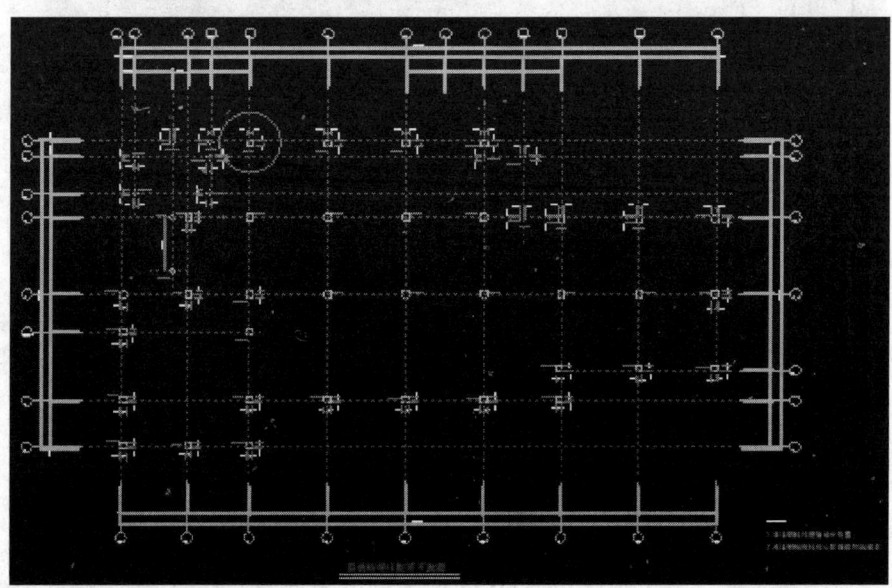

第三步：用同样的方法提取轴线标识；
第四步：点击"识别轴线"；
第五步：识别完的轴线如图所示。

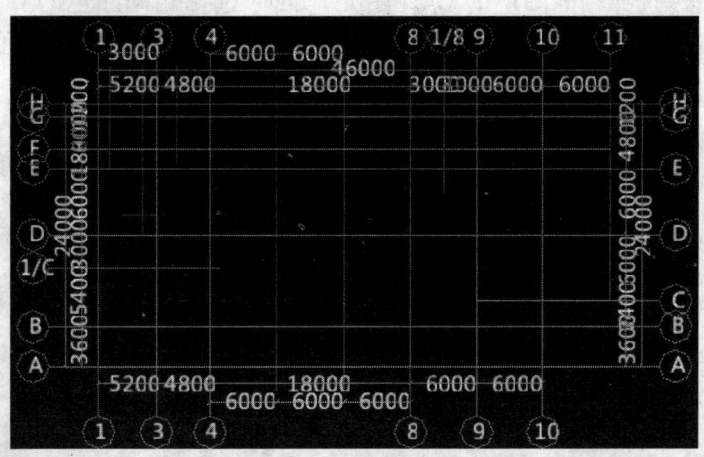

说明　1. 识别完轴线后，进入下一步——"识别柱"
2. 提取完毕后如果发现错误地将其他图元也提取过来了，则利用"还原错误提取的 CAD 图元"的功能将多余的图元进行还原；
3. 提取完毕后如果发现缺少某条轴线，可以通过"补画 CAD 线"的功能，补画轴线。

十、柱识别

使用柱识别的功能，可以识别出 CAD 图形中的柱，并转换为 GCL 2008 的柱。

操作前提：

已经导入一个 CAD 图形文件，例如：

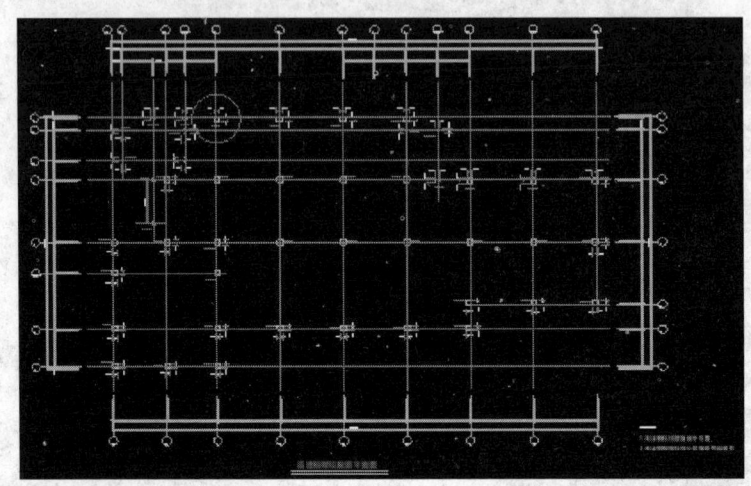

主要步骤：提取柱边线→提取柱标识→识别柱。

操作步骤：

第一步：点击"识别柱"→"提取柱边线"；

第二步：利用"选择相同图层的 CAD 图元"或"选择相同颜色的 CAD 图元"的功能选中需要提取的柱边线，提取后的图元会自动消失，并存放在"已提取的 CAD 图层"中（如果还有其他图元需要识别，可以再次进行提取）；

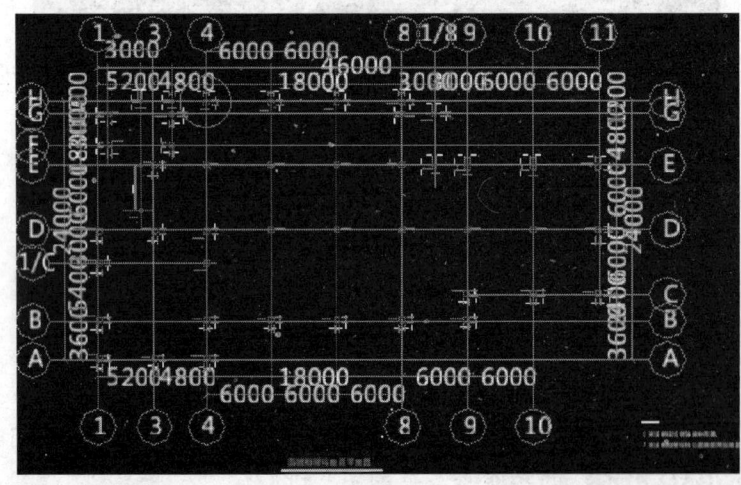

第三步：用同样的方法提取柱标识；

第四步：柱的识别有三种方法：自动识别、点选识别、框选识别。以自动识别为例，点

击"柱识别"→"自动识别柱";

第五步:识别完的柱和轴线如图所示。

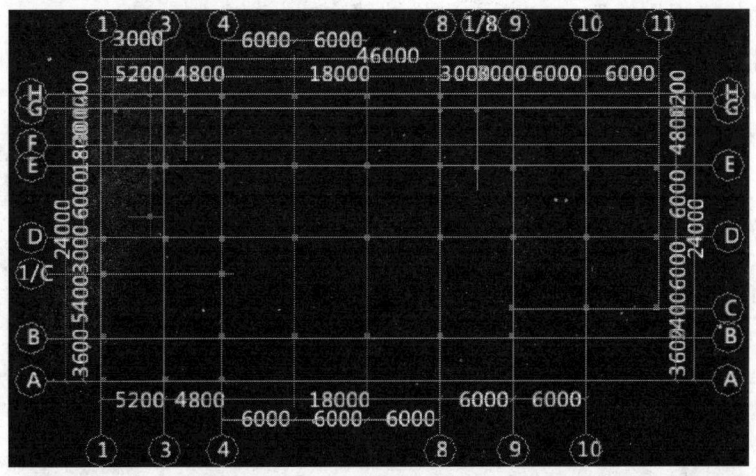

说明
1. 识别完柱后,进入下一步——"识别墙"或"识别梁";
2. 提取完毕后如果发现错误地将其他图元也提取过来了,则利用"还原错误提取的 CAD 图元"的功能来将多余的图元进行还原;
3. 提取完毕后如果发现缺少某条边线,可以通过"补画 CAD 线"的功能,补画边线;
4. 柱识别完毕后,在"构件管理"的界面中会出现已经识别出的柱的信息。

十一、墙识别

使用墙识别的功能,可以识别出 CAD 图形中的墙,并转换为 GCL 2008 的墙,建议在识别墙之前,先识别柱,并且只有在识别完墙之后,才能识别门窗洞。

操作前提:已经导入一个 CAD 图形文件,例如:

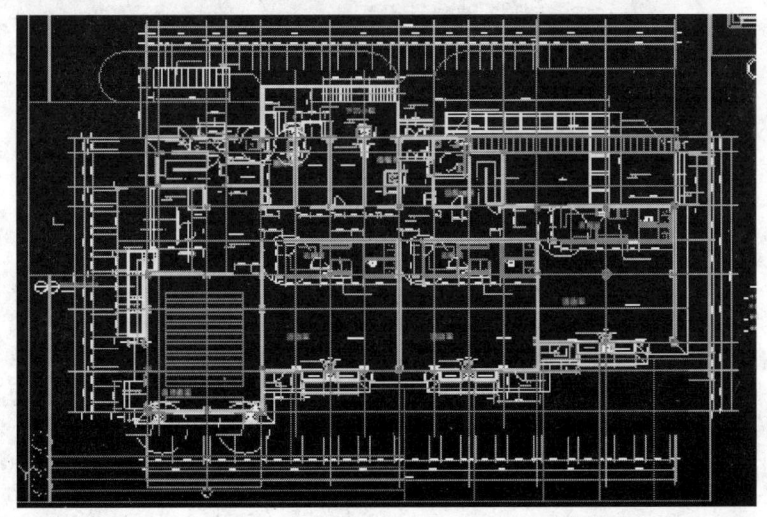

主要步骤：提取墙边线→提取墙厚→识别墙。

操作步骤：

第一步：点击"识别墙"→"提取砌块墙墙边线"；

第二步：利用"选择相同图层的CAD图元"或"选择相同颜色的CAD图元"的功能选中需要提取的墙边线，提取后的图元会自动消失，并存放在"已提取的CAD图层"中（如果还有其他图元需要识别，可以再次进行提取）；

第三步：在已提取的CAD图层中，进行提取墙厚的操作，点击"读取墙厚"；

第四步：点击某一道墙的两条边线，点击鼠标右键，弹出"创建墙构件"的界面；

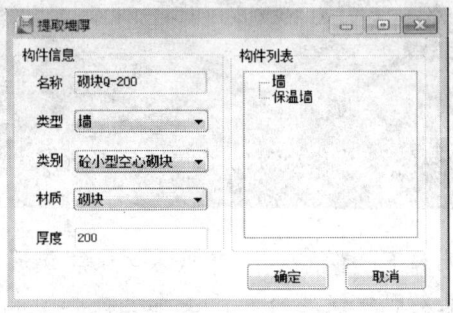

第五步：输入墙的名称和相关属性后，点击"确定"，完成该构件的建立，打开构件管理界面，可以看到已经建立好的墙构件；

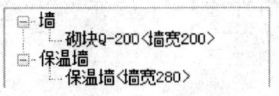

第六步：点击"识别墙"；

第七步：在弹出的界面中选择提取方式，以自动识别为例，点击"识别"；

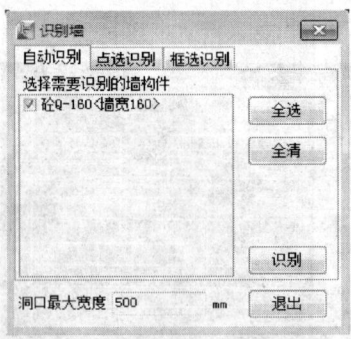

说明 洞口最大宽度：设置最大宽度以便识别门窗洞口；当CAD图纸中的门窗洞口最大宽度超过所输入的数值时，软件会把在一条线上的墙体自动分成两段。例如：某段墙上的洞口宽度是3000mm，如果在此输入的数值是2500，那么，在识别时就会识别成两道墙；如果输入的数值是3500，那么，在识别时就会识别成一道墙。

第八步：点击"退出"按钮，完成操作；

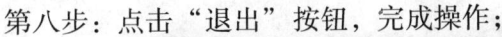

第九步：重复第四步至第八步，完成所有的墙的识别；

十二、门窗识别

使用门窗洞识别的功能，可以识别出 CAD 图形中的门窗洞，并转换为 GCL 2008 的门窗洞。

操作前提：已经导入了带有门窗表的图形文件，例如：

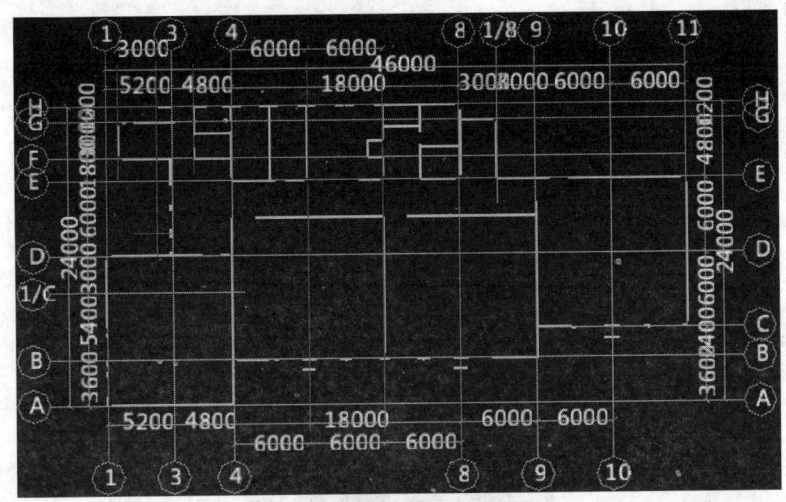

主要步骤：识别门窗表→识别门窗洞。

操作步骤：

第一步：点击"绘图"→"识别门窗表"；

第二步：在导入的 CAD 图纸中，拉框选择门窗表中带有门窗名称和门窗尺寸的内容（下图中黄色框所选中部分），其他内容不要选择；

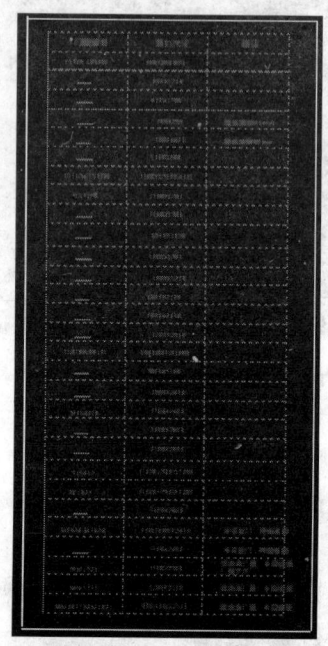

第三步：点击右键完成提取门窗表的操作，弹出"识别结果"的界面，在构件管理界面会出现门窗的构件信息；

名称	宽度*高度	离地高度	类型	对应楼层
门窗编号	洞口尺寸	备注	墙洞	2
C0609 (C0606)	600X900 (600)		窗	2
C0612	600X1200		窗	2
C0617	600X1700		窗	2
C0909	900X900	窗底距地 1800mm	窗	2
C1006	1000X600	窗底距地 2200mm	窗	2
C1009	1000X900		窗	2
C1517a (C1516)	1500X1700 (1600)		窗	2
C1517b	1500X1700		窗	2
C1217	1200X1700		窗	2
C1518	1500X1850		窗	2
C1017	1000X1700		窗	2
C1012	1000X1200		窗	2
C1022	1000X2200		窗	2
C1020	1000X2000		窗	2
C1226	1200X2600		窗	2
C1018 (C0618)	1000 (800)X1800		窗	2
C2022	2000X2200		窗	2

提示：请在第一行的空白行中单击鼠标从下拉框中选择列对应关系

删除不需要的信息，以及调整好离地高度及类型，点击"确定"。

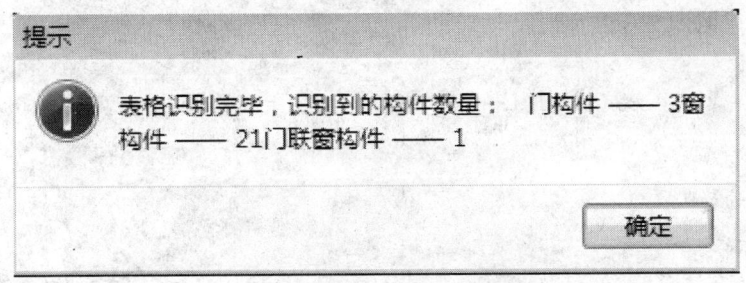

再点击"确定"，这样门窗信息就贮存构件里面了。

第四步：由于门窗是墙的附属构件，所以在识别门窗构件前需要进行墙体的识别，具体步骤参见"墙识别"；

第五步：点击"识别门窗洞"→"提取门窗标识"利用"选择相同图层的CAD图元"或"选择相同颜色的CAD图元"的功能选中需要提取的门窗标识，提取后的图元会自动消失，并存放在"已提取的CAD图层"中（如果还有其他图元需要识别，可以再次进行提取）；

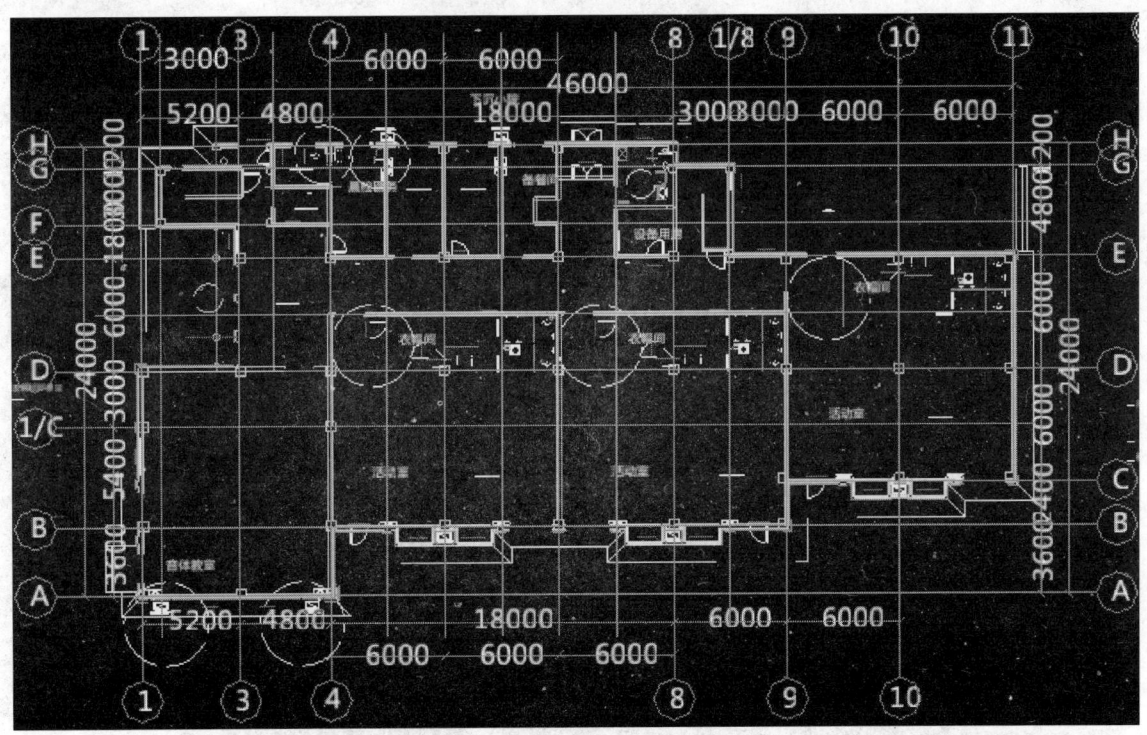

第六步：门窗洞口的识别有四种识别方法，以自动识别为例，点击"识别门窗洞"→"自动识别窗"，完成操作。

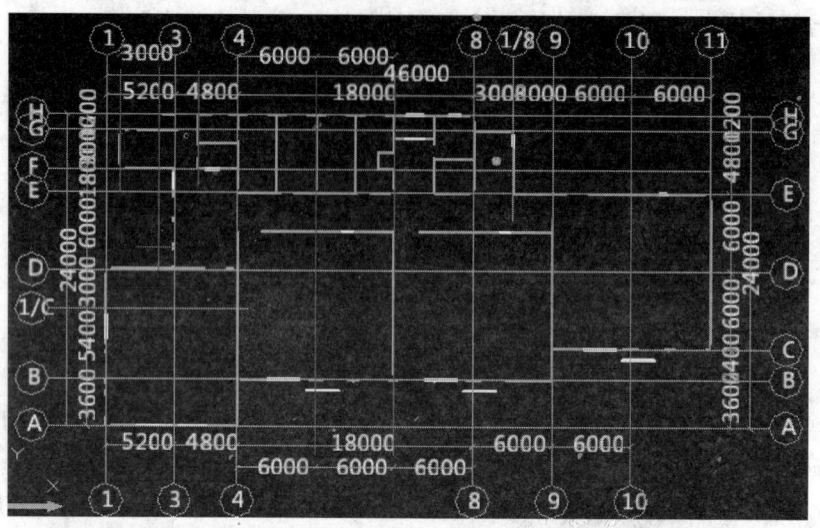

> **说明** 在实际工程中,有时候门窗标识和构件图元的位置有偏差,为了更准确地进行绘图算量,软件还提供了一种精确识别门窗的功能。首先提取墙边线,点击门窗洞识别下的提取墙边线按钮,在CAD原始图层中选择门窗所在墙上的墙边线,点击鼠标右键确认选择。再到已提取的CAD图层中精确识别门窗,点击门窗洞识别下的精确识别门窗按钮,单击鼠标左键选择需要精确定位的门窗标识,再用左键指定门窗的精确位置,点击鼠标右键确认选择。这样,门窗就可以根据实际工程的需要选择对应的精确位置了。

十三、梁识别

使用梁识别的功能,可以识别出CAD图形中的梁,并转换为GCL 2008的梁。

操作前提:已经导入一个CAD图形文件,例如:

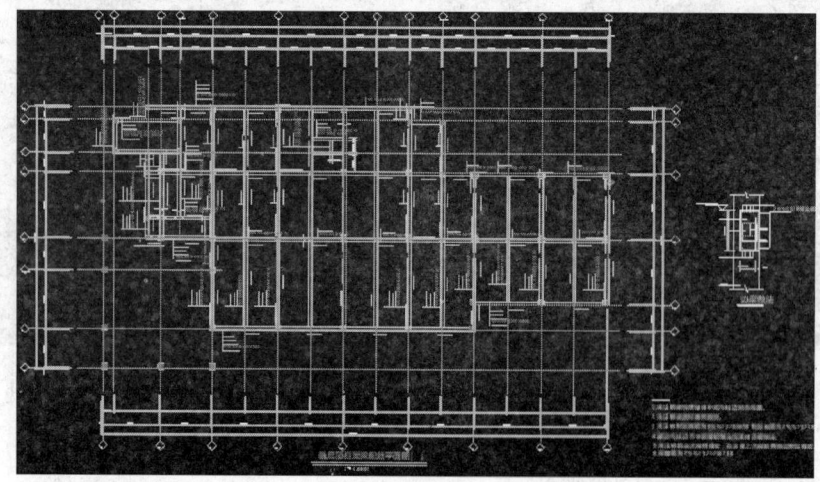

主要步骤：提取梁边线→提取梁标识→识别梁。

操作步骤：

第一步：点击"识别梁"→"提取梁线"；

第二步：利用"选择相同图层的 CAD 图元"或"选择相同颜色的 CAD 图元"的功能，选中需要提取的梁边线，提取后的图元会自动消失，并存放在"已提取的 CAD 图层"中（如果还有其他图元需要识别，可以再次进行提取）；

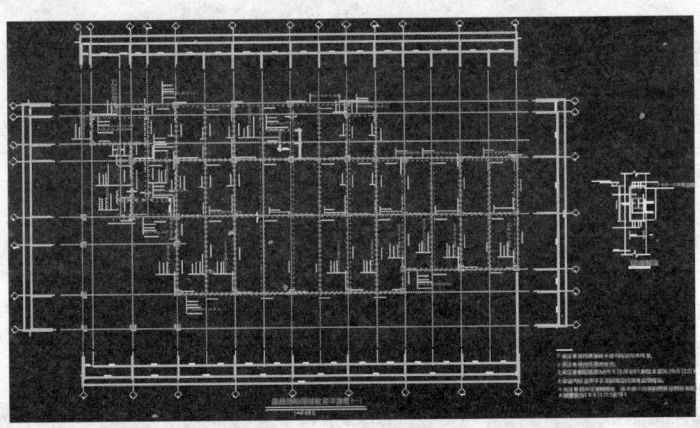

第三步：用同样的方法提取梁标识；

第四步：梁的识别有两种方法：自动识别、点选识别。以自动识别为例，点击"梁识别"→"自动识别梁"；弹出如下对话框；

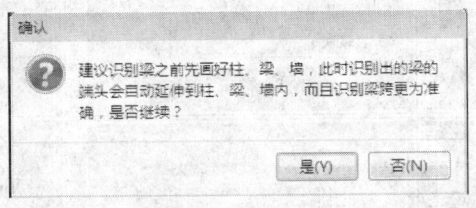

第五步：点击"是"，识别完的梁如图所示；

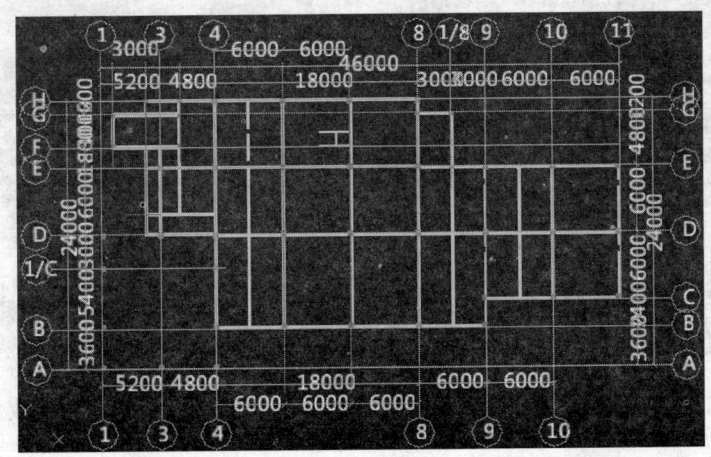

187

> **说明**
> 1. 提取完毕后如果发现错误地将其他图元也提取过来了，则利用"还原错误提取的 CAD 图元"的功能来将多余的图元进行还原；
> 2. 提取完毕后如果发现缺少某条边线，可以通过"补画 CAD 线"的功能，补画边线；
> 3. 柱识别完毕后，在"构件管理"的界面中会出现已经识别出的梁的信息。

十四、CAD 图形调整工具

使用 CAD 图调整工具，可以把原有的 CAD 图形分割成多个文件，每次导入时只导入其中一部分。

操作步骤：

第一步：点击"CAD 图"→"CAD 图形调整工具"，打开 CAD 图形调整工具；

第二步：点击"文件"→"导入 DWG 文件"，在弹出的界面中选择需要调整的文件，点击"打开"，在调整工具的绘图区域就会显示导入的文件；

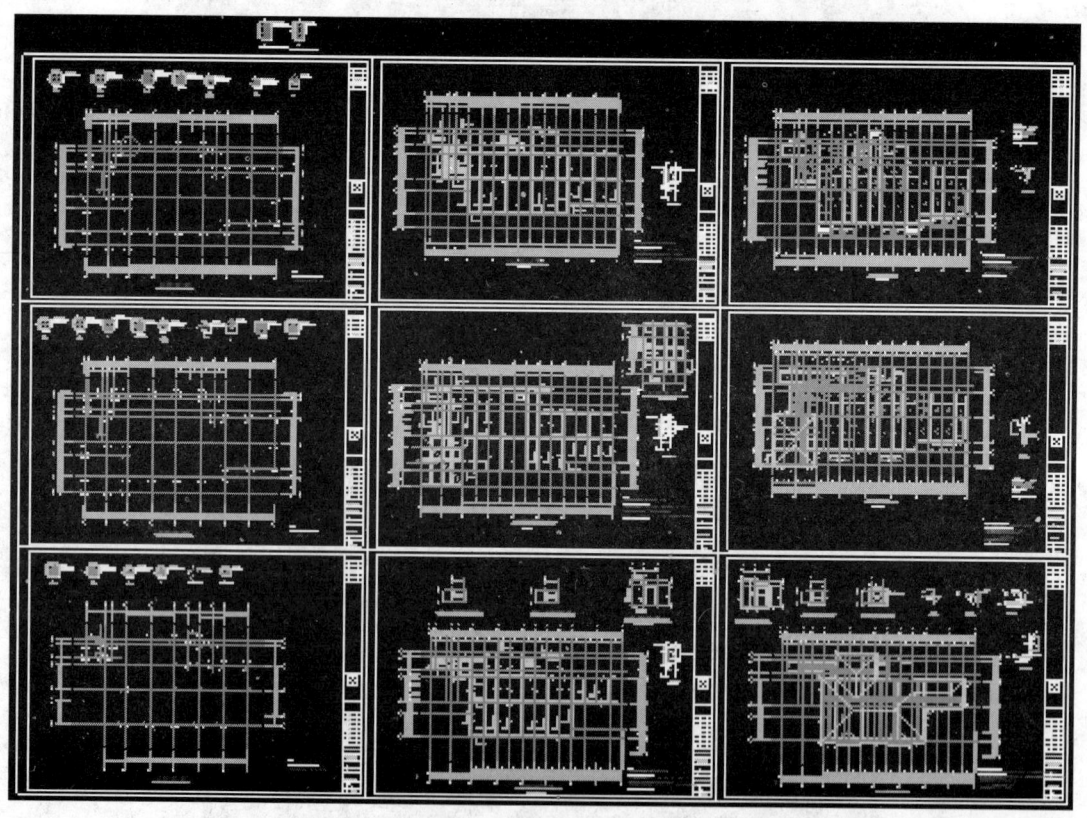

第三步：删除没有用的图元，后点击"文件"→"保存"可以把修改后的文件保存为"*.GVD"格式。

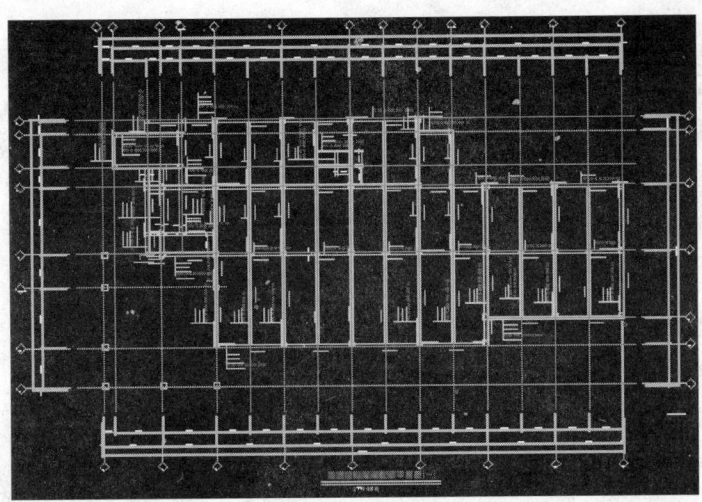

说明 对于矢量编辑器还具有补画 CAD 线的功能,操作方法与绘制构件图元类似,在此不作过多的说明。

十五、CAD 识别选项

使用 CAD 识别选项,可以设置当前即将识别 CAD 图形中构件图元的一些基本属性。

操作步骤:

第一步:点击"CAD 图"→"CAD 识别选项",打开选项界面;

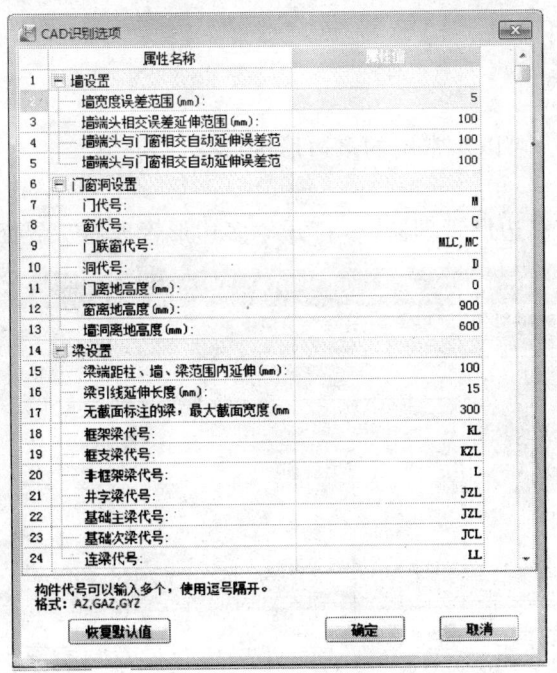

说明

1. 绘制 CAD 图形时，墙体厚度所标注的尺寸和实际像素尺寸可能会不同，那么就可以设置该选项。例如：实际某砖墙厚度为 370mm，但实际像素尺寸只有 365mm，那么，宽度误差范围就可以设置为"5"。
2. 打开门窗表，根据门窗表提供的信息输入门窗及门联窗的代号。窗离地高度是指窗的构件图元距离地面的高度。
3.

第十节 工 具

工具菜单由以下几部分组成：
- 多边形管理器
- 计算器
- 设置原点
- 计算两点间距离
- 合法性检查
- 选项
- 用户管理
- 软件学习
- 网上升级
- 网上课堂
- 附：工程量代码说明

一、多边形管理器

使用多边形管理器，可以对常用的多边形进行管理。

操作步骤：

点击"工具"→"多边形管理器"，打开"多边形管理器"界面；

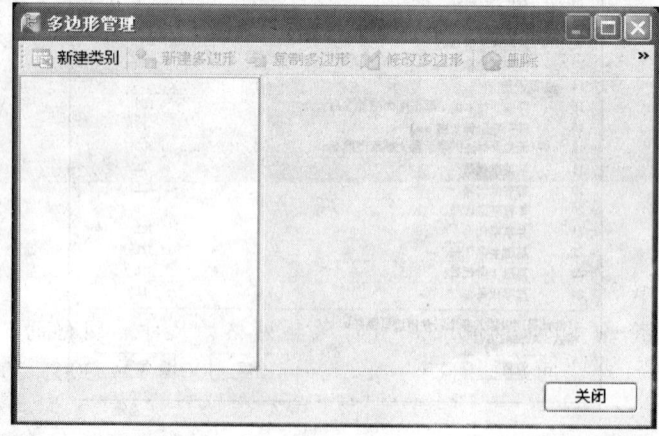

说明　1. 新建类别：可以新建一个多边形的类别，例如：柱截面多边形、基础构件截面多边形、梁截面多边形等；
2. 新建多边形：新建一个多边形，在弹出的界面中输入多边形名称，然后打开多边形编辑器，进行编辑；
3. 复制多边形：复制当前选中的多边形；
4. 修改多边形：打开多边形编辑器，修改当前已经建立好的多边形；
5. 删除：删除当前选中的多边形或多边形类别；
6. 导入：导入一个多边形文件，该文件只能为"*.PGN"格式；
7. 导出：导出一个多边形文件，该文件只能为"*.PGN"格式。

多边形编辑器：

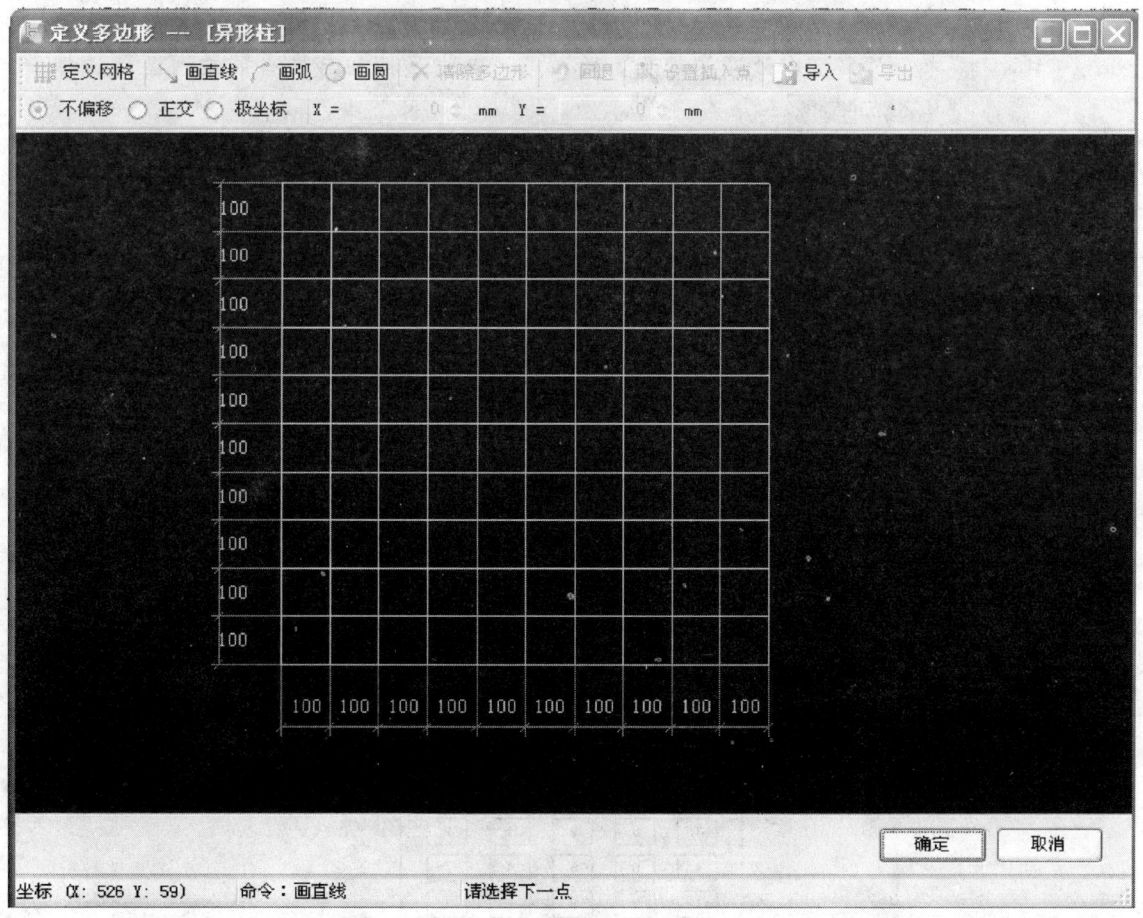

说明　1. 定义网格：点击定义网格，可以编辑网格的尺寸。网格的尺寸可以用"间距*数量"或"间距，间距"表示，例如：300*3或300，200，300；

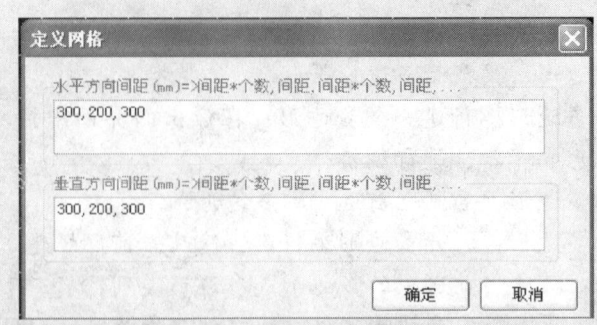

2. 画直线、画弧、画圆：具体画法参见"画折线"、"画弧线"、"画圆"；
3. 清除多边形：清除当前已经绘制好的多边形；
4. 回退：当发现多边形绘制错误时，点击该按钮，可以回退一步，重新绘制；
5. 当多边形绘制完毕以后，软件会默认一个插入点，如果该插入点不符合绘图要求，那么可以设置重新设置插入点，点击该按钮后在当前绘图区域选择一个插入点即可；
6. 导入多边形库：导入一个已经保存的多边形文件，该文件只能为"*.PGNS"格式；
7. 导出多边形库：导出建立的多边形为一个多边形文件，该文件只能为"*.PGNS"格式。

二、计算器

使用"计算器"可以完成任意的、通常借助手持计算器来完成的标准运算。"计算器"可用于基本的算术运算，比如加减运算等。同时它还具有科学计算器的功能，比如对数运算和阶乘运算等。

操作步骤：

点击"工具"→"计算器"，打开计算器。

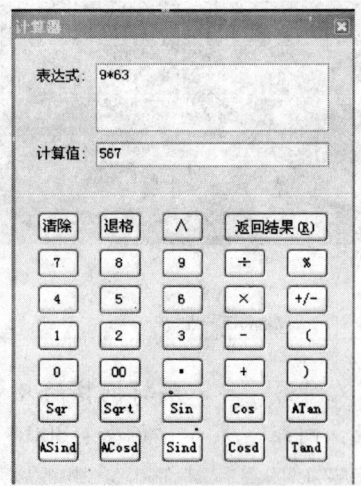

> **说明** 可以移动鼠标点击数字，也可以利用键盘输入。

三、设置原点

使用设置原点的功能，可以指定绘图区域内任意一点作为坐标的原点。

操作步骤：点击"工具"→"设置原点"，点击绘图区域内一点，该点即为坐标的原点。

四、计算两点间距离

使用"计算两点间距离"的功能，可以计算绘图区域任意两点间的长度。

操作步骤：

点击"工具"→"计算两点间距离"，点击绘图区域内两个点，在弹出的界面中显示计算结果，点击确定，完成操作。

五、合法性检查

使用合法性检查，可以检查当前楼层中存在非法属性的构件。

操作步骤：点击"工具"→"合法性检查"，检查完成后，弹出"提示"界面。

> **说明** 如果当前楼层没有非法的构件，那么会弹出下面的界面；

如果当前楼层有非法的构件，那么会弹出下面的界面，非法的构件图元会有明显的标记，双击构件名称可以定位到出错的构件。

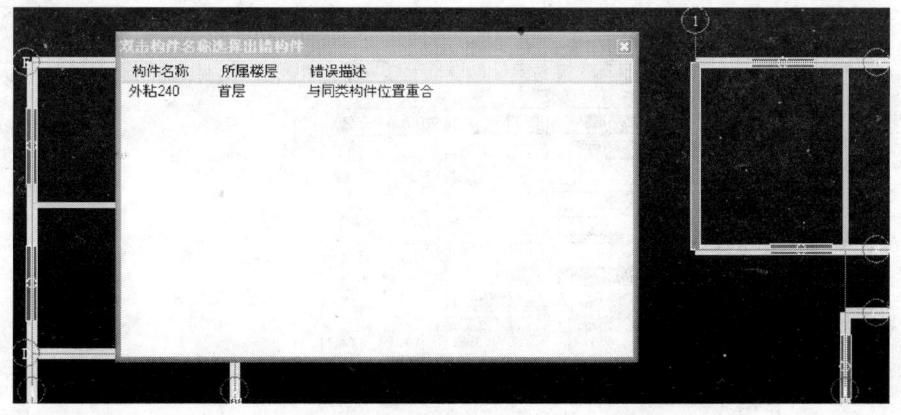

六、选项

此功能可以对软件进行设置，部分功能需要重新启动软件后生效。

操作步骤：

点击"工具"→"选项"，打开选项界面。

页面说明：

1. 文件页面

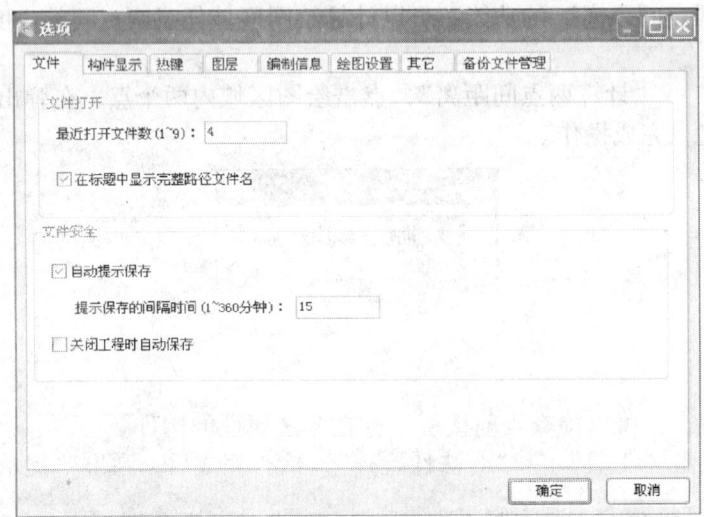

2. 构件显示页面，主要控制构件图元在绘图区域的显示状态

3. 热键页面，主要用于设定构件的热键和是否在工具条上显示

4. 图层页面，主要用于在某个构件图层下是否显示其他构件图元和是否显示构件图元名称

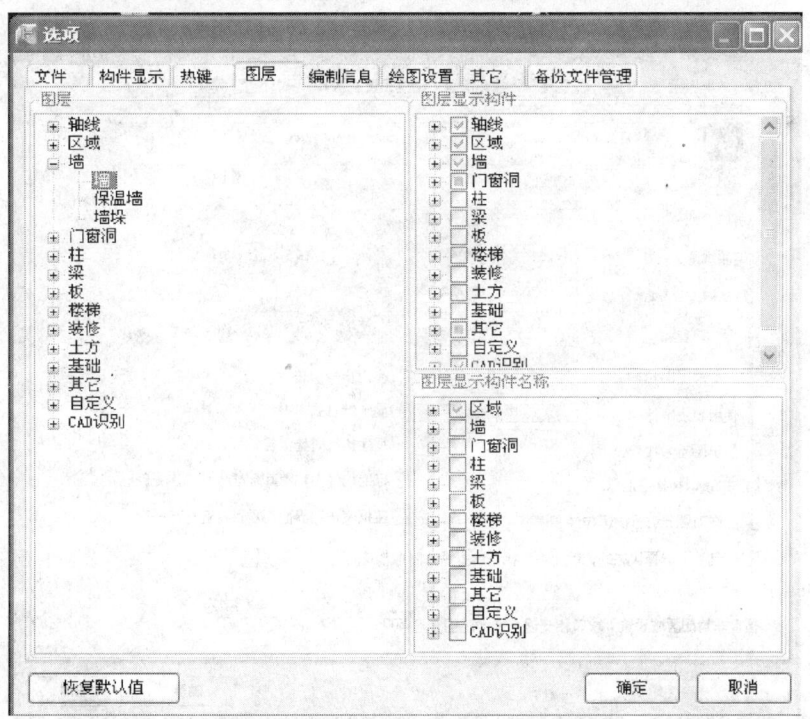

5. 编制信息页面

6. 其他页面

> **说明**
> 1. 在已处于选择状态的构件上再次执行选择操作时取消选择：选中某个构件图元后再次选中该构件时，该构件为未选中状态；
> 2. 使用"系统登录"功能：以不同的用户名进入软件，详见"用户管理"；
> 3. 自动增加清单项顺序码：选择该项后，输入清单子目时。只需要输入前9位，软件自动生成后3位；
> 4. 线性图元合并：选择该项，汇总计算后可以显示线性构件图元合并后的计算式。

七、附：工程量代码说明

1 说明

（1）以下所说的"计算规则"，是针对清单库或定额库所说的，每套清单库都对应于一套计算规则，每套定额库也对应于一套计算规则；

（2）其他的很多软件中的细节问题，大部分都在软件自带的视频帮助中。该视频帮助时长共273分钟（约4.6个小时），估计大家一边学习，一边操作，有两天时间足够了；

（3）索引：墙、栏板、门、窗、门联窗、过梁、墙垛、屋面、挑檐、雨篷、阳台、柱、梁、板、楼梯、房间、条基、满基、满基垫层、地沟、基槽土方、基坑土方、大开挖土方、散水、平整场地、建筑面积、天井、楼层工程量。

2 墙

2.1 面积（MJ）

2.1.1 计算方法

体积÷墙厚。

其中体积为按计算规则扣减后得到的体积。

2.1.2 注意事项

1. 对于某套计算规则，该代码可能不显示。
2. 预制混凝土墙和虚墙不计算面积。

2.2 体积（TJ）

2.2.1 计算方法

按计算规则计算。

2.2.2 注意事项

对于某套计算规则，该代码可能不显示。

2.3 模板面积（MBMJ）

2.3.1 计算方法

按计算规则计算。

2.4 体积长度（TJCD）

2.4.1 计算方法

外墙中心线长度，内墙净长线长度。

不扣减其他构件。
- 2.5 轴线长度（ZXCD）
  - 2.5.1 计算方法
    绘制墙时，起点和末点之间的距离。
- 2.6 墙厚（QH）
  - 2.6.1 计算方法
    墙的厚度属性。
    但对于红机砖墙，指的是按计算规则变化后的厚度，如370按365算。
- 2.7 墙高（QG）
  - 2.7.1 计算方法
    墙的高度属性。不扣减其他构件。
    但对于山墙，指的是平均高度。

3 栏板
- 3.1 体积（TJ）
  - 3.1.1 计算方法
    截面面积×中心线长度－阳台窗。
- 3.2 模板面积（MBMJ）
  - 3.2.1 计算方法
    按计算规则计算。
- 3.3 中心线长度（ZXXCD）
  - 3.3.1 计算方法
    只扣现浇、预制和石墙，不扣砖墙。
- 3.4 截面面积（JMMJ）
  - 3.4.1 计算方法
    栏板的截面面积属性，不扣窗。

4 门、窗、门联窗
- 4.1 洞口三面长度（DKSMCD）
  - 4.1.1 计算方法
    对于矩形门、窗：洞口宽度＋洞口高度×2。
    对于异型门、窗：洞口周长－洞口底边长度。
    对于门联窗：洞口宽度＋洞口高度×2。

5 过梁
- 5.1 长度、宽度、高度、体积
  - 5.1.1 计算方法
    直接取属性值。
  - 5.1.2 注意事项
    不扣减相交的柱。（可以在属性编辑器中修改过梁的长度属性）

5.2 模板面积（MBMJ）
  5.2.1 计算方法
    侧面面积 + 底部外露面积。
5.3 侧面面积（CMMJ）
  5.3.1 计算方法
    长度 × 宽度 × 2。
  5.3.2 注意事项
    不扣减相交的柱（可以在属性编辑器中修改过梁的长度属性）。
5.4 底部外露面积（DBWLMJ）
  5.4.1 计算方法
    底部洞口厚度 × 底部洞口宽度 + 露出墙外部分面积。
    其中底部洞口宽度指过梁下门、窗、门联窗、墙洞、壁龛等的洞口宽度；
    底部洞口厚度指门窗洞壁龛所在的墙体的厚度；
    露出墙外部分面积指过梁比墙宽时，凸出墙部分的面积。
  5.4.2 注意事项
    当过梁的宽度小于墙厚时，也按上述办法计算。
6 墙垛
  6.1 高度、截面面积
    6.1.1 计算方法
      直接取属性值。
  6.2 贴墙长度（TQCD）
    6.2.1 计算方法
      等于墙垛所附着的墙的投影多边形在墙垛截面多边形的内部的长度，一般等于两多边形相重合的长度。
  6.3 外露长度（WLCD）
    6.3.1 计算方法
      截面周长 – 贴墙长度。
  6.4 体积（TJ）
    6.4.1 计算方法
      截面面积 × 净高。
      其中根据计算规则，净高可能等于原始高度，也可能等于原始高度减去与板相交的高度。
  6.5 装修面积（ZXMJ）
    6.5.1 计算方法
      外露长度 × 净高。
      其中根据计算规则，净高可能等于原始高度，也可能等于原始高度减去与板相交的高度。
6.6 贴墙装修面积（TQZXMJ）
6.6.1 计算方法
贴墙长度×净高。
其中根据计算规则，净高可能等于原始高度，也可能等于原始高度减去与板相交的高度。

7 屋面
7.1 周长（ZC）
7.1.1 计算方法
对于平屋面，取屋面多边形周长。
对于斜屋面，取屋面多边形周长。不考虑倾斜角度。
7.2 面积（MJ）
7.2.1 计算方法
对于平屋面，取屋面多边形面积。
对于斜屋面，取屋面多边形面积×系数。
其中系数 = 1 ÷ cos（arctan（坡度系数））。
7.3 卷边面积（JBMJ）
7.3.1 计算方法
∑卷边高度×卷边长度。
7.4 防水面积（FSMJ）
7.4.1 计算方法
面积 + 卷边面积。

8 挑檐、雨篷

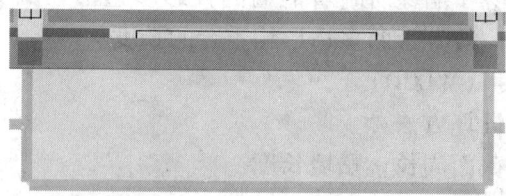

8.1 体积、面积
8.1.1 计算方法
如上图所示，面积按贴墙边线和栏板内边线围成的面积计算。
体积 = 面积×板厚。
8.2 栏板内边线长度、栏板外边线长度、贴墙长度
8.2.1 计算方法
如上图所示，按所示线长度计算。
8.2.2 注意事项

如果挑檐、雨篷边上没有墙或栏板，则栏板内边线长度、栏板外边线长度、贴墙长度的值为零。

9 阳台

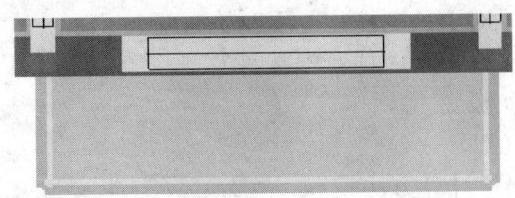

9.1 板面积、板体积
9.1.1 计算方法
板面积：如果阳台完全由墙围成，则板面积按墙所围成的净面积计算；如果阳台有墙与栏板共同围成，则板面积计算：贴墙边扣除墙所占面积，栏板边计算至栏板外边线。
板体积：板面积×板厚。

9.2 地面积
9.2.1 计算方法
按墙和栏板围成的净空面积计算。
扣减门、窗、门联窗、洞等按房间地面积扣减规则计算。

9.3 顶棚面积
9.3.1 计算方法
按墙和栏板围成的净空面积计算。

9.4 贴墙踢脚长度、栏板踢脚长度、贴墙踢脚面积、栏板踢脚面积、贴墙墙裙面积、栏板墙裙面积、贴墙墙面面积、栏板墙面面积
9.4.1 计算方法
贴墙踢脚长度：贴皮长度。
栏板踢脚长度：栏板内侧净长度。
贴墙踢脚面积：贴皮长度×踢脚高度。
栏板踢脚面积：栏板内侧净长度×踢脚高度。
贴墙墙裙面积：贴墙墙裙长度×贴墙墙裙高度。
栏板墙裙面积：栏板墙裙长度×栏板墙裙高度。
贴墙墙面面积：贴墙墙面长度×墙面高度。
栏板墙面面积：栏板墙面长度×栏板墙面高度。
扣减门、窗、门联窗、洞等按房间扣减规则计算。

9.5 栏板外边线长度
9.5.1 计算方法
类似挑檐、雨篷。

10 柱

10.1 高度（GD）

10.1.1 计算方法
对于预制柱：等于原始高度。
对于其他柱：根据计算规则，可能等于原始高度；算到梁底；算到板底。

10.2 体积（TJ）

10.2.1 计算方法
按计算规则计算。

10.3 模板面积（MBMJ）

10.3.1 计算方法
按计算规则计算。

11 梁

11.1 体积（TJ）

11.1.1 计算方法
按计算规则计算。

11.2 模板面积（MBMJ）

11.2.1 计算方法
按计算规则计算。

11.3 体积长度（TJCD）

11.3.1 计算方法
原始中心线长度扣减柱、梁、与之非平行相交的混凝土墙、独基、桩承台、与之非平行相交的条基。

11.4 轴线长度（ZXCD）

11.4.1 计算方法
绘制梁时，起点和末点之间的距离。

12 板

12.1 面积（MJ）

12.1.1 计算方法
体积÷厚度。
其中体积为按计算规则扣减后得到的体积。

12.1.2 注意事项
对于某套计算规则，该代码可能不显示。

12.2 体积（TJ）

12.2.1 计算方法
按计算规则计算。

12.2.2 注意事项

1. 对于某套计算规则，该代码可能不显示。
2. 对于斜板，取按投影面积计算得到的体积×系数。其中系数 = $1 \div \cos[\arctan(坡度系数)]$。

12.3 模板面积（MBMJ）

12.3.1 计算方法
按计算规则计算。

12.3.2 注意事项
对于斜板，取按投影面积计算得到的模板面积×系数。其中系数 = $1 \div \cos[\arctan(坡度系数)]$。

12.4 侧面模板面积（CMMBMJ）

12.4.1 计算方法
根据用户指定的支模边长度之和乘以板厚。默认没有支模边，因此，该工程量默认为零。

12.4.2 注意事项
斜板不影响该工程量。

13 楼梯

13.1 投影面积（TYMJ）

13.1.1 计算方法
按水平投影面积计算。

13.2 底部面积（DBMJ）

13.2.1 计算方法
底部斜板面积。
对于弧形楼梯，按水平投影面积计算。

13.3 体积（TJ）

13.3.1 计算方法
楼梯体积 = 踏步体积 + 梯板体积。
踏步体积 = 三角形面积（0.5×踏步宽度×踏步高度）×梯板净宽×踏宽数
其中：踏步个数 = 踏宽数 + 1，踏宽数 = 楼梯净长÷踏步宽度，
楼梯净长：等于踏步段水平投影净长，即扣减（墙）后的长度，
踏步高度 = 楼梯高度÷（踏步个数 + 1），梯板净宽 = 楼梯宽度扣减墙后的宽度。
梯板体积 = 梯板净宽×楼梯斜长×梯板厚度
其中：楼梯斜长 = K×楼梯水平投影长度，楼梯水平投影长度 = 楼梯净长 $K = \sqrt{踏步宽度^2 + 踏步高度^2} \div 踏步宽度$。

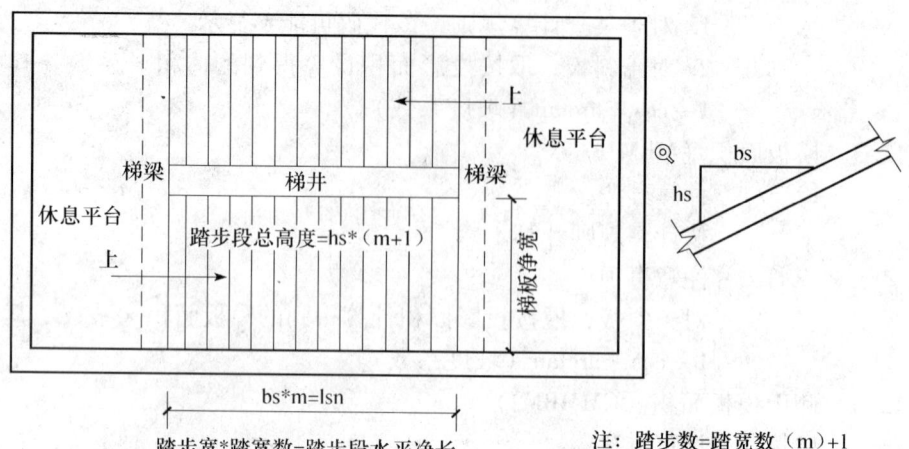

13.4 侧面面积（CMMJ）

13.4.1 计算方法

踏步侧面面积与梯板（厚度不为零时）侧面面积之和。

14 房间

14.1 主墙间净面积（ZQJJMJ）、轴线面积（ZXMJ）、中心线面积（ZXXMJ）、房间建筑面积（FJJZMJ）

14.1.1 计算方法

主墙间净面积：房间到墙内皮的面积。

轴线面积：房间到墙轴线的面积。

中心线面积：房间到墙中心线的面积。

房间建筑面积：外墙计算至外墙外边线，内墙计算至内墙中心线。

14.2 房间周长（FJZC）

14.2.1 计算方法

等于围成房间的内墙皮长度之和，虚墙不计算。

14.3 梁抹灰面积（LMHMJ）

14.3.1 计算方法

等于凸出墙面墙上梁侧面面积（板底以下部分）+凸出墙面墙上梁底面面积（墙面以外部分）。

其中墙上梁指：梁的轴线与某一个墙的轴线有部分重合。

14.4 门窗侧壁面积（MCCBMJ）

14.4.1 计算方法

该房间内所有门、窗、门联窗的洞口三面（除底面外）面积之和。

∑洞口三面长度×侧壁宽度。

其中侧壁宽度指门、窗、门联窗所在的墙的墙边到立樘位置的距离。

15 条基

15.1 体积长度（TJCD）

15.1.1 计算方法

原始中心线长度扣减柱、梁、与之非平行相交的混凝土墙、独基、桩承台、与之非平行相交的条基。

16 满基

16.1 模板面积、直模板面积

16.1.1 计算方法

模板面积：坡面模板面积+直面模板面积。

其中对于坡面模板面积，只有坡度大于或等于45度时才计算，否则为零。

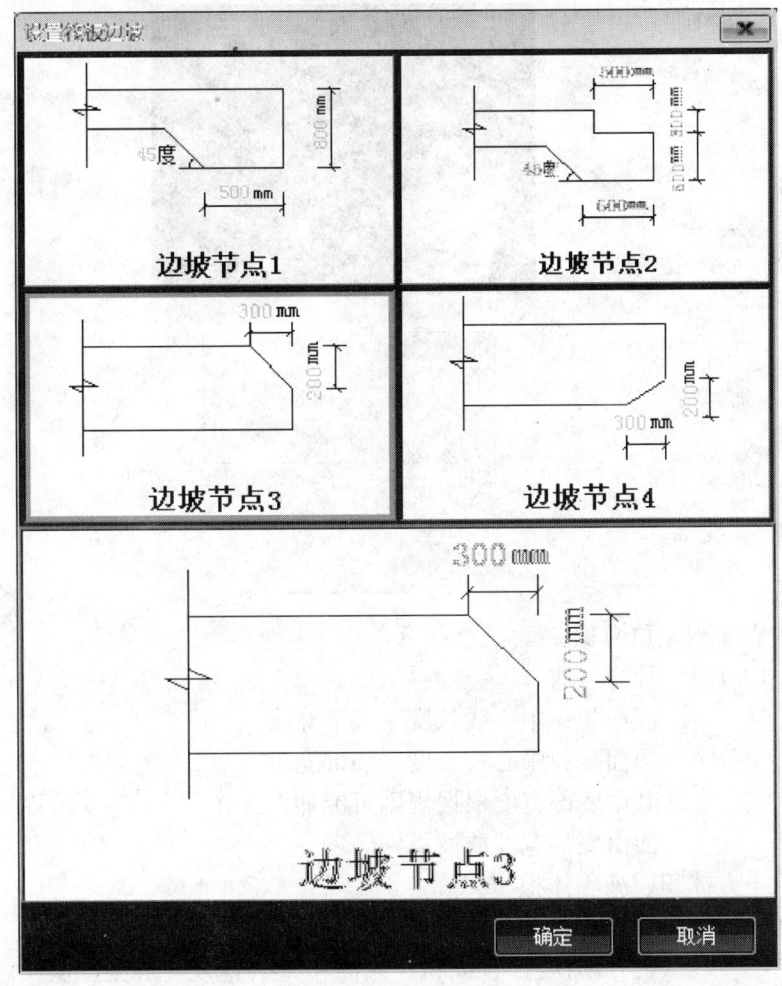

17 满基垫层

17.1 体积

17.1.1 注意事项

如果满基垫层与独基或条基相交，则直接从高度上扣减。所以，如果不注意把独基或条基的标高设置正确，往往会把满基垫层扣减为零。

18 地沟

18.1 长度、盖板体积、侧壁体积、底板体积

18.1.1 注意事项

在地沟中没有计算装修量，如果需要计算装修量，建议墙＋板＋房间的房间的方式来绘制地沟。

19 基槽土方

以下为冻土和原土的关系参考（黄色部分为原土，蓝色部分为冻土）。

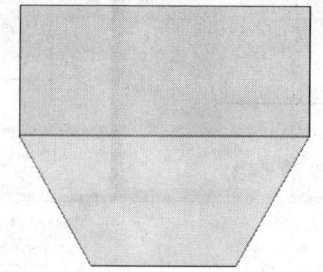

19.1 底面积、顶面积

19.1.1 计算方法

底面积：中心线长度×底部宽度。

顶面积：中心线长度×顶部宽度。

其中底部宽度根据规则可能加上工作面宽度，顶部宽度根据规则可能由底部宽度放坡得到。

19.2 土方体积、冻土体积

19.2.1 计算方法

土方体积：（顶面积＋底面积）×（深度－冻土厚度）÷2－扣减量。

冻土体积：（顶面积＋底面积）×冻土厚度÷2－扣减量。

19.3 挡土板面积

19.3.1 计算方法

挡土板面积：放坡系数为零的侧面的长度之和×（深度 - 冻土厚度）- 扣减量。

19.3.2 注意事项

只计算两个侧面中放坡系数不为零的侧面的挡土板，不处理端头挡土板。

20 基坑土方

以下为冻土和原土的关系参考（黄色部分为原土，蓝色部分为冻土）：

20.1 底面积、顶面积

20.1.1 计算方法

底面积：底部长度×底部宽度。

顶面积：顶部长度×顶部宽度。

其中底部长度、底部宽度根据规则可能加上工作面宽度，顶部长度、顶部宽度根据规则可能由底部宽度放坡得到。

20.2 土方体积、冻土体积

20.2.1 计算方法

土方体积：（顶面积 + 中截面面积×4 + 底面积）÷6×（深度 - 冻土厚度）。

冻土体积：（顶面积 + 中截面面积×4 + 底面积）÷6×冻土厚度。

20.3 挡土板面积

20.3.1 计算方法

挡土板面积：周长×（深度 - 冻土厚度）。

20.3.2 注意事项

只有放坡系数不为零时才计算挡土板面积。

21 大开挖土方

21.1 底面积、顶面积

21.1.1 计算方法

底面积：等于图形所围成的底部面积，根据规则规定考虑是否增加工作面。

顶面积：等于图形所围成的顶部面积，根据规则规定考虑是否增加工作面，如果放坡需考虑放坡后增加的面积。

21.2 土方体积、冻土体积
    21.2.1 计算方法
    土方体积：（顶面积＋中截面面积×4＋底面积）÷6×（深度－冻土厚度）。
    冻土体积：（顶面积＋中截面面积×4＋底面积）÷6×冻土厚度。

21.3 挡土板面积
    21.3.1 计算方法
    挡土板面积：放坡系数为零的侧面的长度之和×（深度－冻土厚度）－扣减量。
    21.3.2 注意事项
    只计算放坡系数为零的侧面面积。

22 散水

22.1 面积
    22.1.1 计算方法
    实际面积－台阶所占的面积。

22.2 贴墙长度、外围长度
    22.2.1 计算方法
    贴墙长度：散水的与墙重合的边的长度。
    外围长度：散水的周长－贴墙长度。

23 平整场地

23.1 面积、外放2米的面积
    23.1.1 计算方法
    面积：绘制出来的图形的面积。指能看得到的图形的面积。
    外放2米的面积：在绘制出来的图形的面积基础上，软件内部给其外放2米得到的一个面积。
    23.1.2 注意事项
    如果您只需要计算清单工程量，则直接按外墙布置好平整场地，套用代码为：MJ。
    如果您只需要计算定额工程量，则根据定额计算规则：如果定额规则说明为按首层建筑面积计算，则一般可以直接按外墙布置好平整场地，套用代码为：MJ；如果定额规则说明为按首层建筑面积外放2米计算，则一般可以直接按外墙布置好平整场地后，再用偏移功能将平整场地向外放2米，套用代码为 MJ；如果定额规则说明为按首层建筑面积乘以1.4计算，则一般可以直接按外墙布置好平整场地，套用代码为：MJ×1.4。

如果您同时需要清单工程量和定额工程量，且清单按首层建筑面积计算，定额按首层建筑面积外放两米计算，则一般可以直接按外墙布置好平整场地，然后在清单下套用代码为：MJ，定额模式下套用代码为：WF2MMJ。

24 建筑面积、天井
24.1 面积、周长
24.1.1 注意事项
建筑面积构件本身的面积不扣减天井的面积。
楼层工程量中的建筑面积 = 各个建筑构件面积之和 + 阳台 + 楼梯 − 天井。

25 楼层工程量
25.1 建筑面积
25.1.1 计算方法
各个建筑构件面积之和 + 阳台 + 楼梯 − 天井。

25.2 建筑外周长
25.2.1 计算方法
外墙皮长度之和。

25.3 外墙裙抹灰面积、外墙裙块料面积
25.3.1 计算方法
外墙皮净长 ×（墙裙顶标高 − 墙裙底标高）− 门窗洞 + 柱侧壁 + 垛侧壁。
25.3.2 注意事项
只有首层才计算。

25.4 外墙抹灰面积、外墙块料面积
25.4.1 计算方法
外墙皮净长 ×（墙面顶标高 − 墙面底标高）− 门窗洞 + 柱侧壁 + 垛侧壁。
25.4.2 注意事项
只有首层和首层以上才计算。

25.5 土方体积【TFTJ】
25.5.1 计算方法
等于土方计算体积之和（基槽 + 基坑 + 大开挖）（从基槽、基坑、大开挖的工程量中取得），但不包含上述构件中的冻土体积

25.6 冻土体积【DTTJ】
25.6.1 计算方法
等于基槽冻土体积 + 基坑冻土体积 + 大开挖冻土体积之和

25.7 回填土体积【HTTTJ】
25.7.1 计算方法
回填土体积 = 土方体积 + 冻土体积 − 运余土体积

25.8 运余土体积【YYTTJ】

25.8.1 计算方法

对于首层，如果室外地坪标高大于零，运余土体积 = 建筑面积 × 室外地坪标高；否则，运余土体积 = 零。

对于地下室，如果楼层顶标高大于室外地坪标高，运余土体积 = 建筑面积 ×（室外地坪标高 - 楼层底标高）；否则，运余土体积 = 建筑面积 × 楼层高度。

对于基础层，计算室外地坪以下构件占地体积。包括条形基础、独立基础、桩承台、满堂红基础、满堂红基础垫层、地沟及存在于基础层的柱、梁、板、板洞、墙、墙垛等构件。

其中地沟体积为地沟所占的整体体积，非地沟侧壁、盖板及顶板体积和。桩体积在此不予考虑。

如果计算规则中规定墙垛合并至墙体内计算，则运余土体积不考虑墙垛体积；反之，若计算规则中墙垛体积不合并至墙体内计算，则运余土体积考虑墙垛体积。

该处建筑面积为建筑面积构件实际绘制面积，非按建筑面积构件计算规则计算的建筑面积。

25.9 女儿墙中心线长度

25.9.1 计算方法

∑女儿墙中心线长度。

注：女儿墙中心线长度只能在楼层数据中引用，不参与扣减。

25.10 女儿墙外边线长度

25.10.1 计算方法

∑女儿墙外边线长度。

注：女儿墙外边线长度只能在楼层数据中引用，不参与扣减。

25.11 女儿墙内边线长度

25.11.1 计算方法

∑女儿墙内边线长度。

注：女儿墙内边线长度只能在楼层数据中引用，不参与扣减。

25.12 女儿墙外面积

25.12.1 计算方法

∑（女儿墙外边线长度 × 女儿墙高度）。

注：女儿墙外面积只能在楼层数据中引用，不参与扣减。

25.13 女儿墙内面积

25.13.1 计算方法

∑（女儿墙内边线长度 × 女儿墙高度）。

注：女儿墙内面积只能在楼层数据中引用，不参与扣减。

下篇 图形算量实战应用

第一章 算量的思考方法

第一节 建筑物分层思路

计算工程量必须有层的概念,再复杂的建筑我们划分成层都相对简单一点,任何建筑物,我们都可以用如下思路进行分层。

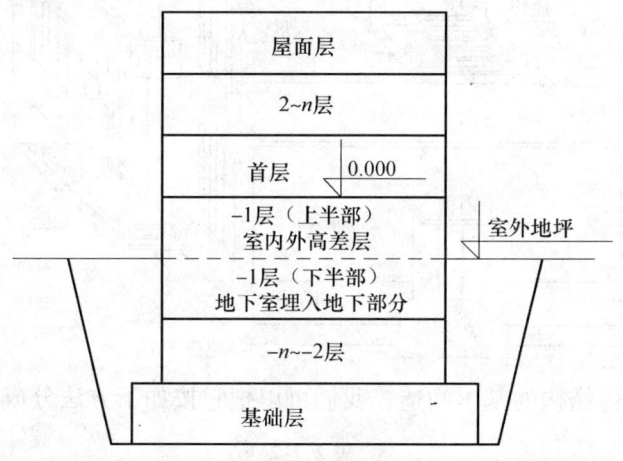

第二节 每层包括哪些构件

分完层后我们来看看每层都包括哪些构件。

一、基础层包括哪些构件

基础一般包括如下类型:

表 2-1-1

基础工程	
名称	基础类型
基础	桩基础（承台）
	独立基础
	满堂基础
	条形基础（基础墙）

二、其他各层分类思路

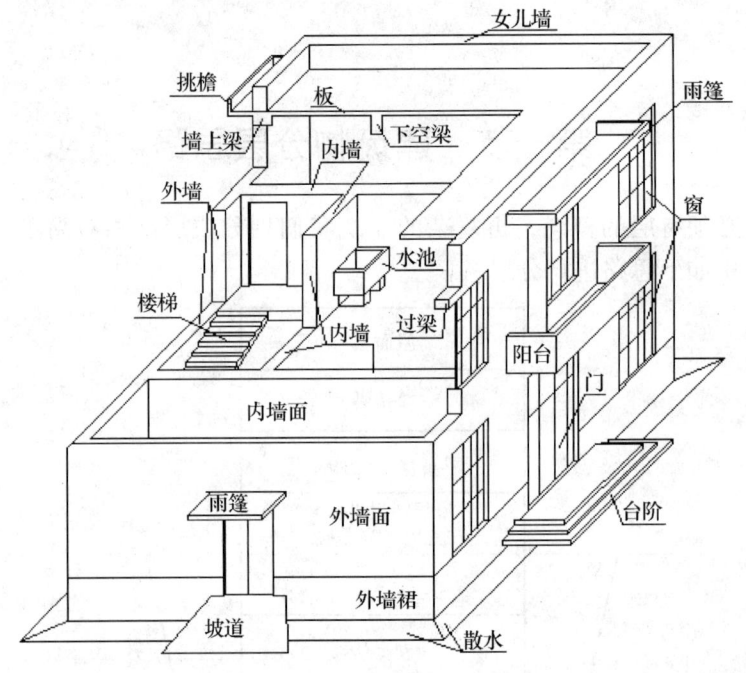

上图是建筑物主体结构的基本构造，我们可以把它按如下方法分成六大块。

表 2-1-2

主体工程			
名称	六大块	解释	包括哪些构件
主体工程	围护结构	房间的围护构件	门窗、过梁、梁、柱、内外墙、女儿墙
	顶部结构	房间的顶部构件	板、梁
	室内结构	房间里的所有构件	楼梯、水池等
	室外结构	围墙外的所有构件	阳台、雨篷、挑檐、散水、台阶、坡道
	室内装修	室内装修的各个部位	地面、踢脚、墙裙、墙面、顶棚
	室外装修	室外装修的各个部位	外墙裙、外墙面

三、$-n \sim -2$ 层包括哪些构件

$-n \sim -2$ 层属于全地下室层，全部埋在地下，六大块中没有室外构件，外装修一般以防水的形式出现，一般包括如下构件：

表 2-1-3

层名称	六大块		本层包括哪些构件
$-n \sim -2$ 层	围护结构		门窗
			过梁
		梁	圈梁
			墙上框梁
		柱	框架柱
			构造柱
		墙	外墙
			内墙
	顶部结构		板
			梁（下空）
	室内结构		楼梯
			小型水池
			……
	室内装修		地面
			踢脚
			墙裙
			墙面
			顶棚
	室外装修		室外防水

四、-1 层包括哪些构件

-1 层一般包括室内外高差层，散水、坡道、台阶我们把它归到一层里面去，所以 -1 层仍然不包括室外结构构件。外装修有一部分埋在地下，一般以防水形式出现，室内外高差部分一般以外墙面（或者外墙裙）的形式出现。

表 2-1-4

-1 层

层名称	六大块	本层包括哪些构件	
-1 层	围护结构		门窗
			过梁
		梁	圈梁
			墙上框梁
		柱	框架柱
			构造柱
		墙	外墙
			内墙
	顶部结构		板
			梁（下空）
	室内结构		楼梯
			小型水池
			……
	室内装修		地面
			地面垫层
			房心回填土
			踢脚
			墙裙
			墙面
			顶棚
	室外装修	地上部分（室内外高差层）	外墙面（或者墙裙）
		地下部分（埋入地下部分）	外墙面防水

五、1 层包括哪些构件（有地下室情况）

有地下室情况：地下室的顶板就是 1 层的地面板，所以，一般不会出现室内回填土和垫层的情况，室内外高差层的外装修一般计入 1 层的工程量。

表 2-1-5

1 层（有地下室情况）

层名称	六大块	本层包括哪些构件	
1 层（有地下室情况）	围护结构		门窗
			过梁
		梁	圈梁
			墙上框梁
		柱	框架柱
			构造柱

续表

1层（有地下室情况）			
层名称	六大块	本层包括哪些构件	
1层 （有地下室情况）	围护结构	墙	外墙
			内墙
	顶部结构		板
			梁（下空）
	室内结构		楼梯
			小型水池
			……
	室外结构		阳台
			雨篷
			挑檐
			台阶
			散水
			坡道
	室内装修		地面
			地面垫层
			踢脚
			墙裙
			墙面
			顶棚
	室外装修	±0.000以上	外墙面（或外墙裙）
		室内外高差层	外墙面（或外墙裙）

六、1层包括哪些构件（无地下室情况）

无地下室情况：1层会出现房心回填土和混凝土垫层的情况，室内外高差层的墙一般会计算到基础层（根据当地计算规则确定）。

表2-1-6

1层（无地下室情况）			
层名称	六大块	本层包括哪些构件	
1层 （无地下室情况）	围护结构		门窗
			过梁
		梁	圈梁
			墙上框梁
		柱	框架柱
			构造柱

续表

层名称	六大块	本层包括哪些构件	
1层（无地下室情况）			
1层（无地下室情况）	围护结构	墙	外墙
			内墙
	顶部结构		板
			梁（下空）
	室内结构		楼梯
			小型水池
			……
	室外结构		阳台
			雨篷
			挑檐
			台阶
			散水
			坡道
	室内装修		地面
		室内外高差层	地面混凝土垫层
		室内外高差层	房心回填土
			踢脚
			墙裙
			墙面
			顶棚
	室外装修	±0.000以上	外墙面（或外墙裙）
		室内外高差层	外墙面（或外墙裙）

七、2~n层包括哪些构件

2~n层在图纸上这一层往往以标准层的形式出现。

表 2-1-7

层名称	六大块	本层包括哪些构件	
2~n层			
2~n层	围护结构		门窗
			过梁
		梁	圈梁
			墙上框梁

续表

2~n 层			
层名称	六大块	本层包括哪些构件	
2~n 层	围护结构	柱	框架柱
			构造柱
		墙	外墙
			内墙
	顶部结构		板
			梁（下空）
	室内结构		楼梯
			水池
			……
	室外结构		阳台
			雨篷
			挑檐
	室内装修		地面
			踢脚
			墙裙
			墙面
			顶棚
	室外装修		外墙面

八、屋面层包括哪些构件

屋面层没有顶部构件，思考方法和其他楼层一样，外装修增加压顶的上下装修。

表 2-1-8

屋面层			
层名称	六大块	本层包括哪些构件	
屋面层	围护结构	梁	压顶
		柱	框架柱
			构造柱
		墙	砖女儿墙
			混凝土女儿墙
	室内结构		出气孔、烟筒等
	室外结构		雨篷
			挑檐

续表

层名称	六大块	本层包括哪些构件	
屋面层	室内装修	平屋面	保护层
			平面柔性防水层
			平面刚性防水层
			保温隔热层
			屋面架空层
			找平层
		立面防水	防水上翻
		墙面装修	女儿墙内墙面
		斜屋面	防水层
			屋基层
	室外装修	外墙面	女儿墙外墙面
		压顶装修	压顶周边装修

九、屋面层的识别方法

屋面层不一定在最顶层，应该用下图的方法去识别屋面层。

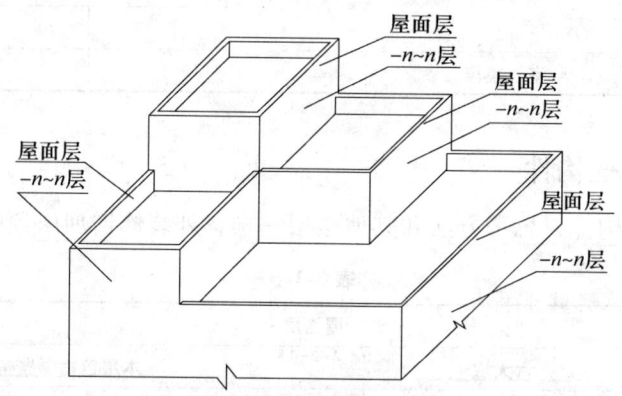

第三节 构件的工程量及其计算规则

一、基础层

1. 桩基础要计算哪些工程量

桩包括混凝土灌注桩、水泥粉煤灰碎石桩、灰土桩、钢板护坡桩等多种多样的桩，这里只讲混凝土灌注桩。

表 2-1-9

桩基础

名称	要计算哪些工程量		北京 2001 计算规则	08 清单规则
混凝土灌注桩	桩挖土	体积	1. 现浇钢筋混凝土钻孔桩、灰土桩、碎石桩、CFG 桩（水泥粉煤灰碎石桩）按设计桩长（包括桩尖）乘以桩径截面面积以立方米计算。扩体的体积并入到桩体积计算； 2. 人工挖孔桩按设计桩长乘以设计上口截面面积（包括护壁体积）以立方米计算	按设计图示尺寸以桩长（包括桩尖）或根数计算
	土方运输	体积		
	护壁	混凝土体积		
		模板面积		
	桩部分	混凝土体积		

2. 桩承台要计算哪些工程量

表 2-1-10

承台

名称	要计算哪些工程量			北京 2001 计算规则	08 清单规则
承台	土方		挖土方体积	土方体积 = 底面积×深度，超过 1.5m 计算增量。底面积算至加工作面边	按设计图示尺寸以基础垫层底面积乘以挖土深度计算
			挡土板面积		
			基底夯实		
	垫层	素土垫层	素土体积	均按垫层图示面积乘以垫层厚度以立方米计算	按设计图示尺寸以体积计算。不扣除构件内钢筋、预埋铁件和伸入承台基础的桩头所占体积
		灰土垫层	灰土体积		
		三合土垫层	三合土体积		
		混凝土垫层	混凝土体积		
			模板面积	垫层模板 = 垫层周长×厚度	
	承台		混凝土体积	按图示尺寸以立方米计算，执行独立基础定额	
			模板面积	均应按混凝土与模板的接触面积，以平方米计算	

3. 独立基础要计算哪些工程量

表 2-1-11

独立基础

名称	要计算哪些工程量			北京 2001 规则	08 清单规则
独基	土方		挖土方体积	土方体积 = 底面积×深度，超过 1.5m 计算增量；底面积算至加工作面边	按设计图示尺寸以基础垫层底面积乘以挖土深度计算
			挡土板面积		
			基底夯实		
	垫层	素土垫层	素土体积	均按垫层图示面积乘以垫层厚度以立方米计算	按设计图示尺寸以体积计算。不扣除构件内钢筋、预埋铁件和伸入承台基础的桩头所占体积
		灰土垫层	灰土体积		
		三合土垫层	三合土体积		

续表

独立基础

名称	要计算哪些工程量		北京2001规则	08清单规则
独基	垫层	混凝土垫层	混凝土体积	均按垫层图示面积乘以垫层厚度以立方米计算	按设计图示尺寸以体积计算。不扣除构件内钢筋、预埋铁件和伸入承台基础的桩头所占体积
			模板面积	垫层模板=垫层周长×厚度	
	独基		混凝土体积	按图示尺寸以立方米计算，执行独立基础定额	
			模板面积	均应按混凝土与模板的接触面积，以平方米计算	

4. 满堂基础要计算哪些工程量

表 2-1-12

满堂基础

名称	要计算哪些工程量			北京2001规则	08清单规则
满基	土方	大开挖土方	土方体积	基础挖土按挖土底面积乘以挖土深度以立方米计算，挖土深度超过放坡起点（1.5m），另计算放坡土方增量，局部加深部分的挖土工程量并入到土方工程量中；底面积算至工作垫层工作面边	按设计图示尺寸以基础垫层底面积乘以挖土深度计算
			挡土板面积		
			基底夯实		
	满基垫层	素土垫层	素土体积	满堂基础垫层按垫层图示尺寸以立方米计算，基础局部加深，其加深部分按图示尺寸计算体积，并入垫层工程量中	按设计图示尺寸以体积计算。不扣除构件内钢筋、预埋铁件和伸入承台基础的桩头所占体积
		灰土垫层	灰土体积		
		三合土垫层	三合土体积		
		混凝土垫层	混凝土体积		
			模板面积	垫层模板=垫层周长×厚度	
	满堂基础	总体积	非后浇带体积	按图示尺寸以立方米计算，局部加深部分的体积并入基础工程量中计算	
			后浇带体积		
		模板	模板面积	1. 满基直模板=满基周长×直高； 2. 满基斜模板=斜坡中心线×斜宽（大于45度计算）； 3. 满堂基础中集水井模板面积并入基础工程量中	

5. 条形基础要计算哪些工程量

表 2-1-13

条形基础

名称	要计算哪些工程量		北京 2001 规则	08 清单规则
条基	土方	土方体积	基础挖土按挖土底面积乘以挖土深度以立方米计算，挖土深度超过放坡起点（1.5m），另计算放坡土方增量，局部加深部分的挖土工程量并入到土方工程量中。底面积=沟槽按基础垫层宽度加工作面宽度乘以沟槽长度计算	按设计图示尺寸以基础垫层底面积乘以挖土深度计算
		挡土板面积		
		基底夯实		
	素土垫层	素土体积	条形基础层：外墙按垫层中心线，内墙按垫层净长线乘以垫层宽度及厚度以立方米计算	基础垫层：垫层底面积乘以厚度
	灰土垫层	灰土体积		
	三合土垫层	三合土体积		
		混凝土体积		
	混凝土垫层	模板面积	均应按混凝土与模板的接触面积，以平方米计算	
	混凝土条形基础	混凝土条形体积	条形混凝土基础：外墙按基础中心线，内墙按基础净长线乘以基础断面面积以立方米计算	按设计图示尺寸以体积计算。不扣除构件内钢筋、预埋铁件和伸入承台基础的桩头所占体积
		模板面积	均应按混凝土与模板的接触面积，以平方米计算	
	砖条形基础	砖条基体积	（一）基础与墙体的划分 1. 墙体：以设计室内地面为界（有地下室者，以地下室室内设计地面为界），以下为基础，以上为墙体； 2. 围墙：以设计室外地坪为界，以下为基础，以上为墙体。 （二）基础按图示尺寸以立方米计算。其长度：外墙按中心线，内墙按净长线计算。应扣除构造柱、圈梁（地梁）所占体积。基础大放肢、丁字岔重叠部分以及管道穿墙洞（面积在 0.3m² 以内）等已综合在定额内，计算时不扣除，暖气沟挑檐部分亦不增加	按设计图示尺寸以体积计算。包括附墙垛基础宽出部分体积，扣除地梁（圈梁）、构造柱所占体积，不扣除基础大放脚 T 形接头处的重叠部分及嵌入基础内的钢筋、铁件、管道、基础砂浆防潮层和单个面积 0.3m² 以内的孔洞所占体积，靠墙暖气沟的挑檐不增加体积。基础长度：外墙按中心线，内墙按净长线计算
	石条形基础	石条形体积		

二、其他各层

1. 门窗要计算哪些工程量

表 2-1-14

门窗工程			
名称	要计算哪些工程量		北京 2001 规则	08 清单规则
门	门制作	门洞口面积	1. 门窗均按门窗框的外围尺寸以平方米计算，不带框的门按门扇外围尺寸以平方米计算。 2. 门窗油漆：单层门窗按框外围面积以平方米计算	门窗和油漆按设计图示数量或设计图示洞口尺寸以面积计算
门	门制作	门框外围面积	^	^
门	运输	门运输面积	^	^
门	油漆	门油漆面积	^	^
门	五金	门五金个数	^	^
窗	窗制作	窗洞口面积	^	^
窗	窗制作	窗框外围面积	^	^
窗	运输	窗运输面积	^	^
窗	油漆	窗油漆面积	^	^
窗	五金	窗五金个数	^	^
飘窗	飘窗制作	同窗	^	^
飘窗	上下部混凝土板	体积	^	^
飘窗	上下部混凝土板	模板面积	^	^
飘窗	上下部混凝土板	装修面积	^	^
门联窗	门联窗制作	门连窗洞口面积	^	^
门联窗	门联窗制作	门连窗框外围面积	^	^
门联窗	运输	门连窗运输面积	^	^
门联窗	油漆	门连窗油漆面积	^	^
门联窗	五金	门连窗五金个数	^	^

2. 过梁要计算哪些工程量

表 2-1-15

过梁			
名称	计算哪些工程量		北京 2001 规则	08 清单规则
过梁	现浇混凝土过梁	混凝土体积	现浇过梁体积： 1. 过梁按图示尺寸以体积计算。 2. 圈梁代过梁，其过梁的体积并入圈梁工程量中。 现浇过梁模板： 底模 = 洞宽×底宽 侧模 = 过梁长×过梁高 预制过梁体积： 过梁按图示尺寸以体积计算	按设计图示尺寸以体积计算。不扣除构件内钢筋、预埋铁件所占体积，伸入墙内的梁头、梁垫并入梁体积内
过梁	现浇混凝土过梁	模板面积	^	^
过梁	预制混凝土过梁	混凝土体积	^	^
过梁	预制混凝土过梁	运输	^	^
过梁	预制混凝土过梁	安装	^	^
过梁	预制混凝土过梁	灌缝	^	^
过梁	钢筋砖过梁	砖过梁体积	^	^
过梁	砖平旋	砖平旋体积	^	^
过梁	砖弓	砖弓体积	^	^

3. 梁要计算哪些工程量

表 2-1-16

<table>
<tr><th colspan="3">梁</th><th></th><th></th></tr>
<tr><th>名称</th><th colspan="2">计算哪些工程量</th><th>北京 2001 规则</th><th>08 清单规则</th></tr>
<tr><td rowspan="18">梁</td><td rowspan="8">现浇混凝土梁</td><td colspan="1"></td><td rowspan="10">现浇梁体积：
1. 按图示断面面积乘以梁长以立方米计算。
梁长按下列规定确定：
（1）梁与柱连接时，梁长算至柱侧面；
（2）主梁与次梁连接时，次梁长算至主梁侧面；
（3）梁与墙连接时，梁长算至墙侧面。如墙为砌块（砖）墙时，伸入墙内的梁头和梁垫的体积并入梁的工程量中；
（4）圈梁的长度，外墙按中心线，内墙按净长线计算；
（5）过梁按图示尺寸计算。
2. 圈梁代过梁，其过梁的体积并入圈梁工程量中。
3. 叠合梁按设计图示二次浇筑部分的体积计算。
现浇梁模板：
梁模板工程量按展开面积计算，梁侧的出沿展开面积并入梁模板工程量中，梁长的计算按有关规定：
1. 梁与柱连接时，梁长算至柱侧面。
2. 主梁与次梁连接时，次梁长算至主梁侧面。
3. 梁与墙连接时，梁长算至墙侧面。如墙为砌块（砖）墙时，伸入墙内的梁头和梁垫的体积并入梁的工程量中。
4. 圈梁的长度，外墙按中心线，内墙按净长线计算。
5. 过梁按图示尺寸计算</td><td rowspan="8">按设计图示尺寸以体积计算。不扣除构件内钢筋、预埋铁件所占体积，伸入墙内的梁头、梁垫并入梁体积内。梁长：
1. 梁与柱连接时，梁长算至柱侧面
2. 主梁与次梁连接时，次梁长算至主梁侧面</td></tr>
<tr><td rowspan="6">框架梁</td><td>体积</td></tr>
<tr><td>超高体积</td></tr>
<tr><td>模板面积</td></tr>
<tr><td>超高模板面积</td></tr>
<tr><td>装修面积</td></tr>
<tr><td>梁脚手架面积</td></tr>
<tr><td rowspan="2">圈梁</td><td>体积</td></tr>
<tr><td>模板</td></tr>
<tr><td rowspan="6">预制混凝土梁</td><td rowspan="3">吊车梁</td><td>体积</td><td rowspan="6">按设计图示尺寸以体积计算。不扣除构件内钢筋、预埋铁件所占体积</td></tr>
<tr><td>运输体积</td></tr>
<tr><td>安装体积</td></tr>
<tr><td rowspan="3">鱼腹梁</td><td>体积</td></tr>
<tr><td>运输体积</td></tr>
<tr><td>安装体积</td></tr>
</table>

4. 柱要计算哪些工程量

表 2-1-17

名称	柱				北京 2001 规则	08 清单规则
	要计算哪些工程量					
柱	混凝土柱	现浇	构造柱	构造柱体积	体积： 1. 柱按图示断面面积乘以柱高以立方米计算。 （1）有梁板的柱高，应自柱基上表面（或楼板上表面）算至上一层楼板上表面。 （2）无梁板的柱高，应自柱基上表面（或楼板上表面）算至柱帽下表面。 （3）构造柱的柱高从柱基或地梁上表面算至柱顶面。 （4）混凝土芯柱的高度按孔的图示高度计算。 2. 构造柱与砖墙嵌入部分的体积并入柱身体积内计算。 3. 依附于柱上的牛腿，按图示尺寸以立方米计算并入柱工程量中。 4. 柱帽按图示尺寸以立方米计算，并入板的工程量中。 5. 预制框架柱接头按图示尺寸以立方米计算。 6. 预制构件接头灌缝除另有规定外，均按预制构件的体积计算。 模板： 1. 柱模板按柱周长乘以柱高计算，牛腿的模板面积并入柱模板工程量中。柱高从柱基或板上表面算至上一层楼板上表面，无梁板算至柱帽底部标高。 2. 柱帽按展开面积计算，并入楼板工程量中。 3. 构造柱按图示外露部分的最大宽度乘以柱高计算模板面积	混凝土柱： 按设计图示尺寸以体积计算，不扣除构件内钢筋、预埋铁件所占体积。 柱高： 1. 有梁板的柱高，应自柱基上表面（或楼板上表面）至上一层楼板上表面之间的高度计算； 2. 无梁板的柱高，应自柱基上表面（或楼板上表面）至柱帽下表面之间的高度计算； 3. 框架柱的柱高，应自柱基上表面至柱顶高度计算； 4. 构造柱按全高计算；嵌接墙体部分并入柱身体积。 砖柱： 按设计图示尺寸以体积计算。扣除混凝土及钢筋混凝土梁垫、梁头、板头所占体积
				构造柱模板		
			框架柱	体积		
				超高体积		
				模板		
				超高模板		
				脚手架		
				超高脚手架		
		预制		制作体积		
				运输体积		
				安装体积		
				灌缝体积		
	砖柱			砖柱体积		
	石柱			石柱体积		
	木柱			木柱体积		
				装修面积		
	钢柱			钢柱重量		
				装修面积		
				油漆重量		

5. 墙要计算哪些工程量

表 2-1-18

墙

名称	要计算哪些工程量			
墙	混凝土墙			体积
				模板
				超高体积
				超高模板
	砖墙（砌块墙）	外墙	实心墙	体积
				防潮层
			空斗墙	体积
			空花墙	体积
			填充墙	体积
		内墙	实心墙	体积
				防潮层
			空斗墙	体积
			空花墙	体积
			填充墙	体积

表 2-1-19

北京 2001 规则

混凝土墙体积：
1. 和墙连在一起的暗梁、暗柱并入墙的工程量中，执行墙的定额子目；突出墙或梁外的装饰线，并入墙或梁的工程量中；
2. 外墙按中心线、内墙按净长线乘以墙高及厚度以立方米计算，并扣除门窗洞口及 0.3m² 以上的孔洞所占的体积，墙垛及突出墙面的装饰线，并入墙体工程量中。墙的高度按下列规定确定：
（1）墙与板连接时，墙的高度从基础（基础梁）或楼板上表面算至上一层楼板上表面。
（2）墙与梁连接时，墙的高度算至梁底。

混凝土墙模板：
1. 墙体模板分内外墙计算模板面积，凸出墙面的柱，沿线的侧面积并入墙体模板工程量中。
2. 墙模板的工程量按图示长度乘以墙高以平方米计算，外墙高度由楼层表面算至上一层楼板上表面，内墙由楼板上表面算至上一层楼板（或梁）下表面。
3. 现浇钢筋混凝土墙上单孔面积在 0.3m² 以内的孔洞，不扣除，洞侧壁面积亦不增加；单孔面积在 0.3m² 以上的孔洞应扣除，洞口侧壁面积并入模板工程量中。采用大模板时，洞口面积不扣除，洞口侧模的面积已综合在定额中。

砖墙：
1. 基础与墙体的划分
（1）墙体：以设计室内地面为界（有地下室者，以地下室室内设计地面为界），以下为基础，以上为墙体。
（2）围墙：以设计室外地坪为界，以下为基础，以上为墙体。

续表

北京 2001 规则

2. 墙体计算：外墙按中心线、内墙按净长线长度，乘以墙高乘以墙厚以立方米计算。扣除门窗框外围面积、过人洞、嵌入墙内的钢筋混凝土柱、梁（过梁、圈梁、挑梁）、竖风道、烟囱和 $0.3m^2$ 以上孔洞所占体积不扣除伸入墙内的板头、梁头、垫块、钢筋、砖过梁及凹进墙内的壁龛、管槽、暖气槽、消火栓箱、窗盘心和 $0.025m^3$ 以下的过梁以及 $0.3m^2$ 以内的孔洞等所占的体积，但凸出外墙面的腰线、挑檐、压顶、窗台线、虎头砖、门窗套体积亦不增加。凸出墙面的砖垛并入墙体内计算。

3. 墙体高度

（1）外墙：平屋顶带挑檐板者算至板面；坡顶带檐口者算至望板下皮；砖出檐者算至檐子上皮。

（2）内墙：高度由室内设计地面（地下室内设计地面）或楼板面算至板底，梁下算至梁底；板不压墙的算至板上皮，如墙两侧的板厚不一样时算至薄板的上皮；有吊顶顶棚而墙高不到板底，设计又未注明，算至顶棚底另加 200mm。

（3）山墙：按其平均高度计算。

4. 墙基防潮：外墙按中心线，内墙按净长乘宽度计算

表 2-1-20

08 清单规则

混凝土墙：

按设计图示尺寸以体积计算。不扣除构件内钢筋、预埋铁件所占体积，扣除门窗洞口及单个面积 $0.3m^2$ 以上的孔洞所占体积，墙垛及突出墙面部分并入墙体体积内计算。

砖墙：

按设计图示尺寸以体积计算。扣除门窗洞口、过人洞、空圈、嵌入墙内的钢筋混凝土柱、梁、圈梁、挑梁、过梁及凹进墙内的壁龛、管槽、暖气槽、消火栓箱所占体积，不扣除梁头、板头、檩头、垫木、木楞头、沿缘木、木砖、门窗走头、砖墙内加固钢筋、木筋、铁件、钢管及单个面积 $0.3m^2$ 以内的孔洞所占体积，凸出墙面的腰线、挑檐、压顶、窗台线、虎头砖、门窗套不增加体积，凸出墙面的砖垛并入墙体体积内。

1. 墙长度：外墙按中心线，内墙按净长计算；

2. 墙高度：

（1）外墙：斜（坡）屋面无檐口顶棚者算至屋面板底；有屋架且室外均有顶棚者算至屋架下弦底另加 200mm；无顶棚者算至屋架下弦底另加 300mm，出檐宽度超过 600mm 时按实砌高度计算；平屋面算至钢筋混凝土板底；

（2）内墙：位于屋架下弦者，算至屋架下弦底；无屋架者算至顶棚底另加 100mm；有钢筋混凝土楼板隔层者算至楼板底；有框架梁时算至梁底；

（3）内、外山墙：按其平均高度计算。

3. 围墙：围墙柱、砖压顶并入围墙体积内。

空斗墙：

按设计图示尺寸以外形体积计算。墙角、内外墙交接处、门窗洞口立边、窗台砖、屋檐处的实砌部分体积并入空斗墙体积内。

空花墙：

按设计图示尺寸以空花部分外形体积计算，不扣除空洞部分体积。

填充墙：

按设计图示尺寸以填充墙外形体积计算

6. 板要计算哪些工程量

表 2-1-21

板

名称			要计算哪些工程量		
板	现浇板	平板	现浇板制作		体积
			模板	底模	面积
				侧模	面积
		斜板	斜板制作		体积
			模板	底模	面积
				侧模	面积
	预制板		预制板制作		体积
			运输		体积
			安装		体积
			灌缝		体积
			养护		体积

表 2-1-22

北京 2001 规则

1. 按图示面积乘以板厚以立方米计算，不扣除轻质隔墙、垛、柱及 $0.3m^2$ 以内的孔洞所占的体积。
板的图示面积按下列规定确定：
（1）有梁板按梁与梁之间的净尺寸计算。
（2）无梁板按板外边线的水平投影面积计算。
（3）平板按主墙间的净面积计算。
（4）板与圈梁连接时，算至圈梁侧面；板与砖墙连接时，伸入墙内板头体积并入板工程量中。
2. 斜板按图示尺寸以立方米计算。
3. 迭合板按图示尺寸将板和肋（板缝）合并计算。
4. 补板按预制板长度乘以板缝宽度再乘以板厚以立方米计算，预制板边八字角部分的体积不另行计算。
5. 双曲薄壳：包括双曲拱顶和依附于边缘的梁、横隔板、横隔拱梁按图示尺寸以立方米计算。
6. 压型钢板上现浇混凝土，应从压型钢板的板面算至现浇板的上皮，压型钢板凹进部分的混凝土体积并入板工程量中。

模板：
1. 楼板的模板工程量按图示尺寸以平方米计算，不扣除单孔面积在 $0.3m^2$ 以内的孔洞所占的面积，洞侧壁模板面积亦不增加；应扣除梁、柱帽以及单孔面积 $0.3m^2$ 以上的孔洞所占的面积，洞口侧壁模板面积并入楼板的模板工程量中。
2. 模板支撑高度 3.6m 以上每增 1m 按超过部分面积计算工程量

表 2-1-23

08 清单规则
现浇板： 按设计图示尺寸以体积计算，不扣除构件内钢筋、预埋铁件及单个面积 $0.3m^2$ 以内的孔洞所占体积，有梁板（包括主、次梁与板）按梁、板体积之和，无梁板按板和柱帽体积之和，各类板伸入墙内的板头并入板体积内，薄壳板的肋、基梁并入薄壳体积内计算。 预制板： 按设计图示尺寸以体积计算。不扣除构件内钢筋、预埋铁件及单个尺寸 300mm×300mm 以内的孔洞所占体积，扣除空心板空洞体积

7. 楼梯要计算哪些工程量

表 2-1-24

楼梯					
名称	计算哪些工程量			北京 2001 规则	08 清单规则
楼梯	混凝土楼梯	现浇楼梯	楼梯	投影面积	楼梯混凝土： 1. 整体楼梯包括休息平台、平台梁、斜梁及楼梯的连梁，按水平投影面积以平方米计算，不扣除宽度小于 500mm 的楼梯井，伸入墙内部分不另增加。 楼梯模板： 1. 楼梯按水平投影面积计算，扣除宽度大于 500mm 的楼梯井。 2. 旋转式楼梯按下式计算： $S = \pi(R^2 - r^2) \times n$ R——楼梯外径； r——楼梯内径； n——层数（或 n = 旋转角度/360）。 栏板： 栏板按图示长度乘以高度及厚度以立方米计算 栏杆： 1. 栏杆（板）按扶手中心水平投影长度乘以高度以平方米计算。栏杆高度从扶手底面算至楼梯结构上表面。 2. 扶手（包括弯头）按扶手中心线水平投影长度以米计算。 3. 旋转楼梯栏杆按图示扶手中心线长度乘以高度以平方米计算。 4. 旋转楼梯扶手按图示扶手中心线长度以米计算。 5. 无障碍设施栏杆，按图示尺寸以米计算。 6. 楼梯铁栏杆以吨计算。室外消防爬梯、钢楼梯以吨计算。 楼梯装修： 楼梯装饰定额中，包括了踏步、休息平台和楼梯踢脚线，但不包括楼梯底面抹灰。水泥面楼梯包括金刚砂防滑条	现浇楼梯： 按设计图示尺寸以水平投影面积计算。不扣除宽度小于 500mm 的楼梯井，伸入墙内部分不计算。 预制楼梯： 按设计图示尺寸以体积计算。不扣除构件内钢筋、预埋铁件所占体积，扣除空心踏步板空洞体积。 栏杆： 按设计图示以扶手中心线长度（包括弯头长度）计算。 块料面层装修： 按设计图示尺寸以楼梯（包括踏步、休息平台及 500mm 以内的楼梯井）水平投影面积计算。楼梯与楼梯地面相连时，算至梯口梁内侧边沿；无梯口梁者，算至最上一层踏步边沿加 300mm
			模板	投影面积		
			装修	底部面积		
		预制楼梯	体积	体积		
			运输	体积		
			安装	体积		
			装修	底部面积		
	木楼梯		长度	投影面积		
			安装	投影面积		
			油漆	投影面积		
	钢楼梯		制作	重量		
			安装	重量		
			运输	重量		
			油漆	重量		
	栏杆栏板			长度		
				面积		
				体积		

8. 小型水池要计算哪些工程量

表 2-1-25

名称	小型水池				北京 2001 规则	08 清单规则
	要计算哪些工程量					
小型水池	现浇水池	水池壁		体积	1. 砖砌池槽、蹲台、水池腿、花台、台阶、垃圾箱、楼梯栏板、阳台栏板、挡板墙、楼梯下砌砖、通风道、屋面伸缩缝砌砖等，执行小型砖砌体相应定额子目。 2. 现浇混凝土的小型池槽按其外形体积以立方米计算	1. 台阶、台阶挡墙、梯带、锅台、炉灶、蹲台、池槽、池槽腿、花台、花池、楼梯栏板、阳台栏板、地垄墙、屋面隔热板下的砖墩、0.3m² 孔洞填塞等，应按零星砌砖项目编码列项。除砖砌锅台与炉灶应按外形尺寸以个、砖砌台阶应按水平投影面积以平方米计量外，其他应按立方米计量。 2. 现浇混凝土小型池槽、压顶、扶手、垫块、台阶、门框等，应按 A.Ⅳ.7 中其他构件项目编码列项。其中扶手、压顶（包括伸入墙内的长度）应按延长米计算，台阶应按水平投影面积计算。 3. 预制钢筋混凝土小型池槽、压顶、扶手、垫块、隔热板、花格等，应按 A.Ⅳ.14 中其他构件项目编码列项
		水池底板		体积		
		水池内装	底	面积		
			壁	面积		
		水池外装		面积		
	预制水池	制作		体积		
		运输		体积		
	砖水池	水池壁		体积		
		水池底板		体积		
		水池内装	底	面积		
		水池外装	壁	面积		
				面积		
	水池腿	制作		体积		
		装修		面积		

9. 阳台要计算哪些工程量

表 2-1-26

名称	六大块	阳台		要计算哪些工程量
阳台	围护结构	阳台栏板	混凝土	体积
				面积
				长度
				模板面积
			砖砌	体积
		阳台栏杆	钢	长度
		阳台扶手（压顶）	木、钢、混凝土等	长度
				体积
		阳台窗	制作	阳台窗面积
			运输	阳台窗面积
			安装	阳台窗面积
			油漆	阳台窗面积
			五金	数量

续表

名称	六大块	要计算哪些工程量		
		阳台		
阳台	围护结构	阳台隔护板	砖砌	体积
			预制	体积
				运输体积
				安装体积
				灌缝体积
	底部结构	阳台板	现浇	模板面积
				体积
			预制	体积
				运输体积
				安装体积
				灌缝体积
		阳台梁		体积
				模板面积
	内部装修	地面		抹灰面积
				块料面积
		踢脚	贴墙踢脚	贴墙抹灰踢脚长度
				贴墙块料踢脚长度
				贴墙块料踢脚面积
			栏板踢脚	栏板踢脚长度
				栏板踢脚面积
		墙裙	贴墙墙裙	贴墙抹灰墙裙面积
				贴墙块料墙裙面积
			栏板墙裙	栏板墙裙面积
		墙面	贴墙墙面	贴墙抹灰墙面面积
				贴墙块料墙面面积
			栏板墙面	栏板墙面面积
		顶棚	抹灰吊顶	阳台底板面积
	外部装修	栏板	外装修	栏板外装修面积
			顶装修	栏板顶部装修面积
		栏杆	油漆	油漆重量
				油漆面积
		底板	外边线	底板外边线面积
	出水口			数量

表 2-1-27

北京2001规则	阳台板	划分界限	现浇混凝土阳台、雨罩、挑檐、天沟与板（包括屋面板、楼板）或圈梁连接时，以外墙或圈梁的外边线为分界线，分别执行相应的定额子目。
		计算方法	阳台、雨罩均按图示尺寸以立方米计算
		模板 底模	挑出的阳台、雨罩、露台、挑檐均按水平投影面积以平方米计算；执行阳台雨罩相应子目
		模板 侧模	阳台、平台、雨罩、挑檐的侧模按图示尺寸以平方米计算
		装修 底板装修	阳台底面装修执行顶棚相应项目
	阳台栏板	砖砌栏板	砖砌阳台栏板按体积计算执行小型砌体相应定额
		混凝土栏板 划分界限	阳台、雨罩的立板高度大于500mm时，其立板执行栏板相应定额子目。阳台、雨罩立板高度小于500mm时，其立板的体积并入阳台、雨罩工程量内计算
		混凝土栏板 计算方法	栏板按图示长度乘以高度及厚度以立方米计算
		栏板模板	阳台、平台、雨罩、挑檐的侧模板及阳台雨罩、挑檐的立板均执行栏板相应子目
		栏板装修	阳台栏板、斜挑檐执行外墙装修相应定额子目
08清单规则	阳台板	划分界限	现浇挑檐、天沟板、雨篷、阳台与板（包括屋面板、楼板）连接时，以外墙外边线为分界线；与圈梁（包括其他梁）连接时，以梁外边线为分界线。外边线以外为挑檐、天沟、雨篷或阳台
		计算方法	按设计图示尺寸以墙外部分体积计算。包括伸出墙外的牛腿和雨篷反挑檐的体积
	阳台栏板	砖砌栏板	阳台栏板按零星砌砖项目编码列项，按立方米计算
		现浇	按设计图示尺寸以体积计算，不扣除构件内钢筋、预埋铁件及单个面积0.3m²以内的孔洞所占体积，有梁板（包括主、次梁与板）按梁、板体积之和，无梁板按板和柱帽体积之和，各类板伸入墙内的板头并入板体积内，薄壳板的肋、基梁并入薄壳体积内
		预制	不带肋的预制遮阳板、雨篷板、挑檐板、栏板等，应按A.Ⅳ.12中平板项目编码列项

10. 雨篷要计算哪些工程量

表 2-1-28

雨篷

名称	六大块				要计算哪些工程量
雨篷	围护结构	雨篷栏板	立板	混凝土	立板体积
					立板面积
					立板长度

续表

名称	六大块	要计算哪些工程量			
雨篷	围护结构	雨篷栏板	立板	混凝土	立板模板
				砖砌	砖砌体积
			斜板	混凝土	斜板体积
					斜板长度
					斜板面积
					斜板模板
	底部结构	现浇	雨篷平板		面积
					体积
					模板
		预制	雨篷平板		体积
					运输体积
					安装体积
					灌缝体积
		雨篷梁			体积
					模板
	内部装修	雨篷屋面	找平层		面积
			找坡层		体积
			防水层		平面面积
			保护层		平面面积
		防水上翻			面积
	外部装修	栏板内装修			栏板内装修面积
		栏板	外装修		栏板外装修面积
			顶装修		栏板顶装修面积
		底板	外边线		底板外边线面积

表 2-1-29

北京2001规则	雨篷板	划分界限	现浇混凝土阳台、雨罩、挑檐、天沟与板（包括屋面板、楼板）或圈梁连接时，以外墙或圈梁的外边线为分界线，分别执行相应的定额子目	
		计算方法	阳台、雨罩均按图示尺寸以立方米计算	
		模板	底模	挑出的阳台、雨罩、露台、挑檐均按水平投影面积以平方米计算；执行阳台雨罩相应子目
			侧模	阳台、平台、雨罩、挑檐的侧模按图示尺寸以平方米计算

第一章 算量的思考方法

续表

北京2001规则	雨篷板	防水	挑檐、雨罩按图示尺寸以平方米计算
		装修	雨罩、挑檐顶面做法，执行《建筑工程》第十二章屋面工程的相应项目；底面装修执行第二章顶棚相应项目
			雨罩、挑檐立板高度在500mm以内时，檐口执行零星项目的相应定额子目；高度超过500mm时，执行外墙装修的相应定额子目
	雨篷栏板	砖砌栏板	砖砌阳台栏板按体积计算执行小型砌体相应定额
		划分界限	阳台、雨罩的立板高度大于500mm时，其立板执行栏板相应定额子目。阳台、雨罩立板高度小于500mm时，其立板的体积并入阳台、雨罩工程量内计算
		计算方法	栏板按图示长度乘以高度及厚度以立方米计算
	混凝土栏板	栏板模板	阳台、平台、雨罩、挑檐的侧模板及阳台雨罩、挑檐的立板均执行栏板相应子目
		栏板装修	阳台栏板、斜挑檐执行外墙装修相应定额子目
08清单规则	雨篷板	划分界限	现浇挑檐、天沟板、雨篷、阳台与板（包括屋面板、楼板）连接时，以外墙外边线为分界线；与圈梁（包括其他梁）连接时，以梁外边线为分界线。外边线以外为挑檐、天沟、雨篷或阳台
		计算方法	按设计图示尺寸以墙外部分体积计算。包括伸出墙外的牛腿和雨篷反挑檐的体积
	雨篷栏板	砖砌栏板	阳台栏板按零星砌砖项目编码列项，按立方米计算
		现浇混凝土	按设计图示尺寸以体积计算，不扣除构件内钢筋、预埋铁件及单个面积0.3m²以内的孔洞所占体积，有梁板（包括主、次梁与板）按梁、板体积之和，无梁板按板和柱帽体积之和，各类板伸入墙内的板头并入板体积内，薄壳板的肋、基梁并入薄壳体积内
	预制雨篷		不带肋的预制遮阳板、雨篷板、挑檐板、栏板等，应按A.Ⅳ.12中平板项目编码列项
			预制F形板、双T形板、单肋板和带反挑檐的雨篷板、挑檐板、遮阳板等，应按A.Ⅳ.12中带肋板项目编码列

11. 挑檐要计算哪些工程量

表 2-1-30

挑檐

名称	六大块	要计算哪些工程量			
挑檐	围护结构	挑檐栏板	立板	混凝土	立板体积
					立板面积
					立板长度

续表

名称	六大块		要计算哪些工程量		
挑檐	围护结构	挑檐栏板	立板	混凝土	立板模板
				砖砌	砖砌体积
			斜板	混凝土	斜板体积
					斜板长度
					斜板面积
					斜板模板
	底部结构	现浇	挑檐平板		面积
					体积
					模板
		预制			体积
					运输体积
					安装体积
					灌缝体积
		挑檐梁			体积
					模板
	内部装修	挑檐屋面	找平层		面积
			找坡层		体积
			防水层		平面面积
			保护层		平面面积
		防水上翻			面积
		栏板内装修			栏板内装修面积
	外部装修	栏板	外装修		栏板外装修面积
			顶装修		栏板顶装修面积
		底板	外边线		底板外边线面积

表 2-1-31

北京2001规则	挑檐板	划分界限		现浇混凝土阳台、雨罩、挑檐、天沟与板（包括屋面板、楼板）或圈梁连接时，以外墙或圈梁的外边线为分界线，分别执行相应的定额子目
		计算方法		阳台、雨罩均按图示尺寸以立方米计算
		模板	底模	挑出的阳台、雨罩、露台、挑檐均按水平投影面积以平方米计算；执行阳台雨罩相应子目
			侧模	阳台、平台、雨罩、挑檐的侧模按图示尺寸以平方米计算
		防水		挑檐、雨罩按图示尺寸以平方米计算

续表

北京2001规则	挑檐板	装修	雨罩、挑檐顶面做法，执行《建筑工程》第十二章屋面工程的相应项目；底面装修执行第二章顶棚相应项目	
			雨罩、挑檐立板高度在500mm以内时，檐口执行零星项目的相应定额子目；高度超过500mm时，执行外墙装修的相应定额子目	
	挑檐栏板	砖砌栏板	砖砌阳台栏板按体积计算执行小型砌体相应定额	
		混凝土栏板	划分界限	阳台、雨罩的立板高度大于500mm时，其立板执行栏板相应定额子目。阳台、雨罩立板高度小于500mm时，其立板的体积并入阳台、雨罩工程量内计算
			计算方法	栏板按图示长度乘以高度及厚度以立方米计算
			栏板模板	阳台、平台、雨罩、挑檐的侧模板及阳台雨罩、挑檐的立板均执行栏板相应子目
			栏板装修	阳台栏板、斜挑檐执行外墙装修相应定额子目
08清单规则	挑檐板	划分界限	现浇挑檐、天沟板、雨篷、阳台与板（包括屋面板、楼板）连接时，以外墙外边线为分界线；与圈梁（包括其他梁）连接时，以梁外边线为分界线。外边线以外为挑檐、天沟、雨篷或阳台	
		计算方法	按设计图示尺寸以体积计算	
	挑檐栏板	砖砌栏板	阳台栏板按零星砌砖项目编码列项，按立方米计算	
		现浇混凝土	按设计图示尺寸以体积计算，不扣除构件内钢筋、预埋铁件及单个面积0.3m² 以内的孔洞所占体积，有梁板（按主、次梁与板）按梁、板体积之和，无梁板按板和柱帽体积之和，各类板伸入墙内的板头并入板体积内，薄壳板的肋、基梁并入薄壳体积内	
	预制挑檐		不带肋的预制遮阳板、雨篷板、挑檐板、栏板等，应按A.Ⅳ.12中平板项目编码列项	
			预制F形板、双T形板、单面板和带反挑檐的雨篷板、挑檐板、遮阳板等，应按A.Ⅳ.12中带肋板项目编码列	

12. 台阶要计算哪些工程量

表2-1-32

台阶

名称	要计算哪些工程量			北京2001规则	08清单规则
台阶	混凝土台阶	垫层	素土垫层	体积	第一册 第四章 砌筑工程： 砖砌台阶按体积计算小型砖砌体相应定额子目。 第七章 模板工程 混凝土台阶不包括梯带，按图示尺寸的水平投影面积以平方米计算，台阶两端的挡墙或前池另行计算	附录A： 1. 石台阶：按设计图示尺寸以体积计算。 2. 砖砌台阶、台阶挡墙按零星砌砖项目编码列项，应按水平投影面积以平方米计量
			灰土垫层			
			混凝土垫层			
		面层	台阶面层	面积		

237

续表

台阶

名称	要计算哪些工程量			北京2001规则	08清单规则
台阶	砖台阶	砖层	体积	第二册 装修工程 第一章 楼地面 1. 台阶、坡道、散水定额中,仅包括面层的工料费用,不包括垫层,其垫层按图示作法执行本章相应子目。 2. 台阶的平台宽度(外墙面至最高一级台阶外边线)在2.5m以内时,平台执行台阶子目;超过2.5m时,平台执行楼地面相应子目。 3. 台阶、坡道按图示水平投影面积以平方米计算	3. 石梯带工程量应计算在石台阶工程量内。 附录B: 1. 块料台阶、水泥砂浆台阶面层:按设计图示尺寸以台阶(包括最上层踏步边沿加300mm)水平投影面积计算; 2. 楼梯、台阶侧面装饰,$0.5m^2$以内少量分散的楼地面装修,应按B.I.9中项目编码列项
		面层	面积		
	石台阶	石层	体积		
		面层	面积		

13. 坡道要计算哪些工程量

表2-1-33

坡道

名称	要计算哪些工程量			北京2001规则	08清单规则
坡道	垫层	素土	体积	第二册 装饰工程 第一章 楼地面 1. 台阶、坡道、散水定额中,仅包括面层的工料费用,不包括垫层,其垫层按图示作法执行本章相应子目。 2. 台阶、坡道按图示水平投影面积以平方米计算	附录A: 按设计图示尺寸以面积计算。不扣除单个$0.3m^2$以内的孔洞所占面积
		灰土	体积		
		混凝土	体积		
	地板层		体积		
			模板		
	面层		面积		

14. 散水要计算哪些工程量

表2-1-34

散水

名称	要计算哪些工程量			北京2001规则	08清单规则
散水	散水垫层	素土垫层	体积	第二册 装饰工程 第一章 楼地面 1. 台阶、坡道、散水定额中,仅包括面层的工料费用,不包括垫层,其垫层按图示作法执行本章相应子目。 2. 散水按图示尺寸以平方米计算	附录A: 按设计图示尺寸以面积计算
		灰土垫层			
		混凝土垫层			
	散水面层	面层抹灰	面积		
		面层一次抹光			
		散水伸缩缝	长度		

15. 内装修要计算哪些工程量

表 2-1-35

内装修

名称	要计算哪些工程量			
内装修	地面	地面垫层	素土垫层	体积
			灰土垫层	体积
			混凝土垫层	体积
		地面防水	平面	面积
			立面	上翻面积
		地面面层	抹灰面层	抹灰面积
			块料面层	块料面积
	楼面	楼面防水	平面	抹灰面积
			立面	上翻面积
		楼面面层	抹灰楼面	抹灰楼面
			块料楼面	上翻面积
	踢脚	抹灰踢脚		抹灰长度或抹灰面积
		块料踢脚		块料长度或块料面积
	墙裙	抹灰墙裙		墙裙抹灰面积
		涂料墙裙		墙裙抹灰面积
		块料墙裙		墙裙块料面积
	墙面	抹灰墙面		内墙抹灰面积
		块料墙面		内墙块料面积
		保温墙面		保温层面积
	顶棚	顶棚抹灰		顶棚抹灰面积
		顶棚涂料		顶棚抹灰面积
	吊顶	吊顶龙骨		吊顶面积
		吊顶面层		吊顶面积
		面层装饰		吊顶面积

表 2-1-36

	北京 2001 规则
地面	1. 地面、底（顶）板、屋面的变形缝按图示尺寸以米计算
	2. 垫层按室内房间净面积乘以厚度以立方米计算。应扣除沟道、设备基础等所占的体积；不扣除柱垛、间壁墙和附墙烟囱、风道及面积在 0.3m² 以内孔洞所占体积，但门洞口、暖气槽和壁龛的开口部分所占的垫层体积也不增加

续表

	北京 2001 规则
地面	3. 楼地面及地下室平面防水防潮按图示尺寸的水平投影面积以平方米计算，扣除 0.3m² 以上孔洞及凸出地面的构筑物、设备基础等所占面积，不扣除柱、垛、间壁墙所占面积；地面与墙面连接部分，墙面有防水时，卷起部分不再计算，墙面无防水时卷起部分按图示面积并入平面工程量内，图纸未标注时，卷起高度按 250mm 计算；地下室底板下凸出部分，按展开面积并入平面工程量内
	4. 房心回填土，按主墙之间的面积乘以回填土厚度以立方米计算
踢脚	1. 水泥、现制磨石踢脚线，按房间周长以米计算。不扣除门洞口所占长度，但门侧边、墙垛及附墙烟囱侧边的工程量也不增加
	2. 块料踢脚、木踢脚按图示长度以米计算
	3. 踢脚板油漆根据作法执行墙面相应定额子目
	4. 木踢脚油漆：木地板、木踢脚线按图示尺寸以平方米计算
墙面	1. 内墙抹灰按内墙间图示净长线乘以高度以平方米计算。扣除门窗框外围和大于 0.3m² 的孔洞所占的面积，但门窗洞口、孔洞的侧壁和顶面面积不增加，不扣除踢脚线、装饰线、挂镜线及 0.3m² 以内的孔洞和墙与构件交接处的面积；附墙柱的侧面抹灰并入内墙抹灰工程量计算。内墙高度按室内楼（地）面算至顶棚底面；有吊顶的，其高度按室内楼（地）面算至吊顶底面，另加 200mm 计算
	2. 内窗台抹灰按窗台水平投影面积以平方米计算
	3. 涂料、裱糊工程量均按图示尺寸以平方米计算
	4. 墙面镶贴面砖、石材及各种装饰板面层，均按图示尺寸以平方米计算
	5. 墙面的木装修及各种带龙骨的装饰板、软包装修均分龙骨、衬板、面层按图示尺寸以平方米计算
	6. 零星装修按展开面积以平方米计算
顶棚	（一）顶棚龙骨	1. 顶棚各种吊顶龙骨按房间净面积以平方米计算，不扣除检查口、附墙烟囱、柱、垛、嵌顶灯槽和与顶棚相连的窗帘盒所占的面积
		2. 拱型吊顶和穹顶吊顶龙骨按拱顶和穹顶部分的水平投影面积以平方米计算
		3. 高低错台龙骨高处与低处的龙骨合并计算，低处挑出部分的龙骨按挑出部分的水平投影面积以平方米计算，并入顶棚龙骨的工程量中。立面封板龙骨按立面封板的垂直投影面积以平方米计算
		4. 嵌顶灯槽附加龙骨按个计算；嵌顶灯带附加龙骨按米计算
	（二）顶棚面层	1. 顶棚面层按房间净面积以平方米计算，不扣除检查口、附墙烟囱、附墙垛和管道所占的面积，但应扣除独立柱、与顶棚相连的窗帘盒、0.3m² 以上洞及嵌顶灯槽所占的面积
		2. 顶棚中的折线、错台、拱型、穹顶、高低灯槽等其他艺术形式的顶棚面积均按图示展开面积以平方米计算
	（三）顶棚面层装饰	1. 顶棚抹灰面积按房间净面积以平方米计算，不扣除柱、垛、附墙烟囱、检查口和管道所占的面积；带梁的顶棚，梁两侧抹灰面积并入顶棚抹灰工程量内
		2. 密肋梁和井字梁顶棚抹灰按图示展开面积以平方米计算
		3. 顶棚中的折线、灯槽线、圆弧型线、拱型线等艺术形式的抹灰按图示展开面积以平方米计算
		4. 顶棚涂料、油漆、裱糊按饰面基层相应的工程量以平方米计算

续表

		北京2001规则
顶棚	（四）其他项目	1. 金属格栅吊顶、硬木格栅吊顶等均根据顶棚图示尺寸按水平投影面积以平方米计算 2. 玻璃采光顶棚根据玻璃顶棚面层的图示尺寸按展开面积以平方米计算 3. 顶棚吸音保温层按吸音保温棚的图示尺寸以平方米计算 4. 藻井灯带按灯带外边线的设计尺寸以米计算

表 2-1-37

		08 清单规则
地面	垫层	按设计图示尺寸以体积计算 1. 基础垫层：垫层底面积乘厚度 2. 地面垫层：主墙间净空面积乘设计厚度。扣除凸出地面的构筑物，设备基础、室内铁道、地沟等所占体积，不扣除柱、垛、间壁墙、附墙烟囱及每个面积 0.3m² 以内的孔洞所占体积
	室内回填	3. 室内回填：主墙间面积乘回填厚度
	防水	地面防水按设计图示尺寸以面积计算 1. 地面防水：按主墙间净空面积计算，扣除凸出地面的构筑物、设备基础等所占面积，不扣除柱、垛、间壁墙、烟囱及单个 0.3m² 以内的孔洞所占面积 2. 墙基防水：外墙按中心线，内墙按净长乘宽度计算
	抹灰地面	按设计图示尺寸以面积计算。扣除凸出地面构筑物、设备基础、室内铁道、地沟等所占面积，不扣除柱、垛、间壁墙、附墙烟囱及 0.3m² 以内的孔洞所占面积，门洞、空圈、暖气包槽、壁龛的开口部分不增加面积
	块料地面	设计图示尺寸以面积计算。门洞、空圈、暖气包槽、壁龛的开口部分并入相应的工程量内
踢脚	抹灰	按设计图示长度乘高度以面积计算
	块料	按设计图示长度乘高度以面积计算
墙面		按设计图示尺寸以面积计算。扣除墙裙、门窗洞口及单个 0.3m² 以外的孔洞面积，不扣除踢脚线、挂镜线和墙与构件交接处的面积，门窗洞口和孔洞的侧壁及顶面不增加面积。附墙柱、梁、垛、烟囱侧壁并入相应的墙面面积内 1. 外墙抹灰面积按外墙垂直投影面积计算 2. 外墙裙抹灰面积按其长度乘高度计算 3. 内墙抹灰面积按主墙间的净长乘高度计算 （1）无墙裙的，高度按室内楼地面至顶棚底面计算 （2）有墙裙的，高度按墙裙顶至顶棚底面计算 4. 内墙裙抹灰面积按内墙净长乘高度计算
顶棚	顶棚抹灰	按设计图示尺寸以水平投影面积计算。不扣除间壁墙、垛、柱、附墙烟囱检查口和管道所占的面积，带梁顶棚、梁两侧抹灰面积并入顶棚面积内，板式楼梯底面抹灰按斜面积计算，锯齿形楼梯底板抹灰按展开面积计算
	顶棚吊顶	按设计图示尺寸以水平投影面积计算。顶棚面中的灯槽、跌级、锯齿形、吊挂式、藻井式展开增加的面积不另计算，不扣除间壁墙、检查洞、附墙烟囱、柱垛和管道所占面积，扣除单个 0.3m² 以外的孔洞、独立柱及与顶棚相连的窗帘盒所占的面积
	格栅吊顶	按设计图示尺寸以水平投影面积计算

16. 外装修要计算哪些工程量

表 2-1-38

外装修

名称	要计算哪些工程量		
外装修	外墙裙	抹灰	外墙裙抹灰面积
		块料	外墙裙块料面积
	外墙面	抹灰	外墙抹灰面积
		块料	外墙块料面积
	地下部分	外墙防水	埋入地下外墙防水面积
北京2001规则	1. 外墙抹灰面积按外墙面的垂直投影面积以平方米计算。应扣除门窗框外围、装饰线和大于 $0.3m^2$ 孔洞所占面积，洞口侧壁面积不另增加。附墙垛、梁、柱侧面抹灰面积并入外墙面抹灰工程量内计算		
	2. 装饰线和门窗套按展开面积以平方米计算		
	3. 涂料、面层、块料面层、干挂龙骨、玻璃幕墙均按图示尺寸以平方米计算		
	4. 特殊图案按实际设计部位的图示尺寸以平方米计算		
	5. 窗眉、腰线、窗台、门窗套、门窗口侧壁、压顶及零星项目的涂料及块料工程量均按图示展开面积以平方米计算		
	6. 外墙面变形缝按图示高度以米计算		
	7. 外墙裙和女儿墙内、外侧装修均执行外墙装修相应定额子目		
清单规则	外墙抹灰	1. 按设计图示尺寸以面积计算。扣除墙裙、门窗洞口及单个 $0.3m^2$ 以外的孔洞面积，不扣除踢脚线、挂镜线和墙与构件交接处的面积，门窗洞口和孔洞的侧壁及顶面不增加面积。附墙柱、梁、垛、烟囱侧壁并入相应的墙面面积内	
		2. 外墙抹灰面积按外墙垂直投影面积计算	
		3. 外墙裙抹灰面积按其长度乘高度计算	
	外墙块料	按设计图示尺寸以面积计算	

17. 屋面层要计算哪些工程量

表 2-1-39

屋面层

层	计算哪些工程量			北京2001规则	08清单规则
屋面层	维护结构	梁	压顶	体积	梁长×截面面积	同左
				模板	梁长×(梁高+底宽-墙宽)	
		柱	框架柱	同框架柱		
			构造柱	同构造柱		
		墙	砖女儿墙	体积	墙长×墙宽×墙高	同左
			混凝土女儿墙	体积	墙长×墙宽×墙高	同左
				模板	墙净面积×2+洞口侧模	

续表

层	计算哪些工程量			北京 2001 规则	08 清单规则
屋面层	室内结构	出气孔、烟筒等小型沟件	体积	按实际体积计算	
			数量	按实际	
	室外构件	雨篷	同雨篷		
		挑檐	同挑檐		
	室内装修	平屋面	保护层	面积	屋面面积	同左
			平面柔性防水	面积	屋面面积	同左
			平面刚性防水	面积	屋面面积	同左
			保温隔热层	面积	屋面面积	同左
			屋面架空层	面积	屋面面积	同左
			找平层	面积	屋面面积	同左
		踢脚	防水上翻	面积	按实际体积计算	同左
		墙面	女儿墙内墙面	面积	按实际	同左
		斜屋面	防水层	面积		同左
	室外装修	外墙面	女儿墙外墙面	面积		同左
		压顶装修	压顶周边装修	面积	屋面面积	同左

表 2-1-40

北京 2001 规则

1. 压顶及零星项目的涂料及块料工程量均按图示展开面积以平方米计算。

2. 女儿墙：自屋面板顶面至女儿墙压顶下表面高度乘以厚度，并入外墙工程量。

3. 混凝土女儿墙：女儿墙的从屋面板上表面算至女儿墙上表面，女儿墙的压顶、腰线、装饰线的体积并入墙的工程量中。

4. 外墙裙和女儿墙内、外侧装修均执行外墙装修相应定额子目。

5. 屋面防水按图示尺寸以平方米计算，扣除 0.3m^2 以上孔洞所占面积；女儿墙、伸缩缝、天窗等处的卷起部分，按图示面积并入屋面工程量内，图纸未标注时，卷起高度按 250mm 计算。

6. 防水布按设计图示尺寸以平方米计算。

7. 豆石混凝土保护层按图示水平投影面积以平方米计算；水泥聚苯板、水泥砂浆、聚苯乙烯泡沫塑料均按图示尺寸以平方米计算。

8. 平屋面抹水泥砂浆找平层执行第十三章防水工程相应子目。

9. 平屋面抹水泥砂浆找平层执行第十三章防水工程相应子目。

10. 屋面找坡按图示水平投影面积乘以平均厚度以立方米计算。

11. 屋面面层：按图示尺寸以平方米计算，不扣除 0.3m^2 以内孔洞及烟囱、风帽底座、风道、小气窗所占的面积，小气窗出檐部分也不增加。

12. 屋面隔气层执行防水层相应定额子目。

13. 地面、底（顶）板、屋面的变形缝按图示尺寸以米计算

表 2-1-41

08 清单规则

1. 现浇混凝土小型池槽、压顶、扶手、垫块、台阶、门框等，应按 A.Ⅳ.7 中其他构件项目编码列项。其中扶手、压顶（包括伸入墙内的长度）应按延长米计算，台阶应按水平投影面积计算。
2. 预制钢筋混凝土小型池槽、压顶、扶手、垫块、隔热板、花格等，应按 A.Ⅳ.14 中其他构件项目编码列项。
3. 女儿墙：从屋面板上表面算至女儿墙顶面（如有压顶时算至压顶下表面）。
4. 平屋面防水层

按设计图示尺寸以面积计算。

1）斜屋顶（不包括平屋顶找坡）按斜面积计算，平屋顶按水平投影面积计算
2）不扣除房上烟囱、风帽底座、风道、屋面小气窗和斜沟所占面积
3）屋面的女儿墙、伸缩缝和天窗等处的弯起部分，并入屋面工程量内

5. 斜屋面防水：按设计图示尺寸以斜面积计算。不扣除房上烟囱、风帽底座、风道、小气窗、斜沟等所占面积。小气窗的出檐部分不增加面积。
6. 屋面刚性防水：按设计图示尺寸以面积计算。不扣除房上烟囱、风帽底座、风道等所占面积。
7. 保温隔热屋面：按设计图示尺寸以面积计算。不扣除柱、垛所占面积。
8. 保温隔热墙的装饰面层，应按 B.Ⅱ 中相关项目编码列项。
9. 柱帽保温隔热应并入顶棚保温隔热工程量内

18. 其他项目要计算哪些工程量

表 2-1-42

其他项目名称	工程量	北京 2001 规则	08 清单规则
其他项目	平整场地	面积	平整场地是指室外设计地坪与自然地坪平均厚度在 ±0.3m 以内的就地挖、填、找平；平均厚度在 ±0.3m 以外执行挖土方相应项目	建筑物场地厚度在 ±30cm 以内的就地挖、填、运、找平，应按 A.I.1 中平整场地项目编码列项。±30cm 以外的竖向布置挖土或山坡切土，应按 A.I.1 中挖土方项目编码列项
			平整场地按建筑物首层建筑面积（地下室单层建筑面积大于首层建筑面积时，按地下室最大单层建筑面积）乘以系数 1.4 以平方米计算。构筑物按基础底面积乘以系数 2 以平方米计算	按设计图示尺寸以建筑物首层面积计算
	基础回填土	体积	回填土按挖土体积扣除室外设计地坪以下的建筑物、构筑物、墙基、柱基、垫层及管道直径大于 500mm 所占的体积。管径超过 500mm 时按（附表四）规定扣除管道所占体积。室外设计地坪与自然地坪平均厚度在 0.3m 以外，回填土体积单独计算	按设计图示尺寸以体积计算。 1. 场地回填：回填面积乘平均回填厚度。 2. 基础回填：挖方体积减去设计室外地坪以下埋设的基础体积（包括基础垫层及其他构筑物）。

续表

其他项目名称	工程量	北京 2001 规则	08 清单规则
其他项目	余土外运	体积	余（亏）土运输工程量按下式计算：余（亏）土运输体积 = 挖土总体积 − 回填土总体积 − 0.9×灰土体积。式中计算结果是正值时为余土外运体积，负值时为亏土体积	按设计图示尺寸以体积计算。土石方外运体积等于挖方体积减去回填体积。计算结果为正值时为余方外运体积，负值时为补方回运体积
	脚手架	面积	（一）单层建筑、混合结构、全现浇结构、框架结构工程，均按建筑面积以百平方米计算，不计算建筑面积的架空层，设备管道层、人防通道，其脚手架费用按围护结构水平投影面积，并入主体结构工程量中 （二）双排脚手架，按构筑物的垂直投影面积计算。 （三）满堂脚手架，按构筑物的水平投影面积计算。 （四）烟囱、水塔、筒仓脚手架及外井架分高度以座计算。 （五）围墙脚手架，按设计图示长度以米计算	
	落水管	长度	塑料、玻璃钢水落管按图示尺寸以米计算，水落管长度由檐沟底面（无檐沟的由水斗下口）算至室外设计地坪高度	按设计图示尺寸以长度计算。如设计未标注尺寸，以檐口至设计室外地面垂直距离计算
	水斗	数量		
	水口	数量		
	弯头	数量		

 培训楼工程算量实例

第一节 工程量整体分析

一、工程分层

按照前面的思考方法,我们把这个工程分成基础层、1层、2层、屋面层和零星项目其中基层1.5m(条基1.6m),首层3.6m,二层3.6m,屋面层0.6m,室外地平标高为-0.45m。

二、每层包括哪些构件

(一)基础层包括哪些构件

本图基础层有满堂基础和条形基础,但两种基础并非同时存在的,是为了让用户练习而故意设计的。

(二)1层包括哪些构件

通过对图纸进行分析,我们得出1层包括如下构件。

表 2-2-1

名称	六大块	1层	
		1层包括哪些构件	
1层	围护结构		门窗
			过梁
		柱	构造柱
		梁	圈梁
		墙	外墙
			内墙

续表

名称	六大块	1层包括哪些构件	
1层	顶部结构	板	
	室内结构	楼梯	
	室内装修	接待室	地面、墙裙、墙面、顶棚
		图形培训室	地面、踢脚、墙面、顶棚
	室内装修	钢筋培训室	地面、踢脚、墙面、顶棚
		楼梯间	地面、墙面
	室外装修	外墙裙	
		外墙面	
	室外结构	台阶	
		散水	

表头为"1层"

(三) 2层包括哪些构件

表 2-2-2

2 层

名称	六大块	2层包括哪些构件	
2层	围护结构		门窗
			过梁
		柱	构造柱
		梁	圈梁
		墙	外墙
			内墙
	顶部结构	板	
	室内装修	会客室	地面、踢脚、墙面、顶棚
		清单培训室	地面、踢脚、墙面、顶棚
		预算培训室	地面、踢脚、墙面、顶棚
		楼梯间	墙面、顶棚
	室外装修	外墙面	
	室外结构	阳台	
		雨篷	
		挑檐	

（四）屋面层包括哪些构件

表 2-2-3

屋面层

名称	六大块	屋面层包括哪些构件	
屋面层	外围结构		压顶
			女儿墙
			构造柱
	屋面及其装修	地面	防水保护层
			防水层
			填充料上找平层
			保温层
			硬基层上找平层
			硬基层找平层
		踢脚	放水上翻
		墙面	女儿墙内装修
	室外装修	外墙面	女儿墙外装修
		压顶外装修	压顶周边装修
	室外结构		雨篷栏板
			挑檐栏板

（五）零星项目包括哪些项目

零星项目包括：平整场地、水洛管、回填土、余土外运等。

三、每个构件要计算哪些工程量

（一）满堂基础要计算哪些工程量

表 2-2-4

基础名称	计算哪些工程量	
满堂基础	土方	土方体积
		基底夯实面积
	垫层	混凝土体积
		模板面积
	满堂基础	混凝土体积
		模板面积
	地梁	混凝土体积
		模板面积

续表

基础名称	计算哪些工程量	
满堂基础	基础墙	体积
	构造柱	混凝土体积
		模板面积
	回填土	回填土体积
	余土外运	余土外运体积

（二）条形基础要计算哪些工程量

表 2-2-5

基础名称	要计算哪些工程量	
条形基础	土方	土方体积
		基底夯实
	垫层	混凝土体积
		模板面积
	条形基础	混凝土条形体积
		模板面积
	基础墙	体积
	回填土	回填土体积
	余土外运	余土外运体积

（三）门窗工程要计算哪些工程量

表 2-2-6

门窗工程		
名 称	要计算哪些工程量	
木门	门制安	门洞口面积
	运输	门运输面积
	油漆	门油漆面积
	五金	门五金个数
塑钢窗	窗制安	窗洞口面积
	运输	窗洞口面积
塑钢门联窗	门联窗制安	门联窗洞口面积

（四）过梁要计算哪些工程量

表 2-2-7

过 梁

名　称		计算哪些工程量
过梁	现浇混凝土过梁	混凝土体积
		模板面积

（五）柱子要计算哪些工程量

表 2-2-8

柱

		构造柱体积
柱	构造柱	构造柱模板

（六）圈梁要计算哪些工程量

表 2-2-9

梁

名　称			要计算哪些工程量
梁	圈梁	内墙圈梁	体积
			模板面积
		外墙圈梁	体积
			模板面积

（七）墙要计算哪些工程量

表 2-2-10

墙

墙	砖外墙	体积
	砖内墙	体积

（八）板要计算哪些工程量

表 2-2-11

板

名　称		计算哪些工程量
板	现浇板	体积
		模板面积

(九) 楼梯要计算哪些工程量

表 2-2-12

楼 梯

名　称		计算哪些工程量
楼梯	现浇楼梯	投影面积
		模板面积
		底部装修面积
	栏杆（栏板）	扶手长度
		油漆面积

(十) 1 层内装修要计算哪些工程量

表 2-2-13

1 层内装修

名　称		要计算哪些工程量
室内装修	接待室	地面、墙裙、墙面、顶棚
	图形培训室	地面、踢脚、墙面、顶棚
	钢筋培训室	地面、踢脚、墙面、顶棚
	楼梯间	地面、墙面

(十一) 1 层外装修要计算哪些工程量

表 2-2-14

名　称		1 层外墙裙要计算哪些工程量
室外装修	外墙裙	1 层外墙裙面积
	外墙面	1 层外墙面面积

(十二) 台阶要计算哪些工程量

表 2-2-15

台 阶

名　称		计算哪些工程量	
台阶	台阶垫层	素土夯实	面积
		灰土垫层	体积
		混凝土垫层	体积
	台阶面层	平面	面积
		立面	面积

(十三) 散水要计算哪些工程量

表 2-2-16

散 水

名 称			要计算哪些工程量	
散水	散水垫层	混凝土垫层		体积
		面层一次抹光		面积
		散水伸缩缝	贴墙伸缩缝	长度
			隔断伸缩缝	长度
			各角伸缩缝	长度

(十四) 二层内装修要计算哪些工程量

表 2-2-17

2 层装修

名 称		要计算哪些工程量
室内装修	清单培训室	地面、踢脚、墙面、顶棚
	预算培训室	地面、踢脚、墙面、顶棚
	会客室	地面、踢脚、墙面、顶棚
	楼梯间	墙面、顶棚

(十五) 2 层外装修要计算哪些工程量

表 2-2-18

外装修

名 称		计算哪些工程量	
外墙装修	外墙面	面砖墙面	抹灰面积

(十六) 阳台要计算哪些工程量

表 2-2-19

阳 台

名 称	六大块		要计算哪些工程量	
阳台	围护结构	阳台栏板	混凝土	体积
				模板面积
	底部结构	阳台板	现浇	面积
				体积

续表

阳 台

名 称	六大块	要计算哪些工程量		
阳台	内部装修	地面		抹灰面积
		踢脚	贴墙踢脚	贴墙抹灰踢脚长度
			栏板踢脚	栏板踢脚长度
		墙面	贴墙墙面	贴墙抹灰墙面面积
			栏板墙面	栏板墙面面积
		顶棚	抹灰吊顶	阳台底板面积
	外部装修	栏板	外装修	栏板外装修面积
			顶装修	栏板顶部装修面积
		底板	外边线	底板外边线面积
	出水口			数量

（十七）屋面工程

表 2-2-20

屋面层

名 称	六大块	计算哪些工程量		
屋面层	外围结构	压顶		体积
				模板面积
		女儿墙		体积
		构造柱		体积
	屋面及其装修	地面	防水保护层	平面面积
			防水层	平面面积
			填充料上找平层	平面面积
			保温层	体积
			硬基层上找平层	平面面积
			硬基层找平层	平面面积
		踢脚	防水上翻	上翻面积
		墙面	女儿墙内装修	面积
	室外装修	外墙面	女儿墙外装修	面积
		压顶外装修	压顶周边装修	面积
	室外构件	雨篷		参雨篷
		挑檐		参挑檐

（十八）雨篷要计算哪些工程量

表 2-2-21

雨 篷

名 称	六大块		要计算哪些工程量	
雨篷	围护结构	雨篷栏板	混凝土立板	立板体积
				立板模板
	底部结构	雨篷平板		体积
				模板面积
	内部装修	雨篷屋面	保护层	面积
			防水层	平面面积
			找平层	平面面积
		防水上翻		上翻面积
		栏板内装修		栏板内装修面积
	外部装修	栏板	外装修	栏板外装修面积
			顶装修	栏板顶装修面积
		底板	外边线	底板外边线面积

（十九）挑檐要计算哪些工程量

表 2-2-22

挑 檐

名 称	六大块		要计算哪些工程量	
挑檐	围护结构	挑檐栏板	立板	立板体积
				立板模板
	底部结构	现浇	挑檐平板	体积
				模板面积
	内部装修	挑檐屋面	保护层	平面面积
			防水层	体积
			找平层	平面面积
		防水上翻		上翻面积
		栏板内装修		栏板内装修面积
	外部装修	栏板	外装修	栏板外装修面积
			顶装修	栏板顶装修面积
		底板	外边线	底板外边线面积

（二十）零星项目

表 2-2-23

其他工程

名　　称	计算哪些工程量	
其他工程	平整场地	面积
	落水管	长度或面积
	水斗	个数
	水口	个数
	弯头	个数

思考与练习

1. 本工程分成几层计算？
2. 基础层要计算哪些构件？本工程满基和条基是同时存在吗？
3. 屋面层包括哪些构件？

第二节　1 层工程量计算

通过对图纸进行分析，我们得出 1 层包括如下构件：

表 2-2-24

名　　称	六大块	1 层包括哪些构件	
1 层	围护结构		门窗
			过梁
		柱	构造柱
		梁	圈梁
		墙	外墙
			内墙
	顶部结构		板
	室内结构		楼梯
	室内装修	接待室	地面、墙裙、墙面、顶棚
		图形培训室	地面、踢脚、墙面、顶棚
		钢筋培训室	地面、踢脚、墙面、顶棚
		楼梯间	地面、墙面
	室外装修		外墙裙
			外墙面
	室外结构		台阶
			散水

255

说明 手工算量往往从基础开始，软件算量往往从标准层开始，因为其他层往往要利用标准层的数据，然后往上或者往下复制，这样用软件速度比较快。其实，计算工程量没有严格的顺序，个人可根据自己的情况决定自己的顺序，不必强求一定要按照固定的顺序，哪种顺序最快我们就采用哪种顺序，此图从一层开始比较方便，我们现在就来计算一层的工程量。

思考与练习

1 层要计算哪些构件？

一、1 层门窗工程量计算

（一）门窗工程要计算的工程量

如下表：

表 2-2-25

名　称	门窗工程	
	要计算哪些工程量	
木门	门制安	门洞口面积
	运输	门运输面积
	油漆	门油漆面积
	五金	门五金个数
塑钢窗	窗制安	窗洞口面积
	运输	窗洞口面积

（二）手工计算过程

1. 门窗工程量分析

虽然门窗需要计算制作、运输、安装、油漆、五金等工程量，但这几种量最终都是门窗的面积，我们只要计算出各个工程量的面积，就能计算出各自的工程量。

2. 手工计算门窗工程量

利用 Excel 表格计算门窗的工程量。

表 2-2-26

层	墙厚	门窗名称	洞口宽	洞口高	离地高度	数量	面积合计
							手工
一层	0.370	M-1	2.400	2.700		1	6.480
		C-1	1.500	1.800	0.900	4	10.800
		C-2	1.800	1.800	0.900	1	3.240
	0.240	M-2	0.900	2.400		2	4.320
		M-3	0.900	2.100		1	1.890

（三）软件计算过程（本书应用的是广联达图形 2008.9.10.4.1858 版本，以下同）
1. 定义门窗属性
根据门窗表，按照软件的要求定义门窗。
例如：M-1

2. 定义门窗做法
（1）以补充定义的形式定义门窗做法
当你不知道某个门（或窗）究竟套哪条子目的时候，在算量阶段可以先用补充子目的形式列出此门（或窗）做法。
例如：

编码	类别	项目名称	单位	工程量表达式	表达式说明
1	M	补	M-1制作面积(胶合板门)	m2	DKMJ	DKMJ〈洞口面积〉
2	M	补	M-1运输面积	m2	DKMJ	DKMJ〈洞口面积〉
3	M	补	M-1油漆面积	m2	DKMJ	DKMJ〈洞口面积〉
4	M	补	M-1五金(樘数)	樘	SL	SL〈数量〉

注意 补充子目的名称详细到能够使别人能直接套子目为止。

这样做的优点：
1) 每个门窗的名称和属性都可以很清楚。给套价人员提供套子目的相应条件。
2) 因名称写得很清楚，方便对量。

注意 这里要注意的是，子目名称一定要写清楚，下列情况不允许出现。

这样做的缺点：
1) 有多少个门窗就会汇总多少条补充子目（套相同子目的门不能自动合到一起）。
2) 在套价时候还需要输入一次子目。

编码	类别	项目名称	单位	工程量表达式	表达式说明
1	M	补	补充子目	m2	DKMJ	DKMJ〈洞口面积〉

因为出现这种情况，软件会将所有的门窗汇总到一起，最后分不出哪个是 M-1，哪个是 C-1。

(2) 以定额子目的形式定义门窗做法

如果你清楚门窗需要套哪条子目，可以在做法里直接套用相应子目。

例如：

	编码	类别	项目名称	单位	工程量表达式	表达式说明
1	6-5	定	木门窗 半截玻璃门 带纱	m2	DKMJ	DKMJ<同口面积>
2	11-1	定	木材面油漆 底油一遍,调合漆二遍 单层木门窗	m2	DKMJ	DKMJ<同口面积>
3	6-104	定	特殊五金 暗插销	个	SL	SL<数量>
4	6-2	定	门窗(运输)	m2	DKMJ	DKMJ<同口面积>

上例中门窗运输子目是假定的。

这样做的优点：最后汇总出来的结果，可以直接将套好的子目直接导入套价软件进行价格整理。

这样做的缺点：将所有相同子目的门（或者窗）汇总到一起，如果你想要各自的工程量就不行了。

(3) 在定额子目的基础上补充门窗名称及相应属性

如果你既想套子目，又想知道门窗名称，可以用下列形式：

	编码	类别	项目名称	单位	工程量表达式	表达式说明
1	6-5	定	木门窗 半截玻璃门 带纱(M-1)	m2	DKMJ	DKMJ<同口面积>
2	11-1	定	木材面油漆 底油一遍,调合漆二遍 单层木门窗(M-1)	m2	DKMJ	DKMJ<同口面积>
3	6-104	定	特殊五金 暗插销(M-1)	个	SL	SL<数量>
4	6-2	定	门窗(运输)(M-1)	m2	DKMJ	DKMJ<同口面积>

这样做的优点：最后汇总出来的结果，既可以看到子目，又可以看到名称。

这样做的缺点：如果门窗类型很多，就会出现很多条子目。

本书采用（1）的做法。

3. 门窗的画法

> 说明 (1) 软件在画门窗以前必须先画墙（关于墙的画法我们后面会讲解），否则门窗没有地方点，这个过程和手工是相反的，手工是计算墙体以前必须先计算门窗、过梁等内容。
>
> (2) 门窗属于点式画法。

软件画图如下：

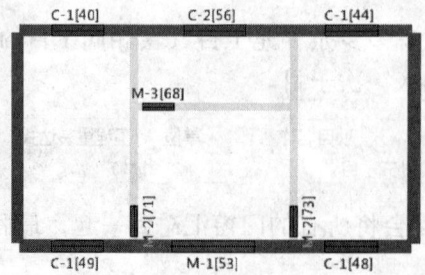

其他门的画法同上。

4. 软件汇总门的结果如下

5	M	M-1五金(樘数)	樘	1
6	M	M-1油漆面积	m2	6.48
7	M	M-1运输面积	m2	6.48
8	M	M-1制作面积(胶合板门)	m2	6.48
9	M	M-2五金(樘数)	樘	2
10	M	M-2油漆面积	m2	4.32
11	M	M-2运输面积	m2	4.32
12	M	M-2制作面积(胶合板门)	m2	4.32
13	M	M-3五金(樘数)	樘	1
14	M	M-3油漆面积	m2	1.89
15	M	M-3运输面积	m2	1.89
16	M	M-3制作面积(胶合板门)	m2	1.89

5. 软件汇总窗的结果如下

1	C	C-1洞口面积(塑钢窗)	m2	10.8
2	C	C-1运输面积(塑钢窗)	m2	10.8
3	C	C-2洞口面积(塑钢窗)	m2	3.24
4	C	C-2运输面积(塑钢窗)	m2	3.24

(四) 一层门窗手工软件计算结果对比

表 2-2-27

层	墙厚	门窗名称	洞口宽	洞口高	窗宽	离地高度	数量	面积合计	
								手工	软件
一层	0.370	M-1	2.400	2.700			1	6.480	6.480
		C-1	1.500	1.800	0.900		4	10.800	10.800
		C-2	1.800	1.800	0.900		1	3.240	3.240
	0.240	M-2	0.900	2.400			2	4.320	4.320
		M-3	0.900	2.100			1	1.890	1.890

思考与练习

1. 门窗要计算哪些工程量？
2. 如何理解洞口面积和框外围面积？

二、1层过梁工程量计算

（一）过梁要计算哪些工程量

表 2-2-28

名　称	计算哪些工程量	
过梁	现浇混凝土过梁	混凝土体积
		模板面积

（二）手工计算过程

1. 过梁工程量分析

根据图纸要求：

过梁的体积 = 长度 × 宽度 × 高度

过梁的长度 = 洞口宽度 + 500

过梁的宽度 = 墙厚度

过梁的高度，要根据图纸给出的高度计算

过梁模板：

过梁底模 = 洞口宽度 × 墙厚

过梁侧模 = 过梁的长度 × 过梁的高度 × 2

2. 手工计算过梁工程量

用 Excel 表格计算过梁：

表 2-2-29

层	墙厚	过梁名称	洞口宽	过梁高度	过梁长度	数量	体积合计	模板合计
							手工	手工
一层	0.370	MGL-1	2.400	0.240	2.900	1	0.258	2.280
	0.370	CGL-1	1.500	0.180	2.000	4	0.533	5.100
	0.370	CGL-2	1.800	0.180	2.300	1	0.153	1.494
	0.240	MGL-2	0.900	0.120	1.400	2	0.081	1.022
	0.240	MGL-3	0.900	0.120	1.400	1	0.040	0.521

（三）软件计算过程

1. 定义过梁属性

根据门窗表，按照软件的要求定义过梁。

例如：GL240

属性编辑框

属性名称	属性值	附加
名称	GL-240	
材质	现浇混凝土	
砼类型	(预拌砼)	
砼标号	(C20)	
长度(mm)	(500)	
截面宽度(mm)		
截面高度(mm)	240	
起点伸入墙内	250	
终点伸入墙内	250	

2. 定义过梁做法

以补充定义的形式定义过梁做法。

编码	类别	项目名称	单位	工程量表达式	表达式说明
1	GL	补	GL240砼过梁体积C20	m3	TJ	TJ<体积>
2	GL	补	GL240砼过梁模板面积	m2	MBMJ	MBMJ<模板面积>

3. 过梁的画法

说明 过梁属于点式画法，可以用点或者布置的方法点过梁。

软件画图如下：

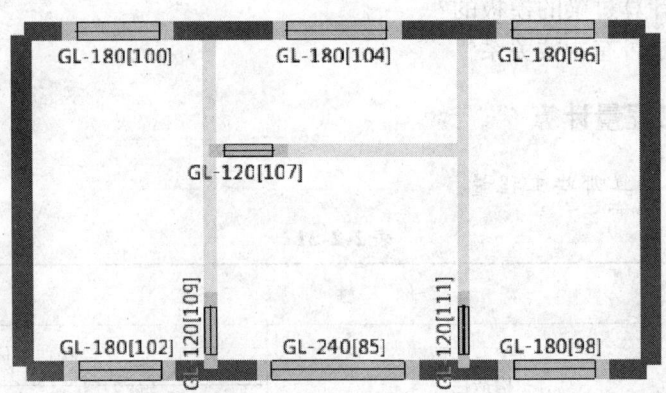

4. 软件计算过梁的结果如下

5	GL	GL120砼过梁模板面积	m2	1.5432
6	GL	GL120砼过梁体积C20	m3	0.121
7	GL	GL180砼过梁模板面积	m2	6.594
8	GL	GL180砼过梁体积C20	m3	0.686
9	GL	GL240砼过梁模板面积	m2	2.28
10	GL	GL240砼过梁体积C20	m3	0.2575

（四）1层过梁手工软件计算结果对比

表 2-2-30

层	墙厚	门窗名称	过梁名称	洞口宽	过梁高度	过梁长度	数量	过梁 体积合计			模板合计		
								手工分量	手工合计	软件	手工分量	手工合计	软件
一层	0.37	M-1	GL24	2.4	0.24	2.9	1	0.258	0.258	0.258	2.280	2.280	2.280
	0.37	C-1	GL18	1.5	0.18	2.0	4	0.533	0.686	0.686	5.100	6.594	6.594
	0.37	C-2	GL18	1.8	0.18	2.3	1	0.153			1.494		
	0.24	M-2	GL12	0.9	0.12	1.4	2	0.081	0.121	0.121	1.022	1.543	1.543
	0.24	M-3	GL12	0.9	0.12	1.4	1	0.040			0.521		

思考与练习

1. 软件默认长度是多少？伸入500是单边还是两边的？软件默认过梁的宽度是多少？
2. 软件是如何计算过梁的模板的？
3. 过梁和柱子是否有扣减关系？

三、1层构造柱工程量计算

（一）构造柱要计算哪些工程量

表 2-2-31

柱		
柱	构造柱	构造柱体积
		构造柱模板

（二）手工计算过程

1. 构造柱工程量分析

根据图纸要求：

构造柱的体积 = 截面尺寸体积 + 单个马牙槎体积 × 马牙槎个数；

构造柱的模板 = 截面尺寸模板 + 马牙槎模板。

2. 手工计算过程

表 2-2-32

构造柱				
名称	量名	计算公式	结果	单位
GZ370×370	体积	0.37×0.37×3.6×4+0.03×0.37×2×3.36×4=2.2697	2.270	m^3
	模板	0.37×2×3.6×4+0.06×4×3.36×4=13.8816	13.882	m^2
GZ240×370	体积	0.24×0.37×3.6×4+0.37×0.03×2×3.36×4+0.24×0.03×3.36×4=1.6739	1.674	m^3
	模板	0.24×3.6×4+0.06×6×3.36×4=8.2944	8.294	m^2
GZ240×240	体积	0.24×0.24×3.6×2+0.24×0.03×3×3.36×2=0.5599	0.560	m^3
	模板	0.24×3.6×2+0.06×6×3.36×2=4.1472	4.147	m^2

（三）软件计算过程

1. 定义构造柱属性

按照图纸要求定义构造柱属性。

例如：GZ370×370

属性编辑框

属性名称	属性值	附加
名称	GZ370*370	
类别	带马牙槎	☐
材质	现浇混凝土	☐
砼类型	(预拌砼)	☐
砼标号	(C25)	☐
截面宽度(mm)	370	☐
截面高度(mm)	370	☐
截面面积(m2)	0.1369	☐
截面周长(m)	1.48	☐
马牙槎宽度(mm	60	☐
顶标高(m)	层顶标高	☐
底标高(m)	层底标高	☐

2. 定义构造柱做法

以补充定义的形式定义构造柱做法：

编码	类别	项目名称	单位	工程量表达式	表达式说明
Z	补	GZ370*370砼体积C20	m3	TJ	TJ<体积>
Z	补	GZ370*370砼模板面积	m2	MBMJ	MBMJ<模板面积>

其他构造柱用同样的方法定义。

3. 构造柱的画法

说明　构造柱属于点式画法，可以用点或者布置的方法点画构造柱。

软件画图如下：

4. 软件计算构造柱的结果如下

75	Z	GZ240*240砼模板面积	m2	4.1472
76	Z	GZ240*240砼体积C20	m3	0.5599
77	Z	GZ240*370砼模板面积	m2	8.2944
78	Z	GZ240*370砼体积C20	m3	1.6739
79	Z	GZ370*370砼模板面积	m2	13.8816
80	Z	GZ370*370砼体积C20	m3	2.2697

（四）1层构造柱手工软件计算结果对比

表 2-2-33

层	名称	截面宽	截面高	柱子高度	个数	柱子体积		模板面积	
						手工结果	软件结果	手工结果	软件结果
一层	GZ370×370	0.37	0.37	3.6	4	2.27	2.27	13.881	13.882
	GZ240×370	0.37	0.24	3.6	4	1.674	1.674	8.294	8.294
	GZ240×240	0.24	0.24	3.6	2	0.56	0.56	4.147	4.147

注：1. 软件在计算构造柱工程量之前要先画圈梁，否则构造柱的体积及模板与圈梁工程量扣减关系错误，关于圈梁画法在后面会有详细讲解。

2. 构造柱和圈梁的扣减关系，各地计算规则不同，北京计算规则也解释不太清楚，这里以圈梁体积算到柱侧面考虑。

3. 构造柱与圈梁的扣减关系在软件里可以调整计算规则，具体方法：计算设置—计算规则—柱—构造柱—第14条构造柱体积与圈梁扣减—无影响。如下图所示。

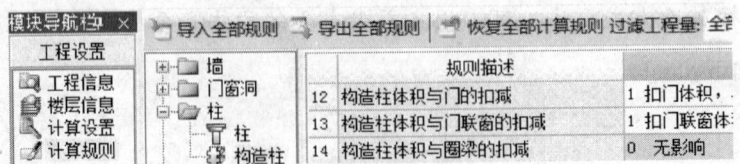

思考与练习

1. 软件是如何计算构造柱体积的?马牙槎和墙体有什么关系?
2. 软件如何计算构造柱模板的?马牙槎的模板软件是按多宽计算的?
3. 如果要统计构造柱的根数,软件如何处理?

四、1层圈梁工程量计算

(一) 圈梁要计算哪些工程量

表 2-2-34

梁			
名 称	要计算哪些工程量		
梁	圈梁	内墙圈梁	体积
			模板
		外墙圈梁	体积
			模板

(二) 手工计算过程

1. 圈梁工程量分析

圈梁体积:

　外墙圈梁体积 = (外墙的中心线 - 构造柱截面所占的长度) × 外圈梁的截面面积

　内墙圈梁体积 = (内墙净长线 - 构造柱所占的长度) × 内圈梁截面面积

圈梁模板:

外墙圈梁模板 = (外墙中心线长度 - 构造柱截面所占的长度) × (圈梁高度 × 2 - 板厚)
　　　　　　 + 无板部分长度 × 板厚

内墙圈梁模板 = (内墙净长线 - 构造柱截面长度) × (圈梁高度 - 板厚) × 2
　　　　　　 + 无板部分圈梁长度 × 板厚

2. 手工计算圈梁工程量

表 2-2-35

圈　梁				
名　称	量名	计算公式	结果	单位
外墙中心线	长度	(11.6 - 0.37) × 2 + (6.5 - 0.37) × 2 = 34.72	34.72	m
内墙净长线	长度	(6 - 0.12 × 2) × 2 + 4.5 - 0.12 × 2 = 15.78	15.78	m
QL370×240	体积	(34.72 - 0.185 × 8 - 0.24 × 4) × 0.37 × 0.24 = 2.866	2.866	m^3
	模板	(34.72 - 0.185 × 8 - 0.24 × 4) × (0.24 × 2 - 0.1) + 4.26 × 0.1 = 12.692	12.692	m^2
QL240×240	体积	[(6 - 0.12 × 2) × 2 + (4.5 - 0.12 × 2) - 0.24 × 2] × 0.24 × 0.24 = 0.881	0.881	m^3
	模板	[(6 - 0.12 × 2) × 2 + (4.5 - 0.12 × 2) - 0.24 × 2] × (0.24 - 0.1 + 0.24 - 0.1) + (2.1 - 0.12 × 2) × 2 × 0.1 + (4.5 - 0.12 × 2) × 0.1 = 5.082	5.082	m^2

（三）软件计算过程

1. 定义圈梁属性

根据图纸，按照软件的要求定义圈梁属性。

例如：QL370×240

属性名称	属性值	附加
名称	QL-370*240	
材质	现浇混凝土	
砼类型	(预拌砼)	
砼标号	(C20)	
截面宽度(mm)	370	
截面高度(mm)	240	
截面面积(m2)	0.0888	
截面周长(m)	1.22	
起点顶标高(m)	层顶标高	
终点顶标高(m)	层顶标高	

2. 定义圈梁做法

以补充定义的形式定义圈梁做法：

编码	类别	项目名称	单位	工程量表达式	表达式说明
1	QL	补	QL370*240砼体积C20	m3	TJ	TJ<体积>
2	QL	补	QL370*240砼模板面积	m2	MBMJ	MBMJ<模板面积>

3. 圈梁的画法

说明 圈梁属于线形实体，可以用画线或者智能布置的方法画。

软件画图如下：

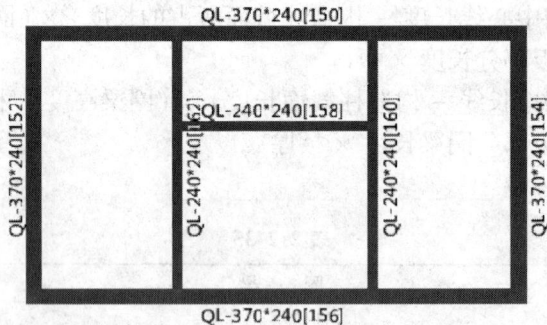

4. 软件计算圈梁的结果如下

41	QL	QL240*240砼模板面积	m2	5.082
42	QL	QL240*240砼体积C20	m3	0.8813
43	QL	QL370*240砼模板面积	m2	12.6924
44	QL	QL370*240砼体积C20	m3	2.8665

(四) 一层圈梁手工软件计算结果对比

表 2-2-36

层	名称	圈梁高	板厚	墙净长线	圈梁体积		圈梁模板	
					手工	软件	手工	软件
一层	QL370×240	0.24	0.1	32.3	2.866	2.866	12.692	12.692
	QL240×240	0.24	0.1	15.3	0.881	0.881	5.082	5.082

注：1. 软件在计算圈梁工程量之前要先画现浇板，否则圈梁的模板工程扣减关系错误，关于现浇板画法在后面会有详细讲解。

2. 圈梁与构造柱的扣减关系在软件里可以调整计算规则，具体方法：计算设置—计算规则—圈梁—第4条圈梁扣构造柱体积计算方法—扣构造柱体积。如下图所示。

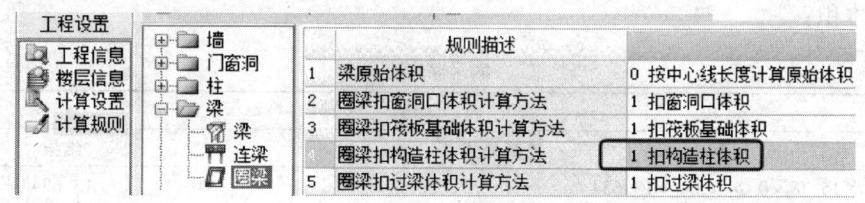

思考与练习

1. 圈梁要计算哪些工程量？
2. 软件是如何计算圈梁的体积和模板的？圈梁是否计算底模？

五、1层墙体工程量计算

(一) 1层墙体要计算哪些工程量

表 2-2-37

墙	墙	
	砖外墙	体积
	砖内墙	体积

(二) 手工计算过程

1. 墙体工程量分析

外墙体积 = (外墙中心线 × 外墙的高度 × 外墙的厚度 − 外墙门窗洞口面积 × 外墙厚度 − 外墙过梁体积 − 外墙构造柱体积 − 外墙圈梁体积)

注：370墙按照365计算。

内墙体积 = 内墙净长线 × 内墙高度 × 内墙宽度 − 内墙门窗洞口 × 内墙厚度 − 内墙过梁体积 − 内墙构造柱体积 − 内墙圈梁体积

2. 手工计算墙体工程量

370 墙体积：

表 2-2-38

外 墙

名称	计算公式	结果	单位
总体积	$34.72 \times 3.6 \times 0.365 = 45.622$	45.622	m³
门窗体积	$(10.8 + 3.24 + 6.48) \times 0.365 = 7.490$	7.490	m³
过梁体积	$0.258 + 0.533 + 0.153 = 0.944$	0.944	m³
构造柱体积	$2.270 + 1.674 = 3.944$	3.944	m³
圈梁体积	2.866	2.866	m³
净体积	$(45.622 - 7.490(门窗体积) - 0.944(过梁体积) - 3.944(构造柱) - 2.866(圈梁) + 0.03 \times 3.36 \times 4(多扣的马牙槎体积) = 30.7812$	30.78	m³

240 墙体积：

表 2-2-39

内 墙

名称	计算公式	结果	单位
总体积	$15.78 \times 0.24 \times 3.6 = 13.634$	13.634	m³
门窗体积	$(4.32 + 1.89) \times 0.24 = 1.49$	1.49	m³
过梁体积	$0.081 + 0.04 = 0.121$	0.121	m³
构造柱体积	0.56	0.56	m³
圈梁体积	0.881	0.881	m³
净体积	$13.634 - 1.49 - 0.121 - 0.56 - 0.881 - 0.56 \times 0.03 \times 3.6 \times 4$（与外墙相连构造柱马牙槎体积）$= 10.468$	10.468	m³

（三）软件计算过程

1. 定义墙体属性

根据图纸，按照软件的要求定义墙体属性。

例如：370 外墙

2. 定义墙体做法

以补充定义的形式定义墙体做法：

编码	类别	项目名称	单位	工程量表达式	表达式说明
1 Q	补	外砖墙370体积	m3	TJ	TJ<体积>

3. 墙体的画法

说明
1. 墙体属于线形实体，可以用画线或者布置的方法画。
2. 软件必须先画墙体，否则，门窗画不上。

软件画图如下：

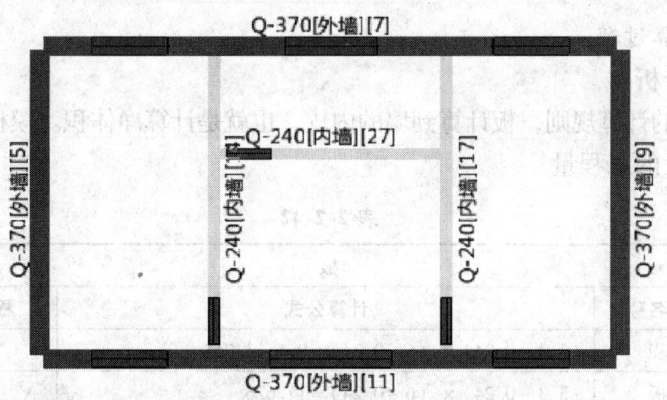

4. 软件计算墙体的结果如下

23	Q	外砖墙240体积	m3	10.5008
24	Q	外砖墙370体积	m3	30.579

（四）1 层墙体手工软件计算结果对比

表 2-2-40

层	名称	墙净长线	墙厚	墙高	墙体积		
					手工结果	软件结果	差值
一层	370 墙	34.72	0.365	3.6	30.78	30.579	0.201
	240 墙	15.78	0.245	3.6	10.468	10.5	−0.032

思考与练习

1. 计算软件墙体的时候要扣减哪些构件的工程量？
2. 软件计算外墙体积的时候是否扣除与内墙相接的构造柱马牙槎的体积？
3. 软件计算 370 墙是按多厚计算的？软件如何处理？
4. 外墙和板是否有扣减关系？内墙和板是否有扣减关系？

六、1层板工程量计算

(一) 1层板要计算哪些工程量

表 2-2-41

板		
名称	计算哪些工程量	
板	现浇板	体积
		模板面积

(二) 手工计算过程

1. 板工程量分析

按照北京地区的计算规则，板计算到墙的内皮，也就是计算净体积。模板同板的底部面积。

2. 手工计算板的工程量

表 2-2-42

板				
名称	算量名称	计算公式	板体积	板模板
图形培训室	体积	(3.3-0.24)×(6-0.24)×0.1=1.763	1.763m³	
	模板	(3.3-0.24)×(6-0.24)=17.626		17.626m²
钢筋培训室	体积	(3.3-0.24)×(6-0.24)×0.1=1.763	1.763m³	
	模板	(3.3-0.24)×(6-0.24)=17.626		17.626m²
接待室	体积	(4.5-0.24)×(3.9-0.24)×0.1=1.559	1.559m³	
	模板	(4.5-0.24)×(3.9-0.24)=15.592		15.592m²
合计			5.085m³	50.844m²

(三) 软件计算过程

1. 定义板属性

根据图纸，按照软件的要求定义板。

例如：B-1

属性编辑框		
属性名称	属性值	附加
名称	XB-100	
类别	有梁板	☐
砼类型	(预拌砼)	☐
砼标号	(C20)	☐
厚度(mm)	(120)	☐
顶标高(m)	层顶标高	☐
是否是模板	是	☐
模板类型	清水模板	☐

2. 定义板做法

以补充定义的形式定义板做法：

	编码	类别	项目名称	单位	工程量表达式	表达式说明
1	B	补	XB-100砼体积C20	m3	TJ	TJ<体积>
2	B	补	XB-100砼模板面积	m2	MBMJ	MBMJ<底面模板面积>

3. 板的画法

说明 板属于面形实体，可以用画封闭图形或者布置的方法画板。

软件画图如下：

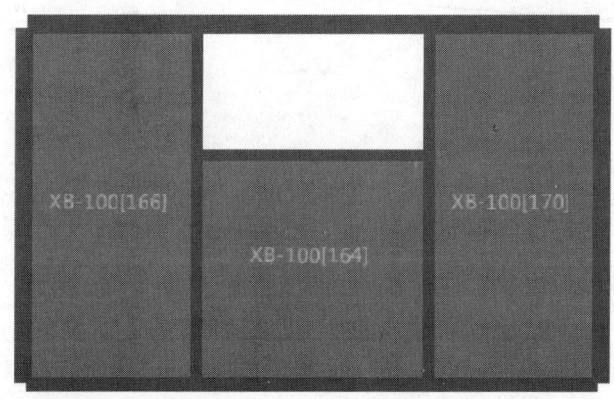

4. 软件计算板的结果如下

1	B	XB-100砼模板面积	m2	50.8428
2	B	XB-100砼体积C20	m3	5.0843

（四）1层板手工软件计算结果对比

表 2-2-43

名称	板的体积			模板面积		
	手工结果	软件结果	差值	手工结果	软件结果	差值
板	5.085	5.084	0.001	50.844	50.843	0.001

思考与练习

1. 板在什么情况下要计算侧模，软件如何处理板的侧面模板？
2. 板与内外墙有没有扣减关系，如何扣减？
3. 板和圈梁、梁如何扣减？

七、1 层楼梯工程量计算

(一) 1 层楼梯要计算哪些工程量

表 2-2-44

名称	楼	梯	
	计算哪些工程量		
楼梯	现浇楼梯		投影面积
			模板面积
	栏杆		扶手长度
			油漆重量

(二) 手工计算过程

1. 楼梯工程量规则分析

按照北京地区的计算规则,楼梯算到墙的内皮。

2. 手工计算板的工程量

楼梯投影面积:

$$(4.5 - 0.24) \times (2.1 - 0.24) = 7.924 \mathrm{m}^2$$

楼梯模板面积:

$$(4.5 - 0.24) \times (2.1 - 0.24) = 7.924 \mathrm{m}^2$$

(三) 软件计算过程

1. 定义楼梯属性

根据图纸,按照软件的要求定义楼梯属性。

例如:LT - 楼梯

属性名称	属性值	附加
名称	LT-楼梯	
材质	现浇混凝土	
砼类型	(预拌砼)	
砼标号	(C20)	
建筑面积计算	不计算	

2. 定义楼梯做法

以补充定义的形式定义楼梯做法:

	编码	类别	项目名称	单位	工程量表达式	表达式说明
1	LT	补	LT-楼梯投影面积	m2	TYMJ	TYMJ〈水平投影面积〉
2	LT	补	LT-楼梯投影模板面积	m2	TYMJ	TYMJ〈水平投影面积〉
3	TP	补	LT-楼梯底部水泥砂浆面积	m2	TYMJ*1.15	TYMJ〈水平投影面积〉*1.15
4	TP	补	LT-楼梯底部涂料面积	m2	TYMJ*1.15	TYMJ〈水平投影面积〉*1.15

3. 楼梯的画法

说明 楼梯属于面形实体,可以用画封闭图形或者点画布置的方法画楼梯。

软件画图如下：

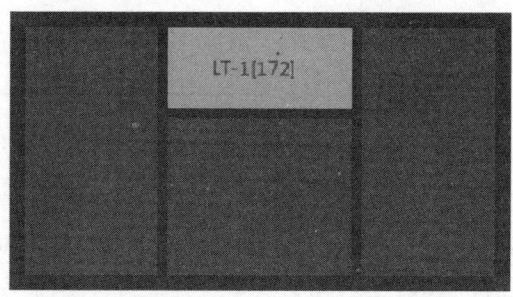

4. 软件计算楼梯的结果如下

25	LT	LT-楼梯底部水泥砂浆面积	m2	9.1121
26	LT	LT-楼梯底部涂料面积	m2	9.1121
27	LT	LT-楼梯投影面积	m2	7.9236
28	LT	LT-楼梯投影模板面积	m2	7.9236

（四）一层楼梯手工软件计算结果对比

表 2-2-45

层	楼 梯			
	投影面积		模板面积	
	手工	软件	手工	软件
一层	7.924	7.924	7.924	7.924

思考与练习

1. 按照当地规则说出：楼梯的混凝土工程量如何计算，楼梯的模板工程量如何计算？
2. 楼梯的装修面积如何计算，楼梯底部装修如何计算？
3. 如何计算楼梯块料装修工程量？

八、1 层室内装修工程量计算

（一）1 层内装修要计算哪些工程量

表 2-2-46

名称	1 层内装修	
		要计算哪些工程量
室内装修	图形培训室	地面垫层、地面、踢脚、墙面、顶棚
	钢筋培训室	地面垫层、地面、踢脚、墙面、顶棚
	接待室	地面垫层、地面、墙裙墙面、顶棚
	楼梯间	地面垫层、地面、墙面

(二) 手工计算过程

1. 一层地面工程量

表 2-2-47

名称		算量名称	计算公式	结果	单位
地面	图形培训室	地板砖	$(3.3 - 0.12 \times 2) \times (6 - 0.12 \times 2) + 0.9 \times 0.12 = 17.734$	17.734	m²
		混凝土垫层	$(3.3 - 0.12 \times 2) \times (6 - 0.12 \times 2) \times 0.1 = 1.763$	1.763	m³
		房心回填	$(3.3 - 0.12 \times 2) \times (6 - 0.12 \times 2) \times 0.35 = 6.169$	6.169	m³
	钢筋培训室	地板砖	$(3.3 - 0.12 \times 2) \times (6 - 0.12 \times 2) + 0.9 \times 0.12 = 17.734$	17.734	m²
		混凝土垫层	$(3.3 - 0.12 \times 2) \times (6 - 0.12 \times 2) \times 0.1 = 1.763$	1.763	m³
		房心回填	$(3.3 - 0.12 \times 2) \times (6 - 0.12 \times 2) \times 0.35 = 6.169$	6.169	m³
	接待室	木地板	$(4.5 - 0.12 \times 2) \times (3.9 - 0.12 \times 2) + 0.9 \times 0.12 \times 3 + 2.4 \times 0.37 = 16.804$	16.8041	m²
		混凝土垫层	$(4.5 - 0.12 \times 2) \times (3.9 - 0.12 \times 2) \times 0.1 = 1.559$	1.559	m³
		房心回填	$(4.5 - 0.12 \times 2) \times (3.9 - 0.12 \times 2) \times (0.45 - 0.1) = 5.457$	5.457	m³
	楼梯间	水浆地面	$(4.5 - 0.12 \times 2) \times (2.1 - 0.12 \times 2) = 7.924 m²$	7.924	m²
		混凝土垫层	$(4.5 - 0.12 \times 2) \times (2.1 - 0.12 \times 2) \times 0.1 = 0.792$	0.792	m³
		房心回填	$(4.5 - 0.12 \times 2) \times (2.1 - 0.12 \times 2) \times (0.45 - 0.1) = 2.773$	2.773	m³

2. 一层踢脚工程量

表 2-2-48

名称		算量名称	计算公式	结果	单位
踢脚	图形培训室	块料踢脚长度	$(3.3 - 0.12 \times 2) \times 2 + (6 - 0.12 \times 2) \times 2 - 0.9 + 0.12 \times 2 = 16.98$	16.981	m
	钢筋培训室	块料踢脚长度	$(3.3 - 0.12 \times 2) \times 2 + (6 - 0.12 \times 2) \times 2 - 0.9 + 0.12 \times 2 = 16.98$	16.98	m
	楼梯间	抹灰踢脚长度	$(4.5 - 0.12 \times 2) \times 2 + (2.1 - 0.12 \times 2) \times 2 = 12.24$	12.24	m

3. 一层墙面墙裙工程量

表 2-2-49

名称	算量名称	计算公式	结果	单位
墙面	图形培训室 水浆墙面积	$((3.3 - 0.12 \times 2) \times 2 + (6 - 0.12 \times 2) \times 2) \times (3.6 - 0.1) - 1.5 \times 1.8 \times 2 - 0.9 \times 2.4 = 54.18$	54.18	m²

续表

名称		算量名称	计算公式	结果	单位
墙面	图形培训室	涂料墙面积	$[(3.3-0.12\times2)\times2+(6-0.12\times2)\times2]\times(3.6-0.1-0.12)-1.5\times1.8\times2+(1.5+1.8)\times2\times0.185\times2-0.9\times2.28+(0.9+2.28\times2)\times0.12=55.2684$	55.268	m²
	钢筋培训室	水浆墙面积	$[(3.3-0.12\times2)\times2+(6-0.12\times2)\times2]\times(3.6-0.1)-1.5\times1.8\times2-0.9\times2.4=54.18$	54.18	m²
		涂料墙面积	$[(3.3-0.12\times2)\times2+(6-0.12\times2)\times2]\times(3.6-0.1-0.12)-1.5\times1.8\times2+(1.5+1.8)\times2\times0.185\times2-0.9\times2.28+(0.9+2.28\times2)\times0.12=55.2684$	55.268	m²
	接待室	块料墙裙面积	$[(4.5-0.12\times2)\times2+(3.9-0.12\times2)\times2-0.9\times3-2.4+0.12\times6+0.185\times2]\times1.2=14.196$	14.196	m²
		水浆墙面积	$[(4.5-0.12\times2)\times2+(3.9-0.12\times2)\times2]\times(3.6-0.1-1.2)-0.9\times(2.4-1.2)\times2-0.9\times(2.1-1.2)-2.4\times(2.7-1.2)=29.862$	29.862	m²
	楼梯间	涂料墙面积	$[(4.5-0.12\times2)\times2+(3.9-0.12\times2)\times2]\times(3.6-0.1-1.2)-0.9\times(2.4-1.2)\times2+(0.9+1.2\times2)\times0.12\times2-0.9\times(2.1-1.2)+(0.9+0.9\times2)\times0.12-2.4\times(2.7-1.2)+(2.4+1.5\times2)\times0.185=31.977$	31.977	m²
		水浆墙面积	$[(4.5-0.12\times2)\times2+(2.1-0.12\times2)\times2]\times3.6-1.8\times1.8-0.9\times2.1=38.934$	38.934	m²
		涂料墙面积	$[(4.5-0.12\times2)\times2+(2.1-0.12\times2)\times2]\times(3.6-0.12)-1.8\times1.8+1.8\times4\times0.185-0.9\times1.98+(0.9+1.98\times2)\times0.12=39.4884$	39.488	m²

4. 一层天棚工程量

表 2-2-50

名称		算量名称	计算公式	结果	单位
天棚	图形培训室	水浆顶棚面积	$(3.3-0.12\times2)\times(6-0.12\times2)=17.626$	17.626	m²
		顶棚涂料面积	$(3.3-0.12\times2)\times(6-0.12\times2)=17.626$	17.626	m²
	钢筋培训室	水浆顶棚面积	$(3.3-0.12\times2)\times(6-0.12\times2)=17.626$	17.626	m²
		顶棚涂料面积	$(3.3-0.12\times2)\times(6-0.12\times2)=17.626$	17.626	m²
	接待室	水浆顶棚面积	$(4.5-0.12\times2)\times(3.9-0.12\times2)=15.592$	15.592	m²
		顶棚涂料面积	$(4.5-0.12\times2)\times(3.9-0.12\times2)=15.592$	15.592	m²

（三）软件计算过程

1. 属性定义

按照图纸要求对房间进行属性定义。

例如：图形培训室

属性名称	属性值	附加
名称	FJ-图形培训室	
底标高(m)	层底标高	
备注		

2. 房间做法

房间是组合构件，一般由地面、踢脚、墙面或墙裙、天棚或吊顶组合而成，所以我们要先建立各个构件，比如图形培训室，由地面、踢脚、墙面、天棚组成。

（1）根据图纸，按照软件的要求定义地面。

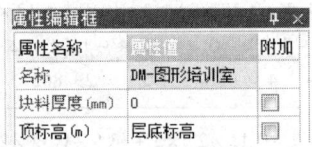

（2）定义地面做法

按照补充子目的形式定义地面做法。

编码	类别	项目名称	单位	工程量表达式	表达式说明
1 DM	补	DM-图形培训室房心回填土体积350厚	m3	DMJ*0.35	DMJ<地面积>*0.35
2 DM	补	DM-图形培训室垫层体积	m	DMJ*0.1	DMJ<地面积>*0.1
3 DM	补	DM-图形培训室地板砖面积	m	KLDMJ	KLDMJ<块料地面积>

（3）根据图纸，按照软件的要求定义踢脚。

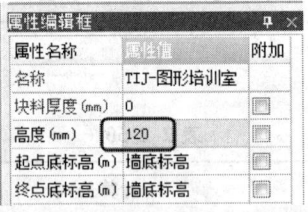

> **注意** 有踢脚一定要填写踢脚高度，否则，软件计算踢脚长度为0。墙裙同。

（4）定义踢脚做法

按照补充子目的形式定义踢脚做法。

编码	类别	项目名称	单位	工程量表达式	表达式说明
1 TJ	补	TIJ-图形培训室块料踢脚长度	m	TJKLCD	TJKLCD<踢脚块料长度>

（5）根据图纸，按照软件的要求定义墙面。

（6）定义墙面做法

按照补充子目的形式定义墙面做法。

（7）根据图纸，按照软件的要求定义天棚。

（6）定义天棚做法

按照补充子目的形式定义天棚做法。

（7）组合房间

各个构件建好以后，将它们组合到图形培训室房间里面，如下图所示。

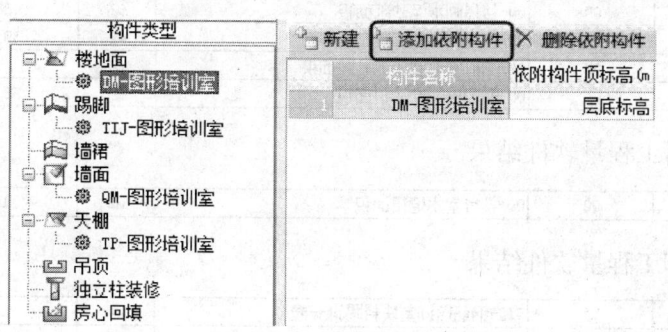

其他房间的建立和图形培训室大同小异，这里不一一介绍。

3. 画房间

房间属于点式画法，按照图纸将定义好的房间点到相应的位置。

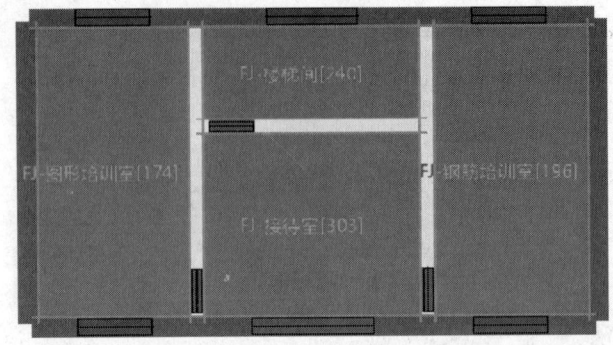

4. 一层软件计算房间的结果

（1）一层地面工程量软件结果

7	DM	DM-钢筋培训室地板砖面积	m2	17.7336
8	DM	DM-钢筋培训室垫层体积	m3	1.7626
9	DM	DM-钢筋培训室房心回填土体积350厚	m3	6.169
10	DM	DM-接待室垫层体积	m3	1.5592
11	DM	DM-接待室房心回填土体积350厚	m3	5.4571
12	DM	DM-接待室木地板面积	m2	16.8036
13	DM	DM-楼梯间垫层体积	m3	0.7924
14	DM	DM-楼梯间房心回填土体积350厚	m3	2.7733
15	DM	DM-楼梯间木地板面积	m2	8.0316
16	DM	DM-图形培训室地板砖面积	m2	17.7336
17	DM	DM-图形培训室垫层体积	m3	1.7626
18	DM	DM-图形培训室房心回填土体积350厚	m3	6.169

（2）一层墙面工程量软件结果

46	QM	QM-钢筋培训室水泥砂浆面积	m2	54.18
47	QM	QM-钢筋培训室涂料面积	m2	55.2684
48	QM	QM-接待室水泥砂浆面积	m2	29.862
49	QM	QM-接待室涂料面积	m2	31.977
50	QM	QM-楼梯间水泥砂浆面积	m2	38.934
51	QM	QM-楼梯间涂料面积	m2	39.4884
52	QM	QM-图形培训室水泥砂浆面积	m2	54.18
53	QM	QM-图形培训室涂料面积	m2	55.2684

（3）一层墙裙工程量软件结果

49	QQ	QQ-接待室木墙裙面积	m2	14.196

（4）一层踢脚工程量软件结果

70	TJ	TIJ-钢筋培训室块料踢脚长度	m	16.98
71	TJ	TIJ-楼梯间水浆踢脚长度	m	12.24
72	TJ	TIJ-图形培训室块料踢脚长度	m	16.98

（5）一层天棚工程量软件结果

57	TP	TP-钢筋培训室水泥砂浆面积	m2	17.6258
58	TP	TP-钢筋培训室涂料面积	m2	17.6258
59	TP	TP-接待室水泥砂浆面积	m2	15.5916
60	TP	TP-接待室涂料面积	m2	15.5916
61	TP	TP-图形培训室水泥砂浆面积	m2	17.6258
62	TP	TP-图形培训室涂料面积	m2	17.6258

（四）一层房间工程量手工软件计算结果对比

表 2-2-51

层	类型	对比	地面面积			踢脚		墙裙	墙面		顶棚	
			块料	抹灰	垫层	房回填	抹灰	抹灰	块料	抹灰	涂料	抹灰
一层	图形	手工	17.734		1.763	6.169	16.980			54.180	54.759	17.626
		软件	17.734		1.763	6.169	16.980			54.180	54.759	17.626
	接待	手工	16.360		1.559	5.457			14.196	29.862	31.977	15.592
		软件	16.360		1.559	5.457			14.196	29.862	31.977	15.592
	钢筋	手工	17.734		1.763	6.169	16.980			54.180	54.759	17.626
		软件	17.734		1.763	6.169	16.980			54.180	54.759	17.626
	楼梯	手工		7.924	0.792	2.773		12.24		38.934	39.488	
		软件		7.924	0.792	2.773		12.24		38.934	39.488	

思考与练习

1. 地面积和块料地面积有什么区别？抹灰踢脚和块料踢脚有什么区别？
2. 窗的块料侧壁是计算三面还是四面，软件是如何计算的，计算侧壁时是否考虑窗框的厚度？
3. 窗在墙中的位置对块料侧壁有什么影响？
4. 当顶棚有梁时，软件是怎么计算顶棚的装修面积的。

九、1层室外装修工程量计算

（一）1层室外装修要计算哪些工程量

表 2-2-52

外装修			
名称	计算哪些工程量		
外装修	外墙裙	花岗岩墙裙	块料面积
	外墙面	面砖墙面	抹灰面积

（二）手工计算过程

表 2-2-53

一层外墙装修

名称	计算公式	结果	单位
一层外墙外周长	$(11.6+6.5)\times 2 = 36.2$	336.282	m
一层外墙裙块料面积	$36.2\times 0.9 - 2.4\times(0.9-0.45)$（扣 M-1 面积）$+ 0.45\times 0.185\times 2$（加 M-1 侧壁） $-3.9\times 0.15 - 3.3\times 0.15 - 2.7\times 0.15$（扣台阶所占面积）$=30.182$	30.182	m²
一层外块料面积	$36.2\times(3.6+0.45-0.9) - 1.8\times 1.5\times 4$（扣 C-1 面积）$-1.8\times 1.8$（扣 C-2 面积）$-2.4\times(2.7-0.45)$（扣 M-1 面积）$+(1.8+1.5)\times 2\times 0.185\times 4$（加 C-1 侧壁）$+ 1.8\times 4\times 0.185$（加 C-2 侧壁）$+(2.4+(2.7-0.45)\times 2)\times 0.185$（加 M-1 侧壁）$- 4.56\times 0.1$（扣阳台板面积）$=101.627$	101.627	m²

（三）软件计算过程

1. 外墙裙

（1）定义外墙裙属性

根据图纸，按照软件的要求定义外墙裙。

（2）定义外墙裙做法

以补充定义的形式定义外墙裙做法：

（3）外墙裙的画法

软件画图如下：

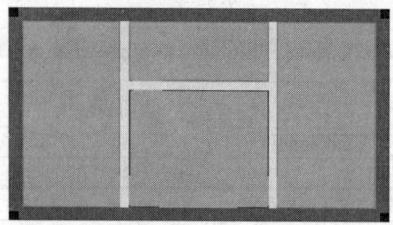

立面图效果如下图所示：

2. 外墙面
(1) 定义外墙面属性
根据图纸，按照软件的要求定义外墙面。

(2) 定义外墙面做法
以补充定义的形式定义外墙面做法：

编码	类别	项目名称	单位	工程量表达式	表达式说明
QM	补	QM-外墙面面砖面积	m2	QMKLMJ	QMKLMJ<墙面块料面积>

(3) 外墙面的画法
软件画图如下：

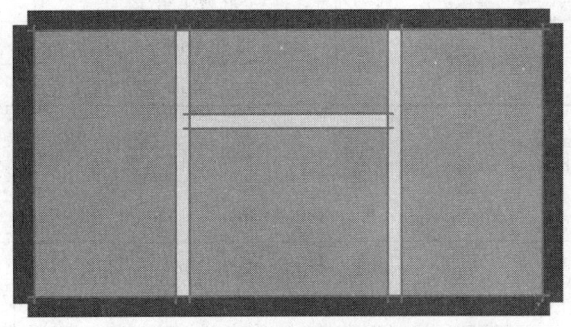

3. 软件计算结果

54	QM	QM-外墙面面砖面积	m2	101.6265

51	QQ	QQ-外墙裙花岗岩面积	m2	30.1815

> **注意**
> 1. 外墙裙装修在汇总以前要画上台阶,外墙裙面积要扣除台阶贴墙面积,台阶软件画法在后面会讲到。
> 2. 外墙面装修在汇总以前要画上二层阳台板,外墙面面积要扣除阳台贴墙面积,阳台软件画法在二层会讲到。

（四）外墙装修手工软件对照表

表 2-2-54

名称	手工	软件	差值
外墙裙花岗岩面积	130.182	130.185	−0.003
外墙面面砖面积	101.627	101.627	0

思考与练习

1. 室外装修面积是否包括室内外高差的面积?
2. 外墙块料面积和是否包括门窗的侧壁,软件计算窗的侧壁时,是计算三面还是四面?

十、台阶工程量计算

（一）台阶要计算哪些工程量

表 2-2-55

名　称	台　阶		
		计算哪些工程量	
台阶	台阶垫层	素土夯实	面积
		灰土垫层	体积
		混凝土垫层	体积
	台阶面层	平面	面积
		立面	面积

（二）手工计算过程

表 2-2-56

名称	台　阶			
	算量名称	计算公式	结果	单位
台阶垫层	素土夯实	3.9×1.6×1.15(系数)=7.176	7.176	m²
	灰土垫层	3.9×1.6×0.15×1.15(系数)=1.076	1.076	m³
	混凝土垫层	3.9×1.6×0.1×1.15(系数)=0.7176	0.718	m³

续表

台 阶				
名称	算量名称	计算公式	结果	单位
台阶面层	平面	$3.9 \times 1.6 = 6.24$	6.24	m²
	立面	$(1 \times 2 + 2.7 + 1.3 \times 2 + 2.7 + 0.6 + 1.6 \times 2 + 2.7 + 1.2) \times 0.15 = 2.655$	2.655	m²

说明
1. 台阶素土夯实和垫层的算法各地不一，北京规则也没有说得很清楚，上面的算法是一种经验算法。
2. 有些地区台阶如果是块料装修时，要计算台阶的立面装修面积，所以这里也计算了台阶踏步的立面面积，目的是教会大家用软件处理台阶立面的方法。

（三）软件计算过程

1. 定义台阶属性（平面）

台阶素土夯实和垫层的算法各地不一，北京规则也没有说得很清楚，上面的算法是一种经验算法。

2. 台阶做法

3. 绘制台阶

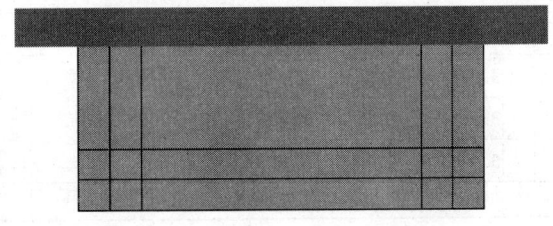

注意 绘制台阶里要设置台阶踏步边（具体操作：左键点屏幕上方的"设置台阶踏步边"左键点台阶边线，点右键，在对话框里踏步宽度填写照300，点确定）。

软件计算台阶工程量结果

65	TJ	TAIJ-台阶灰土垫层体积	m3	1.0764
66	TJ	TAIJ-台阶立面面积	m2	2.655
67	TJ	TAIJ-台阶平面面积	m2	6.24
68	TJ	TAIJ-台阶素土夯实面积	m2	7.176
69	TJ	TAIJ-台阶砼垫层体积	m3	0.7176

（四）台阶工程量手工软件计算结果比较

表 2-2-57

名称	手工	软件	差值
素土夯实面积	7.176	7.176	0
灰土垫层体积	1.076	1.076	0
混凝土垫层体积	0.718	0.718	0
台阶平面面积	6.248	6.248	0
台阶立面面积	2.655	2.655	0

思考与练习

1. 台阶和外墙是否有扣减关系？如果没有，软件若何处理？
2. 怎样利用软件计算出台阶的踏步立面装修面积？

十一、散水工程量计算

（一）散水要计算哪些工程量

表 2-2-58

散 水				
名称	要计算哪些工程量			
散水	散水垫层	混凝土垫层		体积
	散水面层	面层一次抹光		面积
		散水伸缩缝	贴墙伸缩缝	长度
			隔断伸缩缝	长度
			各角伸缩缝	长度

（二）手工计算过程

表 2-2-59

散　水

名称	计算公式	结果	单位
散水垫层	$[(11.6+0.55+6.5+0.55)\times 2-3.9]\times 0.55 = 18.975$ $18.975\times 0.08 = 1.518$	1.518	m³
散水面层	$[(11.6+0.55+6.5+0.55)\times 2-3.9]\times 0.55 = 18.975$	18.975	m²
散水贴墙伸缩缝	$11.6\times 2+6.5\times 2-3.9=32.3$	32.3	m
散水割断伸缩缝	$0.55\times 4=1.1$	1.1	m
散水拐角伸缩缝	$0.55\times 1.414\times 4=3.111$	3.111	m

（三）软件计算过程

1. 定义散水属性

属性名称	属性值	附加
名称	SS-散水	
材质	现浇混凝土	
厚度(mm)	100	
砼类型	(预拌砼)	
砼标号	(C20)	
备注		

2. 散水做法

编码	类别	项目名称	单位	工程量表达式	表达式说明
1 SS	补	散水砼垫层体积	m3	MJ*0.08	MJ〈面积〉*0.08
2 SS	补	散水面层面积	m2	MJ	MJ〈面积〉
3 SS	补	散水贴墙伸缩缝长度	m	TQCD	TQCD〈贴墙长度〉

3. 散水拐角和割断伸缩缝属性定义

散水拐角和割断伸缩缝属不能在散水功能里直接处理，我们利用自定义线来处理拐角和割断伸缩缝。在这里两个分别定义。

属性名称	属性值	附加
名称	散水拐角伸缩缝	
截面宽度(mm)	30	
截面高度(mm)	30	

属性名称	属性值	附加
名称	散水隔断伸缩缝	
截面宽度(mm)	30	
截面高度(mm)	30	

4. 散水拐角和割断伸缩缝做法

编码	类别	项目名称	单位	工程量表达式	表达式说明
1 SS	补	散水拐角伸缩缝长度	m	CD	CD<长度>

编码	类别	项目名称	单位	工程量表达式	表达式说明
1 SS	补	散水隔断伸缩缝长度	m	CD	CD<长度>

5. 绘制散水

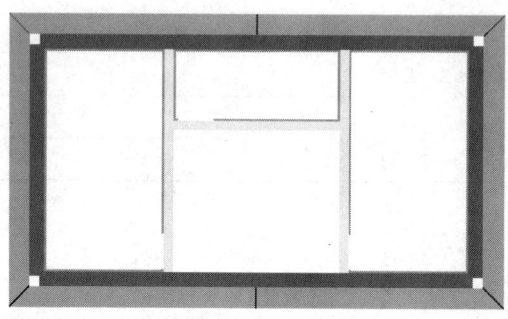

注：绘制散水可以利用外墙外边线智能布置（墙属性（包括虚墙）必须设置成外墙，否则散水布置不上），具体步骤：左键点 智能布置 - 外墙外边线 - 弹出下面对话框。

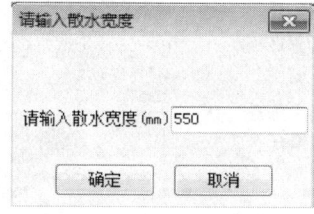

点确定。

6. 软件计算散水工程量结果

56	SS	散水隔断伸缩缝长度	m	1.1
57	SS	散水拐角伸缩缝长度	m	3.1113
58	SS	散水面层面积	m2	18.975
59	SS	散水贴墙伸缩缝长度	m	32.3
60	SS	散水砼垫层体积	m3	1.518

7. 散水工程量手工软件计算结果比较

表 2-2-60

名称	手工	软件	差值
散水混凝土垫层	1.518	1.518	0
散水面层一次抹光面积	18.975	18.975	0
贴墙伸缩缝长度	32.3	32.3	0
隔断伸缩缝长度	1.1	1.11	0
各角伸缩缝长度	3.111	3.111	0

注：散水与台阶软件自动会考虑扣减关系。软件可以重叠布置。

思考与练习

1. 散水要计算哪些工程量？
2. 软件是怎么计算散水的贴墙长度的？如何利用软件计算散水角上的伸缩缝？
3. 如果让你计算散水的侧面模板，你如何计算？

第三节 2层工程量计算

课前思考：
1. 2层要计算哪些构件？
2. 2层要计算哪些构件？

表 2-2-61

名称	六大块	2层包括哪些构件	
2层	维护结构		门窗
			过梁
		柱	构造柱
		梁	圈梁
		墙	外墙
			内墙
	顶部结构		板
	室内装修	会客室	地面、踢脚、墙面、顶棚
		清单培训室	地面、踢脚、墙面、顶棚
		预算培训室	地面、踢脚、墙面、顶棚
		楼梯间	墙面、顶棚
	室外装修		外墙面
	室外结构		阳台

> **说明** 二层的工程量和一层的工程量类似，无论是手工或者是软件，过程都基本一致。接下来我们计算二层的工程量。

一、2层门窗工程量计算

（一）2层门窗需要计算哪些工程量
如下表：

表 2-2-62

门窗工程

名称	要计算哪些工程量	
木门	门制安	门洞口面积
	运输	门运输面积
	油漆	门油漆面积
	五金	门五金个数
塑钢窗	窗制安	窗洞口面积
	运输	窗洞口面积
门联窗	制作	洞口面积
	运输	洞口面积

（二）手工计算过程

表 2-2-63

门　　　窗

层	墙厚	门窗名称	洞口宽	洞口高	窗宽	离地高度	数量	面积合计
								手工
二层	0.370	MC-1	2.400	2.700	1.500	0.900	1	5.130
		C-1	1.500	1.800		0.900	4	10.800
		C-2	1.800	1.800		0.900	1	3.240
	0.240	M-2	0.900	2.400			2	4.320
		M-3	0.900	2.100			1	1.890

（三）软件计算过程

1. 门联窗属性定义

注意 1. 门联窗属性定义一定要填写窗的宽度。
2. 门联窗的做法和窗一样，这里不再赘述。

2. 软件画图如下

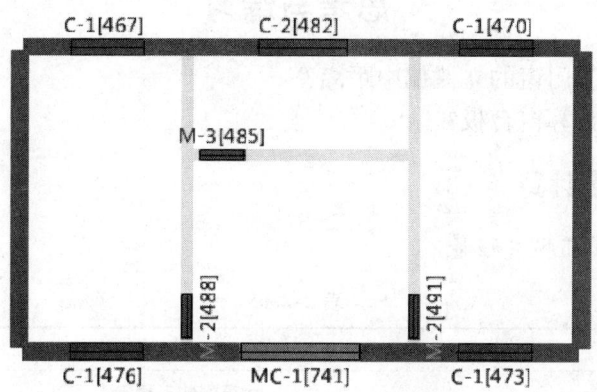

3. 软件汇总门的结果如下

3	C	C-1洞口面积(塑钢窗)	m2	10.8
4	C	C-1运输面积(塑钢窗)	m2	10.8
5	C	C-2洞口面积(塑钢窗)	m2	3.24
6	C	C-2运输面积(塑钢窗)	m2	3.24
25	M	M-2五金(樘数)	樘	2
26	M	M-2油漆面积	m2	4.32
27	M	M-2运输面积	m2	4.32
28	M	M-2制作面积(胶合板门)	m2	4.32
29	M	M-3五金(樘数)	樘	1
30	M	M-3油漆面积	m2	1.89
31	M	M-3运输面积	m2	1.89
32	M	M-3制作面积(胶合板门)	m2	1.89
33	MLC	MC-1洞口面积(塑钢门联窗)	m2	5.13
34	MLC	MC-1运输面积(塑钢门联窗)	m2	5.13

4. 二层门窗手工软件计算结果对比

表 2-2-64

门窗工程									
层	墙厚	门窗名称	洞口宽	洞口高	窗宽	离地高度	数量	面积合计	
								手工	软件
二层	0.370	MC-1	2.400	2.700	1.500	0.900	1	5.130	5.130
		C-1	1.500	1.800		0.900	4	10.800	10.800
		C-2	1.800	1.800		0.900	1	3.240	3.240
	0.240	M-2	0.900	2.400			2	4.320	4.320
		M-3	0.900	2.100			1	1.890	1.890

思考与练习

1. 用软件怎样调整门窗的立樘偏中距离?
2. 怎样利用软件计算窗台板?

二、2 层过梁工程量计算

(一) 过梁要计算哪些工程量

表 2-2-65

名 称	计算哪些工程量	
过梁	现浇混凝土过梁	混凝土体积
		模板面积

(二) 手工计算过程

表 2-2-66

			过 梁					
层	墙厚	过梁名称	洞口宽	过梁高度	过梁长度	数量	体积合计	模板合计
							手工	手工
二层	0.370	MCGL-1	2.400	0.240	2.900	1	0.258	2.280
	0.370	CGL-1	1.500	0.180	2.000	4	0.533	5.100
	0.370	CGL-2	1.800	0.180	2.300	1	0.153	1.494
	0.240	MGL-2	0.900	0.120	1.400	2	0.081	1.104
	0.240	MGL-3	0.900	0.120	1.400	1	0.040	0.552

(三) 软件计算过程

过梁的属性定义和做法和一层一样,这里不再赘述。

1. 软件画图如下

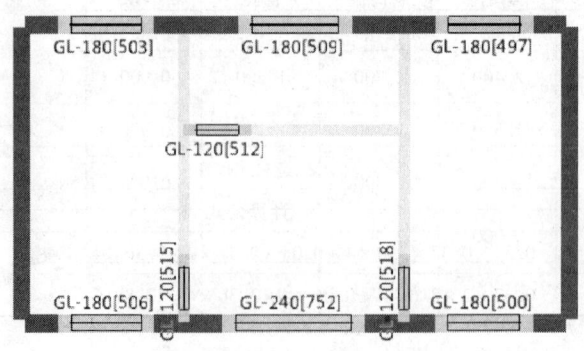

2. 软件计算过梁的结果如下

19	GL	GL120砼过梁模板面积	m2	1.5432
20	GL	GL120砼过梁体积C20	m3	0.1074
21	GL	GL180砼过梁模板面积	m2	6.594
22	GL	GL180砼过梁体积C20	m3	0.686
23	GL	GL240砼过梁模板面积	m2	2.28
24	GL	GL240砼过梁体积C20	m3	0.2575

（四）二层过梁手工软件计算结果对比

表 2-2-67

墙厚	门窗名称	过梁名称	洞口宽	过梁高度	过梁长度	数量	体积合计 手工分量	体积合计 手工合计	体积合计 软件	模板合计 手工分量	模板合计 手工合计	模板合计 软件
0.37	MC-1	GL24	2.4	0.24	2.9	1	0.258	0.258	0.258	2.280	2.280	2.280
0.37	C-1	GL18	1.5	0.18	2.0	4	0.533	0.686	0.686	5.100	6.594	6.594
0.37	C-2	GL18	1.8	0.18	2.3	1	0.153			1.494		
0.24	M-2	GL12	0.9	0.12	1.4	2	0.081	0.121	0.121	1.104	1.656	1.656
0.24	M-3	GL	0.9	0.12	1.4	1	0.040			0.552		

思考与练习

1. 过梁的标高是由什么控制的？
2. 过梁和圈梁重叠时，软件是怎样处理的？
3. 怎样利用洞口宽度范围计算过梁的工程量？

三、2 层构造柱工程量计算

（一）构造柱要计算哪些工程量

表 2-2-68

柱		
柱	构造柱	构造柱体积
		构造柱模板

（二）手工计算过程

表 2-2-69

构造柱					
名　称	量　名	计算公式		结果	单位
GZ370×370	体积	0.37×0.37×3.6×4+0.03×0.37×2×3.36×4=2.2697		2.270	m³
	模板	0.37×2×3.6×4+0.06×4×3.36×4=13.8816		13.881	m²

续表

构造柱				
名 称	量 名	计算公式	结果	单位
GZ240×370	体积	0.24×0.37×3.6×4+0.37×0.03×2×3.36×4+0.24×0.03×3.36×4 =1.6739	1.674	m³
	模板	0.24×3.6×4+0.06×6×3.36×4=8.2944	8.294	m²
GZ240×240	体积	0.24×0.24×3.6×2+0.24×0.03×3×3.36×2=0.5599	0.560	m³
	模板	0.24×3.6×2+0.06×6×3.36×2=4.1472	4.147	m²

（三）软件计算过程

1. 软件画图如下

2. 软件计算构造柱的结果如下

66	Z	GZ240*240砼模板面积	m2	4.1472
67	Z	GZ240*240砼体积C20	m3	0.5599
68	Z	GZ240*370砼模板面积	m2	8.2944
69	Z	GZ240*370砼体积C20	m3	1.6739
70	Z	GZ370*370砼模板面积	m2	13.8816
71	Z	GZ370*370砼体积C20	m3	2.2697

（四）二层构造柱手工软件计算结果对比

表2-2-70

构造柱											
层	名称	截面宽	截面高	柱子高度	马牙槎截面积	模板长度	个数	柱子体积		模板面积	
								手工算量	软件结果	手工算量	软件结果
二层	GZ37×37	0.37	0.37	3.6	0.022	0.98	4	2.270	2.270	13.881	13.881
	GZ24×37	0.37	0.24	3.6	0.029	0.6	4	1.674	1.674	8.294	8.294
	GZ24×24	0.24	0.24	3.6	0.022	0.6	2	0.560	0.560	4.147	4.147

思考与练习

1. 构造柱和板是否有扣减关系?
2. 构造柱和门窗是否有扣减关系?
3. 请写出"设置构造柱靠墙边"的操作步骤?

四、2层圈梁工程量计算

(一) 圈梁要计算哪些工程量

表 2-2-71

梁		
名 称	要计算哪些工程量	
梁	圈梁	内墙圈梁 — 体积
		内墙圈梁 — 模板
		外墙圈梁 — 体积
		外墙圈梁 — 模板

(二) 手工计算过程

表 2-2-72

		圈 梁		
名 称	量名	计算公式	结果	单位
外墙中心线	长度	$(11.6-0.37)\times 2 + (6.5-0.37)\times 2 = 34.72$	34.72	m
内墙净长线	长度	$(6-0.12\times 2)\times 2 + 4.5 - 0.12\times 2 = 15.78$	15.78	m
QL-370×240	体积	$(34.72-0.185\times 8-0.24\times 4)\times 0.37\times 0.24 = 12.866$	12.866	m³
	模板	$(34.72-0.185\times 8-0.24\times 4)\times (0.24\times 2-0.1) = 12.266$	12.266	m²
QL-240×240	体积	$[(6-0.12\times 2)\times 2 + (4.5-0.12\times 2) - 0.24\times 2]\times 0.24\times 0.24 = 0.881$	0.881	m³
	模板	$[(6-0.12\times 2)\times 2 + (4.5-0.12\times 2) - 0.24\times 2]\times (0.24-0.1)\times 2 = 4.284$	4.284	m²

（三）软件计算过程

1. 软件画图如下

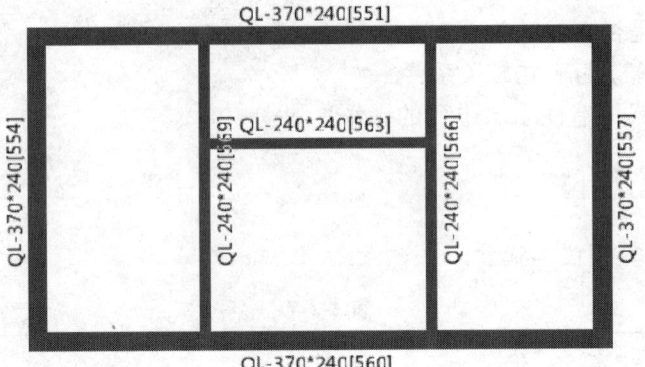

2. 软件计算圈梁的结果如下

39	QL	QL240*240砼模板面积	m2	5.082
40	QL	QL240*240砼体积C20	m3	0.8813
41	QL	QL370*240砼模板面积	m2	12.6924
42	QL	QL370*240砼体积C20	m3	2.8665

（四）二层圈梁手工软件计算结果对比

表 2-2-73

名 称	圈梁宽	圈梁高	板 厚	圈梁体积		圈梁模板	
				手工	软件	手工	软件
QL－370×240	0.37	0.24	0.1	2.866	2.866	12.266	12.266
QL－240×240	0.24	0.24	0.1	0.881	0.881	4.284	4.284

思考与练习

1. 圈梁和梁有什么区别？
2. 软件在计算圈量模板时，是否考虑相交部分的模板面积？

五、2 层墙体工程量计算

（一）墙体要计算哪些工程梁

表 2-2-74

墙		
墙	砖外墙	体积
	砖内墙	体积

(二) 手工计算过程

370 墙体积:

表 2-2-75

名称	外墙 计算公式	结果	单位
总体积	$34.72 \times 3.6 \times 0.37 \times 0.986 = 45.6$	45.6	m^3
门窗体积	$(10.8 + 3.24 + 5.13) \times 0.37 \times 0.986 = 6.994$	6.994	m^3
过梁体积	$0.258 + 0.533 + 0.153 = 0.944$	0.944	m^3
构柱体积	$2.291 + 1.702 = 3.993$	3.993	m^3
圈梁体积	2.866	2.866	m^3
净体积	45.6 (总体积) -6.994 (门窗体积) -0.944 (过梁体积) -3.993 (构造柱) -2.866 (圈梁) $+0.03 \times 0.24 \times 3.6 \times 4$ (外墙构造柱多扣部分) $=30.907$	30.907	m^3

240 墙体积:

表 2-2-76

名称	内墙 计算公式	结果	单位
总体积	$15.78 \times 0.24 \times 3.6 = 13.634$	13.634	m^3
门窗体积	$(4.32 + 1.89) \times 0.24 = 1.49$	1.491	m^3
过梁体积	$0.081 + 0.04 = 0.121$	0.121	m^3
构柱体积	0.57	0.571	m^3
圈梁体积	0.881	0.881	m^3
净体积	$13.634 - 1.49 - 0.121 - 0.57 - 0.881 - 0.24 \times 0.03 \times 3.6 \times 4$ (与外墙相连构造柱马牙槎体积) $=10.468$	10.468	m^3

(三) 软件计算过程

1. 软件画图如下

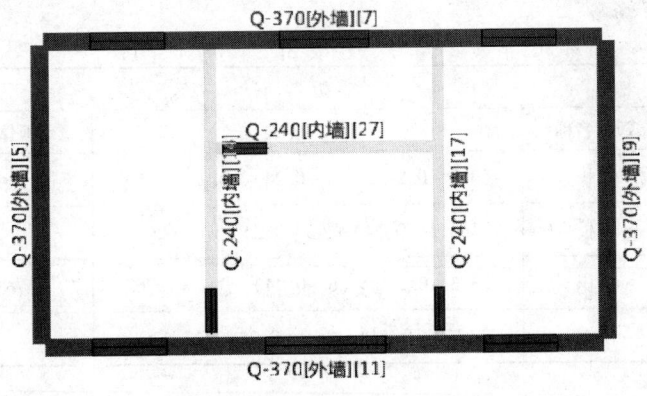

2. 软件计算墙体的结果如下

37	Q	外砖墙240体积	m3	10.5008
38	Q	外砖墙370体积	m3	31.0717

（四）二层墙体手工计算结果软件对比

表 2-2-77

层	名 称	墙体积		
		手工算量	软件结果	差 值
2层	37 墙	30.907	31.072	-0.165
	24 墙	10.468	10.5	-0.032

思考与练习

1. 如果在属性定义时填写了墙的标高，其他层是否能画上？为什么？我们应该如何修改墙的高度？

2. 虚墙有什么意义？

六、2层板工程量计算

（一）板要计算哪些工程量

表 2-2-78

板		
名 称	计算哪些工程量	
板	现浇板	体积
		模板面积

（二）手工计算过程

表 2-2-79

板				
名 称	算量名称	计算公式	板体积	板模板
清单培训室	体积	$(3.3-0.24)\times(6-0.24)\times0.1=1.763$	1.763m^3	
	模板	$(3.3-0.24)\times(6-0.24)=17.626$		17.626m^2
预算培训室	体积	$(3.3-0.24)\times(6-0.24)\times0.1=1.763$	1.763m^3	
	模板	$(3.3-0.24)\times(6-0.24)=17.626$		17.626m^2

续表

板				
名 称	算量名称	计算公式	板体积	板模板
会客室	体积	(4.5－0.24)×(3.9－0.24)×0.1＝1.559	1.559m³	
	模板	(4.5－0.24)×(3.9－0.24)＝15.592		15.592m²
楼梯间	体积	(2.1－0.24)×(4.5－0.24)×0.1	0.792m³	
	模板	(2.1－0.24)×(4.5－0.24)		17.924m²
合计			5.877m³	58.768m²

（三）软件计算过程

1. 软件画图如下

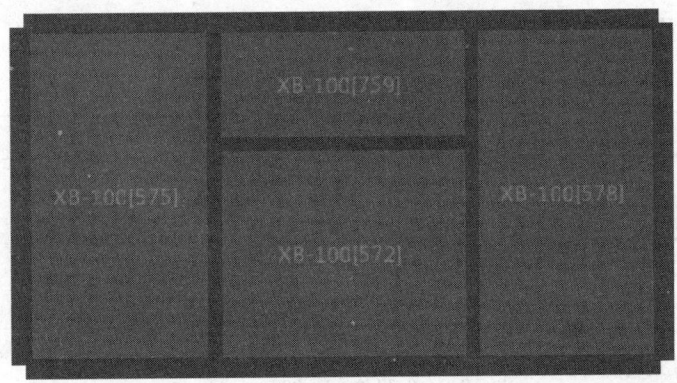

2. 软件计算板的结果如下

1	B	XB-100砼模板面积	m2	58.7664
2	B	XB-100砼体积C20	m3	5.8766

（四）一层板手工软件对比

表 2-2-80

类型	板厚	板的体积			模板面积		
		手工算量	软件结果	差值	手工算量	软件结果	差值
板	0.100	5.877	5.877	0	58.768	58.766	0.002

思考与练习

1. 软件如何处理板洞？用软件处理板洞是否是最佳方法？
2. 大于 $0.3m^2$ 的板洞对板的侧模有什么影响？

七、2层室内装修工程量计算

（一）2层内装修要计算哪些工程量

表 2-2-81

2层装修		
名　称	要计算哪些工程量	
室内装修	清单培训室	地面、踢脚、墙面、顶棚
	预算培训室	地面、踢脚、墙面、顶棚
	会客室	地面、踢脚、墙面、顶棚
	楼梯间	墙面、顶棚

（二）手工计算过程

1. 二层地面工程量

表 2-2-82

名称		算量名称	计算公式	结果	单位
地面	清单培训室	水泥砂浆地面	$(3.3-0.12\times2)\times(6-0.12\times2)=17.626$	17.626	m^2
	预算培训室	水泥砂浆地面	$(3.3-0.12\times2)\times(6-0.12\times2)=17.626$	17.626	m^2
	会客室	地板砖面积	$(4.5-0.12\times2)\times(3.9-0.12\times2)+0.9\times0.12\times3+0.9\times0.37/2=16.082$	16.082	m^2
	楼梯间	水浆地面	$(4.5-0.12\times2)\times(2.1-0.12\times2)=7.924m^2$	17.924	m^2
		混凝土垫层	$(4.5-0.12\times2)\times(2.1-0.12\times2)\times0.1=0.792$	10.792	m^3
		房心回填	$(4.5-0.12\times2)\times(2.1-0.12\times2)\times(0.45-0.1)=2.773$	12.773	m^3

2. 二层踢脚工程量

表 2-2-83

踢脚	清单培训室	水泥踢脚长度	$(3.3-0.12\times2)\times2+(6-0.12\times2)\times2=17.64$	17.64	m
	预算培训室	水泥踢脚长度	$(3.3-0.12\times2)\times2+(6-0.12\times2)\times2=17.64$	17.64	m
	会客室	块料踢脚长度	$[(4.5-0.12\times2)\times2+(3.9-0.12\times2)\times2]-0.9\times4+0.12\times6+0.185\times2=13.330$	13.330	m

3. 二层墙面墙裙工程量

表 2-2-84

名　称	算量名称		计算公式	结果	单位
墙面	清单培训室	水浆墙面积	$[(3.3-0.12\times2)\times2+(6-0.12\times2)\times2]\times(3.6-0.1)-1.5\times1.8\times2-0.9\times2.4=54.18$	54.18	m²
		涂料墙面积	$[(3.3-0.12\times2)\times2+(6-0.12\times2)\times2]\times(3.6-0.1-0.12)-1.5\times1.8\times2+(1.5+1.8)\times2\times0.185\times2-0.9\times2.28+(0.9+2.28\times2)\times0.12=55.2684$	55.268	m²
	预算培训室	水浆墙面积	$[(3.3-0.12\times2)\times2+(6-0.12\times2)\times2]\times(3.6-0.1)-1.5\times1.8\times2-0.9\times2.4=54.18$	54.18	m²
		涂料墙面积	$[(3.3-0.12\times2)\times2+(6-0.12\times2)\times2]\times(3.6-0.1-0.12)-1.5\times1.8\times2+(1.5+1.8)\times2\times0.185\times2-0.9\times2.28+(0.9+2.28\times2)\times0.12=55.2684$	55.268	m²
	会客室	水浆墙面积	$[(4.5-0.12\times2)\times2+(3.9-0.12\times2)\times2]\times(3.6-0.1)-0.9\times2.4\times2-0.9\times2.1-2.4\times2.7+0.9\times1.5=44.10$	44.10	m²
		涂料墙面积	$[(4.5-0.12\times2)\times2+(3.9-0.12\times2)\times2]\times(3.6-0.1-0.12)-0.9\times2.28\times2+(0.9+2.28\times2)\times0.12\times2-0.9\times1.98+(0.9+1.98\times2)\times0.12-2.4\times2.58+0.78\times1.5+(2.58\times2+2.4+1.5)\times0.185=46.2009$	46.2	m²
	楼梯间	水浆墙面积	$[(4.5-0.12\times2)\times2+(2.1-0.12\times2)\times2]\times(3.6-0.1)-1.8\times1.8-0.9\times2.1=37.710$	37.710	m²
		涂料墙面积	$[(4.5-0.12\times2)\times2+(2.1-0.12\times2)\times2]\times(3.6-0.1)-1.8\times1.8+1.8\times4\times0.185-0.9\times2.1+(0.9+2.1\times2)\times0.12=39.654$	39.654	m²

4. 二层天棚工程量

表 2-2-85

名　称	算量名称		计算公式	结果	单位
天棚	清单培训室	水浆顶棚面积	$(3.3-0.12\times2)\times(6-0.12\times2)=17.626$	17.626	m²
		顶棚涂料面积	$(3.3-0.12\times2)\times(6-0.12\times2)=17.626$	17.626	m²
	预算培训室	水浆顶棚面积	$(3.3-0.12\times2)\times(6-0.12\times2)=17.626$	17.626	m²
		顶棚涂料面积	$(3.3-0.12\times2)\times(6-0.12\times2)=17.626$	17.626	m²
	会客室	水浆顶棚面积	$(4.5-0.12\times2)\times(3.9-0.12\times2)=15.592$	15.592	m²
		顶棚涂料面积	$(4.5-0.12\times2)\times(3.9-0.12\times2)=15.592$	15.592	m²
	会客室	水泥砂浆顶棚	$(4.5-0.12\times2)\times(2.1-0.12\times2)=7.924$	7.924	m²
		顶棚涂料面积	$(4.5-0.12\times2)\times(2.1-0.12\times2)=7.924$	7.924	m²

(三) 软件计算过程
1. 软件画 2 层房间

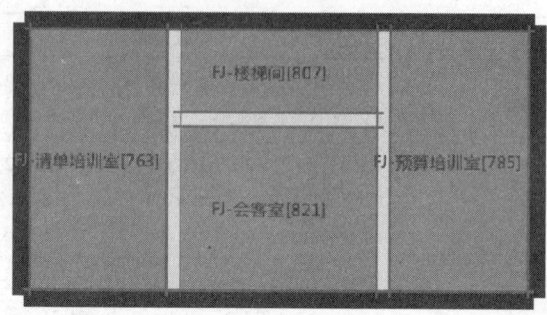

2. 软件计算房间结果
(1) 二层房间地面面积软件结果

7	DM	DM-会客室块料面积	m2	16.2486
8	DM	DM-楼梯水泥砂浆投影面积	m2	7.9236
9	DM	DM-清单培训室水泥砂浆地面积	m2	17.6256
10	DM	DM-预算培训室水泥砂浆地面积	m2	17.6256

(2) 二层房间踢脚长度软件结果

43	TJ	TIJ-清单培训室抹灰踢脚长度	m	17.64
44	TJ	TIJ-预算培训室抹灰踢脚长度	m	17.64

(3) 二层房间墙面面积软件结果

36	QM	QM-会客室水泥砂浆面积	m2	44.1
37	QM	QM-会客室涂料面积	m2	46.2009
38	QM	QM-楼梯间水泥砂浆面积	m2	37.71
39	QM	QM-楼梯间涂料面积	m2	39.654
40	QM	QM-清单培训室水泥砂浆面积	m2	54.18
41	QM	QM-清单培训室涂料面积	m2	55.2684
42	QM	QM-预算培训室水泥砂浆面积	m2	54.18
43	QM	QM-预算培训室涂料面积	m2	55.2684

(4) 二层房间天棚软件结果

45	TP	TP-会客室水泥砂浆面积	m2	15.5916
46	TP	TP-会客室涂料面积	m2	15.5916
47	TP	TP-楼梯间水泥砂浆面积	m2	7.9236
48	TP	TP-楼梯间涂料面积	m2	7.9236
49	TP	TP-清单培训室水泥砂浆面积	m2	17.6256
50	TP	TP-清单培训室涂料面积	m2	17.6256
51	TP	TP-预算培训室水泥砂浆面积	m2	17.6256
52	TP	TP-预算培训室涂料面积	m2	17.6256

（四）二层房间手工软件计算结果对比

表 2-2-86

房间名称	比较	地面		踢脚		墙面	墙面	顶棚
		块料	抹灰	块料	抹灰	抹灰	涂料	顶棚
清单	手工		17.626		17.64	54.18	55.268	17.626
	软件		17.626	17.64		54.18	55.268	17.626
会客	手工	16.082		13.33		44.16	46.2	15.592
	软件	16.082		13.33		44.16	46.2	15.592
预算	手工		17.626		17.64	54.18	55.268	17.626
	软件		17.626		17.64	54.18	55.268	17.626
楼梯	手工					37.71	39.654	7.924
	软件					37.71	39.654	7.924

思考与练习

1. 抹灰踢脚对墙面的装修是否有影响？块料踢脚呢？
2. 如果不填写踢脚高度，软件能否计算出踢脚的工程量？
3. 属性定义时，吊顶高度指的是什么？如果不填写吊顶高度，软件能否计算出吊顶的工程量？软件是如何计算吊顶的工程量的？

八、2 层室外装修工程量计算

（一）2 层室外装修要计算哪些工程量

表 2-2-87

外装修			
名　称	计算哪些工程量		
外墙装修	外墙面	面砖墙面	抹灰面积

（二）手工计算过程

表 2-2-88

1 层外墙装修			
名　称	计算公式	结果	单位
1 层外墙外周长	(11.6 + 6.5) × 2 = 36.2	36.2	m
2 层外块料面积	36.2 × 3.6 − 1.8 × 1.5 × 4（扣 C − 1 面积）− 1.8 × 1.8（扣 C − 2 面积）− (2.4 × 2.7 − 0.9 × 1.5)（扣 MC − 1 面积）+ (1.8 + 1.5) × 2 × 0.185 × 4（加 C − 1 侧壁）+ 1.8 × 4 × 0.185（加 C − 2 侧壁）+ (2.4 + 2.7 × 2 + 1.5) × 0.185（加 M − 1 侧壁）− 36.2 ∗ 0.1（扣挑檐雨篷占墙面积）− 0.06 ∗ 0.9 ∗ 2（扣阳台栏板占墙面积）= 115.3585	115.359	m²

（三）软件计算过程

2层外墙装修做法在1层里已经定义，软件可以直接汇总出外墙装修量。

| 42 | QM | QM-外墙面面砖面积 | | m2 | 115.3585 |

（四）外墙装修手工软件计算结果对照表

表 2-2-89

名　称	手　工	软　件	差　值
外墙面面砖面积	115.359	115.359	0

思考与练习

阳台及阳台栏板对外墙装修有没有影响？雨篷、挑檐呢？

九、阳台工程量计算

（一）阳台要计算哪些工程量

我们可以把阳台按照房间来看待，同样利用六大块的思考方法。

表 2-2-90

阳台				
名　称	六大块	要计算哪些工程量			

名　称	六大块			
阳台	围护结构	阳台栏板	混凝土	体积
				模板面积
	底部结构	阳台板	现浇	体积
				模板面积
	内部装修	地面		抹灰面积
		踢脚	栏板踢脚	栏板踢脚长度
		墙面	栏板墙面	栏板墙面面积
		顶棚	抹灰吊顶	阳台底板面积
	外部装修	栏板	外装修	栏板外装修面积
			顶装修	栏板顶部装修面积
		底板	外边线	底板外边线面积
	出水口			数量

（二）手工计算过程

表 2-2-91
阳台手工计算工程

名称	计算哪些量		计算公式	结果	单位
栏板	体积	体积	$[(1.2-0.03)\times2+4.5]\times0.06\times0.9=0.369$	0.369	m^3
	模板	模板	$[(1.2-0.03)\times2+4.5]\times2\times0.9=12.312$	12.312	m^2
底板	体积	体积	$4.56\times1.2\times0.1=0.547$	0.547	m^3
	模板	底模	$4.56\times1.2=5.472$	5.472	m^2
		侧模	$(1.2\times2+4.56)\times0.1=0.696$	0.696	m^2
内装	地面	地面	$(4.56-0.06\times2)\times(1.2-0.06)=5.062$	5.062	m^2
	踢脚	栏板踢脚	$1.2-0.06+4.56-0.06\times2+1.2-0.06=6.72$	6.72	m
	墙面	栏板墙面	$6.72\times0.9=6.048$	6.048	m^2
	底装修	顶棚	$4.56\times1.2=5.472$	5.472	m^2
外装	栏板	外装修	$6.96\times0.9=6.264$	6.264	m^2
		顶装修	$6.84\times0.06=0.41$	0.41	m^2
	底板	板外边线面积	$6.96\times0.1=0.696$	0.696	m^2
出水口				1	个

（三）软件计算过程

阳台为组合构件，是由阳台板、栏板以及阳台内外装修组成，画阳台时要先画阳台底板、栏板，再做阳台内外装修，再组合成阳台。

1. 阳台板属性定义

属性名称	属性值	附加
名称	阳台B-100	
类别	有梁板	
砼类型	（预拌砼）	
砼标号	(C25)	
厚度(mm)	100	
顶标高(m)	层底标高	
是否是楼板	是	

2. 阳台板做法

编码	类别	项目名称	单位	工程量表达式	表达式说明
1 YT	补	阳台B-100砼体积C20	m3	TJ	TJ<体积>
2 YT	补	阳台B-100砼模板面积	m2	MBMJ+CMBMJ	MBMJ<底面模板面积>+CMBMJ

3. 绘制阳台板

4. 阳台栏板属性定义

属性名称	属性值	附加
名称	LB-栏板	
材质	现浇混凝土	
砼类型	(预拌砼)	
砼标号	(C20)	
截面宽度(mm)	60	
截面高度(mm)	900	
截面面积(m2)	0.054	

5. 阳台栏板做法

编码	类别	项目名称	单位	工程量表达式	表达式说明
1 LB	补	阳台栏板体积	m3	TJ	TJ〈体积〉
2 LB	补	阳台栏板模板面积	m2	MBMJ	MBMJ〈模板面积〉
3 LB	补	阳台栏板顶面积	m2	ZXXCD*0.06	ZXXCD〈中心线长度〉*0.06

6. 绘制阳台栏板

阳台栏板属于线形实体。

7. 阳台地面属性定义

属性名称	属性值	附加
名称	DM-阳台	
块料厚度(mm)	0	
顶标高(m)	层底标高	
是否计算防水	否	

第二章 培训楼工程算量实例

8. 阳台地面做法

编码	类别	项目名称	单位	工程量表达式	表达式说明
1 YT	补	DM-阳台地面积	m2	DMJ	DMJ<地面积>

9. 点画阳台地面

10. 阳台踢脚属性定义
也就是阳台栏板的踢脚

属性名称	属性值	附加
名称	TIJ-阳台	
块料厚度(mm)	0	
高度(mm)	120	
起点底标高(m)	墙底标高	
终点底标高(m)	墙底标高	

11. 阳台栏板踢脚做法

编码	类别	项目名称	单位	工程量表达式	表达式说明
1 YT	补	TIJ-阳台瓷砖块料踢脚长度	m	TJKLCD	TJKLCD<踢脚块料长度>

12. 绘制阳台栏板踢脚装修

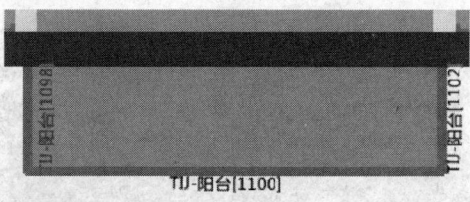

13. 阳台墙面属性定义
也就是阳台栏板的内外装修

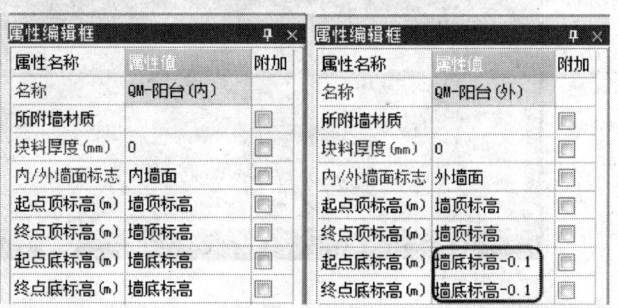

14. 阳台栏板内外装修做法

编码	类别	项目名称	单位	工程量表达式	表达式说明
1 YT	补	QM-阳台(内)贴墙水泥砂浆面积	m2	QMMHMJ	QMMHMJ<墙面抹灰面积>
2 YT	补	QM-阳台(内)贴墙涂料面积	m2	QMKLMJ	QMKLMJ<墙面块料面积>

编码	类别	项目名称	单位	工程量表达式	表达式说明
1 YT	补	QM-阳台(外)贴墙水泥砂浆面积	m2	QMMHMJ	QMMHMJ<墙面抹灰面积>
2 YT	补	QM-阳台(外)贴墙绿色涂料面积	m2	QMKLMJ	QMKLMJ<墙面块料面积>

15. 绘制阳台栏板内外装修

16. 构件布置完以后，就可以把所有构件组合成阳台

具体步骤：左键点击菜单里→其他→阳台界面，点击 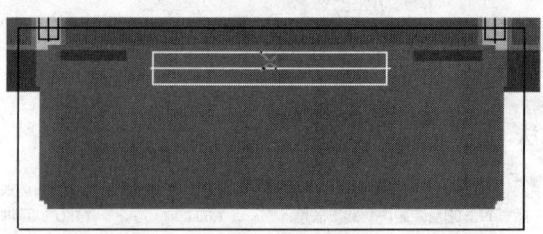，拉框属于阳台部分。

捕捉一个顶点，软件会弹出下面对话框：

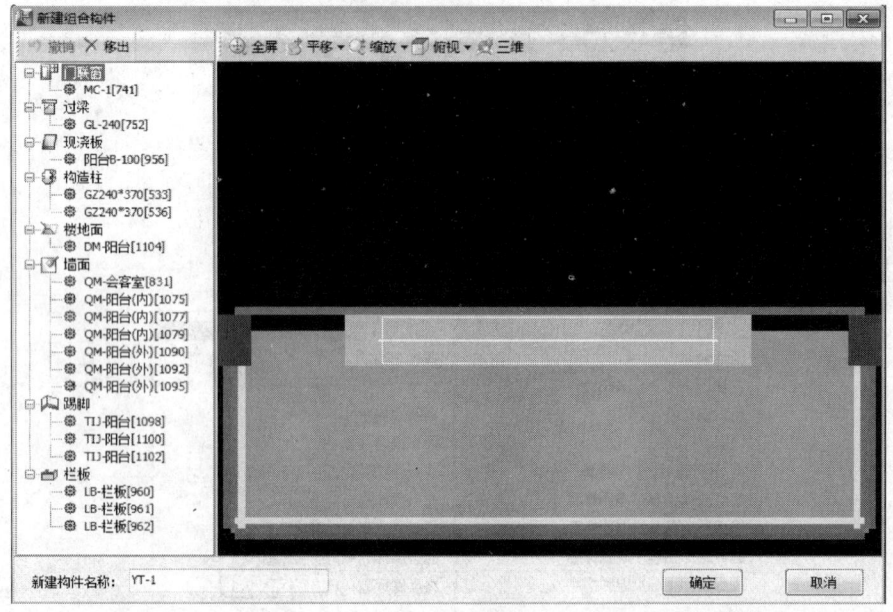

把不属于阳台的构件进行移除，对照如下。

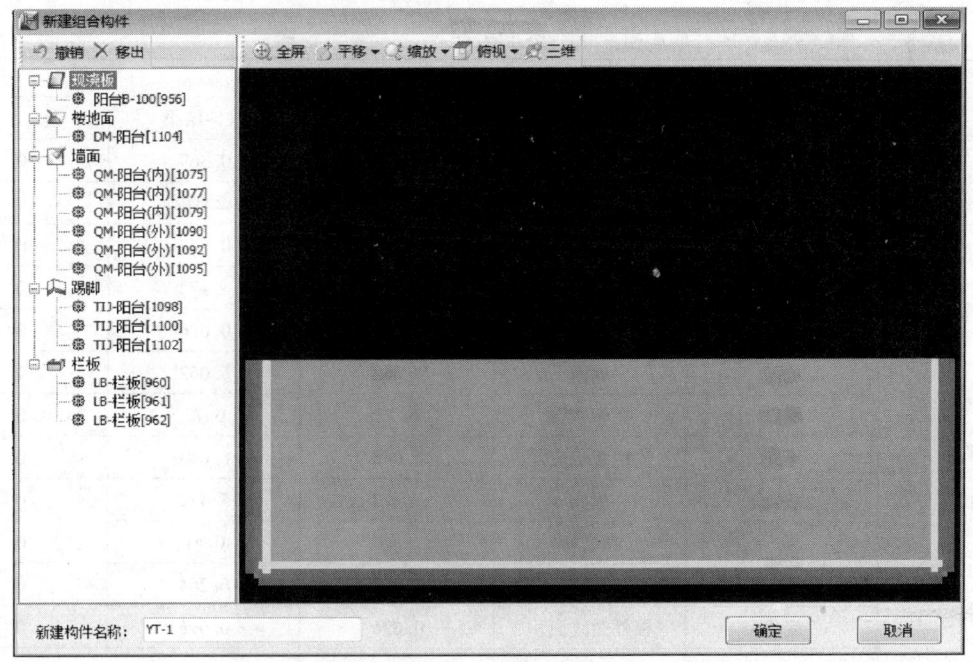

点确定。

17. 软件计算阳台栏板结果

17	LB	阳台栏板顶面积	m2	0.4104
18	LB	阳台栏板模板面积	m2	12.312
19	LB	阳台栏板体积	m3	0.3694

18. 软件计算阳台结果

67	YT	DM-阳台地面积	m2	5.0616
68	YT	QM-阳台(内)贴墙水泥砂浆面积	m2	6.048
69	YT	QM-阳台(外)贴墙绿色涂料面积	m2	6.96
70	YT	QM-阳台(外)贴墙水泥砂浆面积	m2	6.96
71	YT	TIJ-阳台瓷砖块料踢脚长度	m	6.72
72	YT	TP-阳台绿色涂料面积	m2	5.472
73	YT	TP-阳台水泥砂浆面积	m2	5.472
74	YT	阳台B-100砼模板面积	m2	6.168
75	YT	阳台B-100砼体积C20	m3	0.5472

（四）阳台工程量手工软件计算结果比较

表 2-2-92

阳台手工软件计算结果比较

名　称	计算哪些量		手工结果	软件结果	差　值
栏板	体积	体积	0.369	0.369	0
	模板	模板	12.312	12.312	0
底板	体积	体积	0.547	0.547	0
	模板	底模	5.472	5.472	0
		侧模	0.696	0.696	0
内装	地面	地面	5.062	5.062	0
	踢脚	栏板踢脚	6.72	6.72	0
	墙面	栏板墙面	6.048	6.048	0
	底装修	顶棚	5.472	5.472	0
	栏板	顶装修	0.41	0.41	0
		外装修	6.264	6.264	0
	底板	板外边线面积	0.696	0.696	0
出水口			1	1	0

思考与练习

1. 阳台要计算哪些工程量？
2. 阳台和墙体是否用扣减关系？怎样扣减？
3. 阳台板是否会自动计算到栏板边？
4. 栏板和墙体是否有扣减关系？

十、雨篷工程量计算

雨篷要计算哪些工程量

我们把雨篷也可以按一个房间的思路去分析，得出雨篷要计算如下工程量：

表 2-2-93

雨　篷				
名　称	六大块	要计算哪些工程量		
雨篷平板	底部结构	雨篷平板	模板	体积
				底模
				侧模
	外部装修	底板		板底外装修

表 2-2-94

名　　称		量　名	计算公式	结果	单位
雨篷平板	平板体积	体积	4.56×1.2×0.1 = 0.547	0.547	m³
	平板底模	面积	4.56×1.2 = 5.472	5.472	m²
	平板侧模	面积	(1.2×2+4.56)×0.1 = 0.696	0.576	m²
	平板底部装修	面积	4.56×1.2 = 5.472	5.472	m²

雨篷工程量手工计算过程

1. 雨篷属性定义

2. 雨篷做法

编码	类别	项目名称	单位	工程量表达式	表达式说明
1 YP	补	YP-100雨篷板体积C20	m3	TJ	TJ〈体积〉
2 YP	补	YP-100雨篷板模板面积	m2	MBMJ	MBMJ〈模板面积〉
3 YP	补	YP-100雨篷板底部水泥砂浆面积	m2	YPDIMZXMJ	YPDIMZXMJ〈雨篷底面装修面积〉
4 YP	补	YP-100雨篷板底部绿色涂料面积	m2	YPDIMZXMJ	YPDIMZXMJ〈雨篷底面装修面积〉

3. 绘制雨篷

4. 软件计算雨篷工程量结果

55	YP	YP-100雨篷板底部绿色涂料面积	m2	5.472
56	YP	YP-100雨篷板底部水泥砂浆面积	m2	5.472
57	YP	YP-100雨篷板模板面积	m2	6.168
58	YP	YP-100雨篷板体积C20	m3	0.5472

5. 雨篷工程量手工软件计算结果比较

表 2-2-95

雨篷工程量手工计算过程

名　　称		量　名	结果	软件	差值	备注
雨篷平板	平板体积	体积	0.547	0.547	0	
	平板底模	面积	5.472	6.168	0	
	平板侧模	面积	0.696		0	
	雨篷底板装修	面积	5.472	5.472	0	

注：1. 雨篷与栏板的关联也可以在计算规则里做出调整，具体方法：计算设置→计算规则→其他→雨篷→第3、4、6条雨篷与栏板的扣减调整为无影响。如下图所示。

十一、挑檐工程量计算

挑檐要计算哪些工程量？

我们把挑檐也可以按一个房间的思路去分析，得出挑檐要计算如下工程量：

（一）挑檐要计算哪些工程量

表 2-2-96

名 称	六大块	要计算哪些工程量		
挑檐	底部结构	现浇	挑檐平板	体积
				模板
	外部装修	底板		底部装修面积

（二）手工计算过程

表 2-2-97

挑檐工程量计算					
名 称			计算公式	结果	单位
挑檐平板	体积	体积	$[6.5 \times 2 + (11.6 + 1.2) \times 2 - 4.56] \times 0.6 \times 0.1 = 2.042$	2.042	m³
	底模	面积	$[6.5 \times 2 + (11.6 + 1.2) \times 2 - 4.56] \times 0.6 = 20.424$	20.424	m²
	侧模	面积	$[(6.5 + 1.2) \times 2 + (11.6 + 1.2) \times 2 - 4.56] \times 0.1 = 3.644$	3.644	m²
	挑檐底装	面积	$[6.5 \times 2 + (11.6 + 1.2) \times 2 - 4.56] \times 0.6 = 20.424$	20.424	m²

1. 挑檐属性定义

属性名称	属性值	附加
名称	TY-挑檐	□
类别	挑檐、天沟	□
材质	现浇混凝土	□
板厚(mm)	100	□
砼类型	(预拌砼)	□
砼标号	(C20)	□
形状	面式	□
顶标高(m)	层顶标高	□

2. 挑檐做法

编码	类别	项目名称	单位	工程量表达式	表达式说明
1 TY	补	TY-挑檐砼体积C20	m3	TJ	TJ<体积>
2 TY	补	TY-挑檐砼模板面积	m2	MBMJ	MBMJ<模板面积>
3 YP	补	TY-挑檐板底部水泥砂浆面积	m2	MJ	MJ<面积>
4 YP	补	TY-挑檐板底部绿色涂料面积	m2	MJ	MJ<面积>

3. 挑檐雨篷

4. 软件计算挑檐工程量结果

59	TY	TY-挑檐砼模板面积	m2	24.188
60	TY	TY-挑檐砼体积C20	m3	2.0424
61	YP	TY-挑檐板底部绿色涂料面积	m2	20.424
62	YP	TY-挑檐板底部水泥砂浆面积	m2	20.424

（三）挑檐工程量手工软件计算结果比较

表 2-2-98

挑檐工程量计算					
名 称			结 果	软 件	差 值
挑檐平板	体积	体积	2.042	2.042	0
	底模	面积	20.424	24.188	-0.12
	侧模	面积	3.644		
	底板外装	挑檐平板底部装修面积	20.42	20.42	0

注：1. 挑檐与栏板的关联也可在计算规则里做出调整，具体方法：计算设置→计算规则→其他→挑檐→第3、4、6条挑檐与栏板的扣减调整为无影响。如下图所示。

第四节 屋面层工程量计算

屋面层要计算哪些工程量？

表 2-2-99

屋 面 层				
名 称	六大块	计算哪些工程量		
屋面层	外围结构		压顶	体积
				模板面积
			女儿墙	体积
			构造柱	体积
	屋面及其装修	地面	防水保护层	平面面积
			防水层	平面面积
			填充料上找平层	平面面积
			保温层	体积
			硬基层上找平层	平面面积
			硬基层找平层	平面面积
		踢脚	防水上翻	上翻面积
		墙面	女儿墙内装修	面积
	室外装修	外墙面	女儿墙外装修	面积
		压顶外装修	压顶周边装修	面积
	室外构件	雨篷		参雨篷
		挑檐		参挑檐

思考与练习

利用六大块的方法列出屋面应该计算哪些工程量？

一、外围结构工程量计算

（一）手工计算过程

表 2-2-100

屋面外围结构				
名 称	量 名	计算公式	结 果	单 位
压顶	体积	$35.24 \times 0.3 \times 0.06 - 0.24 \times 0.24 \times 0.06 \times 8 = 0.607$	0.607	m^3
	模板	$35.24 \times (0.03 \times 2 + 0.06 \times 2) = 6.3432$	6.343	m^2
	周边抹灰	$35.24 \times (0.03 \times 2 + 0.06 \times 2 + 0.3) = 16.9152$	16.915	m^2
构造柱	体积	$0.24 \times 0.24 \times 0.6 \times 8 + 0.03 \times 0.24 \times (0.6 - 0.06) \times 2 \times 8 = 0.3388$	0.339	m^3
	模板	$0.24 \times 2 \times (0.6 - 0.06) \times 8 + 0.06 \times 4 \times (0.6 - 0.06) \times 8 = 3.1104$	3.110	m^2
女儿墙	体积	$35.24 \times 0.24 \times 0.6 - 0.3388 - (35.24 - 0.24 \times 8) \times 0.24 \times 0.06 = 4.256$	4.256	m^3

（二）软件计算过程

1. 女儿墙属性定义

女儿墙属性定义时，一般要用新建普通外墙比较方便。

女儿墙的做法和其他墙一样，这里不再赘述。

2. 绘制女儿墙

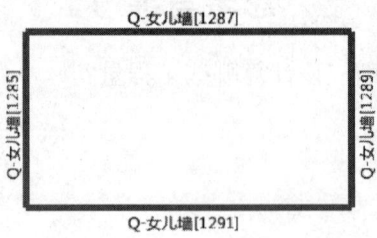

3. 绘制屋面构造柱

屋面构造柱属性定义和做法同1层。

4. 定义压顶

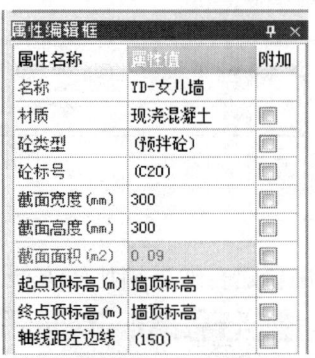

5. 定义压顶做法

这里压顶按圈梁定义，所以软件没有计算底模，会和实际差一点，压顶周边抹灰是利用压顶的体积除以截面面积再乘以周边长度计算的。

编码	类别	项目名称	单位	工程量表达式	表达式说明
1 YD	补	YD-女儿墙压顶体积C20	m3	TJ	TJ<体积>
2 YD	补	YD-女儿墙压顶模板面积	m2	MBMJ	MBMJ<模板面积>
3 YD	补	YD-女儿墙压顶周边抹灰	m2	WLMJ	WLMJ<外露面积>

6. 绘制压顶

可以用布置的方法在女儿墙上布置压顶。

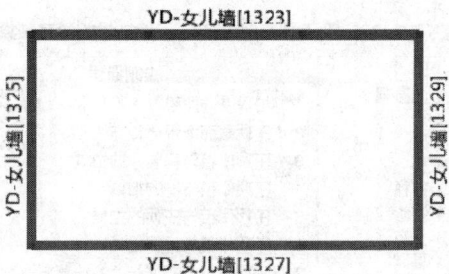

7. 软件计算屋面外围构件工程量

1	Q	Q-女儿墙240体积	m3	4.2561
2	YD	YD-女儿墙压顶模板面积	m2	6.3432
3	YD	YD-女儿墙压顶体积C20	m3	0.6067
4	YD	YD-女儿墙压顶周边抹灰	m2	16.9152
5	Z	GZ240*240砼模板面积	m2	3.1104
6	Z	GZ240*240砼体积C20	m3	0.3387

（三）屋面外围构件手工软件计算结果对照表

表 2-2-101

屋面外围结构				
名　称	量　名	手　工	软　件	差　值
压顶	体积	0.607	0.607	0
	模板	6.343	6.343	0
	压顶周边抹灰	16.915	16.915	0
构造柱	体积	0.339	0.339	0
	模板	3.110	3.110	0
女儿墙	体积	4.256	4.256	0

注：1. 压顶与构造柱的扣减关系计算规则里没有明确说明，这里以压顶扣构造柱考虑，在软件里可以调整计算规则，具体方法：a. 构造柱计算设置→计算规则→构造柱→第22条构造柱体积与压顶的扣减→无影响。如下图所示。

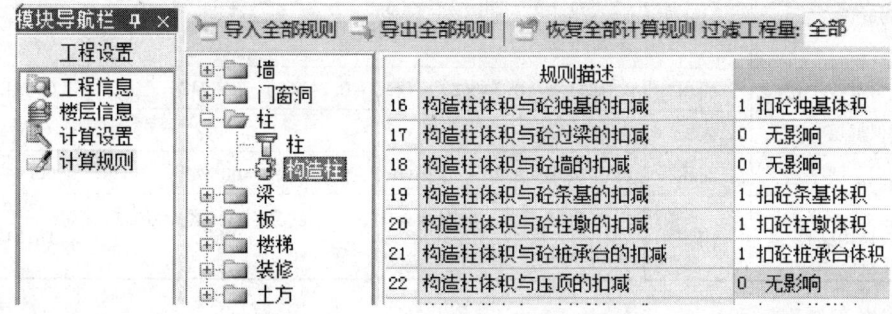

b. 压顶计算设置→计算规则→其他→压顶→第3条压顶体积与构造柱的扣减→扣构造柱体积。如下图所示。

思考与练习

1. 如何利用软件计算压顶的装修量?
2. 外墙装修是否已经包括压顶的侧面抹灰？我们如何控制？

二、屋面及其装修工程量计算

（一）手工计算过程

表 2-2-102

屋面及其装修				
名 称	量 名	计算公式	结 果	单 位
屋面防水保护层	面积	$(11.6-0.24\times 2)\times(6.5-0.24\times 2)+34.28\times 0.25 = 75.512$	75.512	m^2
防水层	面积	$(11.6-0.24\times 2)\times(6.5-0.24\times 2)+34.28\times 0.25 = 75.512$	75.512	m^2
填充料上找平层	面积	$(11.6-0.24\times 2)\times(6.5-0.24\times 2)=66.942$	66.942	m^2
保温层	体积	66.942×0.1	6.694	m^3
硬基层上找平层	面积	$(11.6-0.24\times 2)\times(6.5-0.24\times 2)=66.942$	66.942	m^2
女儿墙内装修	面积	$(11.6\times 2-0.24\times 4+6.5\times 2-0.24\times 4)\times 0.54 = 18.511$	18.511	m^2

（二）软件计算过程
1. 屋面及其装修属性定义

2. 屋面及其装修做法

3. 屋面及其装修绘制

4. 软件计算的屋面工程量

17	WM	WM-屋面1:10水泥珍珠岩保温层	m2	6.6942
18	WM	WM-屋面1:2水泥砂浆找平层(填充料上)	m2	66.9424
19	WM	WM-屋面1:2水泥砂浆找平层(硬基层上)	m2	66.9424
20	WM	WM-屋面SBS防水层	m2	75.5124
21	WM	WM-屋面保护层	m2	75.5124
22	WM	WM-屋面女儿墙内装修面积	m2	18.5112

（三）屋面及其装修手工软件计算结果对照表

表 2-2-103

屋面及其装修				
名 称	量 名	手 工	软 件	差 值
屋面防水保护层	面积	75.512	75.512	0
SBS 防水层	面积	75.512	75.512	0
填充料上找平层	面积	66.942	66.942	0
1:10 珍珠岩保温层	体积	6.694	6.694	0
硬基层上找平层	面积	66.942	66.942	0
女儿墙内装修	面积	18.511	18.511	0

思考与练习

1. 如何利用屋面的代码计算女儿墙的内装修面积?
2. 如何利用房间计算女儿墙的内装修面积?

三、屋面层外墙装修工程量计算

(一) 手工计算过程

屋面外装修面积:

$$(11.6+6.5)\times 2\times 0.54-0.06*0.2*2(雨篷栏板点墙面积)=19.524m^2$$

(二) 软件计算过程

压顶周边抹灰在压顶里已经做过，这里只做屋面层外装修。

1. 屋面层外装修属性定义

屋面层外装修，跟一层二层外墙装修一样，这里不再赘述。

2. 屋面层外装修做法

3. 绘制外单墙装修

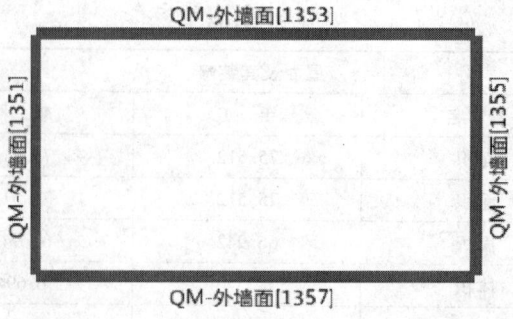

4. 软件计算结果

（三）屋面层外装修手工软件计算结果对照表

表 2-2-104

屋面层外装修手工软件对照

名 称	手 工	软 件	差 值
外装修	19.524	19.524	0

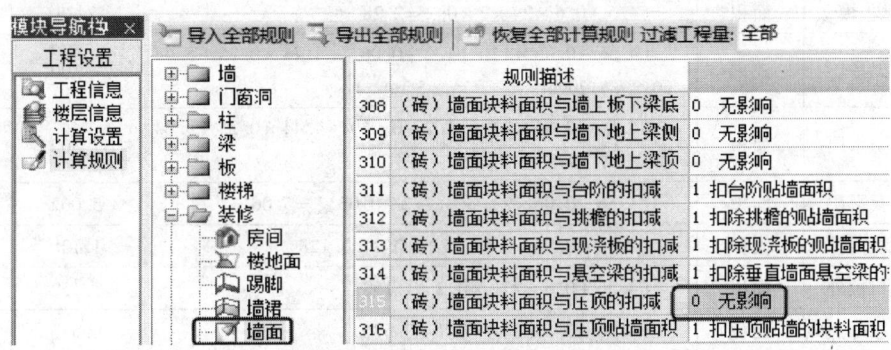

思考与练习

1. 软件是如何计算女儿墙的外装修的？
2. 我们如何利用单墙控制我们想要的外装修工程量？

四、雨篷屋面工程量计算

（一）雨篷屋面要计算哪些工程量

我们把雨篷也可以按一个房间的思路去分析，得出雨篷要计算如下工程量：

表 2-2-105

名 称	六大块		要计算哪些工程量	
雨篷	围护结构	雨篷栏板	混凝土立板	立板体积
				立板模板
	内部装修	雨篷屋面	保护层	面积
			防水层	平面面积
			找平层	平面面积
		防水上翻		上翻面积
		栏板内装修		栏板内装修面积
	外部装修	栏板	外装修	栏板外装修面积
		底板	顶装修	栏板顶装修面积
			外边线	底板外边线面积

（二）手工计算过程

表 2-2-106

雨篷工程量手工计算过程

名　称		量　名	计算公式	结　果	单　位
雨篷栏板	立板体积	体积	$(4.5+0.6\times2)\times0.06\times0.2=0.0684$	0.068	m^3
	立板模板	面积	$(4.5+0.6\times2)\times2\times0.2=2.28$	2.28	m^2
雨篷屋面	保护层	面积	$(4.56-0.06\times2)\times(1.2-0.06)+4.44\times0.25+5.64\times0.2=7.2996$	7.300	m^2
	防水层	面积	$(4.56-0.06\times2)\times(1.2-0.06)+4.44\times0.25+5.64\times0.2=7.2996$	7.300	m^2
	找平层	面积	$(4.56-0.06\times2)\times(1.2-0.06)=5.0616$	5.062	m^2
	栏板内抹灰	面积	$(4.56-0.06+0.57\times2)\times0.2=1.128$	1.128	m^2
外装修	栏板外	面积	$(4.56+0.6\times2)\times0.2=1.152$	1.152	m^2
	底板外边线	面积	$(4.56+0.6\times2)\times0.1=0.576$	0.576	m^2
	栏板顶	面积	$(4.5+0.6\times2)\times0.06=0.342$	0.342	m^2

（三）软件计算过程

1. 雨篷栏板属性定义

2. 雨篷栏板做法

3. 雨篷栏板的外装修定义

第二章 培训楼工程算量实例

4. 雨篷栏板的外装修做法

编码	类别	项目名称	单位	工程量表达式	表达式说明
QM	补	QM-雨篷(外)墙面面砖面积	m2	QMKLMJ	QMKLMJ<墙面块料面积>

雨篷栏板的内外装修可以利用屋面的内外装修墙面来定义。

5. 雨篷屋面属性定义

雨篷和大屋面属性类似,见下图。

6. 雨篷屋面做法

	编码	类别	项目名称	单位	工程量表达式	表达式说明
1	WM	补	WM-雨篷屋面保护层	m2	FSMJ	FSMJ<防水面积>
2	WM	补	WM-雨篷屋面SBS防水层	m2	FSMJ	FSMJ<防水面积>
3	WM	补	WM-雨篷屋面1:2水泥砂浆找平层(硬基层上)	m2	MJ	MJ<面积>

7. 绘制雨篷栏板及其外装修

8. 绘制雨篷屋面

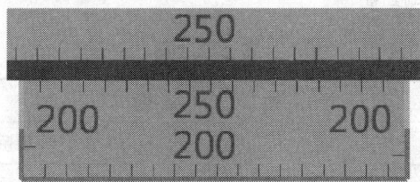

7. 软件计算雨篷工程量结果

5	LB	WM-雨篷栏板内装修面积	m2	1.128
6	LB	雨篷栏板顶面积	m2	0.342
7	LB	雨篷栏板模板面积	m2	2.28
8	LB	雨篷栏板体积	m3	0.0684
10	QM	QM-雨篷(外)墙面面砖面积	m2	1.728
25	WM	WM-雨篷屋面1:2水泥砂浆找平层(硬基层上)	m2	5.0616
26	WM	WM-雨篷屋面SBS防水层	m2	7.2996
27	WM	WM-雨篷屋面保护层	m2	7.2996

（四）雨篷工程量手工软件计算结果比较

表 2-2-107

名　称		量　名	结　果	软　件	差　值	备　注
雨篷栏板	立板体积	体积	0.082	0.082	0	
	立板模板	面积	2.712	2.712	0	
雨篷屋面	保护层	面积	7.300	7.300	0	
	防水层	面积	7.300	7.300	0	
	找平层	面积	5.062	5.062	0	
	栏板内抹灰	面积	1.128	1.128	0	
外装修	栏板外	面积	1.152	2.088	0	
	底板外边线	面积	0.576			
	栏板顶	面积	0.696	0.696	0	

雨篷工程量手工计算过程

思考与练习

1. 雨篷要计算哪些工程量？
2. 我们画雨篷板。软件默认在哪个标高？我们画栏板，软件默认在哪个标高？
3. 我们如何利用阳台来计算雨篷的工程量？

五、挑檐屋面工程量计算

（一）挑檐要计算哪些工程量

表 2-2-108

名　称	六大块	要计算哪些工程量		
挑檐	围护结构	挑檐栏板	立板	立板体积
				立板模板
	内部装修	挑檐屋面	保护层	平面面积
			防水层	体积
			找平层	平面面积
		防水上翻		上翻面积
		栏板内装修		栏板内装修面积
	外部装修	栏板	外装修	栏板外装修面积
			顶装修	栏板顶装修面积
		底板	外边线	底板外边线面积

挑　檐

（二）手工计算过程

表 2-2-109

挑檐工程量计算

名	称		计算公式	结果	单位
挑檐栏板	体积	体积	$(36.2+0.57\times8-4.5)\times0.06\times0.2=0.4351$	0.435	m^3
	模板	面板	$(36.2+0.57\times8-4.5)\times2\times0.2=14.504$	14.504	m^2
挑檐屋面	保护层	面积	$(36.2+0.27\times8-4.44)\times(0.6-0.06)+(36.2-4.44)\times0.25$ $+(36.2+0.54\times8-4.44)\times0.2=33.4728$	33.473	m^2
	防水层	面积	$(36.2+0.27\times8-4.44)\times(0.6-0.06)+(36.2-4.44)\times0.25$ $+(36.2+0.54\times8-4.44)\times0.2=33.4728$	33.473	m^2
	找平层	面积	$(36.2+0.27\times8-4.44)\times(0.6-0.06)=18.3168$	18.317	m^2
	栏板内装	面积	$(36.2+0.54\times8-4.44)\times0.2=7.216$	7.216	m^2
挑檐外装	栏板外装	面积	$[(11.6+1.2+6.5+1.2)\times2-4.56]\times0.2=7.288$	7.288	m^2
	底外装	面积	$[(11.6+1.2+6.5+1.2)\times2-4.56]\times0.2=3.644$	3.644	m^2
	栏板顶装	面积	$(36.2+0.57\times8-4.5)\times0.06=2.156$	2.156	m^2

（三）软件计算过程

1. 挑檐栏板属性定义

2. 挑檐栏板做法

3. 挑檐栏板的外装修定义

4. 挑檐栏板的外装修做法

编码	类别	项目名称	单位	工程量表达式	表达式说明
1 QM	补	QM-QM-挑檐(外)墙面面砖面积	m2	QMKLMJ	QMKLMJ<墙面块料面积>

雨篷栏板的内外装修可以利用屋面的内外装修墙面来定义。

5. 挑檐屋面属性定义

雨篷和大屋面属性类似，见下图。

6. 挑檐屋面做法

	编码	类别	项目名称	单位	工程量表达式	表达式说明
1	WM	补	WM-挑檐屋面保护层	m2	FSMJ	FSMJ<防水面积>
2	WM	补	WM-挑檐屋面SBS防水层	m2	FSMJ	FSMJ<防水面积>
3	WM	补	WM-挑檐屋面1:2水泥砂浆找平层(硬基层上)	m2	MJ	MJ<面积>

7. 绘制挑檐栏板及其外装修

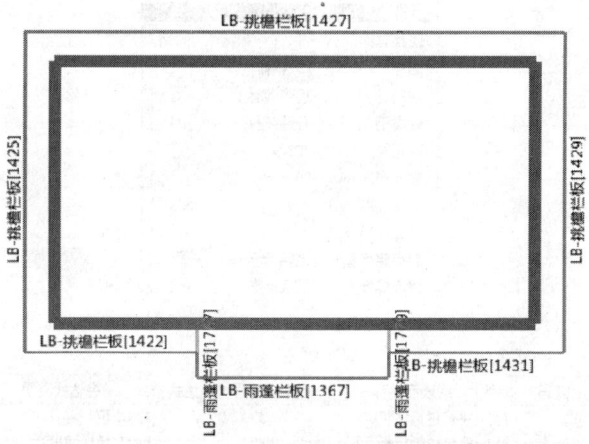

8. 绘制挑檐屋面

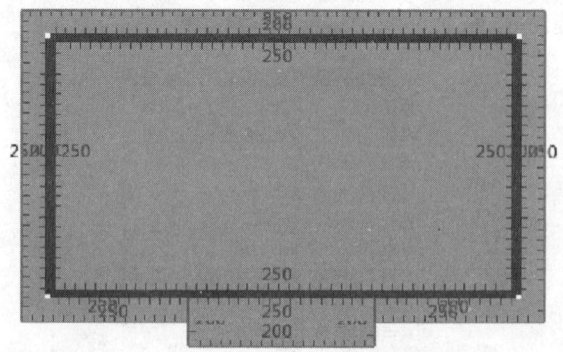

9. 软件计算挑檐工程量结果

1	LB	WM-挑檐栏板内装修面积	m2	7.216
2	LB	挑檐栏板顶面积	m2	2.1756
3	LB	挑檐栏板模板面积	m2	14.504
4	LB	挑檐栏板体积C20	m3	0.4351

8	QM	QM-QM-挑檐(外)墙面面砖面积	m2	10.932

16	WM	WM-挑檐屋面1:2水泥砂浆找平层(硬基层上)	m2	18.3168
17	WM	WM-挑檐屋面SBS防水层	m2	33.4728
18	WM	WM-挑檐屋面保护层	m2	33.4728

(四) 挑檐工程量手工软件计算结果比较

表 2-2-110

挑檐工程量计算

名 称			结 果	软 件	差 值
挑檐栏板	体积	体积	0.435	0.435	0
	模板	面积	14.504	14.504	0
挑檐屋面	保护层	面积	33.473	33.473	0
	防水层	面积	33.473	33.473	0
	找平层	面积	18.317	18.317	0
	栏板内装	面积	7.216	7.216	0
挑檐外装	栏板外装	面积	7.288	10.932	0
	底板外装	面积	3.644		
	栏板顶装	面积	2.156	2.176	-0.02

思考与练习

1. 怎样计算挑檐的防水面积?
2. 怎样计算挑檐立板的外装修面积?
3. 如何利用阳台处理挑檐的工程量?

第五节 基础层工程量计算

基础层分两种情况,满堂基础和条形基础。

一、满堂基础工程量计算

（一）基础工程要计算哪些量

表 2-2-111

基础名称	计算哪些工程量	
满堂基础	土方	土方体积
		基底夯实面积
	垫层	混凝土体积
		模板面积
	满堂基础	混凝土体积
		模板面积
	地梁	混凝土体积
		模板面积
	基础墙	体积
	构造柱	混凝土体积
		模板面积
	回填土	回填土体积
	余土外运	余土外运体积

（二）手工计算过程

表 2-2-112

满基工程计算					
名　称			计算公式	结果	单位
挖土方		体积	[11.1+(0.6+0.3)×2]×[6+(0.6+0.3)×2]×1.15=115.713	115.711	m^3
		底面	[11.1+(0.5+0.1)×2]×[6+(0.5+0.1)×2]=88.56	88.56	m^2
垫层		体积	[11.1+(0.5+0.1)×2]×[6+(0.5+0.1)×2]×0.1=8.856	8.856	m^3
		模板	[11.1+(0.5+0.1)×2+6+(0.5+0.1)×2]×0.1×2=3.9	3.9	m^2
满基		体积	(11.1+0.5×2)×(6+0.5×2)×0.2+8.186=25.126	25.127	m^3
		模板	(11.1+0.5×2+6+0.5×2)×2×0.2=7.64	7.64	m^2
满基梁	370 地梁	体积	34.72×0.37×0.2=2.5693	2.570	m^3
		模板	34.72×2×0.2-0.24×0.2×4=13.696	13.696	m^2
	240 地梁	体积	15.78×0.24×0.2=0.7574	0.757	m^3
		模板	15.78×2×0.2-0.24*0.2*2=6.216	6.216	m^2

续表

<table>
<tr><th colspan="5">满基工程计算</th></tr>
<tr><th colspan="2">名　　称</th><th></th><th>计算公式</th><th>结果</th><th>单位</th></tr>
<tr><td rowspan="6">构造柱</td><td>370×370</td><td>体积</td><td>$(0.37×0.37+0.37×0.03×2)×1×4=0.6364$</td><td>0.636</td><td>m³</td></tr>
<tr><td></td><td>模板</td><td>$[(0.37+0.06)×2+0.06×2]×1×4=3.92$</td><td>3.92</td><td>m²</td></tr>
<tr><td rowspan="2">240×370</td><td>体积</td><td>$(0.37×0.24+0.37×0.03×2+0.24×0.03)×1×4=0.4728$</td><td>0.473</td><td>m³</td></tr>
<tr><td>模板</td><td>$(0.24+0.06×2+0.06×4)×1×4=2.4$</td><td>2.4</td><td>m²</td></tr>
<tr><td rowspan="2">240×240</td><td>体积</td><td>$(0.24×0.24+0.24×0.03×2+0.24×0.03)×1×2=0.1584$</td><td>0.158</td><td>m³</td></tr>
<tr><td>模板</td><td>$(0.24+0.06×2+0.06×4)×1×2=1.2$</td><td>1.2</td><td>m²</td></tr>
<tr><td rowspan="6">基础墙</td><td>370 高差墙</td><td>体积</td><td>$34.72×0.45×0.365=5.7027$</td><td></td><td>m³</td></tr>
<tr><td>370 地下墙</td><td>体积</td><td>$34.72×0.55×0.365=6.97$</td><td></td><td>m³</td></tr>
<tr><td>370 墙总体积</td><td></td><td>$34.72×1×0.365-0.636-0.473+0.03×0.24×4×1=11.5926$</td><td>11.593</td><td>m³</td></tr>
<tr><td>240 高差墙</td><td>体积</td><td>$15.78×0.45×0.24=1.704$</td><td></td><td>m³</td></tr>
<tr><td>240 地下墙</td><td>体积</td><td>$15.78×0.55×0.24=2.083$</td><td></td><td>m³</td></tr>
<tr><td>240 墙总体积</td><td></td><td>$15.78×1×0.24-0.158-0.03×0.24×4×1=3.6$</td><td>3.6</td><td>m³</td></tr>
<tr><td colspan="2">回填</td><td>体积</td><td>$115.713-25.126-8.856-2.569-0.757-6.97-2.083=69.355$</td><td>69.355</td><td>m³</td></tr>
<tr><td colspan="2">余土</td><td>体积</td><td>$25.126+8.856+2.569+0.757+6.97+2.083=46.361$</td><td>46.361</td><td>m³</td></tr>
</table>

（三）软件计算过程

1. 满堂基础属性定义

2. 满堂基础做法

3. 垫层属性定义

4. 垫层做法

编码	类别	项目名称	单位	工程量表达式	表达式说明
1 DC	补	DC-满基垫层砼体积	m3	TJ	TJ〈体积〉
2 DC	补	DC-满基垫层砼模板面积	m2	MBMJ	MBMJ〈模板面积〉
3 DC	补	DC-满基垫层基底夯实面积	m2	DBMJ	DBMJ〈底部面积〉

5. 挖土方属性定义

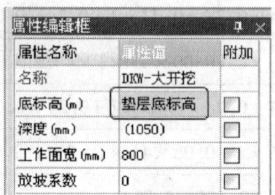

6. 挖土方做法

编码	类别	项目名称	单位	工程量表达式	表达式说明
1 DKW	补	DKW-大开挖土方体积	m3	TFTJ	TFTJ〈土方体积〉
2 DKW	补	DKW-大开挖素土回填体积	m3	STHTTJ	STHTTJ〈素土回填体积〉

7. 370 地梁属性定义

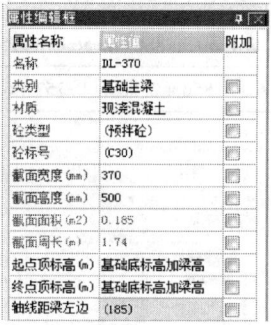

8. 370 地梁做法

编码	类别	项目名称	单位	工程量表达式	表达式说明
1 D1	补	DL-370地梁体积	m3	TJ	TJ〈体积〉
2 D1	补	DL-370地梁模板面积	m2	MBMJ	MBMJ〈模板面积〉

9. 240 地梁属性定义

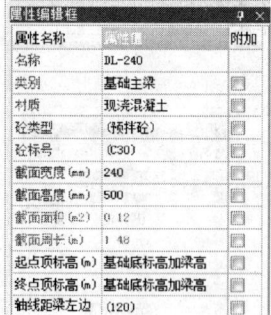

10. 240 地梁做法

编码	类别	项目名称	单位	工程量表达式	表达式说明
1 D1	补	DL-240地梁体积	m3	TJ	TJ〈体积〉
2 D1	补	DL-240地梁模板面积	m2	MBMJ	MBMJ〈模板面积〉

11. 370 满基墙属性定义

属性名称	属性值	附加
名称	Q-370(基础)	
类别	实心砖墙	
材质	砖	
砂浆类型	(混合砂浆)	
砂浆标号	(M5)	
厚度(mm)	370	
轴线距左墙皮	250	
内/外墙标志	外墙	
起点顶标高(m)	层顶标高	
终点顶标高(m)	层顶标高	
起点底标高(m)	基础底标高	
终点底标高(m)	基础底标高	

12. 370 满基墙做法

编码	类别	项目名称	单位	工程量表达式	表达式说明
Q	补	基础墙370体积	m3	TJ	TJ〈体积〉

13. 240 满基墙属性

属性名称	属性值	附加
名称	Q-240(基础)	
类别	实心砖墙	
材质	砖	
砂浆类型	(混合砂浆)	
砂浆标号	(M5)	
厚度(mm)	240	
轴线距左墙皮	(120)	
内/外墙标志	内墙	
起点顶标高(m)	层顶标高	
终点顶标高(m)	层顶标高	
起点底标高(m)	基础底标高	
终点底标高(m)	基础底标高	

14. 240 满基墙做法

编码	类别	项目名称	单位	工程量表达式	表达式说明
Q	补	基础墙240体积	m3	TJ	TJ〈体积〉

15. 370×370构造柱属性定义

16. 370×370构造柱做法

370×240构造柱及240×240构造柱属性定义及做法同370×370构造柱，这里不一一介绍。

17. 绘制满基

满基绘制完成后，设置筏板的达坡，具体操作：左键点击屏幕上的 设置所有边坡，点击满基，点右键，弹出对话框，选中"边坡节点3"，按照图纸修改数据，如下图所示。

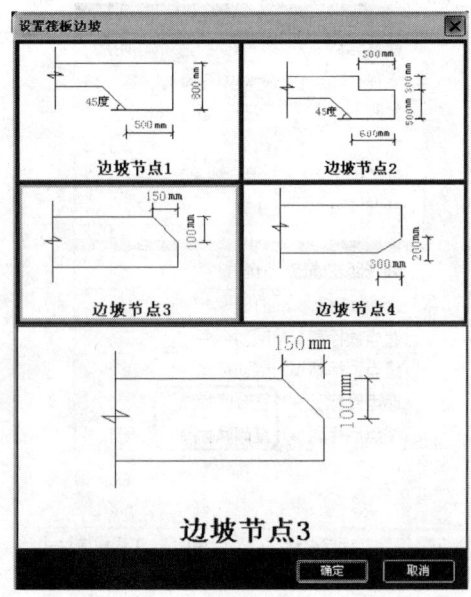

18. 绘制满基垫层
满基垫层可以根据满基智能布置。

19. 绘制基础大开挖土方
基础大开挖土方可以根据满基垫层智能布置。

20. 绘制地梁

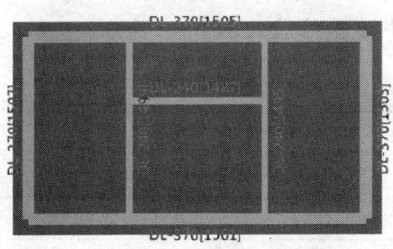

21. 绘制条基墙

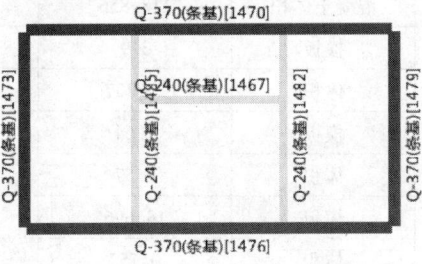

条基墙可以从一层往下复制,复制后要修改墙的底标高和高度。

22. 绘制基础构造柱

构造柱可以从一层往下复制，复制后要修改构造柱的底标高和高度。

23. 软件计算基础工程量结果

1	DC	DC-满基垫层基底夯实面积	m2	88.56
2	DC	DC-满基垫层砼模板面积	m2	3.9
3	DC	DC-满基垫层砼体积	m3	8.856
4	DKW	DKW-大开挖素土回填体积	m3	69.2553
5	DKW	DKW-大开挖土方体积	m3	115.713
6	DL	DL-240地梁模板面积	m2	6.216
7	DL	DL-240地梁体积	m3	0.7574
8	DL	DL-370地梁模板面积	m2	13.696
9	DL	DL-370地梁体积	m3	2.5693
10	MJ	FB-满基砼模板面积	m3	7.64
11	MJ	FB-满基砼体积C20	m2	25.1265
12	Q	基础墙240体积	m3	3.6
13	Q	基础墙370体积	m3	11.607
14	Z	GZ240*240砼模板面积	m2	1.2
15	Z	GZ240*240砼体积C20	m3	0.1584
16	Z	GZ240*370砼模板面积	m2	2.4
17	Z	GZ240*370砼体积C20	m3	0.4728
18	Z	GZ370*370砼模板面积	m2	3.92
19	Z	GZ370*370砼体积C20	m3	0.6364

（四）基础工程量手工软件计算结果比较

表 2-2-113

满基工程计算					
名称			手工	软件	差值
挖土方		体积	115.711	115.713	-0.002
		底面积	88.56	88.56	0
混凝土垫层		混凝土体积	118.856	118.856	0
		模板	3.9	3.9	0
满基		体积	25.127	25.127	0
		模板	7.64	7.64	0
满基梁	370 地梁	体积	2.57	2.57	0
		模板	13.696	13.696	0
	240 地梁	体积	0.757	0.757	0
		模板	6.216	6.216	0
构造柱	370×370	体积	0.636	0.636	0
		模板	3.92	3.92	0
	240×370	体积	0.473	0.473	0
		模板	2.4	2.4	0
	240×240	体积	0.158	0.158	0
		模板	1.2	1.2	0

续表

满基工程计算				
名称		手工	软件	差值
基础墙	370 高差墙 体积	11.593	11.607	-0.014
	370 土下墙 体积			
	240 高差墙 体积	3.6	3.6	0
	240 土下墙 体积			
回填土	体积	69.355	69.255	0.1
运余土	体积	46.361	46.461	-0.1

思考与练习

1. 满堂基础要计算哪些工程量？
2. 我们在基础层画梁，软件默认在什么标高？我们如何处理？
3. 基础梁和满基有什么关系？
4. 基础墙和满基有什么关系？

二、条形基础工程量计算

（一）条形基础工程要计算哪些量

表 2-2-114

基础名称	要计算哪些工程量	
条形基础	土方	土方体积
		基底夯实
	垫层	混凝土体积
		模板面积
	条形基础	混凝土条形体积
		模板面积
	基础墙	体积
	回填土	回填土体积
	余土外运	余土外运体积

（二）手工计算过程

表 2-2-115

名称			计算公式	结果	单位
土方	370 墙基础	体积	$34.72 \times (1.2 + 0.3 \times 2) \times 1.15 = 71.87$	71.87	m³
	240 墙基础	体积	$11.56 \times (1 + 0.3 \times 2) \times 1.15 = 21.27$	21.27	m³
垫层	370 垫层	体积	$34.72 \times 1.2 \times 0.1 = 4.166$	4.166	m³
	370 垫层	模板	$(34.2 \times 2 - 4 \times 1) \times 0.1 = 6.544$	6.544	m²
	370 墙基础	底面积	$34.72 \times 1.2 = 41.664$	41.664	m²
	240 垫层	体积	$13.36 \times 0.1 \times 1 = 1.336$	1.336	m³
	240 垫层	模板	$13.36 \times 0.1 \times 2 - 0.1 \times 2 \times 1 = 2.472$	2.472	m²
	240 墙基础	底面积	$13.36 \times 1 = 13.36$	13.36	m²
条基基础	370 条基础	体积	$34.72 \times [1 \times 0.2 + (1 + 0.37) \times 0.1/2] = 9.322$	9.322	m³
		模板	$34.72 \times 2 \times 0.2 - 0.8 \times 0.2 \times 4 = 13.248$	13.248	m²
	240 条基础	体积	$[(6 - 0.435 \times 2) \times 2 + 4.5 - 0.4 \times 2] \times (0.8 \times 0.2 + 0.52 \times 0.1) = 2.96$	2.96	m³
		模板	$13.96 \times 2 \times 0.2 - 0.8 \times 0.2 \times 2 = 5.264$	5.264	m²
构造柱	370 × 370	体积	$(0.37 \times 0.37 + 0.37 \times 0.03 \times 2) \times 1.2 \times 4 = 0.764$	0.764	m³
		模板	$[(0.37 + 0.06) \times 2 + 0.06 \times 2] \times 1.2 \times 4 = 4.704$	4.704	m²
	240 × 370	体积	$(0.37 \times 0.24 + 0.37 \times 0.03 \times 2 + 0.24 \times 0.03) \times 1.2 \times 4 = 0.567$	0.567	m³
		模板	$(0.24 + 0.06 \times 2 + 0.06 \times 4) \times 1.2 \times 4 = 2.88$	2.88	m²
	240 × 240	体积	$(0.24 \times 0.24 + 0.24 \times 0.03 \times 2 + 0.24 \times 0.03) \times 1.2 \times 2 = 0.19$	0.19	m³
		模板	$(0.24 + 0.06 \times 2 + 0.06 \times 4) \times 1.2 \times 2 = 1.44$	1.44	m²
基础墙	370 高差墙	体积	$34.72 \times 0.45 \times 0.365 = 5.7027$		m³
	370 地下墙	体积	$34.72 \times 0.75 \times 0.365 = 9.5046$		m³
	370 墙总体积		$34.72 \times 1.2 \times 0.365 - 0.764 - 0.567 + 0.03 \times 0.24 \times 4 \times 1.2 = 13.911$	13.911	m³
	240 高差墙	体积	$15.78 \times 0.45 \times 0.24 = 1.704$		m³
	240 地下墙	体积	$15.78 \times 0.75 \times 0.24 = 2.84$		m³
	240 墙总体积		$15.78 \times 1.2 \times 0.24 - 0.19 - 0.03 \times 0.24 \times 4 \times 1.2 = 4.32$	4.32m³	
回填土		体积	$71.87 + 21.27 - 30.129 = 63.011$	63.011	m³
余土		体积	$(4.166 + 1.336)(条基垫层) + (9.322 + 2.96)(条基) + (9.5046 + 2.84)(地下墙) = 30.129$	30.129	m³

（三）软件计算过程
1. 370 基槽挖土方属性定义

属性名称	属性值	附加
名称	JC-370	
槽深(mm)	(1150)	
槽底宽(mm)	1200	
左工作面宽(mm)	300	
右工作面宽(mm)	300	
左放坡系数	0	
右放坡系数	0	
起点底标高(m)	层底标高	
终点底标高(m)	层底标高	
轴线距基槽左	(600)	

2. 370 基槽挖土方做法

编码	类别	项目名称	单位	工程量表达式	表达式说明
1 JC	补	JC-370基槽挖土方体积	m3	TFTJ	TFTJ〈土方体积〉

240 基槽属性定义和做法和 370 墙类似，这里不再赘述。

3. 370 条基属性定义

属性名称	属性值	附加
名称	TJ-370墙	
宽度(mm)		
高度(mm)		
起点底标高(m)	层底标高	
终点底标高(m)	层底标高	

条基建完以后要新建条基垫层和条基单元，我们先新建条基垫层单元
（1）新建条基垫层单元

属性名称	属性值	附加
名称	TJ-370墙-1	
材质	现浇混凝土	
砼类型	(预拌砼)	
砼标号	(C20)	
截面宽度(mm)	1200	
截面高度(mm)	100	

（2）370 条基垫层做法

编码	类别	项目名称	单位	工程量表达式	表达式说明
1 TJ	补	TJ-370墙条基垫层体积	m3	TJ	TJ〈体积〉
2 TJ	补	TJ-370墙条基垫层模板面积	m2	MBMJ	MBMJ〈模板面积〉
3 TJ	补	TJ-370墙条基底夯实面积	m2	DMMJ	DMMJ〈底面面积〉

（3）新建参数化条基单元，按照图纸选出相应图形并填写相应信息，如下图。

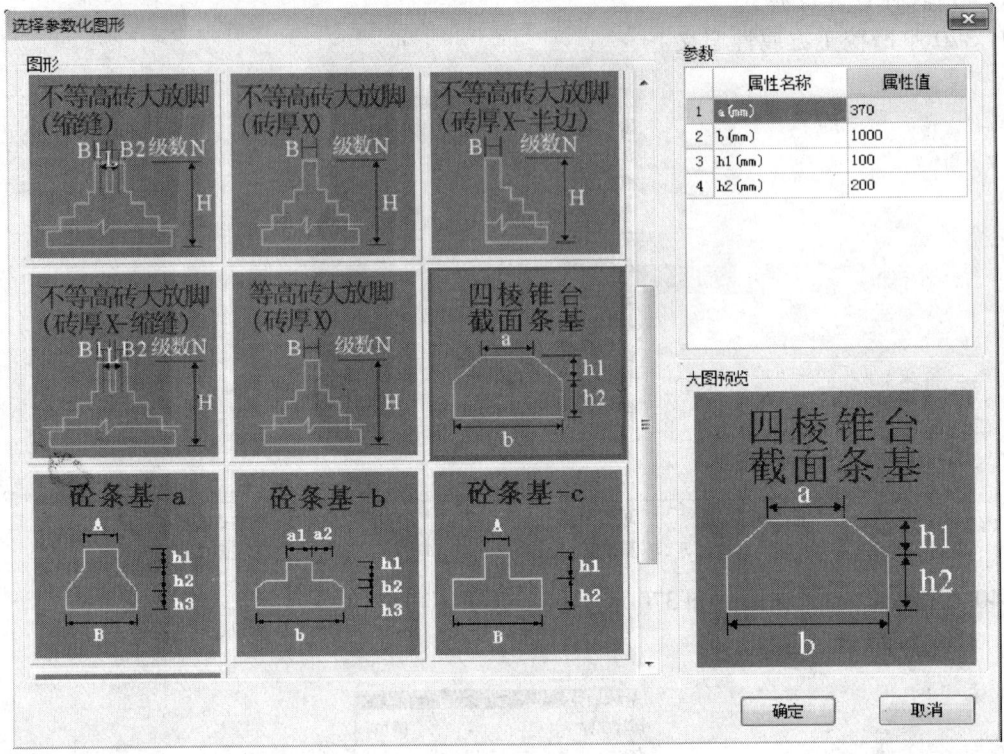

点"确定"。

(4) 370 条基做法

编码	类别	项目名称	单位	工程量表达式	表达式说明
1 TJ	补	TJ-370墙条基体积	m3	TJ	TJ<体积>
2 TJ	补	TJ-370墙条基模板面积	m2	MBMJ	MBMJ<模板面积>

4. 370 条基基础墙

370 条基基础墙属性定义及画法同筏板式基础，这里不再赘述。

5. 绘制挖土方

6. 绘制条形基础墙

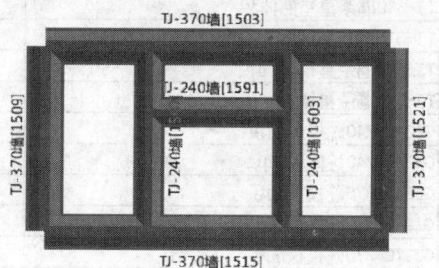

7. 绘制条基墙

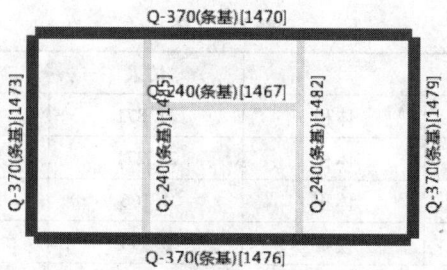

条基墙可以从一层往下复制，复制后要修改墙的底标高和高度。

8. 绘制基础构造柱

构造柱可以从一层往下复制，复制后要修改构造柱的底标高和高度。

9. 软件计算基础工程量结果

1	JC	JC-240基槽素土回填体积	m3	15.0965
2	JC	JC-240基槽挖土方体积	m3	21.2704
3	JC	JC-370基槽素土回填体积	m3	47.746
4	JC	JC-370基槽挖土方体积	m3	71.8704
5	Q	条基墙240体积	m3	4.32
6	Q	条基墙370体积	m3	13.9284
10	TJ	TJ-240墙条基垫层模板面积	m2	2.472
11	TJ	TJ-240墙条基垫层体积	m3	1.336
12	TJ	TJ-240墙条基基底夯实面积	m2	13.36
13	TJ	TJ-240墙条基模板面积	m2	5.264
14	TJ	TJ-240墙条基体积	m3	2.9983
15	TJ	TJ-370墙条基垫层模板面积	m2	6.544
16	TJ	TJ-370墙条基垫层体积	m3	4.1664
17	TJ	TJ-370墙条基基底夯实面积	m2	41.664
18	TJ	TJ-370墙条基模板面积	m2	13.248
19	TJ	TJ-370墙条基体积	m3	9.3223
20	Z	GZ240*240砼模板面积	m2	1.44
21	Z	GZ240*240砼体积C20	m3	0.1901
22	Z	GZ240*370砼模板面积	m2	2.88
23	Z	GZ240*370砼体积C20	m3	0.5674
24	Z	GZ370*370砼模板面积	m2	4.704
25	Z	GZ370*370砼体积C20	m3	0.7637

（四）基础工程量手工软件计算结果比较

表 2-2-116

名称			结果		软件
土方	370 墙基础	体积	71.871	71.871	0
	240 墙基础	体积	21.271	21.271	0
垫层	370 垫层	体积	4.166	4.166	0
	370 垫层	模板	6.544	6.544	0
	370 墙基础	底面积	41.664	41.664	0
	240 垫层	体积	1.336	1.336	0
	240 垫层	模板	2.472	2.472	0
	240 墙基础	底面积	13.36	13.36	0
条基	370 条基础	体积	9.322	9.322	0
		模板	13.248	13.248	0
	240 条基础	体积	2.96	12.998	0
		模板	5.264	5.264	0
构造柱	37×37	体积	0.764	0.764	0
		模板	4.704	4.704	0

续表

名称		结果		软件
构造柱	24×37	体积	0.567	0.567	0
		模板	2.88	2.88	0
	24×24	体积	0.19	0.19	0
		模板	1.44	1.44	0
基础墙	370 高差墙	体积			
	370 地下墙	体积			
	370 墙总体积		13.911	13.928	-0.017
	240 高差墙	体积			
	240 地下墙	体积			
	240 墙总体积		4.32	4.32	
回填土		体积	63.011	62.843	0.168
运余土		体积	30.129		

思考与练习

1. 软件是如何计算条形基础混凝土垫层体积的？
2. 软件是如何计算条形基础垫层模板的？
3. 两个条形基础相交，软件是如何扣减的？
4. 基槽挖土软件是如何扣减的？

第六节 零星项目工程量计算

表 2-2-117

其他工程		
名称	计算哪些工程量	
零星项目	平整场地	面积
	落水管	长度或面积
	水斗	个数
	水口	个数
	弯头	个数

一、平整场地工程量计算

（一）计算规则分析

按照北京 2001 规则，平整场地 = 一层建筑面积 × 1.4

（二）手工计算过程

$$11.6 \times 6.5 \times 1.4 = 105.56 \text{m}^2$$

（三）软件计算过程

1. 定义平整场地

2. 定义平整场地做法

3. 软件绘制平整场地

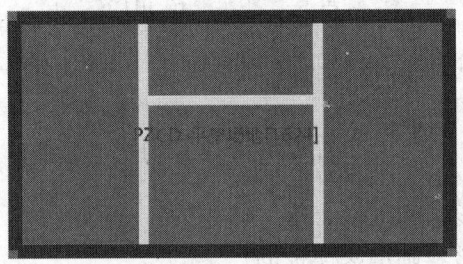

4. 软件计算结果

（四）平整场地手工软件对照表

表 2-2-118

名称	手工	软件	差值
平整场地	105.56	105.56	0

二、水落管工程量计算

（一）计算规则分析

按照北京 2001 规则，水落管按长度计算，由檐底算至室外地坪，弯头和水斗按个数计算。

（二）手工计算过程

$$(7.1 + 0.45) \times 4 = 30.2 \text{ （m）}$$

(三) 软件计算过程

软件没有计算水落管的功能，在表格里直接输入。

1. 软件输入方法

	编码	类别	项目名称	单位	工程量表达式	工程量
1	SLG	补	水落管长度	m	(7.1+0.45)*4	30.2
2	SLG	补	水斗个数	个	4	4
3	SLG	补	弯头个数	个	4	4

2. 水落管软件计算结果

57	SLG	水斗个数		个	4
58	SLG	水落管长度		m	30.2
59	SLG	弯头个数		个	4

(四) 水落管手工软件对照表

表 2-2-119

名称	手工	软件	差值
水落管长度	30.2	30.2	0
弯头	4	4	0
水斗	4	4	0

(五) 重要说明

其实有很多项目手工计算起来比软件画图更简单，例如：板上有很多小洞，画图其实挺麻烦，我们在表格输入直接计算出板的体积，填写成负数即可，这样比画图要省事得多。碰到类似的情况都这样处理，要以结果为导向，什么方法最快用什么，不要陷入软件画图的误区。

思考与练习

1. 软件是如何计算平整场地的？
2. 软件是如何计算建筑面积的？
3. 是否所有的构件都需要用画图的方法来处理？

第三章 商住楼工程算量实例

第一节 工程量整体分析

通过对住宅楼 A 图纸分析，本图的基础层包括满堂基础、条形基础、独立基础。主要楼层有地下一层、首层、2~6 层、突出屋面层。2 层以下为框架结构，3~6 层为砖混结构。

一、基础工程

（一）满堂基础

表 2-3-1

构件名称	一级划分	计算哪些量
满堂基础	平整场地	面积
	挖土方	体积
	基底打夯	面积
	满基垫层	体积
		模板面积
	满基底板	体积
		模板面积
	满基梁	体积
		模板面积
	柱	体积
		模板面积
	回填土	体积
	余土外运	体积

(二) 条形基础

表 2-3-2

条形基础

构件名称	一级划分	计算哪些量
条形基础	基槽开挖	体积
	基底打夯	面积
	条基垫层	体积
		模板面积
	砖基大放脚	体积
	基础墙	体积
	回填土	体积
	余土外运	体积

(三) 独立基础

表 2-3-3

独立基础

构件名称	一级划分	计算哪些量
独立基础	基坑开挖	体积
	基底打夯	面积
	独基垫层	体积
		模板面积
	独立基础	体积
		模板面积
	回填土	体积
	余土外运	体积

二、主体工程

(一) 围护构件

表 2-3-4

围护构件

构件名称	一级划分	二级划分	计算哪些量
围护构件	墙	外墙	体积
		内墙	体积

续表

围护构件			
构件名称	一级划分	二级划分	计算哪些量
围护构件	门		洞口面积
			数量
	窗		洞口面积
			数量
	过梁		体积
			模板面积
	圈梁		体积
			模板面积
	柱		体积
			模板面积

（二）顶部构件

表 2-3-5

顶部构件		
构件名称	一级划分	计算哪些量
顶部构件	梁	体积
		模板面积
		超高模板面积
	板	体积
		模板面积
		超高模板面积

（三）室内构件

表 2-3-6

室内构件		
构件名称	一级划分	计算哪些量
室内构件	楼梯	投影面积
		底部装修
		模板面积

（四）室外构件

表 2-3-7

室外构件

构件名称	一级划分	二级划分	计算哪些量
室外构件	散水坡道	散水面层	面积
		散水伸缩缝	长度
	台阶	台阶面层	面积
		台阶主体	体积
			模板面积
		台阶垫层	体积
			模板面积
		台阶围护	体积
	雨篷	雨篷板	体积
			模板
			板底装修面积
			板顶装修面积
		雨篷栏板	体积
			模板面积
			内立面装修
			外立面装修
			顶面装修
		异形栏板	体积
			模板面积
	阳台	阳台底板	体积
			模板面积
			底板底装修面积
			底板上装修面积
		阳台栏板	体积
			模板面积
			内立面装修
			外立面装修
			顶面装修
		阳台贴脸	面积
		异形栏板	体积
			模板面积

（五）内装修

表 2-3-8

内装修

构件名称	一级划分	二级划分	计算哪些量
内装修	楼地面	抹灰楼地面	地面积
		块料楼地面	块料地面积
	踢脚	抹灰踢脚	踢脚抹灰长度
		块料踢脚	踢脚块料长度
	内墙面	抹灰墙面	内墙抹灰面积
		块料墙面	内墙块料面积
	顶棚	抹灰顶棚	顶棚抹灰面积

（六）外装修

表 2-3-9

外装修

构件名称	一级划分	二级划分	计算哪些量
外墙装修	外墙面	抹灰墙面	抹灰面积
		块料墙面	块料面积

三、屋面工程

（一）女儿墙

表 2-3-10

女儿墙

构件名称	一级划分	计算哪些量
女儿墙	女儿墙外装修	面积
	女儿墙内装修	面积
	构造柱	体积
		模板

（二）压顶

表 2-3-11

压顶

构件名称	计算哪些量
压顶	体积
	模板面积
	装修面积

(三) 防水

表 2-3-12

防　水

构件名称	一级划分	计算哪些量
防水	找平层	面积
	找坡层	体积
	保温层	体积
	防水层	面积
	防水上翻	面积
	面层	面积

四、零星工程

(一) 楼梯栏杆

表 2-3-13

楼梯栏杆

构件名称	计算哪些量
楼梯栏杆	长度
	装修

(二) 突出物

表 2-3-14

突出物

构件名称	一级划分	二级划分	计算哪些量
突出物	墙		外墙240体积
	门		洞口面积
			数量
	窗		洞口面积
			数量
	板		体积
			模板面积
	防水	找平层	面积
		保温层	体积
		防水层	面积
		面层	面积

思考与练习

1. 请分析基础层要计算哪些工程量？
2. 请分析首层要计算哪些工程量？
3. 请分析顶层要计算哪些工程量？

第二节 地下一层工程量计算

我们手工做预算的顺序一般是按照平整场地、挖土方、打钎拍底、基础垫层、基础等顺序进行计算。这些工程量的计算都与墙有一定的关系，而软件要计算这些量必须以墙为基础，平整场地的计算一般与首层或地下一层的外墙有关系，所以本图我们先计算地下一层。

一、地下一层要计算哪些工程量

（一）围护构件

表 2-3-15

地下一层围护构件

构件名称	一级划分	二级划分	计算哪些量
围护构件	砖墙	外墙	体积
		内墙	体积
	塑钢门		洞口面积
			数量
	柱		体积
			模板面积
			超高模板面积

（二）顶部构件

表 2-3-16

地下一层顶部构件

构件名称	一级划分	计算哪些量
顶部构件	梁	体积
		模板面积
		超高模板面积
	板	体积
		模板面积
		超高模板面积

(三) 室内构件

表 2-3-17

地下一层室内构件

构件名称	一级划分	二级划分	计算哪些量
室内构件	混凝土楼梯	制作	投影面积
			模板面积
		楼梯装修	底部面积

(四) 室内装修

表 2-3-18

地下一层内装修

构件名称	一级划分	二级划分	计算哪些量
内装修	地面	80 厚混凝土垫层	体积
	踢脚	1:2 水泥砂浆面层	净面积
	内墙面	抹灰踢脚 150 高	踢脚长度
	顶棚	抹灰墙面	面积
		888 仿瓷涂料	面积
		抹灰顶棚	面积
		888 仿瓷涂料	面积

(五) 室外防水

表 2-3-19

地下一层室外防水

构件名称	一级划分	计算哪些量
室外防水	外墙找平层	外墙面积
	SBS 防水层	外墙面积
	120 砖墙	体积

二、工程量计算过程（本书应用的是广联达图形 2008.9.10.4.1858 版本，以下同）

(一) 地下一层围护构件

1. 门

(1) 手工计算过程

M-3 洞口面积：0.9(宽)×2.1(高)×8(数量) = 15.12m^2 数量：8

(2) 软件计算过程

软件画图：

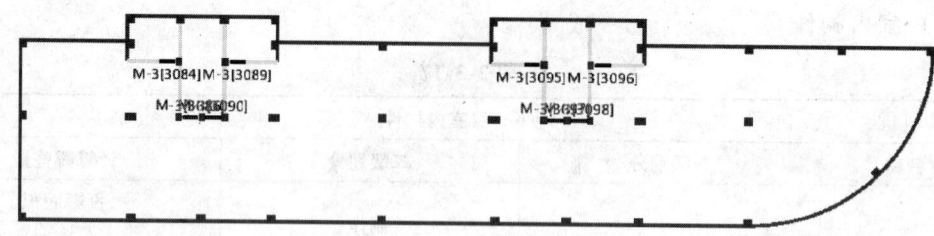

软件结果：

| M | M-3(樘数) | 樘 | 8 |
| M | M-3洞口面积 | m2 | 15.12 |

2. 过梁

(1) 手工计算过程

体积：0.12(高)×0.24(宽)×(0.9+0.5)(长)×8(数量) = 0.323m³

模板面积：[0.9×0.24(底模)+(0.9+0.5)×0.12×2(侧模)]×8(数量) = 4.416m²

(2) 软件计算过程

软件画图：

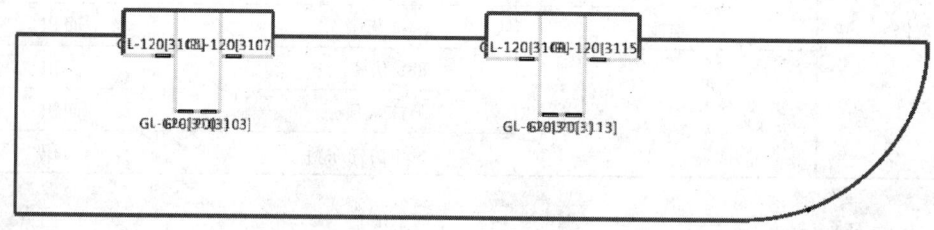

软件结果：

| GL | GL120砼过梁模板面积 | m2 | 3.8592 |
| GL | GL120砼过梁体积 | m3 | 0.2557 |

软件把过梁与框架柱相交的混凝土扣除，手工计算时很难做到这一点。所以工程量会有一定差距。

3. 墙

(1) 外墙

1) 手工计算过程

直外墙体积：

[(43.2-0.43×2-7×0.55)+(10.7-0.43×2-0.55)+(6.3-0.43-0.12)+(9-0.43×2-0.55×2)×2+(12.6-0.12×2-0.55)+(17-0.12-0.55×2-0.43)](净长)×0.24(墙厚)×(3-0.5)(净高)+(1.5-0.12-0.43)(净长)×0.24(墙厚)×(3-0.45)(净高)×4(四段墙) = 59.1876m³

弧形外墙体积：(3.14×2×10.7/4-0.43-0.55-0.12)(净长)×0.24(墙厚)×(3-0.5)(净高) = 9.4194m³

外墙总体积：59.1876（直形）+9.4194（弧形）= 68.607m³

2）软件计算过程

软件画图：

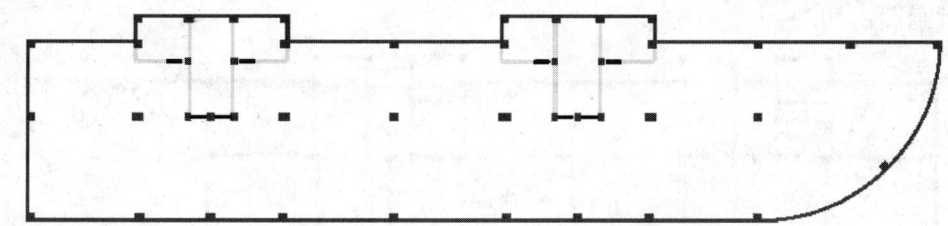

软件结果：

| Q | 外砖墙240体积 | m3 | 68.605 |

(2) 内墙

1) 手工计算过程

内墙体积：

$\{(1.2-0.43) \times 0.24 \times (3-0.45) + (6-0.43-0.5-0.25)(净长) \times 0.24(墙厚) \times (3-0.4)(净高) + [(3.2-0.265)(净长) \times 0.24(墙厚) \times (3-0.4)(净高) - 0.9 \times 2.1 \times 0.24(门体积)]\} \times 4(四段) + [(2.6-0.135 \times 2-0.4)(净长) \times 0.24(墙厚) \times (3-0.35)(净高) - 2 \times 0.9 \times 2.1 \times 0.24(门体积)] \times 2(2段) - 0.323(过梁体积4) = 19.745m³$

2) 软件结果：

| Q | 内砖墙240体积 | m3 | 19.8464 |

这个手工和软件量差主要是过梁扣减的量不同志而导致的差距。

(3) 柱

1) 手工计算过程

KZ1 体积：$0.55 \times 0.55 \times 3 \times 21(个数) = 19.0575m³$

KZ1 模板：$(0.55+0.55) \times 2 \times 3 \times 21(个数) = 138.6m²$

KZ1-a 体积：$0.55 \times 0.55 \times 3 \times 2(个数) = 1.815m³$

KZ1-a 模板：$(0.55+0.55) \times 2 \times 3 \times 2(个数) = 13.2m²$

KZ2 体积：$0.4 \times 0.5 \times 3 \times 6(个数) = 3.6m³$

KZ2 模板：$(0.4+0.5) \times 2 \times 3 \times 6(个数) = 32.4m²$

KZ2-a 体积：$0.4 \times 0.5 \times 3 \times 4(个数) = 2.4m³$

KZ2-a 模板：$(0.4+0.5) \times 2 \times 3 \times 4(个数) = 21.6m²$

KZ3 体积：$0.7 \times 0.5 \times 3 \times 4(个数) = 4.2m³$

KZ3 模板：$(0.7+0.5) \times 2 \times 3 \times 4(个数) = 28.8m²$

KZ4 体积：$0.55 \times 0.55 \times 3 \times 4(个数) = 3.63m³$

KZ4 模板：$(0.55+0.55) \times 2 \times 3 \times 4(个数) = 26.4m²$

KZ5 体积：$0.55 \times 0.55 \times 3 \times 3(个数) = 2.7225 m^3$

KZ5 模板：$(0.55 + 0.55) \times 2 \times 3 \times 3(个数) = 19.8 m^2$

2）软件计算过程

软件画图：

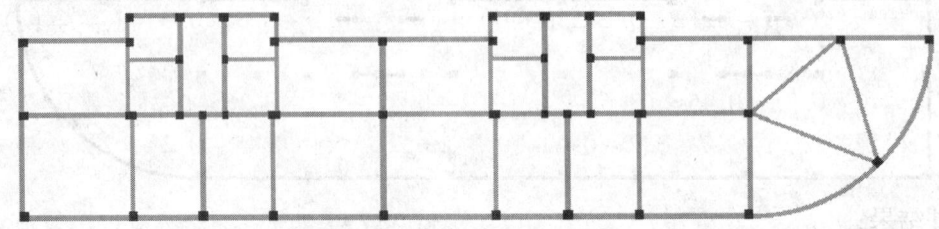

软件结果：

KZ	KZ1-550*550砼超高模板面积	m2	0
KZ	KZ1-550*550砼模板面积	m2	138.6
KZ	KZ1-550*550砼体积	m3	19.0575
KZ	KZ1-a-550*550砼超高模板面积	m2	0
KZ	KZ1-a-550*550砼模板面积	m2	13.2
KZ	KZ1-a-550*550砼体积	m3	1.815
KZ	KZ2-400*500砼超高模板面积	m2	0
KZ	KZ2-400*500砼模板面积	m2	32.4
KZ	KZ2-400*500砼体积	m3	3.6
KZ	KZ2-a砼超高模板面积	m2	0
KZ	KZ2-a砼模板面积	m2	21.6
KZ	KZ2-a砼体积	m3	2.4
KZ	KZ3-700*500砼超高模板面积	m2	0
KZ	KZ3-700*500砼模板面积	m2	28.8
KZ	KZ3-700*500砼体积	m3	4.2
KZ	KZ4-550*550砼超高模板面积	m2	0
KZ	KZ4-550*550砼模板面积	m2	26.4
KZ	KZ4-550*550砼体积	m3	3.63
KZ	KZ5-550*550砼超高模板面积	m2	0
KZ	KZ5-550*550砼模板面积	m2	19.8
KZ	KZ5-550*550砼体积	m3	2.7225

（二）地下一层顶部构件

1. 梁

（1）手工计算过程

L-1 体积：$0.25 \times 0.4 \times (3.2 - 0.18 - 0.265)(梁净长) \times 4(个数) = 1.102 m^3$

L-1 模板：$(3.2 - 0.18 - 0.265) \times [(0.4 - 0.2) \times 2 + 0.25] \times 4(个数) = 7.163 m^2$

KL-1 体积：$0.35 \times 0.5 \times (3.6 - 0.43 - 0.12 + 2.7)(梁净长) \times 2(个数) = 2.0125 m^3$

KL-1 模板：$(3.6 - 0.43 - 0.12 + 2.7) \times (0.5 - 0.2 + 0.5 + 0.35) \times 2(个数) = 13.225 m^2$

KL-2 体积：$0.35 \times 0.5 \times (3.2 - 0.43 - 0.275 + 2.6 - 0.55 + 3.2 - 0.275 - 0.43)(梁净

长）×2（个数）= 2.464m³

KL-2 模板：（3.2 - 0.43 - 0.275 + 2.6 - 0.55 + 3.2 - 0.275 - 0.43）×（0.5 - 0.2 + 0.5 + 0.35）×2（个数）= 16.192m²

KL-3 体积：0.35 × 0.5 ×（2.7 - 0.12 - 0.275 + 3.6）(梁净长)×2×1(个数) = 2.06675m³

KL-3 模板：（2.7 - 0.12 - 0.275 + 3.6）×（0.5 - 0.2 + 0.5 + 0.35）(梁净长)×2(个数) = 13.581m²

KL-4 体积：0.35 × 0.45 ×（3.6 + 2.7 + 3.2 - 0.43 - 0.7 - 0.265）×2(个数) = 2.553m³

KL-4 模板：（3.6 + 2.7 + 3.2 - 0.43 - 0.7 - 0.265）×[（0.45 - 0.2）×2 + 0.35]×2(个数) = 13.7785m²

KL-5 体积：0.35 × 0.35 ×（2.6 - 0.135 × 2 - 0.4）(梁净长)×2（个数）= 0.4729m³

KL-5 模板：（2.6 - 0.135 × 2 - 0.4）×（0.35 + 0.35 - 0.2 + 0.35）×2（个数）= 3.281m²

KL-6 体积：0.35 × 0.45 ×（19 - 0.7 × 2 - 0.55 - 0.265 × 2）(梁净长) = 2.6019m³

KL-6 模板：（19 - 0.7 × 2 - 0.55 - 0.265 × 2）×（0.35 + 0.25 + 0.25）= 14.042m²

KL-7 体积：0.35 × 0.5 ×（43.2 - 0.43 × 2 - 0.55 × 7）(梁净长) = 6.7358m³

KL-7 模板：（43.2 - 0.43 × 2 - 0.55 × 7）(梁净长)×（0.35 + 0.5 + 0.5 - 0.2）= 44.2635m²

KL-8 体积：0.35 × 0.5 ×（10.7 - 0.43 × 2 - 0.55）(梁净长)×2(个数) = 1.6258m³

KL-8 模板：（10.7 - 0.43 × 2 - 0.55）(梁净长)×（0.35 + 0.5 + 0.5 - 0.2）+（10.7 - 0.43 × 2 - 0.55）(梁净长)×（0.35 + 0.5 - 0.2 + 0.5 - 0.2）= 19.509m²

KL-9 体积：0.35 × 0.45 ×（6 - 0.25 - 0.55 - 0.43）(梁净长)×4(个数) = 3.0051m³

KL-9 模板：（6 - 0.25 - 0.55 - 0.43）×（0.35 + 0.5 + 0.5 - 0.2）×4(个数) = 20.034m²

KL-10 体积：0.3 × 0.4 ×（6 - 0.25 - 0.5 - 0.43）(梁净长)×4(个数) = 2.3116m³

KL-10 模板：（6 - 0.25 - 0.5 - 0.43）(梁净长)×（0.3 + 0.45 + 0.45 - 0.2）×4(个数) = 19.28m²

KL-11 体积：0.3 × 0.5 ×（6.2 - 0.25 - 0.43）×4(梁净长)×4(个数) = 3.312m³

KL-11 模板：（6.2 - 0.25 - 0.43）(梁净长)×（0.3 + 0.5 - 0.2 - 0.2）×4(个数) = 19.872m²

KL-12 体积：0.35 × 0.5 ×（6.2 - 0.25 - 0.43）(梁净长)×2(个数) = 1.932m³

KL-12 模板：0.35 × 0.5 ×（6.2 - 0.25 - 0.43）(梁净长)×（0.35 + 0.5 - 0.2 + 0.5 - 0.2）×2(个数) = 10.488m²

KL-13 体积：0.35 × 0.5 ×（10.7 - 0.43 × 2 - 0.55）(梁净长)×1(个数) = 1.6258m³

KL-13 模板：（10.7 - 0.43 × 2 - 0.55）×（0.35 + 0.5 - 0.2 + 0.5 - 0.2）= 8.8255m²

KL-14 体积：0.35 × 0.5 ×（5.35 × 2 - 0.12 - 0.55 - 0.43）(梁净长)×1(个数) = 1.68m³

KL-14 模板：（5.35 × 2 - 0.12 - 0.55 - 0.43）×（0.5 - 0.2 + 0.5 + 0.35）= 10.982m²

KL-15 体积：（半圆）：0.25 × 0.6 × 6.5（梁净长）= 0.975m³

KL-15 模板：6.5 ×[（0.6 - 0.2）×2 + 0.25] = 6.825m²

KL-16 体积：（半圆）：0.25 × 0.6 × 7.816（梁净长）= 1.1724m³

KL-16 模板：7.816 ×[（0.6 - 0.2）×2 + 0.25] = 8.2068m²

KL-17 体积：(半圆)：$0.25 \times 0.6 \times 7.887$(梁净长)$= 1.18305 m^3$

KL-17 模板：$7.887 \times [(0.6 - 0.2) \times 2 + 0.25] = 8.28 m^2$

KL-18 体积：(半圆)：$0.3 \times 0.5 \times (2 \times 3.14 \times 10.7/4 - 0.12 - 0.55 - 0.43)$(梁净长)$\times 1 = 2.3549 m^3$

KL-18 模板：$(2 \times 3.14 \times 10.7/4 - 0.12 - 0.55 - 0.43) \times (0.5 - 0.2 + 0.5 + 0.3) = 17.2689 m^2$

(2) 软件计算过程

软件画图：

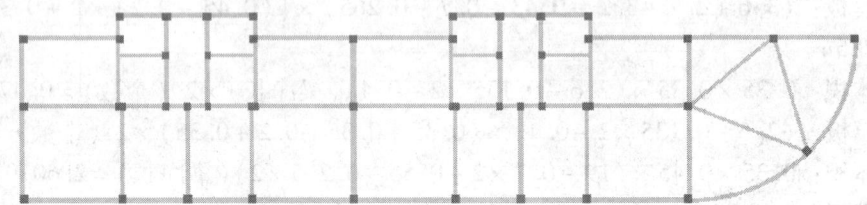

软件结果：

KL	KL-10砼超高模板面积	m2	0
KL	KL-10砼模板面积	m2	17.352
KL	KL-10砼体积	m3	2.3136
KL	KL-11砼超高模板面积	m2	0
KL	KL-11砼模板面积	m2	19.872
KL	KL-11砼体积	m3	3.312
KL	KL-12砼超高模板面积	m2	0
KL	KL-12砼模板面积	m2	10.488
KL	KL-12砼体积	m3	1.932
KL	KL-13砼超高模板面积	m2	0
KL	KL-13砼模板面积	m2	8.8255
KL	KL-13砼体积	m3	1.6258
KL	KL-14砼超高模板面积	m2	0
KL	KL-14砼模板面积	m2	10.9666
KL	KL-14砼体积	m3	1.6722
KL	KL-15砼超高模板面积	m2	0
KL	KL-15砼模板面积	m2	6.828
KL	KL-15砼体积	m3	0.9709
KL	KL-16砼超高模板面积	m2	0
KL	KL-16砼模板面积	m2	8.0085
KL	KL-16砼体积	m3	1.135
KL	KL-17砼超高模板面积	m2	0
KL	KL-17砼模板面积	m2	7.5316
KL	KL-17砼体积	m3	1.0501
KL	KL-18砼超高模板面积	m2	0
KL	KL-18砼模板面积	m2	17.2598
KL	KL-18砼体积	m3	2.3472
KL	KL-1砼超高模板面积	m2	0
KL	KL-1砼模板面积	m2	13.225
KL	KL-1砼体积	m3	2.0125
KL	KL-2砼超高模板面积	m2	0

KL	KL-2砼模板面积	m2	17.012
KL	KL-2砼体积	m3	2.464
KL	KL-3砼超高模板面积	m2	0
KL	KL-3砼模板面积	m2	13.5815
KL	KL-3砼体积	m3	2.0668
KL	KL-4砼超高模板面积	m2	0
KL	KL-4砼模板面积	m2	13.7785
KL	KL-4砼体积	m3	2.5531
KL	KL-5砼超高模板面积	m2	0
KL	KL-5砼模板面积	m2	3.281
KL	KL-5砼体积	m3	0.4729
KL	KL-6砼超高模板面积	m2	0
KL	KL-6砼模板面积	m2	14.042
KL	KL-6砼体积	m3	2.6019
KL	KL-7砼超高模板面积	m2	0
KL	KL-7砼模板面积	m2	44.2635
KL	KL-7砼体积	m3	6.7358
KL	KL-8砼超高模板面积	m2	0
KL	KL-8砼模板面积	m2	19.509
KL	KL-8砼体积	m3	3.2515
KL	KL-9砼超高模板面积	m2	0
KL	KL-9砼模板面积	m2	16.024
KL	KL-9砼体积	m3	2.5758

2. 板

(1) 手工计算过程

矩形部分板体积：

表 2-3-20

地下一层矩形部分板体积

名称	位置		工程量计算式	板厚	数量	体积 (m³)
	横轴	竖轴				
板	1-4	A-C	(3.6+3-0.23-0.15)×(6.2-0.23-0.175)×0.2×2	0.2	12	14.418
	4-8	A-C	(4.2-0.15-0.175)×(6.2-0.23-0.175)×0.2×4	0.2	14	17.968
	1-3	C-D	(3.6+2.7-0.23-0.12)×(3.3+1.2-0.23-0.175)×0.2×2	0.2	12	9.748
	3-5	C-1/C	(3.2-0.18×2)×(3.3-0.175-0.125)×0.2×4	0.2	14	6.816
	3-5	1/C-E	(3.2-0.18×2)×(1.2+1.5-0.125-0.23)×0.2×4	0.2	14	5.328
	9-11	C-D	(2.7+3.6-0.12-0.175)×(4.5-0.175-0.23)×0.2×2	0.2	12	9.836
	9-11	A-C	(3.6+3-0.15-0.175)×(6.2-0.175-0.23)×0.2×2	0.2	12	14.5456
合计				0.2	22	78.6596

弧形部分板体积：

因为手工很难计算准确，我们借用 CAD 计算这部分模板面积。

CAD 计算弧形部分模板：

CAD 画图

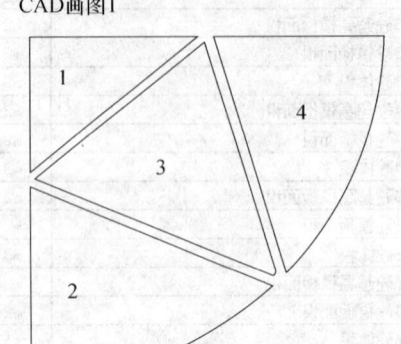

CAD画图1

面积：10.093（1）+24.246（2）+21.594（3）+21.297（4）= 77.23m²
弧形部分板体积：77.23 × 0.2 = 15.446m³
板总体积：78.6596（矩形）+ 15.446（弧形）= 94.4056m³
矩形部分板模板：
78.6596（板体积）/0.2（板厚）= 471.3055m²

（2）软件计算过程
软件画图：

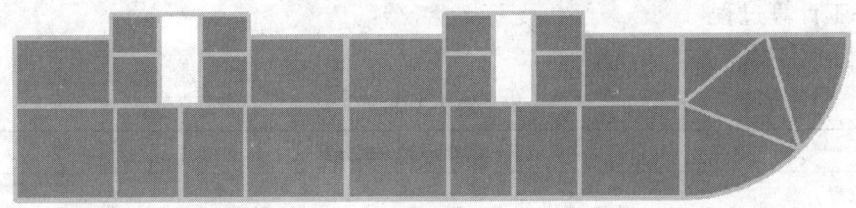

软件结果：

| B | XB-200砼模板面积 | m2 | 469.224 |
| B | XB-200砼体积 | m3 | 94.2611 |

模板与手工的量差主要是手工没有扣除板与柱相交的那一部分模板。

（三）地下一层室内构件
楼梯
1. 手工计算过程
楼梯投影面积：(2.6 − 0.24) × (3.3 + 1.2 + 1.5 − 0.24) × 2 = 27.1872m²
模板面积：(2.6 − 0.24) × (3.3 + 1.2 + 1.5 − 0.24) × 2 = 27.1872m²
底部装修面积：(2.6 − 0.24) × (3.3 + 1.2 + 1.5 − 0.24) × 2 × 1.15 = 31.265m²
2. 软件计算过程
软件做法：

编码	类别	项目名称	单位	工程量表达式	表达式说明
1 LT	补	LT-楼梯投影面积	m2	TYMJ	TYMJ<水平投影面积>
2 LT	补	LT-楼梯投影模板面积	m2	TYMJ	TYMJ<水平投影面积>
LT	补	LT-楼梯底部装修面积	m2	TYMJ*1.15	TYMJ<水平投影面积>*1.15

注释：楼梯底部装修面积按投影面积×1.15计算。用户可以根据自己的情况修改系数。

软件画图：

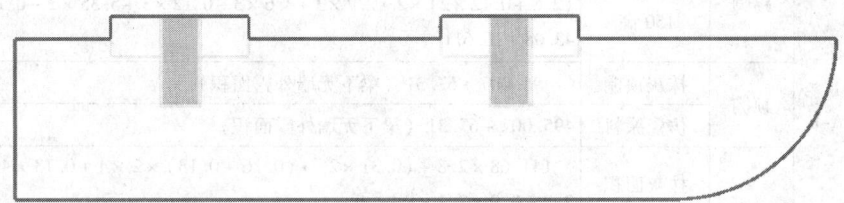

软件结果：

LT	LT-楼梯底部装修面积	m2	31.2653
LT	LT-楼梯投影面积	m2	27.1872
LT	LT-楼梯投影模板面积	m2	27.1872

（四）地下一层室内装修

1. 手工计算过程

表 2-3-21

地下一层内装修

构件名称	位置		要算的量	类型	计算式	工程量
	横	竖				
地下仓库	3-5	C-E	地面积	80厚垫层	[(3.2-0.12×2)×(1.2+1.5-0.12×2)×0.1]×4	2.9126
				水浆面层	(3.2-0.12×2)×(1.2+1.5-0.12×2)×4	29.1261
			踢脚	抹灰踢脚	(3.2-0.12×2)×2+(1.2+1.5-0.12×2)×2×4	43.36
			顶棚	抹灰顶棚	(3.2-0.12×2)×(1.2+1.5-0.12×2)×4	29.1261
				仿瓷涂料	(3.2-0.12×2)×(1.2+1.5-0.12×2)×4	29.1261
			内墙面	抹灰面积	[10.84×2.8+0.31×2×2.8-0.9×2.1]×4	120.791
				仿瓷涂料	[10.84×2.8+0.31×2×2.8-0.9×2.1]×4	120.791
地下室车库	1-23	A-E	地面积	80厚混凝土垫层	[(3.6+3+4.2+4.2+3+3.6+3.6+3+4.2+4.2+3+3.6)×(6.2-0.12×2)+(3.3+1.2)×(3.6+2.7-0.12×2)-(0.7×0.5×4+0.55×0.55×2)独立柱+3.3×3.2+(3.3+1.2)×(2.7+3.6-0.12)+3.14×(10.7-0.12)×(10.7-0.12)/4-(5.35×2-0.12)×0.12]×0.1	49.5007
			地面积	1/2水泥砂浆面层	[(3.6+3+4.2+4.2+3+3.6+3.6+3+4.2+4.2+3+3.6)×(6.2-0.12×2)+(3.3+1.2)×(3.6+2.7-0.12×2)-(0.7×0.5×4+0.55×0.55×2)独立柱+3.3×3.2+(3.3+1.2)×(2.7+3.6-0.12)+3.14×(10.7-0.12)×(10.7-0.12)/4-(5.35×2-0.12)×0.12]×0.1	495.007

续表

构件名称	位置		要算的量	类型	计算式	工程量
	横	竖			地下一层内装修	
地下室车库	1-23	A-E	踢脚	抹灰踢脚150高	$3.3+1.2+3.6+2.7-0.12\times2+1.2\times4+3.2\times4+3.3\times4+(2.6+0.12\times2)\times2+2.7\times3+3.6\times3-0.12\times3+5.35\times2-0.12+43.08+16.611$	135.851
			顶棚	抹灰顶棚	$495.007+67.31$（梁下无墙外露面积）	562.317
				仿瓷涂料	$495.007+67.31$（梁下无墙外露面积）	562.317
			内墙面	抹灰面积	$141.68\times2.8+(0.31\times26+(0.16+0.13)\times2\times4+0.13\times4)\times2.8-0.9\times2.1\times8$	412.104
				仿瓷涂料	$141.68\times2.8+[0.31\times26+(0.16+0.13)\times2\times4+0.13\times4]\times2.8-0.9\times2.1\times8$	412.104
楼梯间	5-7	C-E	地面积	80厚混凝土垫层	$[(2.6-0.12\times2)\times(3.3+1.2+1.5-0.12\times2)\times0.1]\times2$	2.7187
				水浆面层	$[(2.6-0.12\times2)\times(3.3+1.2+1.5-0.12\times2)]\times2$	27.187
			踢脚	抹灰踢脚150高	$(3.2+1.2+1.5-0.24+2.6-0.24)*2*2$	32.48
			内墙面	抹灰面积	$(16.24\times3-0.9\times2.1\times2)\times2$	89.88
				仿瓷涂料	$(16.24\times3-0.9\times2.1\times2)\times2$	89.88

2. 软件计算过程

软件画图：

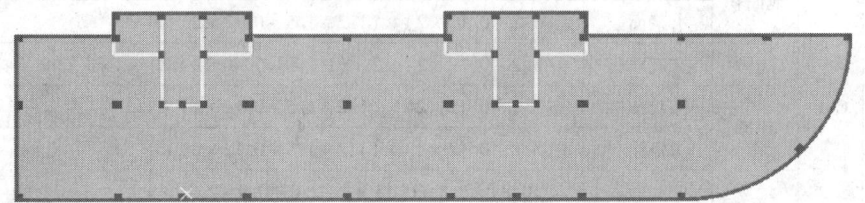

软件结果：

DM	DM-仓库80厚C10混凝土体积		m3	2.9126
DM	DM-仓库水泥砂浆面积		m2	29.1264
DM	DM-地下车库80厚C10混凝土体积		m3	49.6157
DM	DM-地下车库水泥砂浆面积		m2	496.1574
DM	DM-楼梯间80厚C10混凝土体积		m3	2.7187
DM	DM-楼梯间水泥砂浆面积		m2	27.1872

TJ	TIJ-仓库水泥砂浆踢脚长度		m	43.36
TJ	TIJ-地下车库水泥砂浆踢脚长度		m	141.6983
TJ	TIJ-楼梯间水泥砂浆踢脚长度		m	32.48

QM	QM-仓库底层石灰砂浆面积	m2	120.208
QM	QM-仓库面层涂料面积	m2	116.269
QM	QM-地下车库底层石灰砂浆面积	m2	407.4194
QM	QM-地下车库面层涂料面积	m2	390.2433
QM	QM-楼梯间底层石灰砂浆面积	m2	91.33
QM	QM-楼梯间面层涂料面积	m2	89.242
TP	TP-仓库底层石灰砂浆面积	m2	28.6804
TP	TP-仓库面层888涂料面积	m2	28.6804
TP	TP-地下车库底层石灰砂浆面积	m2	562.3142
TP	TP-地下车库面层888涂料面积	m2	562.3142

（五）地下一层室外装修

1. 手工计算过程

找平层：

$[43.2+0.12+3.14\times2\times(10.7+0.12)/4+2.7+3.6+5.35\times2+0.12+1.5\times4+(3.2\times2+2.6+0.12\times2)\times2+(2.7+3.6)\times2-0.12\times2+2.7+3.6+4.8+1.4+3.3+1.2+0.12\times2]$（建筑周长）$\times(3-0.9)$（高）$=276.17\text{m}^2$

防水层：同找平层

聚苯板保护层面积：同找平层

2. 软件计算过程

软件做法：

	编码	类别	项目名称	单位	工程量表	表达式说明
1	QM	补	QM-地下外墙面抹灰面积	m2	QMMHMJ	QMMHMJ<墙面抹灰面积>
2	QM	补	QM-地下外墙面防水面积	m2	QMMHMJ	QMMHMJ<墙面抹灰面积>
3	QM	补	QM-地下外墙面聚苯泡沫板面积	m2	QMMHMJ	QMMHMJ<墙面抹灰面积>

注意 建立地下外墙面时，把墙面起点顶标高（m）和终点顶标高（m）调整为-0.9（室外地坪）。

软件结果：

QM	QM-地下外墙面防水面积	m2	276.8603
QM	QM-地下外墙面聚苯泡沫板面积	m2	276.8603
QM	QM-地下外墙面抹灰面积	m2	276.8603

思考与练习

1. 请分析手工计算板模板面积有哪些方法？
2. 手工计算墙体工程量前，应先计算哪些工程量？软件画门窗前应该先画什么？软件画过梁前应先画什么？
3. 软件是如何计算顶棚面积的？

第三节　首层工程量计算

一、首层要计算哪些工程量

(一) 围护构件

表 2-3-22

首层围护构件

构件名称	一级划分	二级划分	计算哪些量
围护构件	塑钢门		洞口面积
			数量
	窗		洞口面积
			数量
			窗运输（面积）
	过梁		体积
			模板面积
	砖墙	外墙	体积
		内墙	体积
	柱		体积
			模板面积

(二) 顶部构件

表 2-3-23

顶部构件

构件名称	一级划分	计算哪些量
顶部构件	梁	体积
		模板面积
		超高模板面积
	板	体积
		模板面积
		超高模板面积

(三) 室内构件

表 2-3-24

地下一层室内构件

构件名称	一级划分	二级划分	计算哪些量
室内构件	混凝土楼梯	制作	投影面积
			模板面积
		楼梯装修	底部面积

（四）室外构件

表 2-3-25

室外构件

构件名称	一级划分	二级划分	计算哪些量
室外构件	散水	散水面层	面积
		散水伸缩缝	长度
		散水垫层	体积
	坡道	坡道面层	面积
		坡道垫层	体积
	混凝土台阶	块料台阶面层	平面面积
			立面面积
		台阶垫层	体积
			模板面积
	台阶护墙	砖护墙	体积
		装修	面积
	平整场地	首层建筑面积×1.4	面积

（五）室内装修

表 2-3-26

首层内装修

构件名称	一级划分	二级划分	计算哪些量
内装修	楼面	8厚地砖	块料面积
	踢脚	块料踢脚	块料踢脚长度
	内墙面	抹灰墙面	面积
		888仿瓷涂料	面积
	顶棚	抹灰顶棚	面积
		888仿瓷涂料	面积

（六）室外装修

表 2-3-27

首层外装修

构件名称	一级划分	计算哪些量
外装修	外墙面	块料面积

二、工程量计算过程

（一）首层围护构件

1. 门

（1）手工计算过程

M-1 洞口面积：$3.7 \times 2.7 \times 4 = 39.96 \mathrm{m}^2$　　　数量：4

M-2 洞口面积：$7.938 \times 2.7 \times 1 = 21.432 \mathrm{m}^2$　　数量：1

M-3 洞口面积：$0.9 \times 2.1 \times 4 = 7.56 \mathrm{m}^2$　　　数量：4

（2）软件计算过程

软件画图：

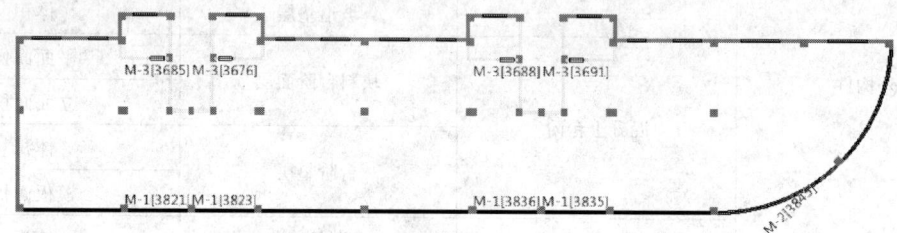

软件结果：

M	M-1（樘数）	樘	4
M	M-1洞口面积	m2	39.96
M	M-2（樘数）	樘	1
M	M-2洞口面积	m2	21.4326
M	M-3（樘数）	樘	4
M	M-3洞口面积	m2	7.56

2. 窗

（1）手工计算过程

C-8 洞口面积：$2 \times 1.8 \times 4 = 14.4 \mathrm{m}^2$　　　数量：4

C-9 洞口面积：$2 \times 1.5 \times 4 = 12 \mathrm{m}^2$　　　数量：4

C-10 洞口面积：$2 \times 1.2 \times 4 = 9.6 \mathrm{m}^2$　　　数量：4

C-11 洞口面积：$2 \times 2.4 \times 2 = 9.6 \mathrm{m}^2$　　　数量：2

QBC-1 洞口面积：$2.2 \times 5.97 \times 2 = 26.268 \mathrm{m}^2$　数量：2

QBC-2 洞口面积：$2.2 \times 6.1 \times 2 = 26.84 \mathrm{m}^2$　　数量：2

QBC-3 洞口面积：$2.2 \times 7.606 \times 1 = 16.7332 \mathrm{m}^2$　数量：1

（2）软件计算过程

软件画图：

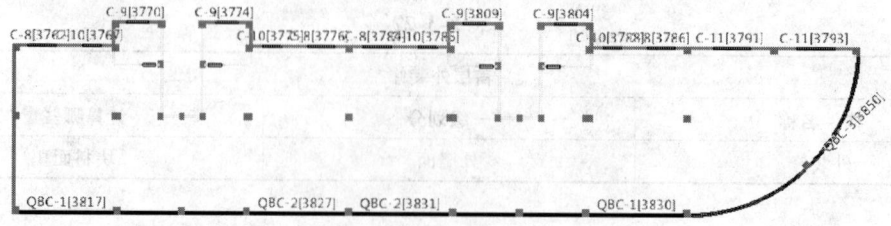

软件结果：

C	C-10 (樘数)	樘	4
C	C-10洞口面积 (塑钢窗)	m2	9.6
C	C-11 (樘数)	樘	2
C	C-11洞口面积 (塑钢窗)	m2	9.6
C	C-8 (樘数)	樘	4
C	C-8洞口面积 (塑钢窗)	m2	14.4
C	C-9 (樘数)	樘	4
C	C-9洞口面积 (塑钢窗)	m2	12
C	QBC-1 (樘数)	樘	2
C	QBC-1洞口面积 (全玻璃窗)	m2	26.268
C	QBC-2 (樘数)	樘	2
C	QBC-2洞口面积 (全玻璃窗)	m2	26.84
C	QBC-3 (樘数)	樘	1
C	QBC-3洞口面积 (全玻璃窗)	m2	16.7332

3. 过梁

（1）手工计算过程

表 2-3-28

首层过梁

位置	过梁名称	门窗名称	门窗宽度	过梁长	过梁宽	过梁高	数量	过梁体积	过梁模板
外墙	240×240 过梁	M-1	3.7	4.2	0.24	0.24	4	0.96768	11.616
		M-2	7.938	8.438	0.24	0.24	1	0.4860288	5.95536
		洞口	2.05	2.55	0.24	0.24	2	0.29376	3.432
		C-11	2.4	2.9	0.24	0.24	2	0.33408	3.936
		QBC-1	5.97	6.47	0.24	0.24	2	0.745344	9.0768
		QBC-2	6.1	6.6	0.24	0.24	2	0.76032	9.264
		QBC-3	7.606	8.106	0.24	0.24	1	0.4669056	5.71632
	240×240 过梁合计							4.0541184	48.99648
	240×180 过梁	C-8	1.8	2.3	0.24	0.18	4	0.39744	5.04
		C-9	1.5	2	0.24	0.18	4	0.3456	4.32
		C-10	1.2	1.7	0.24	0.18	4	0.29376	3.6
	240×180 过梁合计							1.0368	12.96
	外墙合计							5.0909184	61.95648
内墙	240×120 过梁	M-3	0.9	1.4	0.24	0.12	4	0.16128	2.208

（2）软件计算过程

软件画图：

363

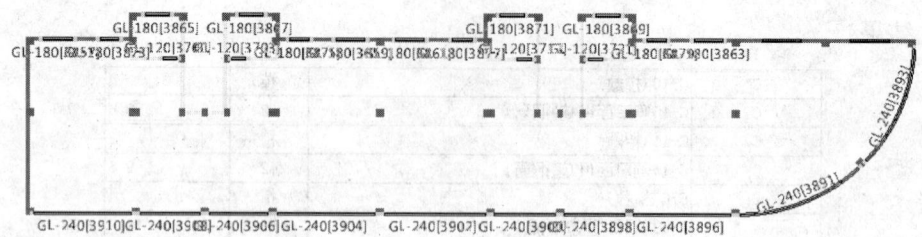

软件结果：

GL	GL120砼过梁模板面积	m2	2.0832
GL	GL120砼过梁体积	m3	0.1463
GL	GL180砼过梁模板面积	m2	16.6416
GL	GL180砼过梁体积	m3	1.5984
GL	GL240砼过梁模板面积	m2	39.3432
GL	GL240砼过梁体积	m3	3.152

4. 墙

（1）手工计算过程

1）外墙

直外墙体积：

$[(1.2+3.3+6.2-0.38\times2-0.5)+(43.2-0.38\times2-7\times0.5)+(3.6+2.7-0.38-0.12)+(3.2-0.38-0.25)\times4+(2.6-0.5)\times2+(2.7+3.6)\times2-0.24-0.5+(2.7+3.6+10.7-0.12-0.38\times2-0.5)+(1.5-0.5)\times4]$（净长）$\times0.24$（墙厚）$\times(4.2-0.5)$（净高）$-23.69$（窗）$-11.6564$（门）$-5.09$（过梁）$=48.488m^3$

弧形外墙体积：$(2\times3.14\times10.7/4-0.5\times2)\times0.24\times(4.2-0.5)-5.143824$ 窗 -4.015968 窗 $=4.87m^3$

注释：弧形墙部分的过梁直接在直墙里扣减了。

外墙总体积：48.488（直形）+4.87（弧形）=53.358m^3

2）内墙

内墙体积：

$[(1.2-0.38)$（净长）$\times(4.2-0.45)$（净高）$\times4$（四段）$+(6-0.25-0.5-0.38)$（净长）$\times(4.2-0.35)$（净高）$\times4$（四段）$+(2.6-0.24-0.37)$（净长）$\times(4.2-0.3)$（净高）$\times2$（两段）$]\times0.24$（墙厚）$+[(3.2-0.12-0.13)$（净长）$\times0.24$（墙厚）$\times4.2$（净高）$-0.9\times2.1\times0.24$（门）$-(3.2-0.24)\times0.24\times0.2$（扣板体积）$]\times4$（四段）$-2.208$（过梁）$=34.029m^3$

（2）软件计算过程

软件画图：

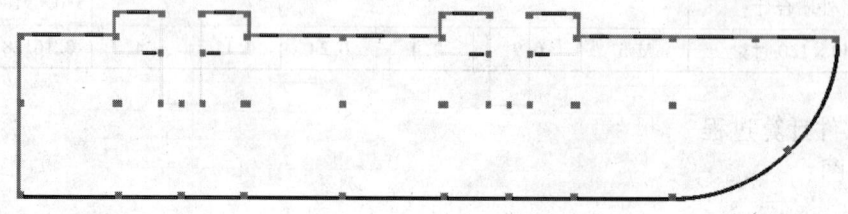

软件结果：

99	Q	内砖墙240体积	m3	34.3681
100	Q	外砖墙240体积	m3	54.491

5. 框架柱

（1）手工计算过程

KZ1 体积：$0.5 \times 0.5 \times 4.2 \times 23 = 24.15 m^3$

KZ1 模板：$(0.5 + 0.5) \times 2 \times 4.2 \times 23 = 193.2 m^2$

KZ1 超高模板：$(0.5 + 0.5) \times 2 \times 0.6 \times 23 = 27.6 m^2$

KZ2 体积：$0.37 \times 0.5 \times 4.2 \times 10 = 7.77 m^3$

KZ2 模板：$(0.37 + 0.5) \times 2 \times 4.2 \times 10 = 73.08 m^2$

KZ2 超高模板：$(0.37 + 0.5) \times 2 \times 0.6 \times 10 = 10.44 m^2$

KZ3 体积：$0.67 \times 0.5 \times 4.2 \times 4 = 5.628 m^3$

KZ3 模板：$(0.67 + 0.5) \times 2 \times 4.2 \times 4 = 39.312 m^2$

KZ3 超高模板：$(0.67 + 0.5) \times 2 \times 0.6 \times 4 = 5.616 m^2$

KZ4 体积：$0.5 \times 0.5 \times 4.2 \times 4 = 4.2 m^3$

KZ4 模板：$(0.5 + 0.5) \times 2 \times 4.2 \times 4 = 33.6 m^2$

KZ4 超高模板：$(0.5 + 0.5) \times 2 \times 0.6 \times 4 = 4.8 m^2$

KZ5 体积：$0.5 \times 0.5 \times 4.2 \times 3 = 3.15 m^3$

KZ5 模板：$(0.5 + 0.5) \times 2 \times 4.2 \times 3 = 25.2 m^2$

KZ5 超高模板：$(0.5 + 0.5) \times 2 \times 0.6 \times 3 = 3.6 m^2$

（2）软件计算过程

软件画图：

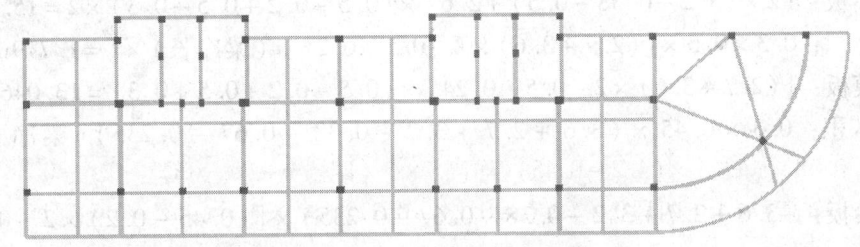

软件结果：

KZ	KZ1-550*550砼超高模板面积	m2	27.6
KZ	KZ1-550*550砼模板面积	m2	193.2
KZ	KZ1-550*550砼体积	m3	24.15
KZ	KZ2-400*500砼超高模板面积	m2	10.44
KZ	KZ2-400*500砼模板面积	m2	73.08
KZ	KZ2-400*500砼体积	m3	7.77
KZ	KZ3-700*500砼超高模板面积	m2	5.616
KZ	KZ3-700*500砼模板面积	m2	39.312
KZ	KZ3-700*500砼体积	m3	5.628
KZ	KZ4-550*550砼超高模板面积	m2	4.8

KZ	KZ4-550*550砼模板面积	m2	33.6
KZ	KZ4-550*550砼体积	m3	4.2
KZ	KZ5-550*550砼超高模板面积	m2	3.6
KZ	KZ5-550*550砼模板面积	m2	25.2
KZ	KZ5-550*550砼体积	m3	3.15

（二）首层顶部构件

1. 梁

（1）手工计算过程

L-1 体积：$0.25 \times 0.4 \times (43.2 - 0.18 \times 2 - 0.3 \times 7)$（梁净长）$\times 1 = 4.074 m^3$

L-1 模板：$(43.2 - 0.18 \times 2 - 7 \times 0.3) \times [(0.4 - 0.2) \times 2 + 0.25] = 26.481 m^2$

L-2 体积：$0.25 \times 0.45 \times (4.8 + 1.4 + 4.5 + 3 - 0.18 - 0.15 - 0.275 - 0.365 - 0.18)$（梁净长）$\times 4 = 5.6475 m^3$

L-2 模板：$(4.8 + 1.4 + 4.5 + 3 - 0.18 - 0.15 - 0.275 - 0.365 - 0.18) \times 4 \times [(0.45 - 0.2) \times 2 + 0.25] = 37.65 m^2$

L-3 体积：$0.24 \times 0.5 \times (43.2 - 0.18 \times 2 - 0.3 \times 7)$（梁净长）$\times 1 = 4.8888 m^3$

L-3 模板：$(43.2 - 0.18 \times 2 - 0.3 \times 7) \times (0.5 - 0.2 + 0.5 + 0.24) = 42.369 m^2$

L-4 体积：（半圆）$0.24 \times 0.5 \times [2 \times 3.14 \times (10.7 + 3)/4 - 0.25 * 2]$（梁净长）$\times 1 = 2.52108 m^3$

L-4 模板：$[2 \times 3.14 \times (10.7 + 3)/4 - 0.25 \times 2] \times [(0.5 - 0.2) + 0.5 + 0.24] = 21.5894 m^2$

KL-1 体积：$0.3 \times 0.5 \times (3.6 + 2.7 - 0.5)$（梁净长）$\times 2 = 1.74 m^3$

KL-1 模板：$(3.6 + 2.7 - 0.5) \times (0.5 - 0.2 + 0.5 + 0.3) \times 2 = 12.76 m^2$

KL-2 体积：$0.3 \times 0.5 \times [2 \times (3.2 - 0.38 - 0.5) + 2.6]$（梁净长）$\times 2 = 2.172 m^3$

KL-2 模板：$[2 \times (3.2 - 0.38 - 0.5) + 2.6] \times (0.5 - 0.2 + 0.5 + 0.3) \times 2 = 15.928 m^2$

KL-3 体积：$0.3 \times 0.5 \times [(2.7 + 3.6) \times 2 - 0.5 - 0.24]$（梁净长）$\times 1 = 1.779 m^3$

KL-3 模板：$[(2.7 + 3.6) \times 2 - 0.5 - 0.24] \times (0.5 - 0.2 + 0.5 + 0.3) = 13.046 m^2$

KL-4 体积：$0.3 \times 0.45 \times (3.6 + 2.7 + 3.2 - 0.38 - 0.67 - 0.235)$（梁净长）$\times 2 = 2.21805 m^3$

KL-4 模板：$(3.6 + 2.7 + 3.2 - 0.38 - 0.67 - 0.235) \times [(0.45 - 0.2) \times 2 + 0.3] \times 2 = 13.144 m^2$

KL-5 体积：$0.3 \times 0.3 \times (2.6 - 0.24 - 0.37)$（梁净长）$\times 2 = 0.3582 m^3$

KL-5 模板：$(2.6 - 0.24 - 0.37) \times [(0.3 - 0.2) \times 2 + 0.3] = 1.99 m^2$

KL-6 体积：$0.3 \times 0.45 \times [(3.2 + 2.7 + 3.6) \times 2 - 0.235 \times 4 - 0.67 \times 2 - 0.5]$（梁净长）$\times 1 = 2.1897 m^3$

KL-6 模板：$[(3.2 + 2.7 + 3.6) \times 2 - 0.235 \times 4 - 0.67 \times 2 - 0.5]$（梁净长）$\times [(0.45 - 0.2) \times 2 + 0.3] = 12.976 m^2$

KL-7 体积：$0.3 \times 0.5 \times (43.2 - 0.38 \times 2 - 7 \times 0.5)$（梁净长）$\times 1 = 5.841 m^3$

KL-7 模板：$(43.2 - 0.38 \times 2 - 7 \times 0.5) \times [(0.5 - 0.2) \times 2 + 0.3] = 35.046 m^2$

KL-8 体积：$0.3 \times 0.5 \times (4.8 - 0.38 + 1.4 + 4.5 - 0.38 - 0.5)$（梁净长）$\times 2 = 2.832 m^3$

KL-8 模板：$(4.8 - 0.38 + 1.4 + 4.5 - 0.38 - 0.5) \times [(0.5 - 0.2) \times 3 + 0.5 + 0.3 \times 2] = 18.888 m^2$

KL-8 悬挑体积：$(3 - 0.12)$（梁净长）$\times 0.3 \times 0.5 \times 2 = 0.864 m^3$

KL-8 悬挑模板：$(3 - 0.12) \times (0.5 - 0.2 + 0.5 + 0.3) \times 2 = 6.336 m^2$

KL-9 体积：$0.3 \times 0.45 \times (1.5 + 4.5 - 0.25 - 0.38 - 0.5)$（梁净长）$\times 4 = 2.6298 m^3$

KL-9 模板：$[(3.3 + 1.2 - 0.25 - 0.38) \times (0.45 - 0.2) \times 2 + (1.5 - 0.5) \times (0.45 - 0.2 + 0.45) + (3.3 + 1.2 + 1.50.25 - 0.5 - 0.38) \times 0.3] \times 4 = 16.384 m^2$

KL-10 体积：$0.3 \times 0.35 \times (1.5 + 4.5 - 0.25 - 0.38 - 0.5)$（梁净长）$\times 4 = 2.0454 m^3$

KL-10 模板：$(1.5 + 4.5 - 0.25 - 0.38 - 0.5) \times [(0.35 - 0.2) \times 2 + 0.3] \times 4 = 11.688 m^2$

KL-11 体积：$0.3 \times 0.5 \times (4.8 + 1.4 - 0.25 - 0.38)$（梁净长）$\times 4 = 3.342 m^3$

KL-11 模板：$(4.8 + 1.4 - 0.25 - 0.38) \times 4 \times [(0.5 - 0.2) \times 2 + 0.3] = 20.052 m^2$

KL-11 悬挑体积：$(3 - 0.12)$（梁净长）$\times 0.3 \times 0.5 \times 4 = 1.728 m^3$

KL-11 悬挑模板：$(3 - 0.12) \times [(0.5 - 0.2) \times 2 + 0.3] \times 4 = 10.368 m^2$

KL-12 体积：$0.3 \times 0.5 \times (4.8 + 1.4 - 0.25 - 0.38)$（梁净长）$\times 2 = 1.671 m^3$

KL-12 模板：$(4.8 + 1.4 - 0.25 - 0.38) \times 2 \times [(0.5 - 0.2) \times 2 + 0.3] = 10.026 m^2$

KL-12 悬挑体积：$0.3 \times 0.5 \times (3 - 0.12)$（梁净长）$\times 2 = 0.864 m^3$

KL-12 悬挑模板：$(3 - 0.12) \times 2 \times [(0.5 - 0.2) \times 2 + 0.3] = 5.184 m^2$

KL-13 体积：$0.3 \times 0.5 \times (4.8 - 0.38 + 1.4 + 4.5 - 0.38 - 0.5)$（梁净长）$\times 1 = 1.416 m^3$

KL-13 模板：$(4.8 - 0.38 + 1.4 + 4.5 - 0.38 - 0.5) \times [(0.5 - 0.2) \times 2 + 0.3] \times 1 = 8.496 m^2$

KL-13 悬挑体积：$(3 - 0.12)$（梁净长）$\times 0.3 \times 0.45 \times 1 = 0.388 m^3$

KL-13 悬挑模板：$(3 - 0.12) \times [(0.45 - 0.2) \times 2 + 0.3] = 2.304 m^2$

KL-14 体积：$0.25 \times 0.5 \times (5.35 \times 2 - 0.5 \times 2)$（梁净长）$\times 1 = 1.2125 m^3$

KL-14 模板：$(5.35 \times 2 - 0.5 \times 2) \times (0.5 - 0.2 + 0.5 + 0.25) = 10.185 m^2$

KL-14 悬挑体积：$(3 - 0.12)$（梁净长）$\times 0.25 \times 0.5 \times 1 = .0.36 m^3$

KL-14 悬挑模板：$(3 - 0.12) \times (0.5 - 0.2 + 0.5 + 0.25) \times 1 = 3.024 m^2$

KL-15 体积（半圆）：$0.25 \times 0.6 \times 6.991$（梁净长）$\times 1 = 1.04865 m^3$

KL-15 模板：$6.991 \times [(0.6 - 0.2) \times 2 + 0.25] = 7.34055 m^2$

KL-16 体积（半圆）：$0.25 \times 0.6 \times 7.816$（梁净长）$\times 1 = 1.1724 m^3$

KL-16 模板：$7.816 \times [(0.6 - 0.2) \times 2 + 0.25] = 8.2068 m^2$

KL-17 体积（半圆）：$0.25 \times 0.6 \times 7.887$（梁净长）$\times 1 = 1.1835 m^3$

KL-17 模板：$7.877 \times [(0.6 - 0.2) \times 2 + 0.25] = 8.27085 m^2$

KL-18 体积（半圆）：$0.3 \times 0.5 \times 16.799$（梁净长）$\times 1 = 2.5198 m^3$

KL-18 模板：$16.799 \times [(0.5 - 0.2) \times 2 + 0.3] = 15.1191 m^2$

（2）软件计算过程

软件画图：

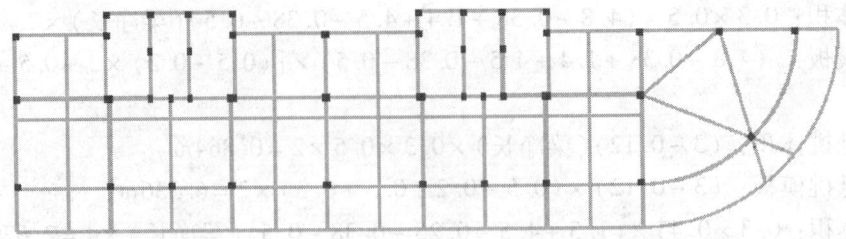

软件结果：

KL	KL-10砼超高模板面积	m2	16.022
KL	KL-10砼模板面积	m2	16.022
KL	KL-10砼体积	m3	2.0517
KL	KL-11砼超高模板面积	m2	31.644
KL	KL-11砼模板面积	m2	31.644
KL	KL-11砼体积	m3	5.142
KL	KL-12砼超高模板面积	m2	15.822
KL	KL-12砼模板面积	m2	15.822
KL	KL-12砼体积	m3	2.571
KL	KL-13砼超高模板面积	m2	11.394
KL	KL-13砼模板面积	m2	11.394
KL	KL-13砼体积	m3	1.866
KL	KL-14砼超高模板面积	m2	13.2667
KL	KL-14砼模板面积	m2	13.2667
KL	KL-14砼体积	m3	1.5635
KL	KL-15砼超高模板面积	m2	5.2473
KL	KL-15砼模板面积	m2	6.8738
KL	KL-15砼体积	m3	0.9759
KL	KL-16砼超高模板面积	m2	8.7382
KL	KL-16砼模板面积	m2	11.406
KL	KL-16砼体积	m3	1.6006
KL	KL-17砼超高模板面积	m2	8.4373
KL	KL-17砼模板面积	m2	11.0025
KL	KL-17砼体积	m3	1.5391
KL	KL-18砼超高模板面积	m2	14.1506
KL	KL-18砼模板面积	m2	14.1506
KL	KL-18砼体积	m3	2.3584
KL	KL-1砼超高模板面积	m2	12.76
KL	KL-1砼模板面积	m2	12.76
KL	KL-1砼体积	m3	1.74
KL	KL-2砼超高模板面积	m2	16.768
KL	KL-2砼模板面积	m2	16.768
KL	KL-2砼体积	m3	2.172
KL	KL-3砼超高模板面积	m2	13.046
KL	KL-3砼模板面积	m2	13.046
KL	KL-3砼体积	m3	1.779
KL	KL-4砼超高模板面积	m2	13.18
KL	KL-4砼模板面积	m2	13.18
KL	KL-4砼体积	m3	2.216
KL	KL-5砼超高模板面积	m2	2.765
KL	KL-5砼模板面积	m2	2.765

KL	KL-5砼体积	m3	0.3555
KL	KL-6砼超高模板面积	m2	13.388
KL	KL-6砼模板面积	m2	13.388
KL	KL-6砼体积	m3	2.2511
KL	KL-7砼超高模板面积	m2	35.046
KL	KL-7砼模板面积	m2	35.046
KL	KL-7砼体积	m3	5.841
KL	KL-8砼超高模板面积	m2	25.1001
KL	KL-8砼模板面积	m2	25.1001
KL	KL-8砼体积	m3	3.7319
KL	KL-9砼超高模板面积	m2	16.384
KL	KL-9砼模板面积	m2	16.384
KL	KL-9砼体积	m3	2.6298

2. 板

(1) 手工计算过程

表 2-3-29

首层矩形部分板体积

名称	位置		计算式	板厚	数量	体积（m³）
	横轴	竖轴				
板	1-2	C-D	(3.6 - 0.18 - 0.125) × (4.5 - 0.15 - 0.18) × 0.2 × 2	0.2	2	5.496
	10-11	C-D	(3.6 - 0.15 - 0.125) × (4.5 - 0.15 - 0.18) × 0.2 × 2	0.2	2	5.546
	3-5	C-E	(3.2 - 0.18 × 2) × (4.5 + 1.5 - 0.18 - 0.125) × 0.2 × 4	0.2	4	12.9392
	1-2	C-B	(3.6 - 0.18 - 0.125) × (1.4 - 0.15 - 0.125) × 0.2 × 2	0.2	2	1.4828
	10-11	C-B	(3.6 - 0.125 - 0.15) × (1.4 - 0.15 - 0.125) × 0.2 × 2	0.2	2	1.4964
	1-2	A-B	(3.6 - 0.18 - 0.125) × (4.8 - 0.18 - 0.125) × 0.2 × 2	0.2	2	5.9244
	10-11	A-B	(3.6 - 0.15 - 0.125) × (4.8 - 0.18 - 0.125) × 0.2 × 2	0.2	2	5.9784
	2-3	C-D	(2.7 - 0.125 - 0.12) × (4.5 - 0.15 - 0.18) × 0.2 × 4	0.2	4	8.1896
	2-4	C-B	(3 - 0.15 - 0.125) × (1.4 - 0.15 - 0.125) × 0.2 × 4	0.2	4	2.8856
	2-4	A-B	(3 - 0.15 - 0.125) × (4.8 - 0.18 - 0.125) × 0.2 × 4	0.2	4	9.7992
	4-6	C-B	(4.2 - 0.3) × (1.4 - 0.15 - 0.125) × 0.2 × 4	0.2	4	3.5096
	4-6	A-B	(4.2 - 0.3) × (4.8 - 0.18 - 0.125) × 0.2 × 4	0.2	4	14.0248
	1-2	A-A-1	(3.6 - 0.18 - 0.125) × (3 - 0.24) × 0.2 × 2	0.2	2	3.6376
	10-11	A-A-1	(3 - 0.15 - 0.125) × (3 - 0.24) × 0.2 × 2	0.2	2	3.6708
	2-4	A-A-1	(3 - 0.15 - 0.125) × (3 - 0.24) × 0.2 × 4	0.2	4	6.0168
	4-6	A-A-1	(4.2 - 0.3) × (3 - 0.24) × 0.2 × 4	0.2	4	8.6112
合计					48	99.2084

CAD 计算过程

CAD 画图：

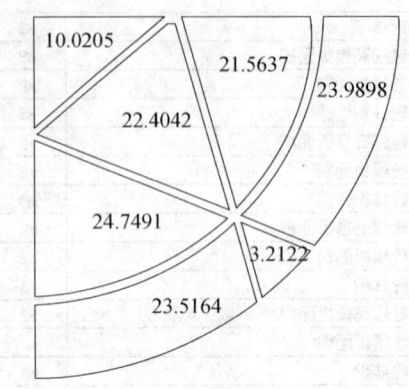

一层弧形板CAD计算

弧形部分板体积：总面积：129.4559m^2；总体积：$129.4559 \times 0.2 = 25.892\text{m}^3$。

板总统计：99.2084（矩形部分）+25.892（弧形部分）=125.1m^3

矩形部分板模板：

99.2084（板体积）/0.2 − {(0.5 − 0.3) × (0.5 − 0.3) × 22 + (0.5 − 0.3) × 0.5 × 4 + (0.37 − 0.3) × 0.5 × 4 + (0.67 − 0.3) × (0.5 − 0.25) × 2 × 4 + [(0.5 − 0.25) × (0.37 − 0.3) + 0.12 × (0.25 − 0.15) + 0.25 × 0.125] × 4 + [(0.5 − 0.3)/2 × 0.37 + (0.5 − 0.3)/2 × (0.37 − 0.3)] × 2 + (0.5 − 0.3) × (0.5 − 0.3)}（柱占的面积）= 493.511m^2

板模板：493.511 + 129.4559 = 622.9669m^2

（2）软件计算过程

软件画图：

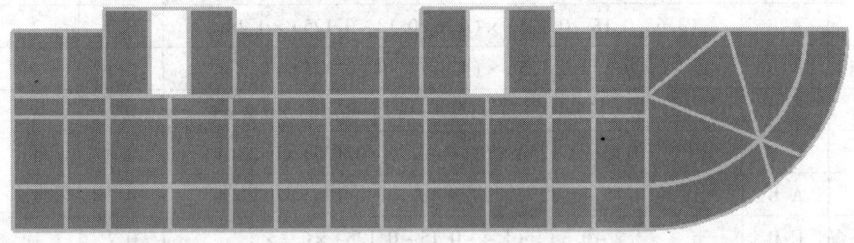

软件结果：

B	XB-200砼超高模板面积	m2	619.1368
B	XB-200砼模板面积	m2	619.1368
B	XB-200砼体积C20	m3	124.2179

（三）首层室内构件

（1）手工计算过程

楼梯投影面积：(2.6 − 0.24) × (3.3 + 1.2 + 1.5 − 0.24) × 2 = 27.1872m^2

模板面积：(2.6 − 0.24) × (3.3 + 1.2 + 1.5 − 0.24) × 2 = 27.1872m^2

底部装修面积：(2.6 − 0.24) × (3.3 + 1.2 + 1.5 − 0.24) × 2 × 1.15 = 31.265m^2

(2) 软件计算过程

软件画法：

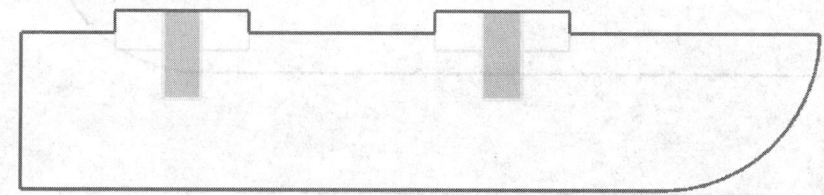

注释：楼梯底部装修面积按投影面积×1.15 计算。用户可以根据图纸具体的情况修改系数。

软件画图：

软件结果：

LT	LT-楼梯底部装修面积	m2	31.2653
LT	LT-楼梯投影面积	m2	27.1872
LT	LT-楼梯投影模板面积	m2	27.1872

(四) 首层室外构件

1. 散水

(1) 手工计算过程

散水面层面积：

$(3+4.8+1.4+3.3+1.2+1.02) \times 0.9 + (3.6+2.7-1.02) \times 0.9 + (1.5+0.9) \times 0.9 \times 4 + (3.2 \times 2+2.6) \times 0.9 \times 2 + [(2.7+3.6) \times 2 - 1.02 \times 2] \times 0.9 + (2.7+3.6+10.7+3-1.02) \times 0.9 = 69.426 m^2$

散水垫层体积：$69.426 \times 0.1 = 6.943 m^3$

CAD 计算过程：

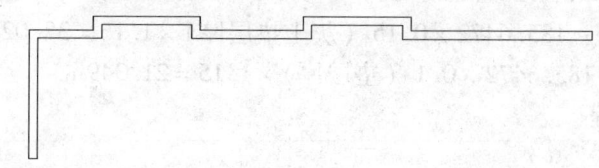

面积：$69.966 m^2 m^3$

散水帖墙伸缩缝：

$6.2+3.3+1.2+0.12+3.6+0.12+2.7-0.12+(3.2 \times 2+2.6+0.24) \times 2+(2.7+3.6) \times 2 - 0.24 + 2.7 + 3.6 + 10.7 - 0.12 + 6 + 0.24 = 71.08 m$

散水斜伸缩缝：$\sqrt{(0.9 \times 0.9 + 0.9 \times 0.9)} \times 9 + 0.9 \times 6 + \sqrt{(0.9 \times 0.9 + 3 \times 3)} \times 2 = 23.119 m$

(2) 软件计算过程

软件画法：

	编码	类别	项目名称	单位	工程量表达式	表达式说明
1	SS	补	散水砼垫层体积	m3	MJ*0.1	MJ〈面积〉*0.1
2	SS	补	散水面层面积	m2	MJ	MJ〈面积〉
3	SS	补	散水贴墙伸缩缝长度	m	TQCD	TQCD〈贴墙长度〉

软件画图：

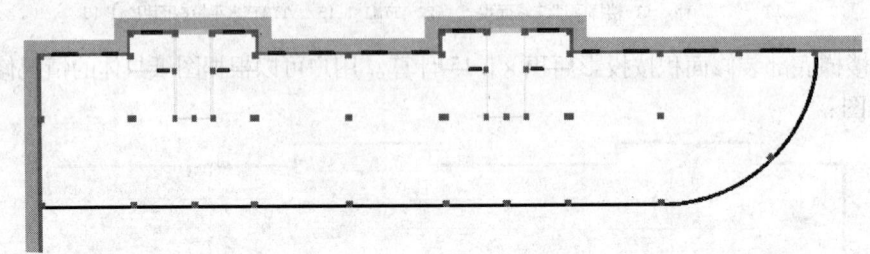

软件结果：

SS	散水面层面积	m2	70.1595
SS	散水贴墙伸缩缝长度	m	71.0543
SS	散水砼垫层体积	m3	7.016

斜伸缩缝及隔断伸缩缝软件可以用自定义线来处理，但这样处理也比较麻烦，建议手工处理。

2. 台阶

（1）手工计算过程

台阶投影面积：

矩形部分 $= 3 \times (43.2 - 0.33) = 128.61 m^2$

半圆部分 $= 3.14 \times (13.82 \times 13.82 - 10.82 \times 10.82)/4 - 3 * 0.33 = 57.0372 m^2$

块料台阶平面面积：$128.61 + 57.0372 = 185.6472 m^2$

块料台阶立面面积：$[(43.2 - 0.33) \times 6 + 3.14 \times 2 \times (10.7 + 1.5)/4 + 3.14 \times 2 \times (10.7 + 1.5 + 0.3)/4 + 3.14 \times 2 \times (10.7 + 1.5 + 0.6)/4 + 3.14 \times 2 \times (10.7 + 1.5 + 0.9)/4 + 3.14 \times 2 \times (10.7 + 1.5 + 1.2)/4 + 3.14 \times 2 \times (10.7 + 3)/4] \times 0.3 = 113.763 m^2$

台阶灰土垫层体积：185.6472×0.15（灰土垫层厚）$\times 1.15 = 32.024 m^3$

台阶砼垫层体积：185.6472×0.1（垫层厚）$\times 1.15 = 21.349 m^3$

（2）软件计算过程

软件画法：

	编码	类别	项目名称	单位	工程量表达式	表达式说明
1	TJ	补	TAIJ-台阶块料平面面积	m2	MJ	MJ〈台阶整体水平〉
2	TJ	补	TAIJ-台阶素土夯实面积	m2	MJ*1.15	MJ〈台阶整体水平〉
3	TJ	补	TAIJ-台阶灰土垫层体积	m3	MJ*0.15*1.15	MJ〈台阶整体水平〉
4	TJ	补	TAIJ-台阶砼垫层体积	m3	MJ*0.1*1.15	MJ〈台阶整体水平〉
5	TJ	补	TAIJ-台阶立面面积	m2	((43.2-0.33)*6+3.14*2*(10.7+1.5)/4+3.14*2*(10.7+1.5+0.3)/4+3.14*2*(10.7+1.5+0.6)/4+3.14*2*(10.7+1.5+0.9)/4+3.14*2*(10.7+1.5+1.2)/4+3.14*2*(10.7+3)/4)*0.3	((43.2-0.33)*6+3.14*2*(10.7+1.5)/4+3.14*2*(10.7+1.5+0.3)/4+3.14*2*(10.7+1.5+0.6)/4+3.14*2*(10.7+1.5+0.9)/4+3.14

软件画图：

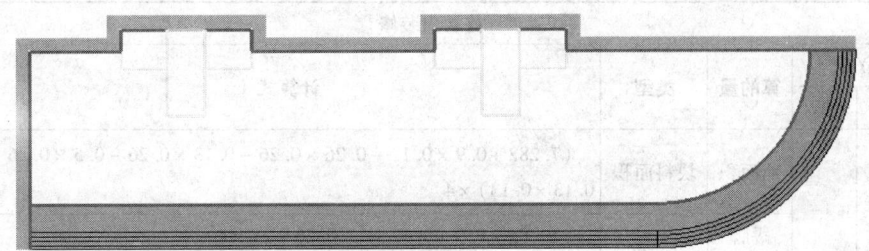

软件结果：

TJ	TAIJ-台阶灰土垫层体积	m3	31.9711
TJ	TAIJ-台阶块料平面面积	m2	185.3394
TJ	TAIJ-台阶立面面积	m2	113.7627
TJ	TAIJ-台阶素土夯实面积	m2	213.1403
TJ	TAIJ-台阶砼垫层体积	m3	21.314

3. 台阶护墙

（1）手工计算过程

台阶护墙体积：$3 \times 0.9 \times 0.45 \times 2 = 2.43 \mathrm{m}^3$

台阶护墙顶装修：$2 \times 3 \times 0.45 = 2.7 \mathrm{m}^2$

台阶护墙立面装修：$3 \times 0.9 \times 2 = 5.4 \mathrm{m}^2$

（2）软件计算过程

软件画法：

	编码	类别	项目名称	单位	工程量表达式	表达式说明
1	TJQ	补	台阶挡土墙体积	m3	TJ	TJ<体积>
2	TJQ	补	台阶挡土墙顶面装修	m2	CD*0.45	CD<长度>*0.45
3	TJQ	补	台阶挡土墙外立面装修	m2	CD*0.9	CD<长度>*0.9

软件画图：

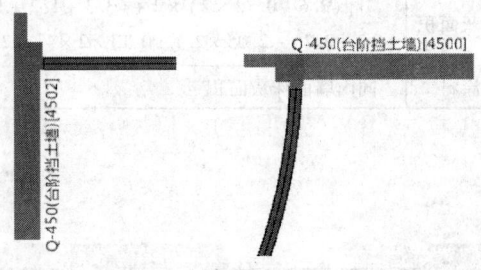

软件结果：

TJQ	台阶挡土墙顶面装修	m2	2.744
TJQ	台阶挡土墙体积	m3	2.4199
TJQ	台阶挡土墙外立面装修	m2	5.4881

4. 首层室内装修

（1）手工计算过程

表 2-3-30
首层内装修

构件名称	位置		算的量	类型	计算式	工程量
	横	竖				
首层仓库	3-5	C-E	地面积	块料面积	$(7.282+0.9\times0.12-0.26\times0.26-0.13\times0.26-0.5\times0.26-0.13\times0.13)\times4$	128.564
			踢脚	块料	$(10.84-0.9+0.12\times2+0.26\times2)\times4$	142.800
			顶棚	抹灰	$(3.2-0.24)\times(1.2+1.5-0.24)\times4$	29.126
				涂料	$(3.2-0.24)\times(1.2+1.5-0.24)\times4$	29.126
			内墙面	抹灰	$(10.84\times4-1.5\times2-0.9\times2.1+0.26\times2\times4)\times4$	162.200
				涂料	$(10.84\times4-1.5\times2-0.9\times2.1+0.26\times2\times4)\times4$	162.200
首层商店	1-23	A-E	地面积	8厚地砖块料	$497.012-(6.2-0.12)\times0.12+3.7\times0.12\times4+7.938\times0.12+0.9\times0.12\times4-0.67\times0.5\times4-0.5\times0.5\times2-0.26\times0.5\times13-0.26\times0.26\times3-(0.13\times0.5+0.13\times0.24)\times4-0.13\times0.37\times2-0.13\times0.13\times4$	495.620
			踢脚	块料踢脚	$135.851+6.2-0.36-3.7\times4-7.938-0.9\times4+0.12\times18+0.26\times2\times13+0.13\times20$	126.873
			顶棚	抹灰面积	$(6.2+3.3+1.2-0.24)\times(43.2-0.12)-3.2\times1.5\times4-(2.6+0.24)\times3.3\times2+3.14\times(10.7-0.24)\times(10.7-0.24)/4+114.02$	612.581
				涂料	同顶棚抹灰面积	612.581
			内墙面	抹灰面积	$(135.851+6.2-0.36)\times4-3.7\times2.7\times4-7.938\times2.7-0.9\times2.1\times4-5.97\times2.2\times2-6.1\times2.2\times2-7.606\times2.2-1.8\times2\times4-1.2\times2\times4-2.4\times2\times2+(0.26\times2\times13+0.13\times20)\times4$	431.810
				涂料	同内墙面抹灰面积	431.810
楼梯间	5-7	C-E	内墙面	抹灰面积	$\{[(2.6-0.12\times2)\times2+(3.3+1.2+1.5-0.12\times2)\times2]\times(4.2-0.2)-2.05\times2.1+0.13\times2\times4\}\times2$	123.390
				涂料	同内墙面抹灰面积	123.390

(2) 软件计算过程
软件画图:

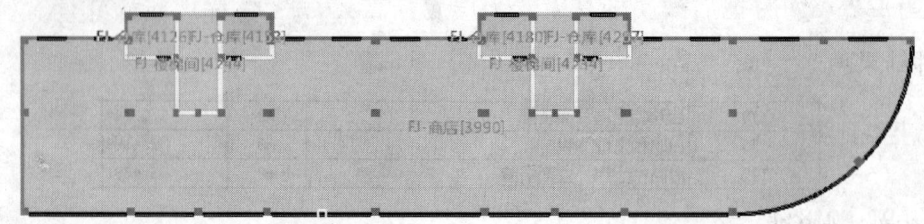

软件结果:

DM	DM-仓库地砖块料面积	m2	28.5652
DM	DM-商店地砖块料面积	m2	497.6927

TJ	TIJ-仓库面砖踢脚块料长度	m	43.36
TJ	TIJ-商店面砖踢脚块料长度	m	141.6483

QM	QM-仓库底层石灰砂浆面积	m2	162.793
QM	QM-仓库面层涂料面积	m2	162.259
QM	QM-楼梯间面层涂料面积	m2	122.52
QM	QM-楼梯间水泥砂浆面积	m2	122.52
QM	QM-商店底层石灰砂浆面积	m2	425.9034
QM	QM-商店面层涂料面积	m2	434.3758

TP	TP-仓库底层石灰砂浆面积	m2	28.7856
TP	TP-仓库面层888涂料面积	m2	28.7856
TP	TP-商店底层石灰砂浆面积	m2	598.0794
TP	TP-商店面层888涂料面积	m2	598.0794

5. 首层室外装修

（1）手工计算过程

$[43.2 +0.12 +3.14 \times 2 \times (10.7 +0.12)/4 +2.7 +3.6 +5.35 \times 2 +0.12] \times 4.2 +[1.5 \times 4 +(3.2 \times 2 +2.6 +0.12 \times 2) \times 2 +(2.7 +3.6) \times 2 -0.12 \times 2 +2.7 +3.6 +4.8 +1.4 +3.3 +1.2 +0.12 \times 2]$（建筑周长）$\times (4.2 -0.2 +0.9)$（高）$-176.83$（门窗面积）$+24.32$（门窗侧壁）$-0.45 \times 0.9 \times 2 =436.867 m^2$

（2）软件计算过程

软件画图：

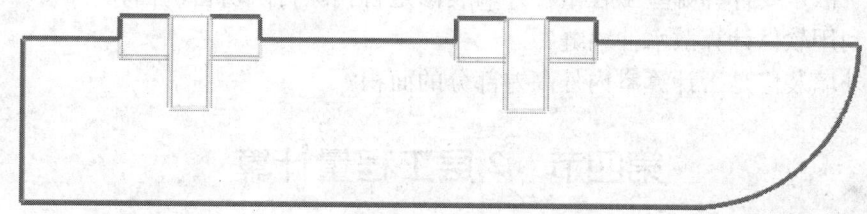

软件结果：

QM	QM-首层外墙面块料面积	m2	435.4791

建立首层外墙面时把墙面底标高设置为层底标高 -0.9，这样墙面就可装饰到室外地坪了。

6. 平整场地

（1）手工计算过程

$1.4 \times [(53.9 -5.35 \times 2 +0.12) \times (6.2 +3.3 +1.2 +0.24) +1.5 \times (3.2 +6.2 +3.2 +0.24) \times 2 +91.901834] =830.957 m^2$

CAD 软件计算过程：

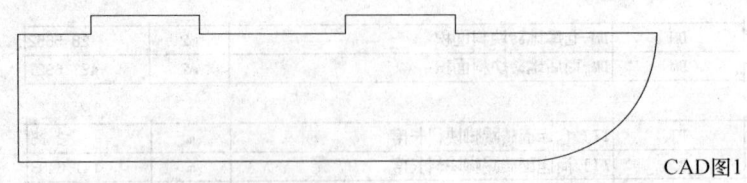

CAD图1

CAD 计算的面积 = 594.887 m²

平整场地：594.887 × 1.4 = 832.8418 m²

（2）软件计算过程

软件画图：

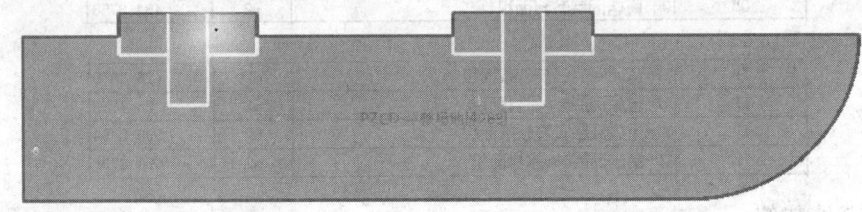

软件结果：

| PZCD | 平整场地面积 | | m2 | 832.8427 |

手工与软件的误差原因：手工在计算圆弧的时候是按圆的 1/4 求的，但实际圆弧要比圆的 1/4 大，软件是按实际量计算的。

思考与练习

1. 台阶、散水要计算哪些工程量？外墙装修是否扣除台阶所占的面积？
2. 如何利用软件计算散水伸缩缝？
3. 首层外墙装修是否计算室内外高差部分的面积？

第四节 2层工程量计算

一、2层要计算哪些工程量

（一）围护构件

表 2-3-31

首层围护构件			
构件名称	一级划分	二级划分	计算哪些量
围护构件	塑钢门		洞口面积
			数量
			门运输（面积）

续表

首层围护构件			
构件名称	一级划分	二级划分	计算哪些量
围护构件	窗		洞口面积
			数量
			窗运输（面积）
	过梁		体积
			模板面积
	砖墙	外墙	体积
		内墙	体积
	柱		体积
			模板面积

（二）顶部构件

表 2-3-32

顶部构件		
构件名称	一级划分	计算哪些量
顶部构件	梁	体积
		模板面积
		超高模板面积
	板	体积
		模板面积
		超高模板面积

（三）室内构件

表 2-3-33

地下一层室内构件			
构件名称	一级划分	二级划分	计算哪些量
室内构件	混凝土楼梯	制作	投影面积
			模板面积
		楼梯装修	底部面积

（四）室外构件

表 2-3-34 室外构件

构件名称	一级划分	二级划分	计算哪些量
室外构件	雨篷	雨篷板	体积
			模板
			板底装修面积
			板顶找平层面积
			防水层面积
			防水上翻面积
		雨篷栏板	体积
			模板面积
			内立面装修
			外立面装修
			机面装修

（五）室内装修

表 2-3-35 办公室、走廊装修

构件名称	一级划分	二级划分	计算哪些量
办公室走廊	楼地面	水泥砂浆楼面	地面积
	踢脚	水泥砂浆踢脚	抹灰踢脚长度
	内墙面	混合砂浆墙面	墙面抹灰面积
		888仿瓷涂料	墙面抹灰面积
	顶棚	混合砂浆顶棚	顶棚抹灰面积
		888仿瓷涂料	顶棚抹灰面积

表 2-3-36 厨房、卫生间装修

构件名称	一级划分	二级划分	三级划分	计算哪些量
厨房、卫生间	楼面	块料楼地面	8厚地砖	块料面积
		垫层	50厚C20混凝土垫层	块料面积
	踢脚	水泥砂浆踢脚		踢脚抹灰长度
	内墙面	块料墙面	8厚面砖	块料面积
	顶棚	混合砂浆顶棚		顶棚抹灰面积

表 2-3-37 楼梯间装修

构件名称	一级划分	计算哪些量
楼梯间	混合砂浆墙面	墙面抹灰面积
	888仿瓷涂料	墙面抹灰面积

（五）室外装修

表 2-3-38

外装修		
构件名称	一级划分	计算哪些量
外装修	土色仿瓷面砖	墙面块料面积

二、工程量计算过程

（一）二层围护构件

1. 门

（1）手工计算过程

M-4 洞口面积：$0.95 \times 2.1 \times 4 = 7.98 m^2$　　　　数量：4

M-5 洞口面积：$0.9 \times 2.1 \times 4 = 7.56 m^2$　　　　数量：4

M-8 洞口面积：$1 \times 2.5 \times 1 = 2.5 m^2$　　　　数量：1

M-9 洞口面积：$1 \times 2.1 \times 20 = 42 m^2$　　　　数量：20

（2）软件计算过程

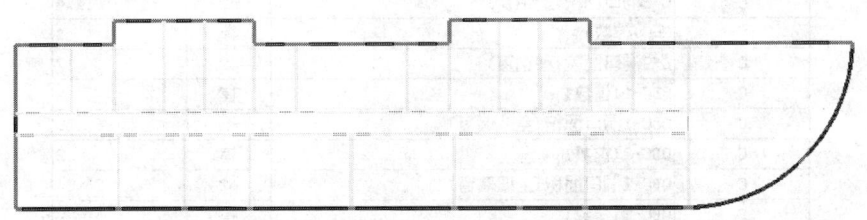

M	M-4 (樘数)	樘	4
M	M-4 洞口面积	m2	7.98
M	M-5 (樘数)	樘	4
M	M-5 洞口面积	m2	7.56
M	M-8 (樘数)	樘	1
M	M-8 洞口面积	m2	2.5
M	M-9 (樘数)	樘	20
M	M-9 洞口面积	m2	42

2. 窗

（1）手工计算过程

C-7 洞口面积：$1.2 \times 1.4 \times 2 = 3.36 m^2$　　　　数量：2

C-8 洞口面积：$1.8 \times 2 \times 4 = 14.4 m^2$　　　　数量：4

C-9 洞口面积：$1.5 \times 2 \times 4 = 12 m^2$　　　　数量：4

C-10 洞口面积：$1.2 \times 2 \times 4 = 9.6 m^2$　　　　数量：4

C-11 洞口面积：$2.4 \times 2 \times 2 = 9.6 m^2$　　　　数量：2

QBC-1 洞口面积：$5.97 \times 2.2 \times 2 = 26.268 m^2$　　　　数量：2

QBC-2 洞口面积：$6.1 \times 2.2 \times 2 = 26.84 m^2$　　　　数量：2

QBC-3 洞口面积：$7.606 \times 2.2 \times 2 = 33.4664 m^2$　　　数量：2
QBC-4 洞口面积：$3.7 \times 2.2 \times 4 = 32.56 m^2$　　　数量：4

（2）软件计算过程

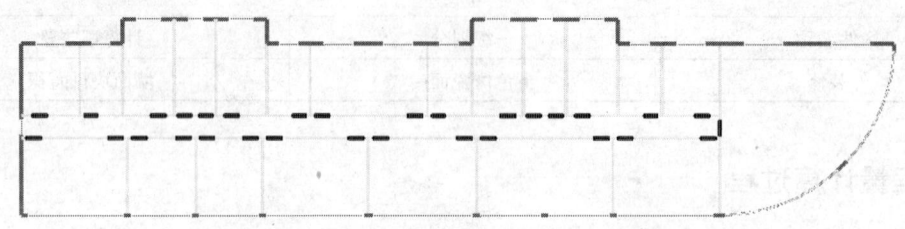

C	C-10 (樘数)	樘	4
C	C-10 洞口面积 (塑钢窗)	m2	9.6
C	C-11 (樘数)	樘	2
C	C-11 洞口面积 (塑钢窗)	m2	9.6
C	C-4 (樘数)	樘	1
C	C-4 洞口面积 (塑钢窗)	m2	1.44
C	C-7 (樘数)	樘	2
C	C-7 洞口面积 (塑钢窗)	m2	3.36
C	C-8 (樘数)	樘	4
C	C-8 洞口面积 (塑钢窗)	m2	14.4
C	C-9 (樘数)	樘	4
C	C-9 洞口面积 (塑钢窗)	m2	12
C	QBC-1 (樘数)	樘	2
C	QBC-1 洞口面积 (全玻璃窗)	m2	26.268
C	QBC-2 (樘数)	樘	2
C	QBC-2 洞口面积 (全玻璃窗)	m2	26.84
C	QBC-3 (樘数)	樘	2
C	QBC-3 洞口面积 (全玻璃窗)	m2	33.4664
C	QBC-4 (樘数)	樘	4
C	QBC-4 洞口面积 (全玻璃窗)	m2	32.56

3. 过梁

（1）手工计算过程

表 2-3-39

位置	过梁名称	门窗名称	门窗宽度	过梁长	过梁宽	过梁高	数量	过梁体积	过梁模板
二层过梁									
外墙	240×240 过梁	C-11	2.4	2.9	0.24	0.24	2	0.33408	3.936
		QBC-1	5.97	6.47	0.24	0.24	2	0.745344	9.07681
		QBC-2	6.1	6.6	0.24	0.24	2	0.76032	9.26411
		QBC-3	7.606	8.106	0.24	0.24	2	0.9338112	11.43264
		QBC-4	3.7	4.2	0.24	0.24	4	0.96768	11.616
	240×240 过梁合计			3.7412352					45.32544

续表

位置	过梁名称	门窗名称	门窗宽度	过梁长	过梁宽	过梁高	数量	过梁体积	过梁模板
	二层过梁								
外墙	240×180 过梁	C-7	1.2	1.7	0.24	0.18	2	0.14688	1.8
		C-8	1.8	2.3	0.24	0.18	4	0.39744	5.04
		C-9	1.5	2	0.24	0.18	4	0.3456	4.32
		C-10	1.2	1.7	0.24	0.18	4	0.29376	3.6
	240×180 过梁合计			1.18368					14.76
	外墙合计			4.9249152					60.08544
内墙	240×120 过梁	M-5	0.91	1.41	0.24	0.12	4	0.16128	2.208
	240×180 过梁	M-4	0.95	1.45	0.24	0.18	4	0.25056	3
		M-9	111	1.51	0.24	0.18	20	1.29611	15.6
		M-8	111	1.51	0.24	0.18	1	0.06481	0.78
	内墙合计							1.77264	21.588

（2）软件计算过程

软件画图：

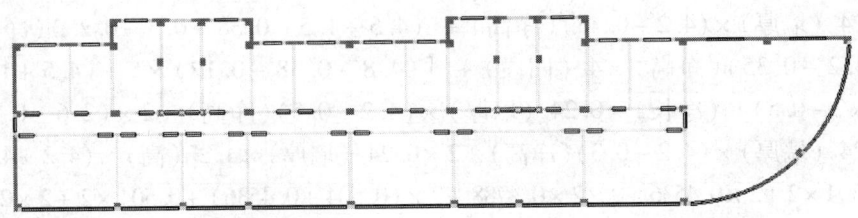

软件结果：

GL	GL120砼过梁模板面积	m2	2.1456
GL	GL120砼过梁体积	m3	0.1613
GL	GL180砼过梁模板面积	m2	32.9149
GL	GL180砼过梁体积	m3	2.695
GL	GL240砼过梁模板面积	m2	43.1995
GL	GL240砼过梁体积	m3	3.4861

4. 墙

（1）外墙

1）手工计算过程

直外墙体积：

[(4.5+1.4+4.8+0.24-0.38×2-0.5)+(1.5-0.5)×4+(3.2×2+2.6-0.38×2-0.5×2)(43.2-0.38×2-7×0.5)+(3.6+2.7-0.38-0.12)+(3.2×2+2.6-0.38×2-0.5×2)+(2.7+3.6)×2-0.24-0.5+(2.7+3.6+10.7-3×0.5)]（净长）×0.24（墙厚）×(4.2-0.5)（净高）-[3.6×0.24+2.4×0.24+2×3×0.24+1.4×1.2×0.24+20.56+2×3×0.24+1.4×

$1.2\times0.24+2.88+(2.4+3.6+9.6)\times0.24]$（窗）$-4.925$（过梁）$=51.63\mathrm{m}^3$

弧形墙体积：$(2\times3.14\times10.7/4-0.5\times2)\times0.24\times(4.2-0.5)-8.032$ 窗 $=5.998\mathrm{m}^2$

外墙总体积：$51.63+5.998=57.63\mathrm{m}^3$

注释：弧形墙部分的过梁直接在直墙里扣减了。

2) 软件计算过程

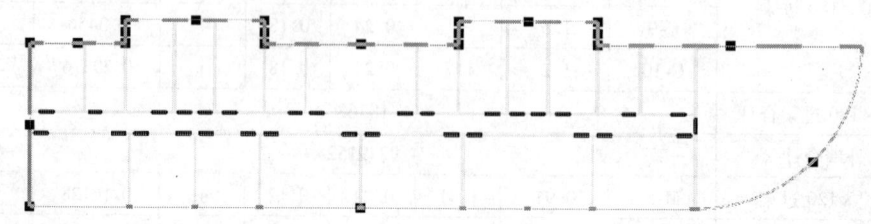

软件结果：

| Q | 外砖墙240体积 | | m3 | 57.4893 |

（2）内墙

1) 手工计算过程

$[(4.5-0.24)\times4+(4.5-0.38-0.25)\times4+2\times(3.6+2.7+3.2-0.38-0.67-0.25)+(2.7+3.6)\times2-0.24-0.5+2\times(3.2-0.25-0.55)+2\times(3.6+3-0.12)+(3+3.6)\times2]$（净长）$\times0.24$（墙厚）$\times(4.2-0.45)$（净高）$+(4.5+1.5-0.38-0.5-0.25)$（净长）$\times0.24$（墙厚）$\times(4.2-0.35)$（净高）$\times4$（四段）$+[(4.8-0.38-0.12)\times5+(4.5+1.4+4.8+0.24-0.38\times2-0.5)]$（净长）$\times0.24$（墙厚）$\times(4.2-0.5)$（净高）$+2\times(2.6-0.24-0.37)$（净长）$\times0.24$（墙厚）$\times(4.2-0.3)$（净高）$+2\times0.24$（墙厚）$\times4.2$（高）$\times(4.2+4.2)$（长）$-[0.6+2\times0.504\times2+2\times0.4536+2\times2\times0.4788+2\times(0.504+0.4536)+0.504\times2+2\times2\times0.504+4\times0.504+2\times2\times0.504]$（门）$-2\times8.4\times0.2\times0.24$（板）$-1.772$（过梁）$=131.71\mathrm{m}^3$

2) 软件计算过程

软件画图：

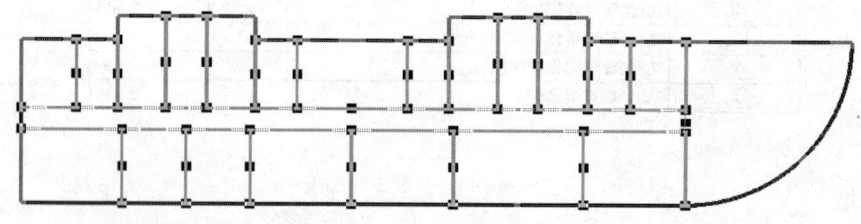

软件结果：

| Q | 内砖墙240体积 | | m3 | 131.4996 |

5. 柱

（1）手工计算过程

KZ1 体积：$0.5\times0.5\times4.2\times23$（个数）$=24.15\mathrm{m}^3$

KZ1 模板：$(0.5+0.5)\times 2\times 4.2\times 23=193.2m^2$

KZ2 体积：$0.37\times 0.5\times 4.2\times 10$（个数）$=7.77m^3$

KZ2 模板：$(0.37+0.5)\times 2\times 4.2\times 10=73.08m^2$

KZ3 体积：$0.67\times 0.5\times 4.2\times 4$（个数）$=5.628m^3$

KZ3 模板：$(0.67+0.5)\times 2\times 4.2\times 4=39.312m^2$

KZ4 体积：$0.5\times 0.5\times 4.2\times 4$（个数）$=4.2m^3$

KZ4 模板：$(0.5+0.5)\times 2\times 4.2\times 4=33.6m^2$

KZ5 体积：$0.5\times 0.5\times 4.2\times 3$（个数）$=3.15m^3$

KZ5 模板：$(0.5+0.5)\times 2\times 4.2\times 3=25.2m^3$

（2）软件计算过程

软件画图：

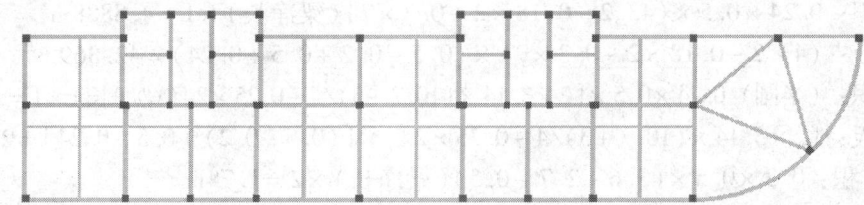

软件结果：

KZ	KZ1-550*550砼超高模板面积	m2	27.6
KZ	KZ1-550*550砼模板面积	m2	193.2
KZ	KZ1-550*550砼体积	m3	24.15
KZ	KZ2-400*500砼超高模板面积	m2	10.44
KZ	KZ2-400*500砼模板面积	m2	73.08
KZ	KZ2-400*500砼体积	m3	7.77
KZ	KZ3-700*500砼超高模板面积	m2	5.616
KZ	KZ3-700*500砼模板面积	m2	39.312
KZ	KZ3-700*500砼体积	m3	5.628
KZ	KZ4-550*550砼超高模板面积	m2	4.8
KZ	KZ4-550*550砼模板面积	m2	33.6
KZ	KZ4-550*550砼体积	m3	4.2
KZ	KZ5-550*550砼超高模板面积	m2	3.6
KZ	KZ5-550*550砼模板面积	m2	25.2
KZ	KZ5-550*550砼体积	m3	3.15

（二）二层顶部构件

1. 梁

（1）手工计算过程

L-1 体积：$0.12\times 0.4\times 2.7$（梁净长）$\times 4=0.5184m^3$

L-1 模板：$2.7\times[(0.4-0.2)+0.4+0.12]\times 4=7.776m^2$

L-2 体积：$0.25\times 0.4\times(2.7-0.25)$（梁净长）$\times 4=0.98m^3$

L-2 模板：$(2.7-0.25)\times[(0.4-0.2)\times 2+0.25]\times 4=6.37m^2$

L-3 体积：$0.25\times 0.4\times(3.2-0.18-0.235)$（梁净长）$\times 4=1.114m^3$

L-3 模板：$(3.2-0.18-0.235)\times[(0.4-0.2)\times2+0.25]\times4=7.241\text{m}^2$

L-4 体积：$0.25\times0.4\times(2.7+3.6-0.18-0.15-0.25)$（梁净长）$\times2=1.144\text{m}^3$

L-4 模板：$(2.7+3.6-0.18-0.15-0.25)\times[(0.4-0.2)\times2+0.25]\times2=7.436\text{m}^2$

L-5 体积：$0.25\times0.4\times(2.7\times2+3.6\times2-0.3\times2)$（梁净长）$\times1=1.2\text{m}^3$

L-5 模板：$(2.7\times2+3.6\times2-0.3\times2)\times[(0.4-0.2)\times2+0.25]=7.8\text{m}^2$

L-6 体积：$0.12\times0.4\times1.5$（梁净长）$\times4=0.288\text{m}^3$

L-6 模板：$1.5\times[(0.4-0.2)+0.4+0.12]\times4=4.32\text{m}^2$

L-7 体积：$0.25\times0.45\times(4.8+1.4+4.5+3-0.18-0.15-0.275-0.365-0.18)$（梁净长）$\times4=5.6475\text{m}^3$

L-7 模板：$(4.8+1.4+4.5+3-0.18-0.15-0.275-0.365-0.18)\times4\times[(0.45-0.2)\times2+0.25]=37.65\text{m}^2$

L-3 体积：$0.24\times0.5\times(43.2-0.18\times2-0.3\times7)$（梁净长）$\times1=4.8888\text{m}^3$

L-3 模板：$(43.2-0.18\times2-0.3\times7)\times(0.5-0.2+0.5+0.24)=42.369\text{m}^2$

L-4 体积：（半圆）$0.24\times0.5\times[2\times3.14\times(10.7+3)/4-0.25\times2]$（梁净长）$\times1=2.52108\text{m}^3$

L-4 模板：$[2\times3.14\times(10.7+3)/4-0.25\times2]\times[(0.5-0.2)+0.5+0.24]=21.5894\text{m}^2$

KL-1 体积：$0.3\times0.5\times(3.6+2.7-0.5)$（梁净长）$\times2=1.74\text{m}^3$

KL-1 模板：$(3.6+2.7-0.5)\times(0.5-0.2+0.5+0.3)\times2=12.76\text{m}^2$

KL-2 体积：$0.3\times0.5\times[2\times(3.2-0.38-0.5)+2.6]$（梁净长）$\times2=2.172\text{m}^3$

KL-2 模板：$[2\times(3.2-0.38-0.5)+2.6]\times(0.5-0.2+0.5+0.3)\times2=15.928\text{m}^2$

KL-3 体积：$0.3\times0.5\times[(2.7+3.6)\times2-0.5-0.24]$（梁净长）$\times1=1.779\text{m}^3$

KL-3 模板：$[(2.7+3.6)\times2-0.5-0.24]\times(0.5-0.2+0.5+0.3)=13.046\text{m}^2$

KL-4 体积：$0.3\times0.45\times(3.6+2.7+3.2-0.38-0.67-0.235)$（梁净长）$\times2=2.21805\text{m}^3$

KL-4 模板：$(3.6+2.7+3.2-0.38-0.67-0.235)\times[(0.45-0.2)\times2+0.3]\times2=13.144\text{m}^2$

KL-5 体积：$0.3\times0.3\times(2.6-0.24-0.37)$（梁净长）$\times2=0.3582\text{m}^3$

KL-5 模板：$(2.6-0.24-0.37)\times[(0.3-0.2)\times2+0.3]=1.99\text{m}^2$

KL-6 体积：$0.3\times0.45\times[(3.2+2.7+3.6)\times2-0.235\times4-0.67\times2-0.5]$（梁净长）$\times1=2.1897\text{m}^3$

KL-6 模板：$[(3.2+2.7+3.6)\times2-0.235\times4-0.67\times2-0.5]$（梁净长）$\times[(0.45-0.2)\times2+0.3]=12.976\text{m}^2$

KL-7 体积：$0.3\times0.5\times(43.2-0.38\times2-7\times0.5)$（梁净长）$\times1=5.841\text{m}^3$

KL-7 模板：$(43.2-0.38\times2-7\times0.5)\times[(0.5-0.2)\times2+0.3]=35.046\text{m}^2$

KL-8 体积：$0.3\times0.45\times(1.5+4.5-0.25-0.38-0.5)$（梁净长）$\times4=2.6298\text{m}^3$

KL-8 模板：$[(3.3+1.2-0.25-0.38)\times(0.45-0.2)\times2+(1.5-0.5)\times(0.45-0.2+0.45)+(3.3+1.2+1.50.25-0.5-0.38)\times0.3]\times4=16.384\text{m}^2$

KL-9 体积：$0.3\times0.35\times(1.5+4.5-0.25-0.38-0.5)$（梁净长）$\times4=2.0454\text{m}^3$

KL-9 模板：$(1.5 + 4.5 - 0.25 - 0.38 - 0.5) \times [(0.35 - 0.2) \times 2 + 0.3] \times 4 = 11.688 m^2$

KL-10 体积：$0.3 \times 0.5 \times (4.8 - 0.38 + 1.4 + 4.5 - 0.38 - 0.5)(梁净长) \times 2 = 2.832 m^3$

KL-10 模板：$(4.8 - 0.38 + 1.4 + 4.5 - 0.38 - 0.5) \times [(0.5 - 0.2) \times 3 + 0.5 + 0.3 \times 2] = 18.888 m^2$

KL-11 体积：$0.3 \times 0.5 \times (4.8 + 1.4 - 0.25 - 0.38)(梁净长) \times 4 = 3.342 m^3$

KL-11 模板：$(4.8 + 1.4 - 0.25 - 0.38) \times 4 \times [(0.5 - 0.2) \times 2 + 0.3] = 20.052 m^2$

KL-12 体积：$0.3 \times 0.5 \times (4.8 + 1.4 - 0.25 - 0.38)(梁净长) \times 2 = 1.671 m^3$

KL-12 模板：$(4.8 + 1.4 - 0.25 - 0.38) \times 2 \times [(0.5 - 0.2) \times 2 + 0.3] = 10.026 m^2$

KL-13 体积：$0.3 \times 0.5 \times (4.8 - 0.38 + 1.4 + 4.5 - 0.38 - 0.5)(梁净长) \times 1 = 1.416 m^3$

KL-13 模板：$(4.8 - 0.38 + 1.4 + 4.5 - 0.38 - 0.5) \times [(0.5 - 0.2) \times 2 + 0.3] \times 1 = 8.496 m^2$

KL-14 体积：$0.25 \times 0.5 \times (5.35 \times 2 - 0.5 \times 2)(梁净长) \times 1 = 1.2125 m^3$

KL-14 模板：$(5.35 \times 2 - 0.5 \times 2) \times (0.5 - 0.2 + 0.5 + 0.25) = 10.185 m^2$

KL-15 体积（半圆）：$0.25 \times 0.6 \times 6.991（梁净长） \times 1 = 1.04865 m^3$

KL-15 模板：$6.991 \times [(0.6 - 0.2) \times 2 + 0.25] = 7.34055 m^2$

KL-16 体积（半圆）：$0.25 \times 0.6 \times 7.816（梁净长） \times 1 = 1.1724 m^3$

KL-16 模板：$7.816 \times [(0.6 - 0.2) \times 2 + 0.25] = 8.2068 m^2$

KL-17 体积（半圆）：$0.25 \times 0.6 \times 7.887（梁净长） \times 1 = 1.1835 m^3$

KL-17 模板：$7.877 \times [(0.6 - 0.2) \times 2 + 0.25] = 8.27085 m^2$

KL-18 体积（半圆）：$0.3 \times 0.5 \times 16.799（梁净长） \times 1 = 2.5198 m^3$

KL-18 模板：$16.799 \times [(0.5 - 0.2) \times 2 + 0.3] = 15.1191 m^2$

（2）软件计算过程

软件画图：

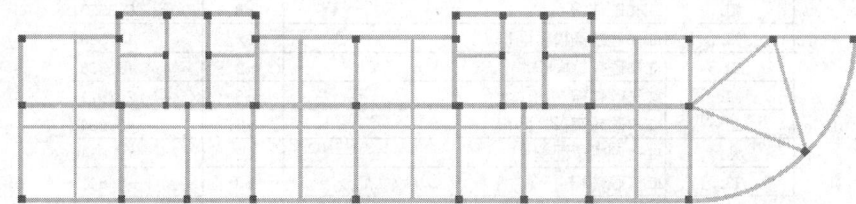

软件结果：

KL	KL-10砼超高模板面积	m2	16.022
KL	KL-10砼模板面积	m2	16.022
KL	KL-10砼体积	m3	2.0517
KL	KL-11砼超高模板面积	m2	20.052
KL	KL-11砼模板面积	m2	20.052
KL	KL-11砼体积	m3	3.342
KL	KL-12砼超高模板面积	m2	10.026
KL	KL-12砼模板面积	m2	10.026
KL	KL-12砼体积	m3	1.671
KL	KL-13砼超高模板面积	m2	8.496
KL	KL-13砼模板面积	m2	8.496

KL	KL-13砼体积	m3	1.416
KL	KL-14砼超高模板面积	m2	10.125
KL	KL-14砼模板面积	m2	10.125
KL	KL-14砼体积	m3	1.2073
KL	KL-15砼超高模板面积	m2	5.2473
KL	KL-15砼模板面积	m2	6.8738
KL	KL-15砼体积	m3	0.9759
KL	KL-16砼超高模板面积	m2	6.1643
KL	KL-16砼模板面积	m2	8.0692
KL	KL-16砼体积	m3	1.143
KL	KL-17砼超高模板面积	m2	5.8678
KL	KL-17砼模板面积	m2	7.6445
KL	KL-17砼体积	m3	1.066
KL	KL-18砼超高模板面积	m2	17.3423
KL	KL-18砼模板面积	m2	17.3423
KL	KL-18砼体积	m3	2.3584

KL	KL-1砼超高模板面积	m2	12.76
KL	KL-1砼模板面积	m2	12.76
KL	KL-1砼体积	m3	1.74
KL	KL-2砼超高模板面积	m2	16.768
KL	KL-2砼模板面积	m2	16.768
KL	KL-2砼体积	m3	2.172
KL	KL-3砼超高模板面积	m2	13.046
KL	KL-3砼模板面积	m2	13.046
KL	KL-3砼体积	m3	1.779
KL	KL-4砼超高模板面积	m2	13.18
KL	KL-4砼模板面积	m2	13.18
KL	KL-4砼体积	m3	2.216
KL	KL-5砼超高模板面积	m2	2.765
KL	KL-5砼模板面积	m2	2.765
KL	KL-5砼体积	m3	0.3555
KL	KL-6砼超高模板面积	m2	13.388
KL	KL-6砼模板面积	m2	13.388
KL	KL-6砼体积	m3	2.2511
KL	KL-7砼超高模板面积	m2	42.834
KL	KL-7砼模板面积	m2	42.834
KL	KL-7砼体积	m3	5.841
KL	KL-8砼超高模板面积	m2	18.8756
KL	KL-8砼模板面积	m2	18.8756
KL	KL-8砼体积	m3	2.8319
KL	KL-9砼超高模板面积	m2	16.384
KL	KL-9砼模板面积	m2	16.384
KL	KL-9砼体积	m3	2.6298

L	L-1砼超高模板面积	m2	22.8794
L	L-1砼模板面积	m2	22.8794
L	L-1砼体积	m3	1.9934
L	L-2砼超高模板面积	m2	30.12
L	L-2砼模板面积	m2	30.12
L	L-2砼体积	m3	4.518
L	L-3砼超高模板面积	m2	7.2375

L	L-3砼模板面积	m2	7.2375
L	L-3砼体积	m3	1.1084
L	L-4砼超高模板面积	m2	7.7056
L	L-4砼模板面积	m2	7.7056
L	L-4砼体积	m3	1.1558

2. 板

（1）手工计算过程

表 2-3-40

二层矩形部分板体积

名称	位置		工程量计算式	板厚	数量	体积
	横轴	竖轴				
板	1-2	C-D	(3.6-0.125-0.18)×(4.5-0.15-0.18)×0.2×2	0.2	12	5.496
	1-2	B-C	(3.6-0.125-0.18)×(1.4-0.125-0.15)×0.2×2	0.2	12	1.4828
	1-2	A-B	(3.6-0.125-0.18)×(4.8-0.125-0.18)×0.2×2	0.2	12	5.9244
	2-3	C-D	(2.7-0.12-0.125)×(4.5-0.15-0.18)×0.2×4	0.2	14	8.1899
	2-3	C-B	(3-0.15-0.125)×(1.4-0.125-0.15)×0.2×4	0.2	14	2.4528
	2-3	A-B	(3-0.15-0.125)×(4.8-0.125-0.18)×0.2×4	0.2	14	9.7992
	3-5	C-E	(3.2-0.18-0.18)×(4.5+1.5-0.15-0.18-0.25)×0.2×4	0.2	14	12.314
	4-6	A-C	(2.6-0.12-0.12)×(4.5+1.5-0.15-0.18)×0.2×4	0.2	14	18.314
	10-11	C-D	(3.6-0.125-0.15)×(4.5-0.15-0.18)×0.2×2	0.2	12	5.546
	10-11	A-B	(3.6-0.125-0.15)×(4.8-0.125-0.18)×0.2×2	0.2	12	5.9784
	10-11	B-C	(3.6-0.125-0.15)×(1.4-0.125-0.15)×0.2×2	0.2	12	1.4964
	2-3	D-F	2.7×1.5×0.2×4	0.2	12	3.24
合计				0.2	34	80.2339

弧形部分板体积：(10.7-0.12-0.18)×(10.7-0.12-0.18)×3.14/4×0.2×1（扣梁的）=15.92m³

板总体积：80.2339+15.92=96.1539m³

板总模板：96.1539/0.2-2.043（柱面积）=478.7265m²

（2）软件计算过程

软件画图：

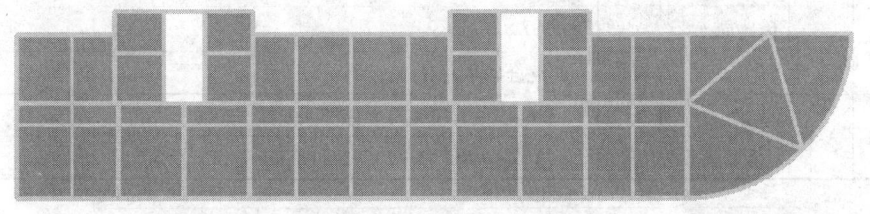

软件结果：

B	XB-200砼超高模板面积	m2	461.824
B	XB-200砼模板面积	m2	477.0304
B	XB-200砼体积C20	m3	95.7806

（三）二层室内构件

（1）手工计算过程

楼梯投影面积：$(2.6-0.24) \times (3.3+1.2+1.5-0.24) \times 2 = 27.1872\text{m}^2$

模板面积：$(2.6-0.24) \times (3.3+1.2+1.5-0.24) \times 2 = 27.1872\text{m}^2$

底部装修面积：$(2.6-0.24) \times (3.3+1.2+1.5-0.24) \times 2 \times 1.15 = 31.265\text{m}^2$

（2）软件计算过程

软件画图：

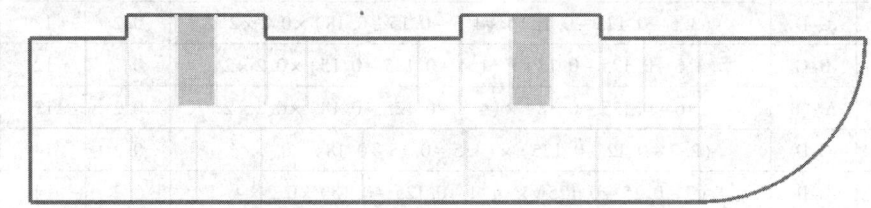

软件结果：

LT	LT-楼梯底部装修面积	m2	31.2653
LT	LT-楼梯投影面积	m2	27.1872
LT	LT-楼梯投影模板面积	m2	27.1872

（四）二层室内装修

（1）手工计算过程

表 2-3-41

构件名称	位置		要算的量	类型	计算式	工程量
	横	竖			二层内装修	
二层办公室	1-4	A-B	地面	抹灰	$[(3.6+3-0.12 \times 2) \times (4.8-0.12 \times 2)] \times 2$	58.004
			踢脚	抹灰	$[(3.6+3-0.12 \times 2) \times 2 + (4.8-0.12 \times 2) \times 2] \times 2$	43.68
			顶棚	抹灰	$[(3.6+3-0.12 \times 2) \times (4.8-0.12 \times 2)] \times 2$	58.004
				涂料	$[(3.6+3-0.12 \times 2) \times (4.8-0.12 \times 2)] \times 2$	58.004
			内墙面	抹灰	$\{[(3.6+3-0.12 \times 2) \times 2 + (4.8-0.12 \times 2) \times 2] \times 4 - 1 \times 2.1 \times 2 - 5.97 \times 2.2\} \times 2$	140.052
				涂料	同混合砂浆内墙面	140.052
	8-11	A-B	地面	抹灰	$(3.6+3-0.12 \times 2) \times (4.8-0.12 \times 2) \times 2$	58.004
			踢脚	抹灰	$[(3.6+3-0.12 \times 2) \times 2 + (4.8-0.12 \times 2) \times 2] \times 2$	43.68

续表

				二层内装修		
构件名称	位置 横	竖	要算的量	类型	计算式	工程量
二层办公室	8-11	A-B	顶棚	抹灰	(3.6+3-0.12×2)×(4.8-0.12×2)×2	58.044
				涂料	(3.6+3-0.12×2)×(4.8-0.12×2)×2	58.044
			内墙面	抹灰	{[(3.6+3-0.12×2)×2+(4.8-0.12×2)×2]×4-1×2.1×2-5.97×2.2}×2	140.052
				涂料	同混合砂浆内墙面	140.052
	4-8	A-B	地面	抹灰	(4.2+4.2-0.12×2)×(4.8-0.12×2)×2	74.42
			踢脚	抹灰	[(4.2+4.2-0.12×2)×2+(4.8-0.12×2)×2]×2	50.88
			顶棚	抹灰	(4.2+4.2-0.12×2)×(4.8-0.12×2)×2	74.42
				涂料	(4.2+4.2-0.12×2)×(4.8-0.12×2)×2	74.42
			内墙面	抹灰	{[(4.2+4.2-0.12×2)×2+(4.8-0.12×2)×2]×4-3.7×2.2×2-1×2.1×2+0.26×2×4}×2	166.72
				涂料	同混合砂浆内墙面	166.72
	1-2	C-D	地面	抹灰	(3.6-0.12×2)×(4.5-0.12×2)×2	28.628
			踢脚	抹灰	[(3.6-0.12×2)×2+(4.5-0.12×2)×2]×2	30.48
			顶棚	抹灰	(3.6-0.12×2)×(4.5-0.12×2)×2	28.628
				涂料	(3.6-0.12×2)×(4.5-0.12×2)×2	28.628
			内墙面	抹灰	{[(3.6-0.12×2)×2+(4.5-0.12×2)×2]×4-1.8×2-1×2.1}×2	110.52
				涂料	同混合砂浆内墙面	110.52
	3-5	C-E	地面	抹灰	[(3.2-0.12×2)×(4.5+1.5-0.12×2)×2]×4	68.2
			踢脚	抹灰	[(3.2-0.12×2)×2+(4.5+1.5-0.12×2)×2]×4	69.76
			顶棚	抹灰	[(3.2-0.12×2)×(4.5+1.5-0.12×2)×2]×4	68.2
				涂料	[(3.2-0.12×2)×(4.5+1.5-0.12×2)×2]×4	68.2
			内墙面	抹灰	{[(3.2-0.12×2)×2+(4.5+1.5-0.12×2)×2]×4-1.5×2-1×2.1+(0.26×2+0.13×2)×4}×4	271.12
				涂料	同混合砂浆内墙面	271.12
	10-12	C-D	地面	抹灰	(3.6+3.6-0.12×2)×(4.5-0.12×2)	29.65
			踢脚	抹灰	(3.6+3.6-0.12×2)×2+(4.5-0.12×2)×2	22.44
			顶棚	抹灰	(3.6+3.6-0.12×2)×(4.5-0.12×2)	29.65
				涂料	(3.6+3.6-0.12×2)×(4.5-0.12×2)	29.65
			内墙面	抹灰	[(3.6+3.6-0.12×2)×2+(4.5-0.12×2)×2]×4-1.8×2-1×2.1×2+(0.13×2+0.26×2)×4	81.48
				涂料	同混合砂浆内墙面	81.48

续表

				二层内装修		
构件名称	位置 横	位置 竖	要算的量	类型	计算式	工程量
二层办公室	21-23	A-D	地面	抹灰	$(5.35 \times 2 - 0.12 \times 2) \times (5.35 \times 2 - 0.12 \times 2) \times 3.14/4$	85.888
			踢脚	抹灰	$(5.35 \times 2 - 0.12 \times 2) \times 2 \times 3.14/4 + 5.35 \times 2 - 0.12 \times 2 + 4.8 + 1.4 + 4.5 - 0.12 \times 2$	37.342
			顶棚	抹灰	$(5.35 \times 2 - 0.12 \times 2) \times (5.35 \times 2 - 0.12 \times 2) \times 3.14/4$	85.888
				涂料	$(5.35 \times 2 - 0.12 \times 2) \times (5.35 \times 2 - 0.12 \times 2) \times 3.14/4$	85.888
			内墙面	抹灰	$[(5.35 \times 2 - 0.12 \times 2) \times 2 \times 3.14/4 + 5.35 \times 2 - 0.12 \times 2 + 4.8 + 1.4 + 4.5 - 0.12 \times 2] \times 4 - 2.4 \times 2 \times 2 - 7.606 \times 2.2 \times 2 - 1 \times 2.5 + 0.26 \times 4 \times 4$	107.962
				涂料	同混合砂浆内墙面	107.962
二层走廊	1-21	B-C	地面积	抹灰	$(3.6 + 3 + 4.2 + 4.2 + 3 + 3.6 + 3.6 + 3 + 4.2 + 4.2 + 3 + 3.6 - 0.12 \times 2) \times (1.4 - 0.12 \times 2)$	49.834
			踢脚	抹灰	$(3.6 + 3 + 4.2 + 4.2 + 3 + 3.6 + 3.6 + 3 + 4.2 + 4.2 + 3 + 3.6 - 0.12 \times 2) \times 2 + (1.4 - 0.12 \times 2) \times 2$	88.24
			顶棚	抹灰	$(3.6 + 3 + 4.2 + 4.2 + 3 + 3.6 + 3.6 + 3 + 4.2 + 4.2 + 3 + 3.6 - 0.12 \times 2) \times (1.4 - 0.12 \times 2)$	49.834
				涂料	同混合砂浆顶棚	49.834
			内墙面	抹灰	$[(3.6 + 3 + 4.2 + 4.2 + 3 + 3.6 + 3.6 + 3 + 4.2 + 4.2 + 3 + 3.6 - 0.12 \times 2) \times 2 + (1.4 - 0.12 \times 2) \times 2] \times 4 - 1 \times 2.5 - 1 \times 2.1 \times 20 - 0.9 \times 2.1 \times 4 - 0.95 \times 2.1 \times 4 + 0.13 \times 22 \times 4$	304.36
				涂料	同混合砂浆内墙面	304.36
二层卫生间	2-3	C-D	地面积	块料	$[(2.7 - 0.12 \times 2) \times (4.5 - 0.12 \times 2) + 0.9 \times 0.12] \times 4$	42.35
				垫层	$[(2.7 - 0.12 \times 2) \times (4.5 - 0.12 \times 2) + 0.9 \times 0.12] \times 4$	42.35
			顶棚	抹灰	$(2.7 - 0.12 \times 2) \times (4.5 - 0.12 \times 2) \times 4$	41.918
				涂料	$(2.7 - 0.12 \times 2) \times (4.5 - 0.12 \times 2) \times 4$	41.918
			内墙面	块料	$\{[(2.7 - 0.12 \times 2) \times 2 + (4.5 - 0.12 \times 2) \times 2] \times 4 - 1.2 \times 2 - 0.9 \times 2.1 + 0.12 \times (2 \times 2 + 0.9 + 1.2 \times 2 + 2.1 \times 2)\} \times 4$	203.4
二层楼梯间	5-7	C-E	内墙面	抹灰	$\{[(2.6 - 0.12 \times 2) \times 2 + (3.3 + 1.2 + 1.5 - 0.12 \times 2) \times 2] \times (4.2 - 0.2) - 1.2 \times 1.4 - 0.95 \times 2.1 \times 2 + 0.13 \times 2 \times 4\} \times 2$	120.66
				涂料	同混合砂浆内墙面	120.66

表 2-3-42　二层内装修汇总表

二层内装修汇总表

构件名称	要计算的量	类型	工程量
内装修	地面积	水泥砂浆地面	452.628
		8 厚地砖块料面积	42.350
		垫层	42.350
	踢脚	水泥砂浆踢脚	386.502
	顶棚	混合砂浆顶棚	494.546
		顶棚 888 仿瓷涂料	494.546
	内墙面	混合砂浆墙面	1442.926
		内墙面 888 仿瓷涂料	1442.926
		8 厚面砖块料面积	203.400

(2) 软件计算过程

软件画图：

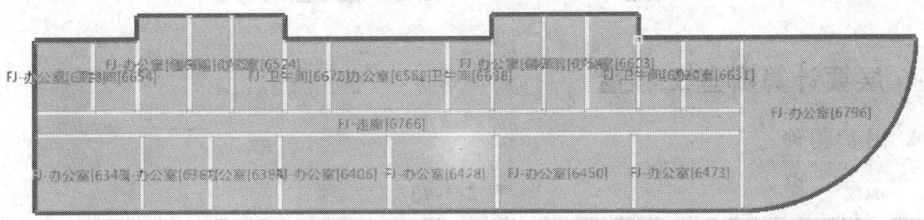

软件结果：

DM	DM-办公室80厚C10混凝土体积	m3	32.1515
DM	DM-办公室水泥砂浆面积	m2	401.8932
DM	DM-卫生间1.5厚聚氨酯防水涂料	m2	49.9824
DM	DM-卫生间50厚C20混凝土体积	m3	2.0959
DM	DM-卫生间地砖块料面积	m2	42.3504
DM	DM-走廊80厚C10混凝土体积	m3	3.9867
DM	DM-走廊水泥砂浆面积	m2	49.8336
YT	TIJ-办公室踢脚抹灰长度	m	298.1536
YT	TIJ-走廊踢脚抹灰长度	m	88.24
QM	QM-办公室底层石灰砂浆面积	m2	1013.4568
QM	QM-办公室面层涂料面积	m2	1019.5401
QM	QM-楼梯间面层涂料面积	m2	130.764
QM	QM-楼梯间水泥砂浆面积	m2	127.044
QM	QM-卫生间面砖墙块料面积	m2	203.186
QM	QM-走廊底层石灰砂浆面积	m2	300.947
QM	QM-走廊面层涂料面积	m2	311.3078

TP	TP-办公室底层石灰砂浆面积	m2	438.2858
TP	TP-办公室面层888涂料面积	m2	438.2858
TP	TP-仓库底层石灰砂浆面积	m2	41.9184
TP	TP-仓库面层888涂料面积	m2	41.9184
TP	TP-走廊底层石灰砂浆面积	m2	56.0111
TP	TP-走廊面层888涂料面积	m2	56.0111

（五）二层室外装修

（1）手工计算过程

$[43.2+0.12+3.14\times2\times(10.7+0.12)/4+2.7+3.6+5.35\times2+0.12+1.5\times4+(3.2\times2+2.6+0.12\times2)\times2+(2.7+3.6)\times2-0.12\times2+2.7+3.6+4.8+1.4+4.5+1.5+0.12\times2]$（建筑周长）$\times4.2$（高）$-169.534$（门窗面积）$+32.317$（门窗洞口侧壁）$-4.2\times0.2\times4$（雨篷板占墙面积）$=411.754m^2$

（2）软件计算过程

软件结果：

| QM | QM-二层外墙面块料面积 | m2 | 411.3744 |

第五节　3~6层工程量计算

一、3~6层要计算哪些工程量

（一）围护构件

表 2-3-43

3~6层围护构件			
构件名称	一级划分	二级划分	计算哪些量
围护构件	塑钢门		洞口面积
			数量
			门运输（面积）
	塑钢窗		洞口面积
			数量
			窗运输（面积）
	过梁		体积
			模板面积
	圈梁		体积
			模板面积
	砖墙	外墙	体积
		内墙	体积
	柱		体积
			模板面积

(二) 顶部构件

表 2-3-44

顶部构件

构件名称	一级划分	计算哪些量
顶部构件	板	体积
		模板面积
		超高模板面积

(三) 室内构件

表 2-3-45

地下一层室内构件

构件名称	一级划分	二级划分	计算哪些量
室内构件	混凝土楼梯	制作	投影面积
			模板面积
		楼梯装修	底部面积

(四) 室外构件

表 2-3-46

室外构件

构件名称	一级划分	二级划分	计算哪些量
室外构件	阳台	阳台底板	体积
			模板面积
			底板底装修面积
			底板上装修面积
		阳台栏板	体积
			模板面积
			内立面装修
			外立面装修
			顶面装修
		阳台贴墙	抹灰面积

（五）室内装修

表 2-3-47　卧室、会客厅、餐厅、走廊装修表

内装修			
构件名称	一级划分	二级划分	计算哪些量
卧　室 会客厅 餐　厅 走　廊	楼地面	水泥砂浆楼面	地面积
	踢脚	水泥砂浆踢脚	抹灰踢脚长度
	内墙面	混合砂浆墙面	墙面抹灰面积
		888仿瓷涂料	墙面抹灰面积
	顶棚	混合砂浆顶棚	顶棚抹灰面积
		888仿瓷涂料	顶棚抹灰面积

表 2-3-48　厨房、卫生间装修表

构件名称	一级划分	二级划分	计算哪些量
厨、卫洗脸间	楼面	8厚地砖	块料面积
		50厚C20混凝土垫层	块料面积
	踢脚	水泥砂浆踢脚	踢脚抹灰长度
	内墙面	8厚面砖	块料面积
	顶棚	混合砂浆顶棚	顶棚抹灰面积

表 2-3-49　楼梯间装修表

构件名称	一级划分	计算哪些量
楼梯间	混合砂浆墙面	墙面抹灰面积
	888仿瓷涂料	墙面抹灰面积

（六）室外装修

表 2-3-50

外装修		
构件名称	一级划分	计算哪些量
外装修	水泥砂浆外墙面抹灰	墙面抹灰面积
	彩色涂料	墙面抹灰面积

二、工程量计算过程

（一）3~6层围护构件

软件是算3~6层的总量，我算的是一层的，乘4就是总量。

1. 门
(1) 手工计算过程

M-4 洞口面积：$0.95 \times 2.1 \times 4 = 7.98 m^2$　　　　数量：4

M-5 洞口面积：$0.9 \times 2.1 \times 16 = 30.24 m^2$　　　数量：16

M-6 洞口面积：$0.8 \times 2.1 \times 12 = 20.16 m^2$　　　数量：12

M-7 洞口面积：$0.8 \times 2.1 \times 4 = 6.72 m^2$　　　　数量：4

M-11 洞口面积：$2.4 \times 2.4 \times 4 = 23.04 m^2$　　　数量：4

(2) 软件计算过程

软件画图：

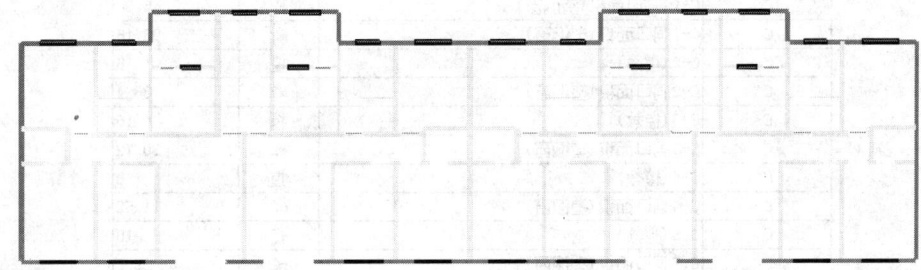

软件结果：

M	M-11(樘数)	樘	16
M	M-11洞口面积	m2	92.16
M	M-4(樘数)	樘	16
M	M-4洞口面积	m2	31.92
M	M-5(樘数)	樘	64
M	M-5洞口面积	m2	120.96
M	M-6(樘数)	樘	48
M	M-6洞口面积	m2	80.64

2. 窗
(1) 手工计算过程

C-1 洞口面积：$1.8 \times 1.6 \times 8 = 23.04 m^2$　　　数量：8

C-2 洞口面积：$1.5 \times 1.6 \times 4 = 9.6 m^2$　　　　数量：4

C-3 洞口面积：$1.2 \times 1.6 \times 4 = 7.68 m^2$　　　数量：4

C-4 洞口面积：$0.9 \times 1.6 \times 2 = 2.88 m^2$　　　数量：2

C-5 洞口面积：$1 \times 1.6 \times 4 = 6.4 m^2$　　　　　数量：4

C-6 洞口面积：$0.9 \times 1.6 \times 4 = 5.76 m^2$　　　数量：4

C-7 洞口面积：$1.2 \times 1.4 \times 2 = 3.36 m^2$　　　数量：2

C-12 洞口面积：$1.8 \times 1.6 \times 4 = 11.52 m^2$　　数量：4

(2) 软件计算过程

软件画图：

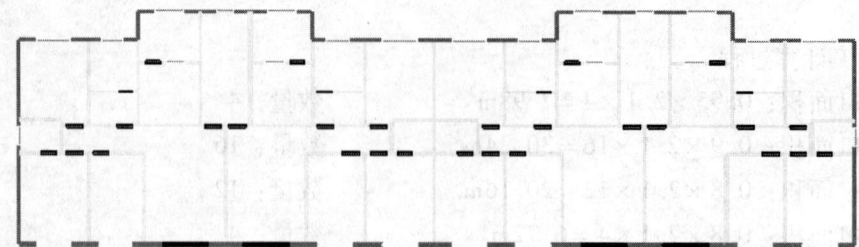

软件结果：

C	C-1(樘数)	樘	32
C	C-12(樘数)	樘	16
C	C-12洞口面积(塑钢窗)	m2	46.08
C	C-1洞口面积(塑钢窗)	m2	92.16
C	C-2(樘数)	樘	16
C	C-2洞口面积(塑钢窗)	m2	38.4
C	C-3(樘数)	樘	16
C	C-3洞口面积(塑钢窗)	m2	30.72
C	C-4(樘数)	樘	8
C	C-4洞口面积(塑钢窗)	m2	11.52
C	C-5(樘数)	樘	16
C	C-5洞口面积(塑钢窗)	m2	25.6
C	C-6(樘数)	樘	16
C	C-6洞口面积(塑钢窗)	m2	23.04
C	C-7(樘数)	樘	8
C	C-7洞口面积(塑钢窗)	m2	13.44

3. 过梁

（1）手工计算过程

240×240 过梁体积：$0.24 \times 0.24 \times (2.4+0.5) \times 4 = 0.668 m^3$

240×240 过梁模板：$[2.4 \times 0.24 + (2.4+0.5) \times 0.24 \times 2] \times 4 = 7.872 m^2$

240×180 过梁体积：$0.24 \times 0.18 [(1.8+0.5) \times 8 + (1.5+0.5) \times 4 + (1.2+0.5) \times 4 + (1+0.5) \times 4 + (1.2+0.5) \times 2 + (1.8+0.5) \times 4 + (0.95+0.5) \times 4] = 2.488 m^3$

240×180 过梁模板：$[0.95 \times 0.24 + (0.95+0.5) \times 0.18 \times 2] \times 4 + [1.8 \times 0.24 + (1.8+0.5) \times 0.18 \times 2] \times 12 + [1.5 \times 0.24 + (1.5+0.5) \times 0.18 \times 2] \times 4 + [1.2 \times 0.24 + (1.2+0.5) \times 0.18 \times 2] \times 6 + [1 \times 0.24 + (1+0.5) \times 0.18 \times 2] \times 4 = 30.96 m^2$

240×120 过梁体积：$0.12 \times 0.24 \times [(0.9+0.5) \times 18 + (0.8+0.5) \times 12] = 1.17504 m^3$

240×120 过梁模板：

$[0.9 \times 0.24 + (0.9+0.5) \times 0.12 \times 2] \times 18 + [0.8 \times 0.24 + (0.8+0.5) \times 0.12 \times 2] \times 12 = 15.984 m^2$

120×120 过梁体积：$0.12 \times 0.12 \times (0.9+0.5) \times 4 + 0.12 \times 0.12 \times (0.8+0.5) \times 4 = 0.156 m^3$

120×120 过梁模板：

$[0.9 \times 0.12 + 90.9 + 0.50 \times 0.12 \times 2] \times 4 + [0.8 \times 0.12 + (0.8+0.5) \times 0.12 \times 2] \times 4 = 3.408 m^2$

(2) 软件计算过程

软件画图：

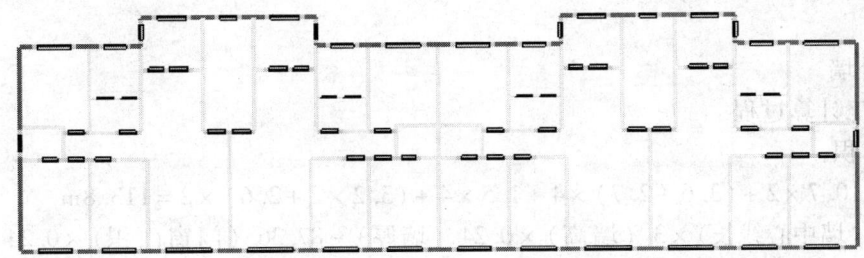

软件结果：

GL	GL120砼过梁模板面积	m2	95.8658
GL	GL120砼过梁体积	m3	6.6516
GL	GL180砼过梁模板面积	m2	92.16
GL	GL180砼过梁体积	m3	7.3267
GL	GL240砼过梁模板面积	m2	31.488
GL	GL240砼过梁体积	m3	2.6726

4. 圈梁

(1) 手工计算过程

外墙圈梁体积：[113.8（圈梁长）-34×0.24（柱）]×0.24（圈梁宽）×0.24（圈梁高）= 6.085 m^3

外墙圈梁模板：[113.8（圈梁长）-34×0.24（柱）]×(0.24-0.12+0.24)（圈梁高）= 38.03 m^2

内墙圈梁体积：[197.9（圈梁长）-40×0.24（柱）]×0.24（圈梁宽）×0.24（圈梁高）= 10.846 m^3

内墙圈梁模板：[197.9（圈梁长）-40×0.24（柱）]×(0.24-0.12)×2（圈梁高）= 45.192 m^2

圈梁总体积：6.085 + 10.846 = 16.931 m^3

圈梁总模板：38.03 + 45.192 = 83.222 m^2

(2) 软件计算过程

软件画图：

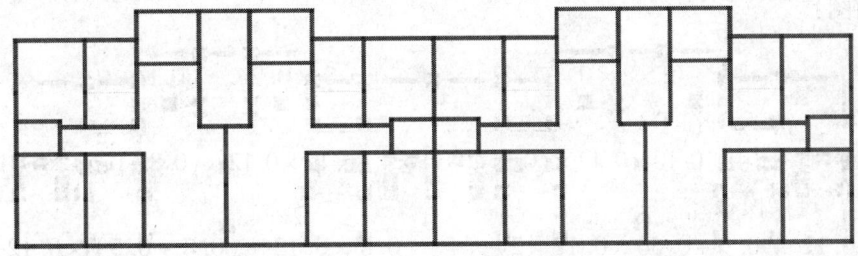

软件结果：

| QL | QL240*240砼模板面积 | m2 | 333.6464 |
| QL | QL240*240砼体积 | m3 | 66.3014 |

5. 墙

（1）外墙

1）手工计算过程

外墙体积：

$43.2 + 10.7 \times 2 + (3.6 + 2.7) \times 4 + 1.5 \times 4 + (3.2 \times 2 + 2.6) \times 2 = 113.8\text{m}$

113.8（墙中心线长）×3（墙高）×0.24（墙厚）－87.36（门窗面积）×0.24（墙厚）－9.05（构造柱）＋0.03×0.24×2.76×28（构造柱多扣体积）－2.866（过梁）－6.09（圈梁）＝43.51m³

2）软件计算过程

软件画图：

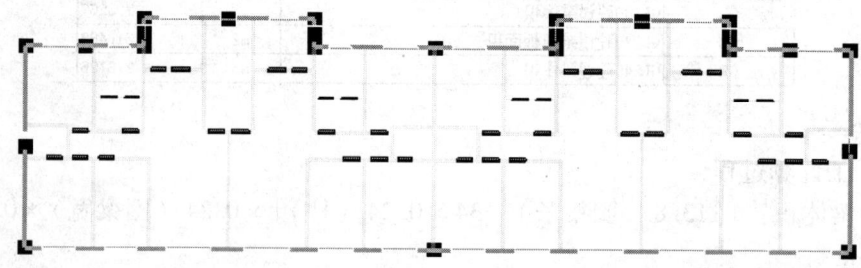

软件结果：

| Q | 外砖墙240体积 | m3 | 175.4811 |

（2）内墙240

1）手工计算过程

内墙240体积：

$[(2.25-0.12)+(1.7-0.12)+(4.05-0.12)+(6.6-0.12)+(4.5-0.12)\times 2 + (4.8-0.12)\times 2 + (3.2-0.12)+(6-0.12)] \times 4 \times 0.24 \times 2.76 + (2.6+6.2-0.12)\times 2 \times 0.24 \times 2.76 - 12.43$（构造柱）$- 0.03 \times 0.24 \times 2.76 \times 28$（构造柱多扣体积）－1.618（过梁）－13.9344（门窗）＝99.2m³

2）软件计算过程

软件画图：

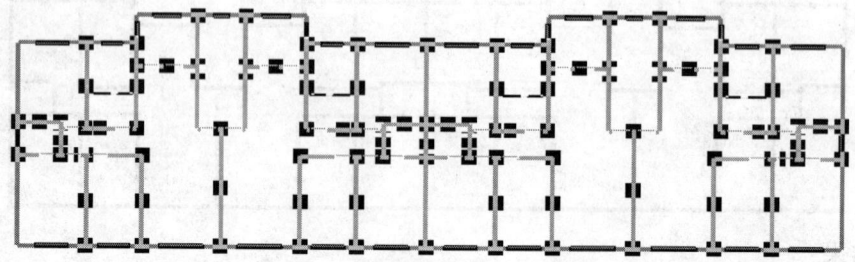

软件结果：

| | Q | 内砖墙240体积 | m3 | 396.7571 |

（3）内墙120

1）手工计算过程

内墙120体积：$[(2.7-0.24)\times3\times0.115-1.6\times0.9\times0.115-0.8\times2.1\times0.115-0.035]\times4=1.82\text{m}^3$

2）软件计算过程

软件画图：

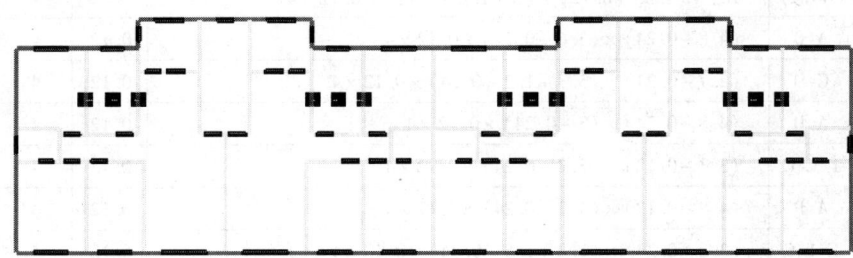

软件结果：

| | Q | 内砖墙120体积 | m3 | 7.1363 |

6. 构造柱

（1）手工计算过程

构造柱：

$0.24\times0.24\times3\times96+0.03\times2\times0.24\times2.76\times20+0.03\times3\times0.24\times2.76\times50+0.03\times4\times0.24\times2.76\times2+0.03\times2\times0.24\times2.76\times24=21.4773\text{m}^3$

构造柱模板：一字型的柱 $=(0.24\times2\times2.88+0.06\times4\times2.76)\times20=40.896\text{m}^2$

T型的柱 $=(0.24\times2.88+0.06\times6\times2.76)\times50=84.24\text{m}^2$

十字型 $=0.06\times8\times2.76=1.3248\text{m}^2$

L型的柱 $=(0.24\times2\times2.88+0.06\times4\times2.76)\times24=49.0752\text{m}^2$

（2）软件计算过程

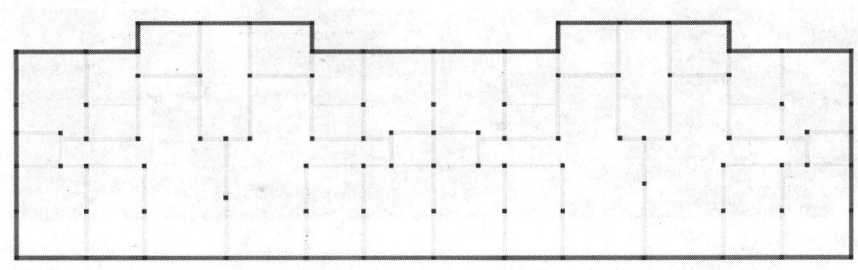

| | Z | GZ240*240砼模板面积 | m2 | 713.5861 |
| | Z | GZ240*240砼体积C20 | m3 | 85.942 |

(二) 3~6层顶部构件

板

(1) 手工计算过程

表 2-3-51

3~6层板体积

名称	位置		计算式	厚度	数量	体积
	横轴	竖轴				
板	1-2	C-D (异形)	$(3+1.2-0.24)\times(2.25-0.12)+(1.35-0.24)\times(0.3-0.12)+(1.35+0.12)\times(3+1.2-0.12)\times0.12\times4$	0.12	4	6.546
	1-2	A-B	$(4.8-0.24)\times(3.6-0.24)\times0.12\times4$	0.12	4	7.35
	2-3	C-D	$(2.7-0.24)\times(3.3+1.2-0.24)\times0.12\times4$	0.12	4	5.03
	2-4	A-B	$(4.8-0.24)\times(3-0.24)\times0.12\times4$	0.12	4	6.04
	3-5	1/C-C	$(3.3-0.12)\times(3.2-0.24)\times0.12\times4$	0.12	4	4.518
	4-6	A-B	$(4.8-0.12)\times(4.2-0.24)\times0.12\times4$	0.12	4	8.857
	3-5	E-1/C	$(3.2-0.24)\times(1.2+1.5-0.24)\times0.12\times4$	0.12	4	3.495
	1-1/1-2	1-1/1-2	$(1.7-0.24)\times(2.25-0.24)\times0.12\times4$	0.12	4	1.4086
	6-2	C-B轴 (异形)	$(1.4-0.12)\times(1.3-0.12)+(1.35+2.7-0.12)(1.4-0.24)+[0.3\times1.4-0.12\times0.12\times2-0.3\times0.12\times0.4+(3.2-0.3)\times1.4-0.12\times0.12\times2]\times0.12\times4+\{[(4.8+1.4+3.3+1.2)\times3-1.44]\times2+43.2\times3-11.52-24.96+43.2\times3-11.52-7.68-9.6-3.36\}$	0.12	4	5.028
合计						$48.273\times4=193.092$

模板面积:

48.273 (板体积)/0.12 (墙厚) = 402.275m²

(2) 软件计算过程

软件画图:

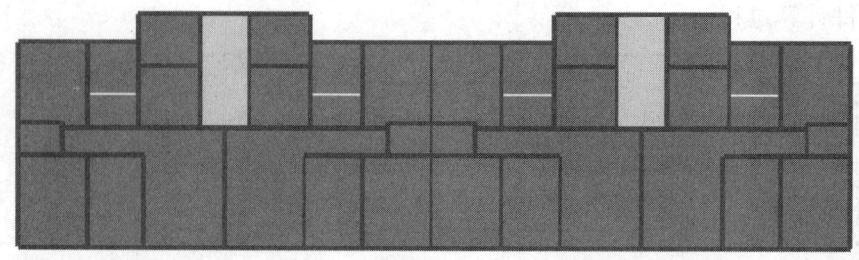

软件结果:

	B	XB-120砼模板面积	m2	1610.5152	1610.5152
	B	XB-120砼体积C20	m3	193.2618	193.2618

(三) 3~6 层室内构件

(1) 手工计算过程

楼梯投影面积：$(2.6-0.24)\times(3.3+1.2+1.5-0.24)\times 2=27.1872m^2$

模板面积：$(2.6-0.24)\times(3.3+1.2+1.5-0.24)\times 2=27.1872m^2$

底部装修面积：$(2.6-0.24)\times(3.3+1.2+1.5-0.24)\times 2\times 1.15=31.265m^2$

(2) 软件计算过程

软件画法：

	编码	类别	项目名称	单位	工程量表达式	表达式说明
1	LT	补	LT-1投影面积	m2	TYMJ	TYMJ〈水平投影面积〉
2	LT	补	LT-1投影模板面积	m2	TYMJ	TYMJ〈水平投影面积〉
3	LT	补	LT-1天棚装修面积	m2	TYMJ*1.15	TYMJ〈水平投影面积〉*1.15

注释：楼梯底部装修面积按投影面积乘以 1.15 计算。用户可以根据图纸具体的情况修改系数。

软件画图：

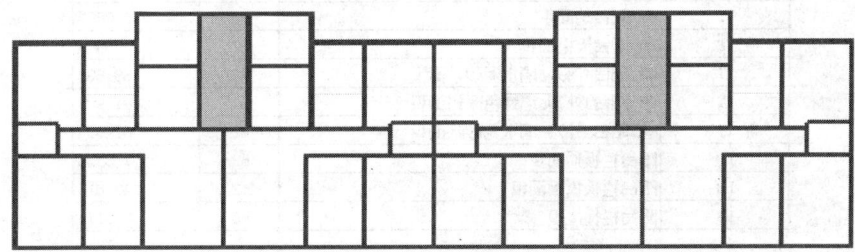

软件结果：

LT	LT-1投影面积	m2	108.7488
LT	LT-1投影模板面积	m2	108.7488
LT	LT-楼梯底部装修面积	m2	125.0611

(四) 3~6 层室外构件

1. 小阳台

手工计算过程

阳台底板体积：$1.5\times 2.7\times 0.12\times 4=1.944m^3$

阳台板模板（含侧模）：$1.5\times 2.7\times 4+4.2*0.12*4=18.216m^2$

阳台板底装修：$1.5\times 2.7\times 4=16.2m^2$

阳台板上装修：$(2.7-0.12)\times(1.5-0.12)\times 4=14.2416m^2$

阳台贴脸面积：$[(1.5-0.24+2.7)\times 3-0.8\times 2.1-1.2\times 1.6]\times 4=33.12m^2$

2. 小阳台栏板

手工计算过程

阳台栏板体积：$[(2.7-0.12+0.06+1.5-0.12+0.06)\times(0.11+0.99)\times 0.12]\times 4=2.154m^3$

阳台栏板模板：$(2.7-0.12+0.06+1.5-0.12+0.06)\times1.1\times2\times4=35.904m^2$

栏板内装修：$[(2.7-0.12+1.5-0.12)\times1.1]\times4=17.424m^2$（阳台中的栏板墙面面积）

栏板外装修：$[(2.7+1.5)\times(0.12+1.1)]\times4=20.496m^2$

栏板顶装修：$(2.7-0.12+0.06+1.5-0.12+0.06)\times0.12\times4=1.9584m^2$

3. 软件计算过程

软件画图：

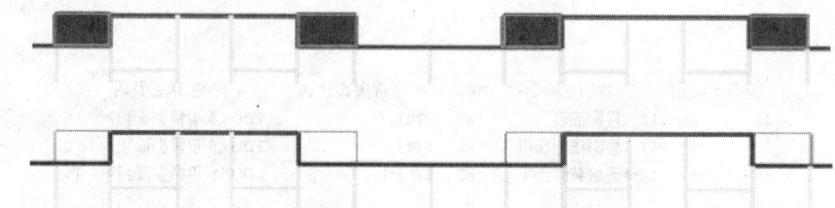

软件结果：

YT	阳台B-120砼模板面积	m2	72.864
YT	阳台B-120砼体积C20	m3	7.776
YT	DM-阳台地面积	m2	56.9664
TP	DM-阳台天棚面积	m2	64.8
YT	QM-阳台(内)贴墙水泥砂浆面积	m2	69.696
YT	QM-阳台(外)贴墙绿色涂料面积	m2	81.984
YT	QM-阳台(外)贴墙水泥砂浆面积	m2	81.984
LB	阳台栏板顶面积	m2	7.8336
LB	阳台栏板模板面积	m2	143.616
LB	阳台栏板体积	m3	8.6176

4. 大阳台

手工计算过程

大阳台

阳台底板体积：$[(1.2-0.12+0.06)\times0.886\times2+3.314\times(1.6-0.12+0.06)\times2]\times2\times0.2=2.88m^3$

阳台底板模板：$[(1.2-0.12+0.06)\times0.886\times2+3.314\times(1.6-0.12+0.06)\times2]\times2=24.45m^2$

阳台底板外侧模板：$10.504\times0.12\times2=2.52m^2$

阳台板底装修：$[(1.2-0.12+0.06)\times0.886\times2+3.314\times(1.6-0.12+0.06)\times2]\times2=24.45m^2$

阳台板上装修：$[(1.2-0.12-0.06)\times0.886\times2-(3.314-0.12)\times(1.6-0.12-0.06)]\times2=21.756m^2$

阳台贴脸面积：$[(4.2+1.6)\times3-2.4\times2.6]\times4=44.64m^2$

CAD计算过程：

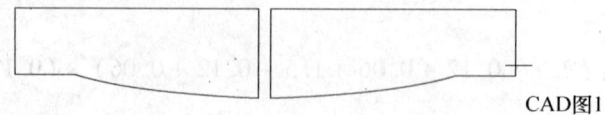

CAD图1

面积：$5.628 \times 4 = 22.512 \text{m}^2$ 体积：$22.512 \times 0.12 = 2.7 \text{m}^3$

5. 大阳台栏板

手工计算过程

CAD 计算栏板中心线长度：10.504m

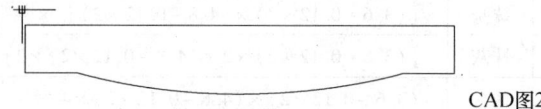

CAD图2

栏板体积：$10.504 \times 0.12 \times 1.1 \times 2 = 2.773 \text{m}^3$

栏板模板：$10.504 \times 2 \times 1.1 \times 2 = 46.2176 \text{m}^2$

栏板内装修：

CAD 计算栏板内边线长度：10.264m

内装修面积：$10.264 \times 1.1 \times 2 = 22.5808 \text{m}^2$（阳台的栏板墙面面积）

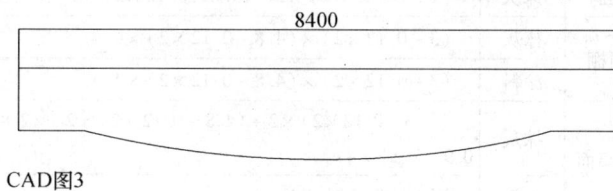

CAD图3

栏板外装修：$46.2176 - 22.5808 = 23.6368 \text{m}^2$

栏板顶装修：$10.504 \times 0.12 \times 2 = 2.52 \text{m}^2$

6. 软件计算过程

软件画图：

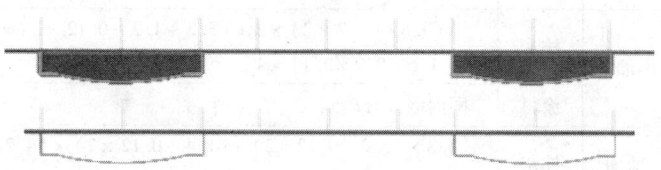

软件结果：

YT	阳台B-120砼模板面积	m2	103.5104
YT	阳台B-120砼体积C20	m3	11.156
YT	DM-阳台地面积	m2	82.6496
TP	DM-阳台天棚面积	m2	92.9648
YT	QM-阳台(内)贴墙水泥砂浆面积	m2	92.4424
YT	QM-阳台(外)贴墙绿色涂料面积	m2	107.2088
YT	QM-阳台(外)贴墙水泥砂浆面积	m2	107.2088
LB	阳台栏板顶面积	m2	10.3152
LB	阳台栏板模板面积	m2	199.4288
LB	阳台栏板体积	m3	11.3464

（五）3～6层室内装修

（1）手工计算过程

表 2-3-52

构件名称	位置 横	位置 竖	要算的量	类型	计算式	工程量
3~6层卧室	1-2	A-B	地面	抹灰	[(3.6-0.12×2)×(4.8-0.12×2)]×4	61.286
			踢脚	抹灰	[(3.6-0.12×2)×2+(4.8-0.12×2)×2]×4	63.36
			顶棚	抹灰	(3.6-0.12×2)×(4.8-0.12×2)×4	61.286
				涂料	(3.6-0.12×2)×(4.8-0.12×2)×4	61.286
			内墙面	抹灰	{[(3.6-0.12×2)×2+(4.8-0.12×2)×2]×2.88-1.8×1.6-0.9×2.1-0.8×2.1}×4	156.677
				涂料	同内墙混合砂浆	156.677
	2-4	A-B	地面	抹灰	(3-0.12×2)×(4.8-0.12×2)×4	50.344
			踢脚	抹灰	[(3-0.12×2)×2+(4.8-0.12×2)×2]×4	58.56
			顶棚	抹灰	(3-0.12×2)×(4.8-0.12×2)×4	50.344
				涂料	(3-0.12×2)×(4.8-0.12×2)×4	50.344
			内墙面	抹灰	{[(3-0.12×2)×2+(4.8-0.12×2)×2]×2.88-1.8×1.6-0.9×2.1}×4	149.573
				涂料	同内墙混合砂浆	149.573
	1-2	C-D	地面	抹灰	[(3.6-0.12×2)×(3.3+1.2-0.12×2)-0.3×2.25]×4	54.556
			踢脚	抹灰	[(3.6-0.12×2)×2+(3.3+1.2-0.12×2)×2]×4	60.96
			顶棚	抹灰	[(3.6-0.12×2)×(3.3+1.2-0.12×2)-0.3×2.25]×4	54.556
				涂料	[(3.6-0.12×2)×(3.3+1.2-0.12×2)-0.3×2.25]×4	54.556
			内墙面	抹灰	{[(3.6-0.12×2)×2+(3.3+1.2-0.12×2)×2]×2.88-1.8×1.6-0.9×2.1}×4	156.484
				涂料	同内墙混合砂浆	156.485
3~6层会客室餐厅	4-6	A-1/C	地面	抹灰	[3.3×(3.2-0.12×2)+(1.4-0.12×2)×(4.2+3+0.25+0.9+0.2-0.12×2)+(4.2-0.12×2)×4.8]×4	153.662
			踢脚	抹灰	[3.3×2+(3.2-0.12×2)+(1.4-0.12×2)×2+(3+0.25+0.9+0.2)+(2.7+0.25+0.9+0.2)+(4.2-0.12×2)+4.8×2+1+0.18+0.12]×4	140.56
			顶棚	抹灰	[3.3×(3.2-0.12×2)+(1.4-0.12×2)×(4.2+3+0.25+0.9+0.2-0.12×2)+(4.2-0.12×2)×4.8]×4	153.662
				涂料	同内墙混合砂浆	153.662
			内墙面	抹灰	{[3.3×2+(3.2-0.12×2)+(1.4-0.12×2)×2+(3+0.25+0.9+0.2)+(2.7+0.25+0.9+0.2)+(4.2-0.12×2)+4.8×2+1+0.18+0.12]×2.88-2.4×2.6-0.95×2.1-0.8×2.1-0.9×2.1×4-1×1×1.6}×4	328.513
				涂料	同内墙混合砂浆	328.513

续表

构件名称	位置		要算的量	类型	计算式	工程量
	横	竖			内装修	
3~6层卫生间	2-3	C-D	地面	块料	$[(2.7-0.12\times2)\times(3.3+1.2-1.8-0.12-0.06)+0.8\times0.06]\times4$	24.989
				垫层	$[(2.7-0.12\times2)\times(3.3+1.2-1.8-0.12-0.06)+0.8\times0.06]\times4$	24.989
			顶棚	抹灰	$(2.7-0.12\times2)\times(3.3+1.2-1.8-0.12-0.06)\times4$	24.797
				涂料	$(2.7-0.12\times2)\times(3.3+1.2-1.8-0.12-0.06)\times4$	24.797
			内墙面	块料	$\{[(2.7-0.12\times2)\times2+(3.3+1.2-1.8-0.12-0.06)\times2]\times2.88-1.2\times1.6-0.8\times2.1-0.9\times1.6+(1.2+1.6)\times2\times0.12+(0.8+2.1\times2)\times0.06+(0.9+1.6)\times2\times0.06\}\times4$	99.667
	1-2	B-C	地面	块料	$[(0.4+0.9+0.1+0.3-0.12\times2)\times(3.6-0.25-0.9-0.2-0.12\times2)+0.8\times0.12]\times2$	6.061
				垫层	$[(0.4+0.9+0.1+0.3-0.12\times2)\times(3.6-0.25-0.9-0.2-0.12\times2)+0.8\times0.12]\times2$	6.061
			顶棚	抹灰	$(0.4+0.9+0.1+0.3-0.12\times2)\times(3.6-0.25-0.9-0.2-0.12\times2)\times2$	5.869
				涂料	$(0.4+0.9+0.1+0.3-0.12\times2)\times(3.6-0.25-0.9-0.2-0.12\times2)\times2$	5.869
			内墙面	块料	$\{[(0.4+0.9+0.1+0.3-0.12\times2)\times2+(3.6-0.25-0.9-0.2-0.12\times2)\times2]\times2.88-0.9\times1.6-0.8\times2.1+(0.8+2.1\times2)\times0.12+(0.9+1.6)\times2\times0.12\}\times2$	36.134
	10-11	B-C	地面积	块料	$[(0.4+0.9+0.1+0.3-0.12\times2)\times(3.6-0.25-0.9-0.2-0.12\times2)+0.8\times0.12]\times2$	6.061
				垫层	$[(0.4+0.9+0.1+0.3-0.12\times2)\times(3.6-0.25-0.9-0.2-0.12\times2)+0.8\times0.12]\times2$	6.061
			顶棚	抹灰	$(0.4+0.9+0.1+0.3-0.12\times2)\times(3.6-0.25-0.9-0.2-0.12\times2)\times2$	5.869
				涂料	$(0.4+0.9+0.1+0.3-0.12\times2)\times(3.6-0.25-0.9-0.2-0.12\times2)\times2$	5.869
			内墙面	块料	$\{[(0.4+0.9+0.1+0.3-0.12\times2)\times2+(3.6-0.25-0.9-0.2-0.12\times2)\times2]\times2.88-0.8\times2.1+(0.8+2.1\times2)\times0.12\}\times2$	37.814
3~6层洗脸间	2-3	C-D	地面积	抹灰	$[(2.7-0.12\times2)\times(1.8-0.12-0.06)+0.8\times0.06+0.9\times0.12]\times4$	16.565
			顶棚	抹灰	$(2.7-0.12\times2)\times(1.8-0.12-0.06)\times4$	15.941
				涂料	$(2.7-0.12\times2)\times(1.8-0.12-0.06)\times4$	15.941

续表

构件名称	位置		要算的量	类型	计算式	工程量
	横	竖			内装修	
3~6层洗脸间	2-3	C-D	踢脚	抹灰	$[(2.7-0.12\times2)\times2+(1.8-0.12-0.06)\times2]\times4$	32.64
			内墙面	抹灰	$\{[(2.7-0.12\times2)\times2+(1.8-0.12-0.06)\times2]\times2.88-0.9\times2.1-0.8\times2.1-0.9\times1.6+(0.9+2.1\times2)\times0.12+(0.8+2.1\times2)\times0.06+(0.9+1.6)\times2\times0.06\}\times4$	78.811
				涂料	同内墙混合砂浆	78.811
3~6层厨房	3-5	1/C-E	地面积	块料	$[(3.2-0.12\times2)\times(1.2+1.5-0.12\times2)+0.8\times0.12+0.8\times0.12]\times4$	29.894
				垫层	$[(3.2-0.12\times2)\times(1.2+1.5-0.12\times2)+0.8\times0.12+0.8\times0.12]\times4$	29.894
			顶棚	抹灰	$(3.2-0.12\times2)\times(1.2+1.5-0.12\times2)\times4$	29.126
				涂料	$(3.2-0.12\times2)\times(1.2+1.5-0.12\times2)\times4$	29.126
			内墙面	块料	$\{[(3.2-0.12\times2)\times2+(1.2+1.5-0.12\times2)\times2]\times2.88-1.5\times1.6-1\times1.6-0.8\times2.1-0.8\times2.1+(1.5+1.6)\times2\times0.12+(1+1.6)\times2\times0.12+(0.8+2.1\times2)\times0.12\times2\}\times4$	105.709
3~6层楼梯间	5-7	C-E	内墙面	抹灰	$\{[(2.6-0.12\times2)\times2+(3.3+1.2+1.5-0.12\times2)\times2]\times(3-0.12)-1.2\times1.4-0.95\times2.1\times2\}\times2$	82.202
				涂料	同内墙混合砂浆	82.202

表 2-3-53 内装修汇总表

构件名称	要计算量	类型	工程量
		3~6层内装修汇总表	
内装修	地面积	水泥砂浆地面	336.413
		8 厚地砖块料面积	67.005
		50 厚垫层	67.005
	踢脚	水泥砂浆踢脚	356.081
	顶棚	混合砂浆顶棚	401.451
		顶棚 888 仿瓷涂料	401.451
	内墙面	混合砂浆墙面	952.261
		内墙面 888 仿瓷涂料	952.261
		8 厚面砖块料面积	278.824

(2) 软件计算过程

软件画图:

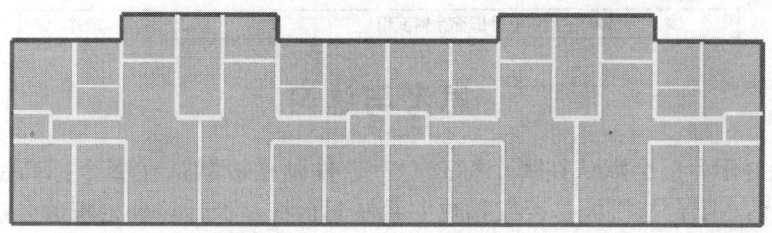

软件结果:

DM	DM-厨房1.5厚聚氨酯防水涂料	m2	142.5216
DM	DM-厨房50厚C20混凝土体积	m3	5.8253
DM	DM-厨房地砖块料面积	m2	121.1136
DM	DM-会客室80厚C10混凝土体积	m3	49.172
DM	DM-会客室水泥砂浆面积	m2	614.6496
DM	DM-楼梯水泥砂浆投影面积	m2	108.7488
DM	DM-卫生间1.5厚聚氨酯防水涂料	m2	270.048
DM	DM-卫生间50厚C20混凝土体积	m3	10.4952
DM	DM-卫生间地砖块料面积	m2	214.704
DM	DM-卧室80厚C10混凝土体积	m3	53.1786
DM	DM-卧室水泥砂浆面积	m2	664.7328
TJ	TIJ-会客室踢脚抹灰长度	m	562.24
TJ	TIJ-卧室踢脚抹灰长度	m	731.52
QM	QM-厨房面砖墙块料面积	m2	422.8352
QM	QM-会客室底层石灰砂浆面积	m2	1321.7312
QM	QM-会客室面层水泥砂浆面积	m2	1348.3808
QM	QM-楼梯间水泥砂浆面积	m2	344.4
QM	QM-楼梯间涂料面积	m2	359.28
QM	QM-卫生间面砖墙块料面积	m2	1009.7088
QM	QM-卧室底层石灰砂浆面积	m2	1850.9376
QM	QM-卧室面层水泥砂浆面积	m2	1825.4496
TJ	TIJ-商店面砖踢脚块料长度	m	2587.52
TP	TP-厨房底层石灰砂浆面积	m2	116.5056
TP	TP-厨房面层888涂料面积	m2	116.5056
TP	TP-会客室底层石灰砂浆面积	m2	614.6496
TP	TP-会客室面层888涂料面积	m2	614.6496
TP	TP-卫生间底层石灰砂浆面积	m2	209.904
TP	TP-卫生间面层888涂料面积	m2	209.904
TP	TP-卧室底层石灰砂浆面积	m2	664.7328
TP	TP-卧室面层888涂料面积	m2	664.7328

(六) 3~6层室外装修

(1) 手工计算过程

(113.8 + 0.12 × 8)(外周长) × 3 (墙高) - 87.84 (门窗面积) - 33.96 × 0.12 (阳台板所占面积) - 1.8 (女儿墙及栏板所占墙面积) + 24 (门窗侧壁) = 274.56m²

(2) 软件计算过程

软件结果:

	QM	QM-三层以上外墙面涂料面积		m2	1097.7961

思考与练习

1. 软件画好阳台后会默认在哪个标高上？软件画栏板默认在哪个标高上？阳台和墙体是否有扣减关系？阳台与栏板是否有扣减关系？阳台板是否计算到栏板的外边线？
2. 外墙装修是否考虑阳台？外墙装修是否计算阳台隔墙的工程量？怎样计算？
3. 软件是怎样计算外墙构造柱的？软件计算外墙的体积时是怎样扣减构造柱的？

第六节 突出屋面层

一、要计算哪些工程量

表 2-3-54

突出屋面

构件名称	一级划分	二级划分	计算哪些量
楼梯间突出屋面部分	塑钢门 M-10		洞口面积
			数量
			运输（面积）
	塑钢窗 C-7		洞口面积
			数量
			运输（面积）
	墙		体积
	板		体积
			模板面积
	内装修	混合砂浆内墙面	内墙抹灰面积
		888 仿瓷涂料	内墙抹灰面积
		混合砂浆顶棚	顶棚抹灰面积
	外装修	水泥砂浆外墙	外墙抹灰面积
		888 仿瓷涂料	外墙抹灰面积
	斜屋面	水泥砂浆找平层	斜板面积
		SBS 卷材防水层	斜板面积

二、工程量计算过程

1. 门

（1）手工计算过程

M-10 洞口面积：$0.9 \times 2.4 \times 2 = 4.32 m^2$　　数量：2
（2）软件计算过程

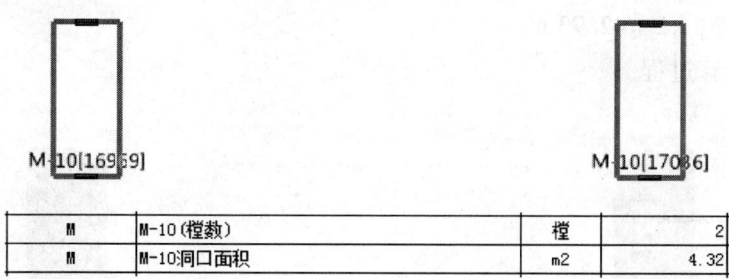

2. 窗
（1）手工计算过程
C-7 洞口面积：$1.2 \times 1.4 \times 2 = 3.36 m^2$　　数量：2
（2）软件计算过程

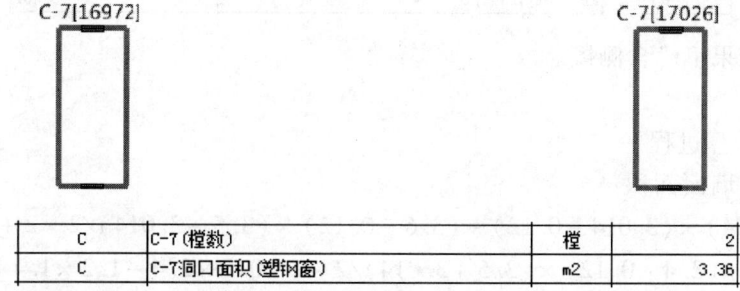

3. 墙
（1）手工计算过程
墙体积：
$[3.014 \times 2.6 - 1.2 \times 1.4 + 3.014 \times 2.6 - 0.9 \times 2.4 + 2 \times (3.5 + 3.014)/2 \times 3.6 + 2 \times (3.5 + 3.014)/2 \times 2.4] \times 0.24 \times 2 = 24.44 m^3$
（2）软件计算过程

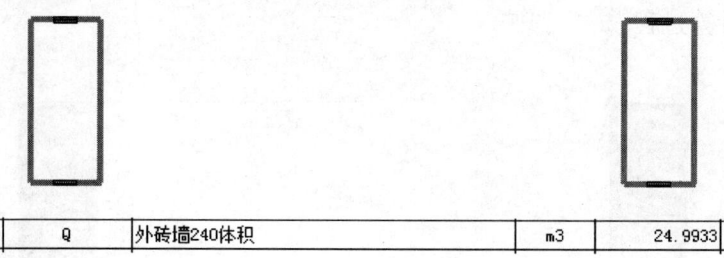

4. 板
（1）手工计算过程
板体积：
$[(3.9 \times 3.9 + 0.512 \times 0.512)$ 开方 $\times (2.6 + 0.44) + (0.76 \times 0.76 + 3 \times 3)$ 开方 $\times (2.6 +$

$0.44)] \times 2 \times 0.12 = 5.13 m^3$

板模板：$[(3.9 \times 3.9 + 0.512 \times 0.512)$ 开方 $\times (2.6 + 0.44) + (0.76 \times 0.76 + 3 \times 3)$ 开方 $\times (2.6 + 0.44)] \times 2 = 42.73 m^2$

（2）软件计算过程

软件画图：

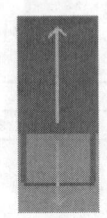 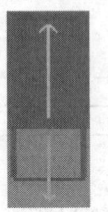

- 软件结果：

B	XB-120砼模板面积	m2	45.0082
B	XB-120砼体积C20	m3	5.401

注：板的结果里已含侧模。

5. 内装修

（1）手工计算过程

混合砂浆内墙面面积：

$[(2.6 - 0.24) \times (3.014 - 0.12) + (3.6 - 0.12) \times (3.5 + 3.014)/2 \times 2 + (2.6 - 0.24) \times (3.014 - 0.12) + (2.4 - 0.12) \times (3.5 + 3.014)/2 \times 2 - 0.9 \times 2.4 - 1.2 \times 1.4] \times 2 = 94.68 m^2$

888仿瓷涂料：同上

混合砂浆顶棚：$[(2.4 - 0.12) \times (2.4 - 0.12) + (3.3 - 2.692) \times (3.3 - 2.692)]$ 开方 $\times (2.6 - 0.24) = 5.596 m^2$

$[(3.6 - 0.12) \times (3.6 - 0.12) + (3.3 - 2.827) \times (3.3 - 2.827)]$ 开方 $\times (2.6 - 0.24) = 8.288 m^2$

合计：$(5.596 + 8.288) \times 2 = 27.712 m^2$（顶棚斜板装修面积）

（2）软件计算过程

软件画图：

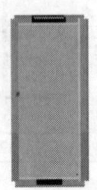 

软件结果：

QM	QM-楼梯间水泥砂浆面积	m2	91.8598
QM	QM-楼梯间涂料面积	m2	94.4758

| TP | TP-楼梯间底层石灰砂浆面积 | m2 | 27.2573 |
| TP | TP-楼梯间面层888涂料面积 | m2 | 27.2573 |

6. 外装修

（1）手工计算过程

[(2.6+0.24)×(3.014-0.12)+(3.6+0.12)×(3.5-0.12+3.014-0.12)/2×2+(2.6+0.24)×(3.014-0.12)+(2.4+0.12)×(3.5-0.12+3.014-0.12)/2×2-0.9×2.4-1.2×1.4]×2+2.6（门窗侧壁）=106.09m^2

（2）软件计算过程

软件结果：

| QM | QM-三层以上外墙面涂料面积 | m2 | 104.7304 |

7. 防水

（1）手工计算过程

防水（因为利用板带的屋面所以没图和计算式，板的面积就是防水的量）

找平层：42.73m^2

防水层：42.73m^2

思考与练习

1. 软件如何计算斜板的工程量？我们怎样利用屋面的斜板计算屋面的防水问题？
2. 定义斜板后墙体是否随倾斜？
3. 软件如何计算斜墙的装修面积和斜顶棚面积？

第七节 基 础 层

一、基础层要计算哪些工程量

（一）满堂基础

表 2-3-55

满堂基础

构件名称	一级划分	计算哪些量
满堂基础	挖土方	体积
	基底打夯	面积
	满基垫层	体积
		模板面积
	满基底板	体积
		模板面积

续表

满堂基础		
构件名称	一级划分	计算哪些量
满堂基础	满基梁	体积
		模板面积
	柱	体积
		模板面积
	回填土	体积
	余土外运	体积

(二) 条形基础

表 2-3-56

条形基础		
构件名称	一级划分	计算哪些量
条形基础	基槽开挖	体积
	基底打夯	面积
	条基垫层	体积
		模板面积
	砖基大放脚	体积
	基础墙	体积
	防潮层	面积
	回填土	体积
	余土外运	体积

(三) 独立基础

表 2-3-57

构件名称	一级划分	计算哪些量
独立基础	基坑开挖	体积
	基底打夯	面积
	独基垫层	体积
		模板面积
	独立基础	体积
		模板面积
	回填土	体积
	余土外运	体积

二、工程量计算过程

1. 土方工程

（1）手工计算过程

挖土方：

$[(43.2+2.2+1.6)×(4.8+1.4+4.5+2.2+1.6)+(3.2×2+2.6+2.2+1.6)×1.5×2]×4.2+[(43.2+2+0.6+4.8+1.4+4.5+2.2+1.6)×2+1.5×4]×0.7×4.2=3395.784m^3$

（2）软件计算过程

软件画图：

软件结果：

| DKW | DKW-大开挖土方体积 | m3 | 3393.3474 |

2. 满基垫层

（1）手工计算过程

满基垫层体积：

$[(43.2+2.2)×(4.8+1.4+4.5+2.2)+1.5×(3.2×2+2.6+2.2)×2]×0.1=61.926m^3$

满基垫层模板：

$[(43.2+2.2+4.8+1.4+4.5+2.2)×2+1.5×4]×0.1=12.26m^2$

基底打夯面积（垫层的底面积）：

$(43.2+2.2)×(4.8+1.4+4.5+2.2)+(3.2×2+2.6+2.2)×1.5×2=619.26m^2$

（2）软件计算过程

软件画图：

软件结果：

DC	DC-满基垫层基底夯实面积	m2	619.26	619.26
DC	DC-满基垫层砼模板面积	m2	12.26	12.26
DC	DC-满基垫层砼体积	m3	61.926	61.926

3. 满基底板

（1）手工计算过程

满基底板：

底面积 $= [(43.2+2)\times(4.8+1.4+4.5+2)+1.5\times(3.2\times2+2.6+2)\times2] = 607.04\text{m}^2$

顶面积 $= (43.2+2-0.4\times2)\times(4.8+1.4+4.5+2-0.4\times2)+1.5\times(3.2\times2+2.6+2-0.4\times2) = 558.96\text{m}^2$

中间面积 $= (43.2+2-0.2\times2)\times(4.8+1.4+4.5+2-0.2\times2)+1.5\times(3.2\times2+2.6+2-0.2\times2) = 582.84\text{m}^2$

满基底板体积：

$(607.04+4\times582.84+558.96)\times0.2/6+607.04\times0.3 = 298.6907\text{m}^3$

满基底板模板：

$[(43.2+2-0.1\times2+4.8+1.4+4.5+2-0.1\times2)\times2+1.5\times4]\times0.3-0.84\times0.3\times2 = 35.796\text{m}^2$

（2）软件计算过程

软件画图：

满基设边坡的方法在广联达培训楼里已经讲过了，这里不再赘述。

软件结果：

MJ	DC-满基底部面积	m2	607.04
MJ	FB-满基砼模板面积	m3	35.995
MJ	FB-满基砼体积C20	m2	298.6907

4. 满基梁

（1）手工计算过程

JZL1 体积：$0.4\times0.3\times(3.6+2.7-0.55)\times2+0.4\times0.8\times(1-0.12) = 1.6616\text{m}^3$

JZL1 模板：$(3.6+2.7-0.55)\times0.3\times2\times2+(1-0.12)\times2\times0.3+0.4\times0.3 = 7.548\text{m}^2$

JZL2 体积：$0.4 \times 0.3 \times (3.2 \times 2 + 2.6 - 0.55 \times 2 - 0.43 \times 2) \times 2 = 1.6896 m^3$

JZL2 模板：$(3.2 \times 2 + 2.6 - 0.55 \times 2 - 0.43 \times 2) \times 0.3 \times 2 \times 2 = 8.448 m^2$

JZL3 体积：$0.4 \times 0.3 \times [(2.7 + 3.6) \times 2 - 0.24 - 0.55] \times 1 = 1.4172 m^3$

JZL3 模板：$[(2.7 + 3.6) \times 2 - 0.24 - 0.55] \times 0.3 \times 2 = 7.086 m^2$

JZL4 体积：$0.4 \times 0.3 \times (43.2 + 0.12 + 0.88 - 0.43 - 0.7 \times 4 - 0.4 \times 6 - 0.55 \times 2) \times 1 = 4.4964 m^3$

JZL4 模板：$(43.2 + 0.12 + 0.88 - 0.43 - 0.7 \times 4 - 0.4 \times 6 - 0.55 \times 2) \times 0.3 \times 2 + 0.4 \times 0.3 = 22.602 m^2$

JZL5 体积：$0.4 \times 0.3 \times (43.2 + 0.12 + 0.88 - 0.43 - 8 \times 0.55) \times 1 = 4.7244 m^3$

JZL5 模板：$(43.2 + 0.12 + 0.88 - 0.43 - 8 \times 0.55) \times 0.3 \times 2 + 0.4 \times 0.3 = 23.742 m^2$

JZL7 体积：$0.4 \times 0.25 \times (4.5 - 0.43 - 0.25) \times 4 = 1.528 m^3$

JZL7 模板：$(4.5 - 0.43 - 0.25) \times 0.25 \times 2 \times 4 = 7.64 m^2$

JZL6 体积：$0.4 \times 0.3 \times (1.5 - 0.55) \times 4 = 0.456 m^3$

JZL6 模板：$(1.5 - 0.55) \times 0.3 \times 2 \times 4 = 2.28 m^2$

JZL8 体积：$0.24 \times 0.2 \times (1.5 + 4.5 - 0.43 - 0.5 - 0.25) \times 4 = 0.9254 m^3$

JZL8 模板：$(1.5 + 4.5 - 0.43 - 0.5 - 0.25) \times 0.2 \times 2 \times 4 = 7.712 m^2$

JZL9 体积：$0.4 \times 0.3 \times (4.8 + 1.4 + 4.5 - 0.43 \times 2 - 0.55) \times 2 = 2.2296 m^3$

JZL9 模板：$(4.8 + 1.4 + 4.5 - 0.43 \times 2 - 0.55) \times 0.3 \times 2 \times 2 = 11.148 m^2$

JZL10 体积：$0.4 \times 0.4 \times (4.8 + 1.4 - 0.43 - 0.25) \times 4 = 3.5328 m^3$

JZL10 模板：$(4.8 + 1.4 - 0.43 - 0.25) \times 0.4 \times 2 \times 4 = 17.664 m^2$

JZL11 体积：$0.4 \times 0.3 \times (4.8 + 1.4 - 0.43 - 0.25) \times 2 = 1.3248 m^3$

JZL11 模板：$(4.8 + 1.4 - 0.43 - 0.25) \times 0.3 \times 2 \times 2 = 6.624 m^2$

JZL12 体积：$0.4 \times 0.3 \times (4.5 + 1.4 + 4.8 - 0.43 \times 2 - 0.55) \times 1 = 1.1148 m^3$

JZL12 模板：$(4.5 + 1.4 + 4.8 - 0.43 \times 2 - 0.55) \times 0.3 \times 2 = 5.574 m^2$

（2）软件计算过程

软件画图：

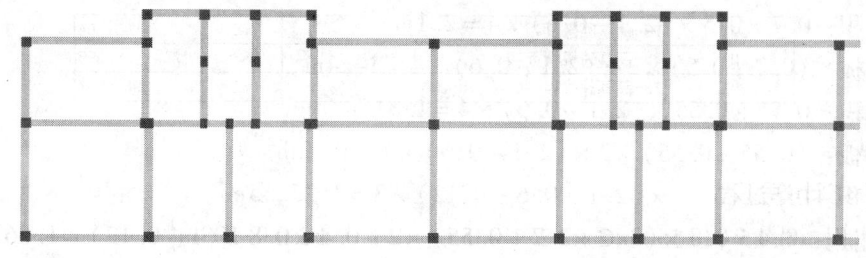

软件结果：

JL	JZL10砼模板面积	m2	18.304
JL	JZL10砼体积	m3	3.5328
JL	JZL11砼模板面积	m2	6.684
JL	JZL11砼体积	m3	1.3248
JL	JZL12砼模板面积	m2	5.574
JL	JZL12砼体积	m3	1.1148
JL	JZL1砼模板面积	m2	7.65
JL	JZL1砼体积	m3	1.4504
JL	JZL2砼模板面积	m2	9.768
JL	JZL2砼体积	m3	1.6896
JL	JZL3砼模板面积	m2	7.2465
JL	JZL3砼体积	m3	1.4162
JL	JZL4砼模板面积	m2	38.03
JL	JZL4砼体积	m3	7.51
JL	JZL5砼模板面积	m2	24.516
JL	JZL5砼体积	m3	4.6892
JL	JZL6砼模板面积	m2	2.94
JL	JZL6砼体积	m3	0.456
JL	JZL7砼模板面积	m2	9.363
JL	JZL7砼体积	m3	1.8353
JL	JZL8砼模板面积	m2	12.888
JL	JZL8砼体积	m3	2.3136
JL	JZL9砼模板面积	m2	11.6212
JL	JZL9砼体积	m3	2.2287

注：软件计算规则可以调整，这里以基础梁体积和模板均以扣柱来考虑，可以在"工程设置"里"计算规则"调整。

5. 柱

（1）手工计算过程

KZ1 体积：$0.55 \times 0.55 \times (2.1 - 0.6) \times 21 = 9.5286 m^3$

KZ1 模板：$(0.55 + 0.55) \times 2 \times (2.1 - 0.6) \times 21 = 69.3 m^2$

KZ1-a 体积：$0.55 \times 0.55 \times (2.1 - 0.6) \times 2 = 0.9075 m^3$

KZ1-a 模板：$(0.55 + 0.55) \times 2 \times (2.1 - 0.6) \times 2 = 6.6 m^2$

KZ2 体积：$0.4 \times 0.5 \times (2.1 - 0.6) \times 6 = 1.8 m^3$

KZ2 模板：$(0.4 + 0.5) \times 2 \times (2.1 - 0.6) \times 6 = 16.2 m^2$

KZ2-a 体积：$0.4 \times 0.5 \times (2.1 - 0.6) \times 4 = 1.2 m^3$

KZ2-a 模板：$(0.4 + 0.5) \times 2 \times (2.1 - 0.6) \times 4 = 10.8 m^2$

KZ3 体积：$0.7 \times 0.5 \times (2.1 - 0.6) \times 4 = 2.1 m^3$

KZ3 模板：$(0.7 + 0.5) \times 2 \times (2.1 - 0.6) \times 4 = 14.4 m^2$

KZ4 体积：$0.55 \times 0.55 \times (2.1 - 0.6) \times 4 = 1.815 m^3$

KZ4 模板：$(0.55 + 0.55) \times 2 \times (2.1 - 0.6) \times 4 = 13.2 m^2$

KZ5 体积：$0.55 \times 0.55 \times (2.1 - 0.6 - 0.12) \times 3 = 1.25235 m^3$

KZ5 模板：$(0.55 + 0.55) \times 2 \times (2.1 - 0.6 - 0.12) \times 3 = 9.108 m^2$

（2）软件计算过程

软件画图：

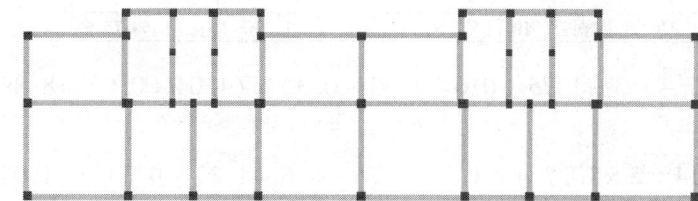

软件结果：

KZ	KZ1-550*550砼模板面积	m2	57.9645
KZ	KZ1-550*550砼体积	m3	9.5288
KZ	KZ1-a-550*550砼模板面积	m2	5.23
KZ	KZ1-a-550*550砼体积	m3	0.9075
KZ	KZ2-400*500砼模板面积	m2	12.9
KZ	KZ2-400*500砼体积	m3	1.8
KZ	KZ2-a砼模板面积	m2	8.64
KZ	KZ2-a砼体积	m3	1.2
KZ	KZ3-700*500砼模板面积	m2	11.665
KZ	KZ3-700*500砼体积	m3	2.1
KZ	KZ4-550*550砼模板面积	m2	11.1
KZ	KZ4-550*550砼体积	m3	1.815
KZ	KZ5-550*550砼模板面积	m2	8.448
KZ	KZ5-550*550砼体积	m3	1.1616

6. 基槽开挖

（1）手工计算过程

直基槽开挖：

$(10.7-1.3-1.75-0.6-1.33-0.3)\times(1.04+0.6)\times4.2+(10.7-1.3-1.75-0.6-1.33-0.3)\times0.83\times4.2=56.22m^3$

弧形基槽开挖：

$(3.14\times2\times10.7/4-1.3-1.75-0.6-1.33-0.3)\times(1.04+0.6)\times4.2+(3.14\times2\times10.7/4-1.3-1.75-0.875-1.33-0.3)\times0.83\times4.2=117.6m^3$

总的基槽开挖：$56.22+117.6=173.82m^3$

（2）软件计算过程

软件画图：

软件结果：

| JC | JC-240基槽挖土方体积 | m3 | 164.7516 |

直形基底打夯：$(10.7-1.3-1.75-0.6-1.33-0.3)\times(1.04+0.6)=8.89m^2$（基槽底面积）

弧形基底打夯：$(3.14\times2\times10.7/4-1.3-1.75-0.6-1.33-0.3)\times(1.04+0.6)=18.89m^2$（基槽底面积）

7. 条基

(1) 手工计算过程

直形部分：

条基垫层体积：$1.04\times0.1\times(10.7-1.75-1.03)=0.824m^3$

条基垫层模板：$0.1\times(10.7-1.75-1.03)\times2+1.04\times0.1=1.689m^2$

条基体积：

$0.5\times0.84\times(10.7-1.55-0.93)-0.5\times0.9\times0.84$（扣满基）$=3.074m^3$

条基模板：

$[(10.7-1.55-0.93)\times2]\times0.5-0.5\times0.9\times2$（扣满基）$=7.32m^2$

砖基大放脚：$0.4\times0.12\times(10.7-0.65-0.53-0.12\times0.32\times0.12$柱$)=0.457m^3$

弧形部分

条基垫层体积：$(3.14\times2\times10.7/4-1.75-1.03)\times0.1\times1.04=1.46m^3$

条基垫层模板：

$[3.14\times2\times(10.7+0.52)/4-1.75-1.03+3.14\times2\times(10.7-0.52)/4-1.75-1.03]\times0.1+1.04\times0.1\times2=3.012m^2$

条基体积：

$0.5\times0.84\times(3.14\times2\times10.7/4-1.55-0.93)-0.5\times0.9\times0.84$（满基）$=5.64m^3$

条基模板：

$0.5\times2\times(3.14\times2\times10.7/4-1.55-0.93)-0.5\times0.9\times2$（满基）$=13.419m^2$

砖基大放脚：

$(3.14\times2\times10.7/4-0.65-0.325)\times0.4\times0.12-0.12\times0.12\times0.32$（柱）$=0.754m^3$

条基垫层总体积：$0.824+1.46=2.284m^3$

条基垫层总模板：$1.689+3.012=4.701m^2$

条基总体积：$3.074+5.64=8.714m^3$

条基总模板：$7.32+13.419=20.739m^2$

砖基大放脚总体积：$0.457+0.754=1.211m^3$

(2) 软件计算过程

软件画图：

软件结果：

TJ	TJ-1条基垫层模板面积	m2	5.6843
TJ	TJ-1条基垫层体积	m3	2.8488
TJ	TJ-1条基基底夯实面积	m2	28.4836
TJ	TJ-1条基模板面积	m2	20.5223
TJ	TJ-1条基体积	m3	8.6207

Q	砖条形基础体积	m3	0.9332

8. 地圈梁

（1）手工计算过程

体积：$(5.35 \times 2 - 0.55 \times 2 + 3.14 \times 10.7 \times 2/4 - 0.55 \times 2) \times 0.24 \times 0.24 = 1.457 m^3$

模板：$(5.35 \times 2 - 0.55 \times 2 + 3.14 \times 10.7 \times 2/4 - 0.55 \times 2) \times (0.24 - 0.2 + 0.24) = 7.084 m^2$

（2）软件计算过程

软件画图：

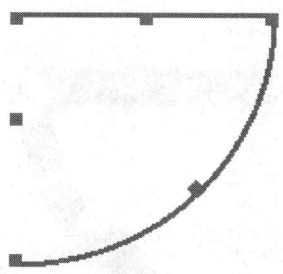

软件结果：

QL	QL240*240砼模板面积	m2	12.2797
QL	QL240*240砼体积C20	m3	1.4589

9. 基础墙

（1）手工计算过程

直形基础墙体积：$(10.7 - 1 - 0.55 - 0.43 - 0.12) \times 0.24 \times 1.38 = 2.84832 m^3$

弧形基础墙体积：$(3.14 \times 2 \times 10.7/4 - 1 - 0.55 - 0.43) \times 1.38 \times 0.24 = 4.908 m^3$

$[(43.2 - 0.43 \times 2 - 7 \times 0.55) + (6.3 - 0.43 - 0.12) + (9 - 0.43 \times 2 - 0.55 \times 2) \times 2 + (12.6 - 0.12 \times 2 - 0.55) + (17 - 0.12 - 0.55 \times 2 - 0.43) + (1.5 - 0.12 - 0.43) \times 4]$（净长）$\times 0.24$（墙厚）$\times (2 - 0.8)$（净高）$= 25.71 m^3$

外墙总体积：$2.848 + 4.908 + 25.71 = 33.466 m^3$

内墙体积：

$[(1.2-0.43)+(6-0.43-0.5-0.25)+(3.2-0.265)]$（净长）$\times 0.24$（墙厚）$\times(2-0.8)$（净高）$\times 4$（四段）$+[(2.6-0.135\times 2-0.4)$（净长）$\times 0.24$（墙厚）$\times(2-0.8)$（净高）$]\times 2$（2段）$=10.93m^3$

（2）软件计算过程

软件画图：

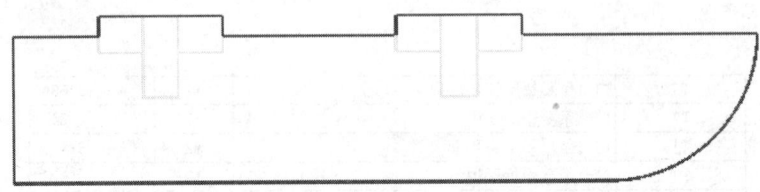

软件结果：

Q	内砖墙240体积	m3	11.5129
Q	外砖墙240体积	m3	32.4711

10. 基坑

（1）手工计算过程

基坑开挖：$[(1.75+0.6)\times(1.75+0.6)\times 4.2+(1.75+0.6)\times 4\times 0.82\times 4.2]\times 3=166.7043m^3$

（2）软件计算过程

软件画图：

软件结果：

JK	基坑挖土方体积	m3	133.5094

基底打夯：$[(1.75+0.6)\times(1.75+0.6)]\times 3=16.5675m^2$（基坑底面积）

11. 独立基础

（1）手工计算过程

独基垫层体积：$1.75\times 1.75\times 0.1\times 3=0.91875m^3$

独基垫层模板：$(1.75\times 4\times 0.1-1.04\times 0.1\times 2)\times 3=1.476m^2$

独立基础体积：$(0.65\times 0.65\times 0.12+1.55\times 1.55\times 0.5)\times 3=3.75585m^3$（顶层+中间层）

独立基础模板面积：$(1.55 \times 4 \times 0.5 + 0.65 \times 4 \times 0.12 - 0.84 \times 0.5 \times 2) \times 3 = 7.716 \mathrm{m}^2$（顶层 + 中间层）

（2）软件计算过程

软件画图：

软件结果：

DJ	DJ-1条基垫层模板面积	m2	1.5951
DJ	DJ-1条基垫层体积	m3	0.9188
DJ	DJ-1条基基底夯实面积	m2	9.1875
DJ	DJ-1条基模板面积	m2	8.2165
DJ	DJ-1条基体积	m3	3.7559

12. 回填土

（1）手工计算过程

回填土：

3393.35（大开挖体积）+ 173.82（基槽体积）+ 166.704（基坑体积）- 12.41（条基体积）- 4.675（独基体积）- 298.69（满基体积）- 61.69（满基垫层体积）- 18.604（柱体积）- 29.63（满基梁体积）- 44.396（墙体积）- 1.457（圈梁体积）- 1248.78（房间体积）= 2013.54m³

余土外运：

3393.53（大开挖体积）+ 173.82（基槽体积）+ 166.704（基坑体积）- 2073.54（回填土体积）= 1660.514m³

（2）软件计算过程

软件结果：

DKW	DKW-大开挖素土回填体积	m3	1849.5873
JC	JC-240基槽素土回填体积	m3	119.5106
JK	基坑素土回填体积	m3	105.509

13. 基础室外装修

（1）手工计算过程

找平层：

$[43.2 + 0.12 + 3.14 \times 2 \times (10.7 + 0.12)/4 + 2.7 + 3.6 + 5.35 \times 2 + 0.12 + 1.5 \times 4 + (3.2 \times 2 + 2.6 + 0.12 \times 2) \times 2 + (2.7 + 3.6) \times 2 - 0.12 \times 2 + 2.7 + 3.6 + 4.8 + 1.4 + 3.3 + 1.2 + 0.12 \times 2]$

（建筑周长）×1.5（高）= 197.26 m²

防水层：同找平层

聚苯板保护层面积：[43.2+0.12+3.14×2×(10.7+0.12)/4+2.7+3.6+5.35×2+0.12+1.5×4+(3.2×2+2.6+0.12×2)×2+(2.7+3.6)×2−0.12×2+2.7+3.6+4.8+1.4+3.3+1.2+0.12×2]（建筑周长）×1.3（高）= 170.95 m²

保护砖体积：[43.2+0.12+3.14×2×(10.7+0.12)/4+2.7+3.6+5.35×2+0.12+1.5×4+(3.2×2+2.6+0.12×2)×2+(2.7+3.6)×2−0.12×2+2.7+3.6+4.8+1.4+3.3+1.2+0.12×2]（建筑周长）×0.2（高）×0.12（厚度）= 3.156 m²

（2）软件计算过程

墙面软件做法：

	编码	类别	项目名称	单位	工程量表达式	表达式说明
1	QM	补	QM-地下外墙面抹灰面积	m2	QMMHMJ	QMMHMJ<墙面抹灰面积>
2	QM	补	QM-地下外墙面防水面积	m2	QMMHMJ	QMMHMJ<墙面抹灰面积>
	QM	补	QM-地下外墙面聚苯泡沫板面积	m2	QMMHMJ	QMMHMJ<墙面抹灰面积>

墙面软件做法：

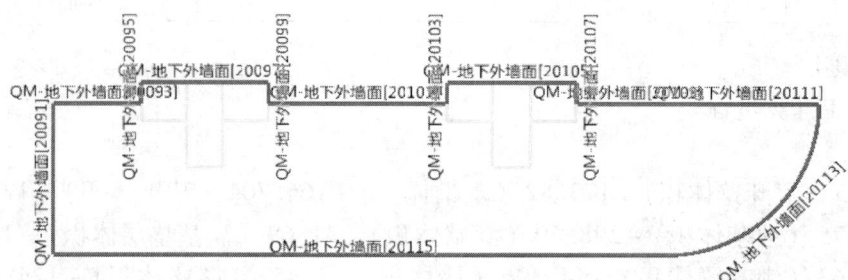

墙裙软件做法：

	编码	类别	项目名称	单位	工程量表达式	表达式说明
1	QM	补	QM-地下外墙面抹灰面积	m2	QQMHMJ	QQMHMJ<墙裙抹灰面积>
2	QM	补	QM-地下外墙面防水面积	m2	QQMHMJ	QQMHMJ<墙裙抹灰面积>
	QM	补	QM-地下外墙面保护砖体积	m3	QQMHMJ*0.12	QQMHMJ<墙裙抹灰面积>*0.1

墙裙软件做法：

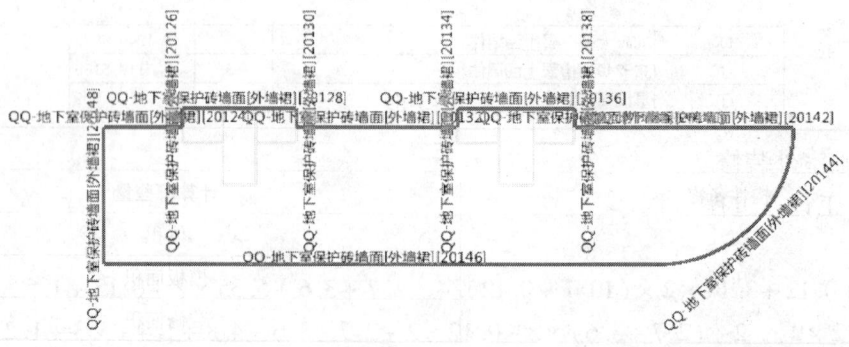

注意 建立地下外墙面及外墙裙时，把外墙面和外墙裙起点底标高（m）和终点底标高（m）调整为 -4.5。

软件结果：

QM	QM-地下外墙面保护砖体积	m3	3.1566
QM	QM-地下外墙面防水面积	m2	197.2849
QM	QM-地下外墙面聚苯泡沫板面积	m2	170.9801
QM	QM-地下外墙面抹灰面积	m2	197.2849

思考与练习

1. 满基与条基如何扣减？
2. 软件如何利用满基的底板来计算防水面积？
3. 在定额模式下挖土方定义属性的时候加工作面与不加工作面有何区别？

第八节 屋面工程

一、计算哪些工程量

（一）女儿墙

表 2-3-58

女儿墙

构件名称	一级划分	计算哪些量
女儿墙		体积
	女儿墙外装修	面积
	女儿墙内装修	面积
	构造柱	体积
		模板

（二）压顶

表 2-3-59

压顶

构件名称	计算哪些量
压顶	体积
	模板面积
	装修面积

（三）防水

表 2-3-60

构件名称	防水	
	一级划分	计算哪些量
防水	找平层	面积
	找坡层	体积
	保温层	体积
	防水层	面积
	防水上翻	面积
	面层	面积

二、工程量计算过程

（一）二层屋面

1. 女儿墙

（1）手工计算过程

女儿墙体积：$10.7 \times 0.6 \times 0.24 + 3.14 \times 10.7 \times 2/4 \times 0.54 \times 0.24 = 3.564 \text{m}^3$

（2）软件计算过程

软件画图：

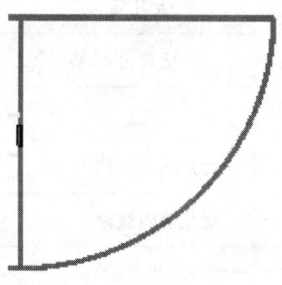

软件结果：

| Q | 女儿墙240体积 | | m3 | 3.518 |

2. 压顶

（1）手工计算过程（利用圈梁来计算压顶）

压顶体积：$0.06 \times (0.24 + 0.06) \times (10.7 + 3.14 \times 10.7 \times 2/4) = 0.495 \text{m}^3$

压顶模板：$(10.7 + 3.14 \times 10.7 \times 2/4) \times 2 \times 0.06 = 3.3 \text{m}^2$

压顶装修：$3.3（模板面积）+ (10.7 + 3.14 \times 10.7 \times 2/4) \times 0.3 = 11.55 \text{m}^3$

（2）软件计算过程

软件画图：

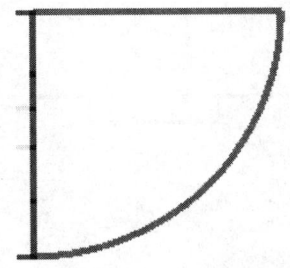

软件结果：

YD	YD-女儿墙压顶模板面积	m2	4.926
YD	YD-女儿墙压顶体积C20	m3	0.4907
YD	YD-女儿墙压顶周边抹灰	m2	13.0908

3. 防水

（1）手工计算过程

中砂层：$3.14 \times (10.7 - 0.24)(10.7 - 0.24)/4 \times 0.025 = 2.15 m^3$

面层：$3.14 \times (10.7 - 0.24)(10.7 - 0.24)/4 = 85.888 m^2$

防水层（防水＋上翻）：$3.14 \times (10.7 - 0.24)(10.7 - 0.24)/4 + 0.25 \times [(10.7 - 0.24) + 3.14 \times (10.7 - 0.24) \times 2/4 + 4.8 + 1.4 + 3.3 + 1.2 - 0.24] = 95.2236 m^2$

防水上翻面积：$0.25 \times [(10.7 - 0.24) + 3.14 \times (10.7 - 0.24) \times 2/4 + 4.8 + 1.4 + 3.3 + 1.2 - 0.24] = 9.3356 m^2$

（2）软件计算过程

软件画图：

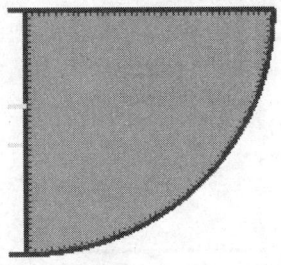

软件结果：

WM	WM-屋面25厚中砂	m3	2.1248
WM	WM-屋面SBS防水层	m2	94.3005
WM	WM-屋面保护层	m2	94.3005
WM	WM-屋面混凝土板面积	m2	84.9921

（二）六层屋面

1. 女儿墙

（1）手工计算过程误差在异形阳台

女儿墙体积：

$[(4.8 + 1.4 + 3.3 + 1.2) \times 2 + 1.5 \times 4 + 43.2 + 1.2 \times 4 + 0.886 \times 4 + (3.6 + 3) \times 4] \times 0.54 \times 0.24 = 13.653 m^3$

（2）软件计算过程

软件画图：

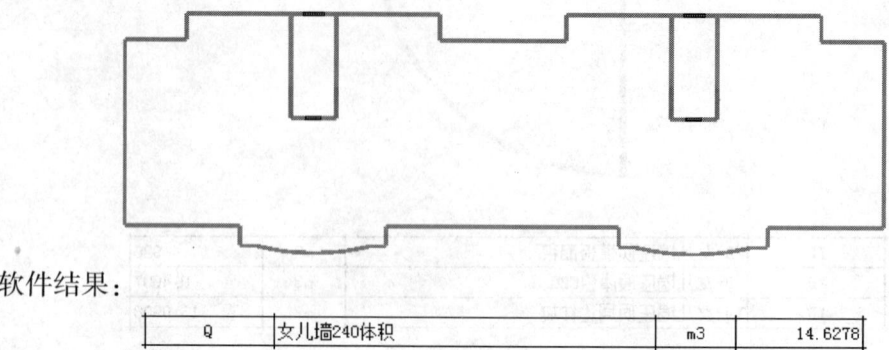

软件结果：

| Q | 女儿墙240体积 | m3 | 14.6278 |

2. 压顶

（1）手工计算过程

压顶体积：$0.06 \times (0.24 + 0.06) \times [(4.8 + 1.4 + 3.3 + 1.2 + 43.2) \times 2 + (1.5 + 1.2) \times 4 - 2.6 \times 2] = 2.041 m^3$

压顶模板：$0.09 \times [(4.8 + 1.4 + 3.3 + 1.2 + 43.2) \times 2 + (1.5 + 1.2) \times 4 - 2.6 \times 2] \times 2 = 20.412 m^2$

压顶装修：$20.412 + [(4.8 + 1.4 + 3.3 + 1.2 + 43.2) \times 2 + (1.5 + 1.2) \times 4 - 2.6 \times 2] \times 0.3 = 54.432 m^2$

（2）软件计算过程

软件画图：

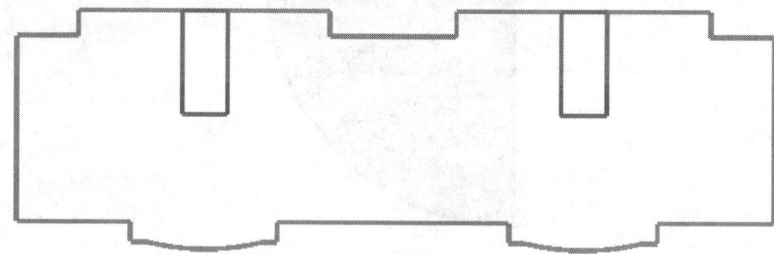

软件结果：

YD	YD-女儿墙压顶模板面积	m2	20.3679
YD	YD-女儿墙压顶体积C20	m3	2.0403
YD	YD-女儿墙压顶周边抹灰	m2	54.2355

3. 防水

（1）手工计算过程

找平层：$[(4.8 + 1.4 + 3.3 + 1.2 - 0.24) \times (43.2 - 0.24) + 1.5 \times (2.7 \times 2 + 3.2 \times 2 + 2.6 - 0.24) \times 2 + 1.2 \times (4.2 \times 2 - 0.24) \times 2 - (2.6 + 0.24) \times (1.5 + 1.2 + 3.3) \times 2] = 477.3456 m^2$

保温层：$[(4.8 + 1.4 + 3.3 + 1.2 - 0.24) \times (43.2 - 0.24) + 1.5 \times (2.7 \times 2 + 3.2 \times 2 + 2.6 - 0.24) \times 2 + 1.2 \times (4.2 \times 2 - 0.24) \times 2 - (2.6 + 0.24) \times (1.5 + 1.2 + 3.3) \times 2] \times 0.15 = 71.6 m^3$

面层：同找平层

防水层（防水+上翻）：找平层+ $[(4.8+1.4+3.3+1.2-0.24) \times 2 + 43.2 - 0.24 + (3.6+3-0.12) \times 2 + (3.6+3) \times 2 + (1.5-0.24) \times 4 + (1.2-0.24) \times 4 + (4.2-0.24) \times 2 + (3.3+1.2+1.5-0.12) \times 4 + 2.6 \times 2] \times 0.25 = 511.24 m^2$

防水上翻面积：$[(4.8+1.4+3.3+1.2-0.24) \times 2 + 43.2 - 0.24 + (3.6+3-0.12) \times 2 + (3.6+3) \times 2 + (1.5-0.24) \times 4 + (1.2-0.24) \times 4 + (4.2-0.24) \times 2 + (3.3+1.2+1.5-0.12) \times 4 + 2.6 \times 2] \times 0.25 = 33.89 m^2$

（2）软件计算过程

软件画图：

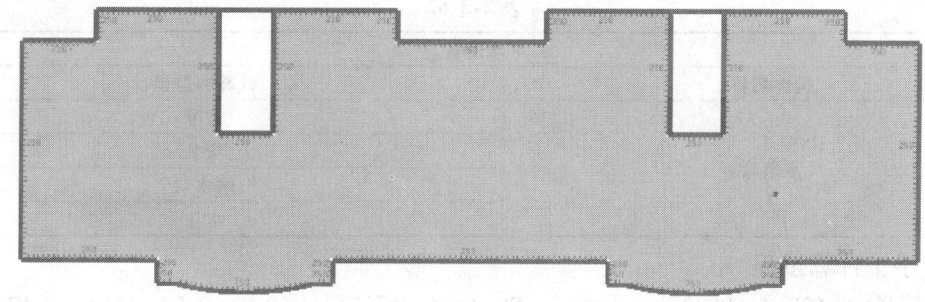

软件结果：

WM	WM-屋面150厚混凝土加气块	m3	72.035
WM	WM-屋面20厚加气块找坡面积	m2	480.2334
WM	WM-屋面20厚水泥砂浆找平面积	m2	480.2334
WM	WM-屋面SBS防水层	m2	515.6159
WM	WM-屋面保护层	m2	515.6159

思考与练习

1. 如何利用软件计算女儿墙压顶工程量？
2. 外墙装修软件是否计算女儿墙的面积？如果有压顶对女儿墙装修是否有影响？
3. 屋面只有一面有卷边时，软件如何处理？

第九节　零星工程

一、楼梯栏杆

表 2-3-61

楼梯栏杆	
构件名称	计算哪些量
楼梯栏杆	长度
	装修

（1）手工计算过程

楼梯栏杆长：$[(4.2-0.12+0.9+2.97+0.4)+(2.97+0.4)\times 6+(2.7+0.4)\times 6]\times 0.9 = 42.453\text{m}^2$

楼梯栏杆装修：42.453m^2

（2）软件处理过程

软件一般列入表格输入处理。

二、水落管

表 2-3-62

构件名称	计算哪些量
水落管	长度
	弯头
	雨水口
	水斗

水落管

（1）手工计算过程

水落管长：$[(20.4+0.9)\times 4\text{ 六层前}+20.4\times 4\text{ 六层后}]+(8.4+0.9)\text{ 二层后}=176.1\text{m}$

弯头：9 个

雨水口：9 个

水斗：9 个

（2）软件处理过程

软件一般列入表格输入处理。

思考与练习

软件在哪里计算楼梯栏杆？如何计算？

附录 广联达培训楼

图纸说明：

一、本图中满堂基础和条形基础属于两种情况，并非一个工程即有满堂基础又有条形基础。

二、±0.000 以下为M5.0水泥砂浆，±0.000以上为M5.0混合砂浆墙体。

三、±0.000以下混凝土强度等级为C25，±0.000以上混凝土强度等级为C20。

门窗过梁表

名称	宽度	其中		高度	其中		窗离地高	材质	数量			过梁		
	总宽	窗宽	门宽	总高	窗高	门高			一层	二层	总数	高度	宽度	长度
M-1	2400			2700				镶板门	1		1	240	同墙厚	洞口宽度+500
M-2	900			2400				胶合板门	2	2	4	120		
M-3	900			2100				胶合板门	1	1	2	120		
C-1	1500			1800			900	塑钢窗	4	4	8	180		
C-2	1800			1800			900	塑钢窗	1	1	2	180		
MC-1	2400	1500	900	2700	1800	2700	900	塑钢门联窗	1		1	240		

装修做法

层		地面	踢脚120mm	墙裙1200mm	墙面	顶棚
一层	接待室	木地板		木墙裙	水浆底涂料墙面	水浆底涂料顶棚
	图形培训室	地板砖	瓷砖		水浆底涂料墙面	水浆底涂料顶棚
	钢筋培训室	地板砖	瓷砖		水浆底涂料墙面	水浆底涂料顶棚
	楼梯间	水浆	水浆		水浆底涂料墙面	水浆底涂料顶棚
二层	会客室	地板砖	瓷砖		水浆底涂料墙面	水浆底涂料顶棚
	清单培训室	水浆	水浆		水浆底涂料墙面	水浆底涂料顶棚
	预算培训室	水浆			水浆底涂料墙面	水浆底涂料顶棚
	楼梯间	水浆	水浆		水浆底涂料墙面	水浆底涂料顶棚
阳台	阳台内装修	地板砖	瓷砖		水泥砂浆抹栏板	
	阳台外装修				阳台栏板外装修为：水泥砂浆底绿色涂料面层	
外墙装修	外墙裙：高900，花岗岩贴面 外墙面：白色面砖贴面					
台阶	台阶面层为花岗岩。100厚混凝土垫层下为150厚3:7灰土垫层，坡度系数假定为1.15					
散水	面层：水泥砂浆，垫层：80厚混凝土C10垫层					

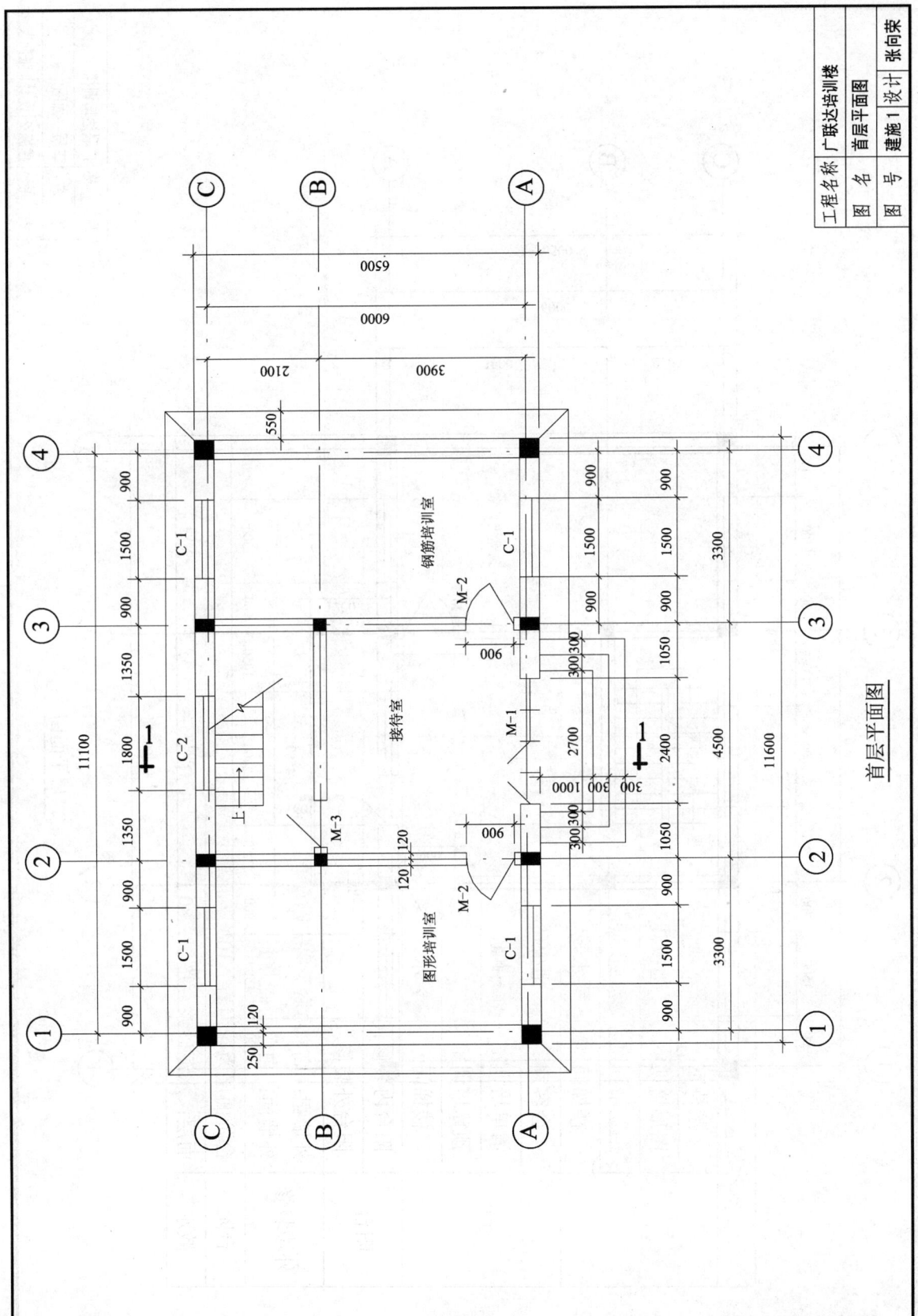

首层平面图

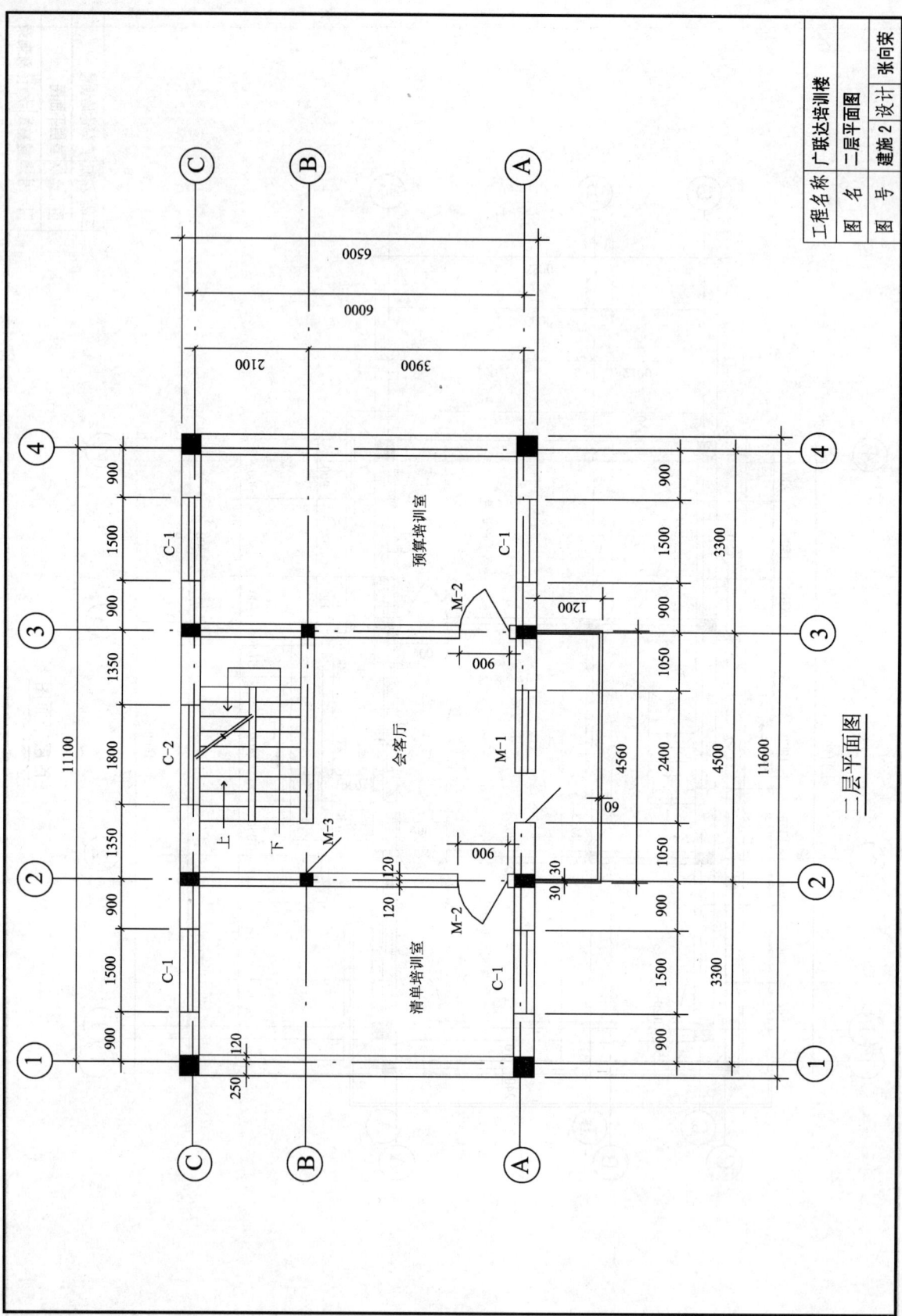

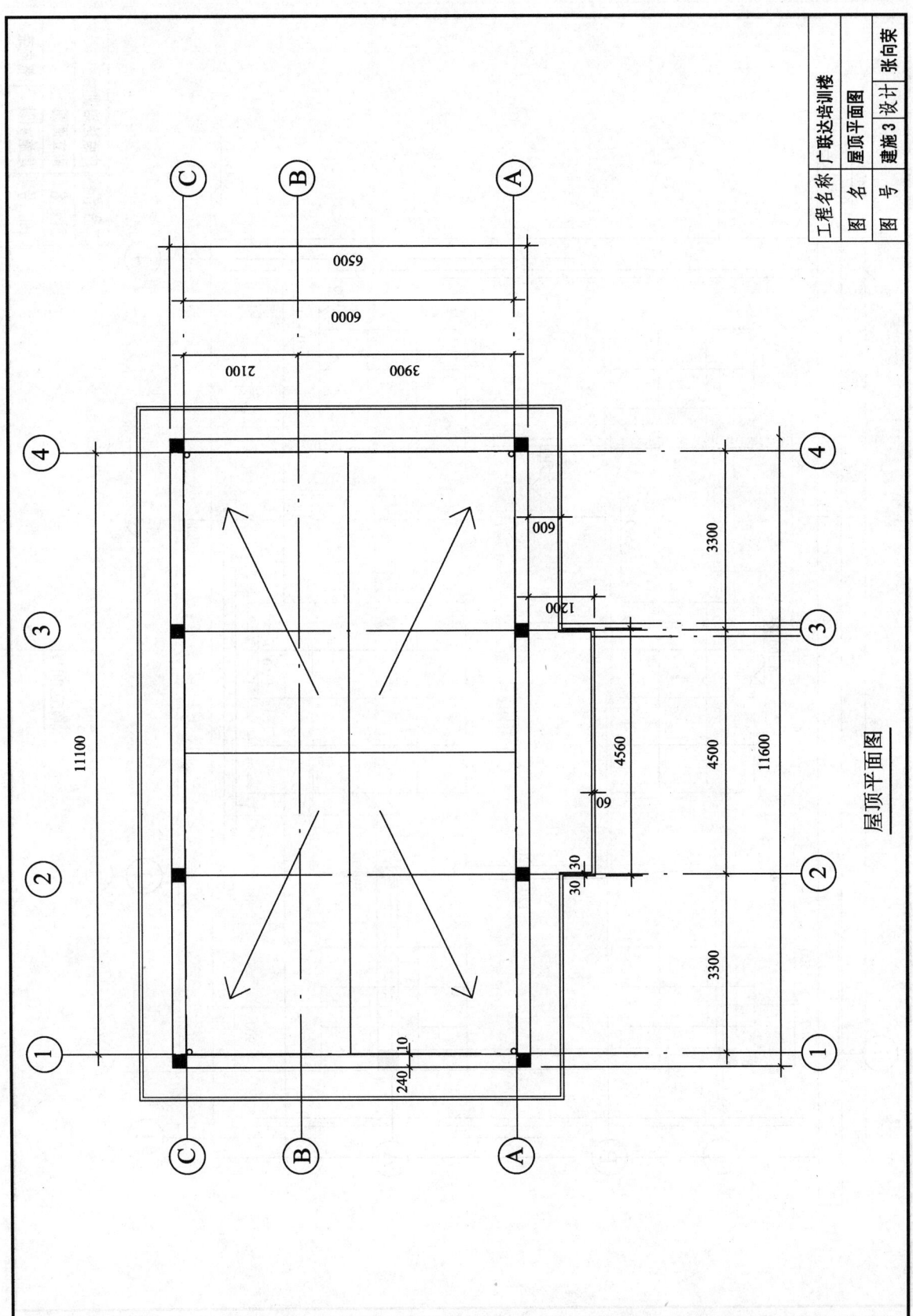

屋顶平面图

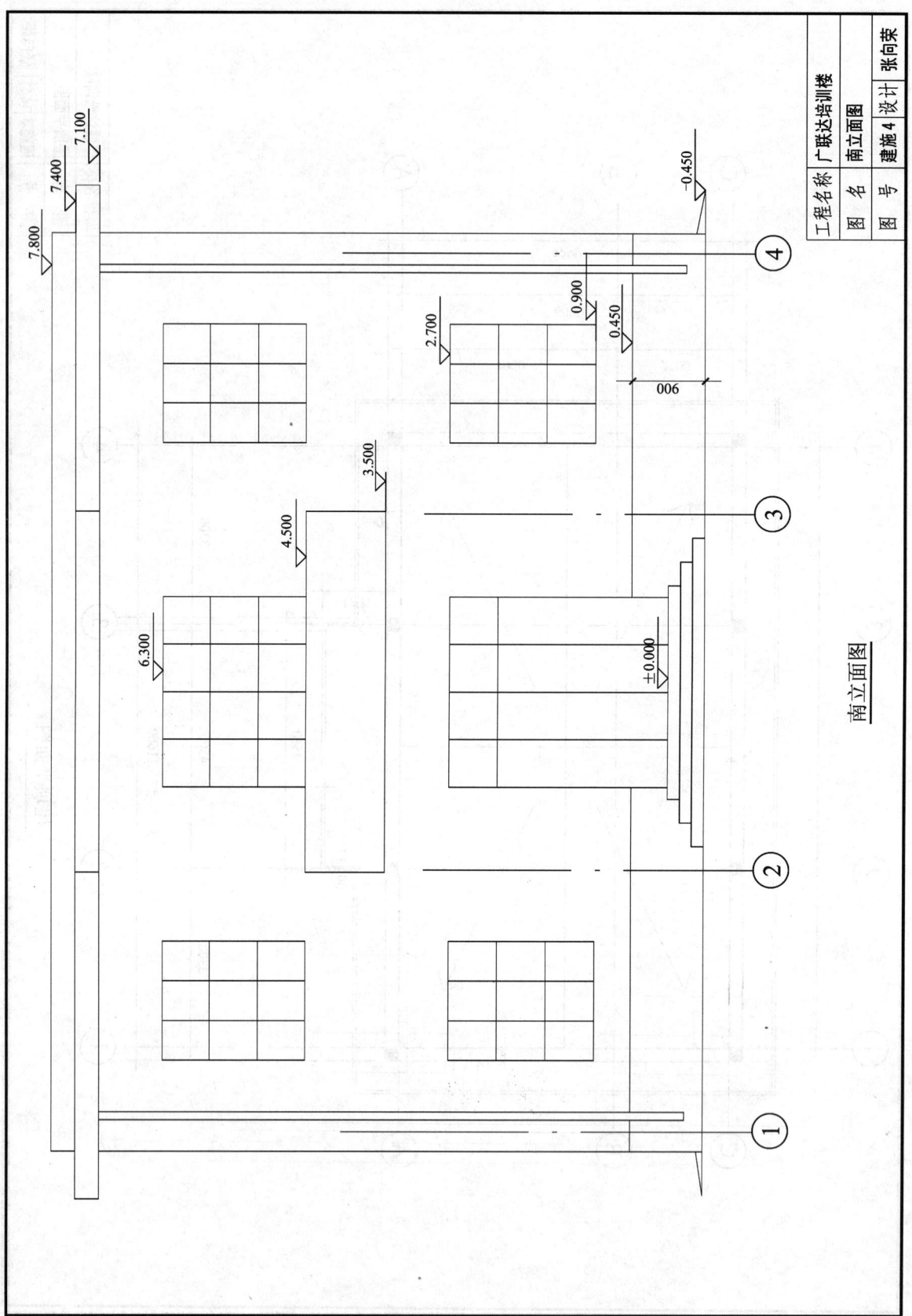

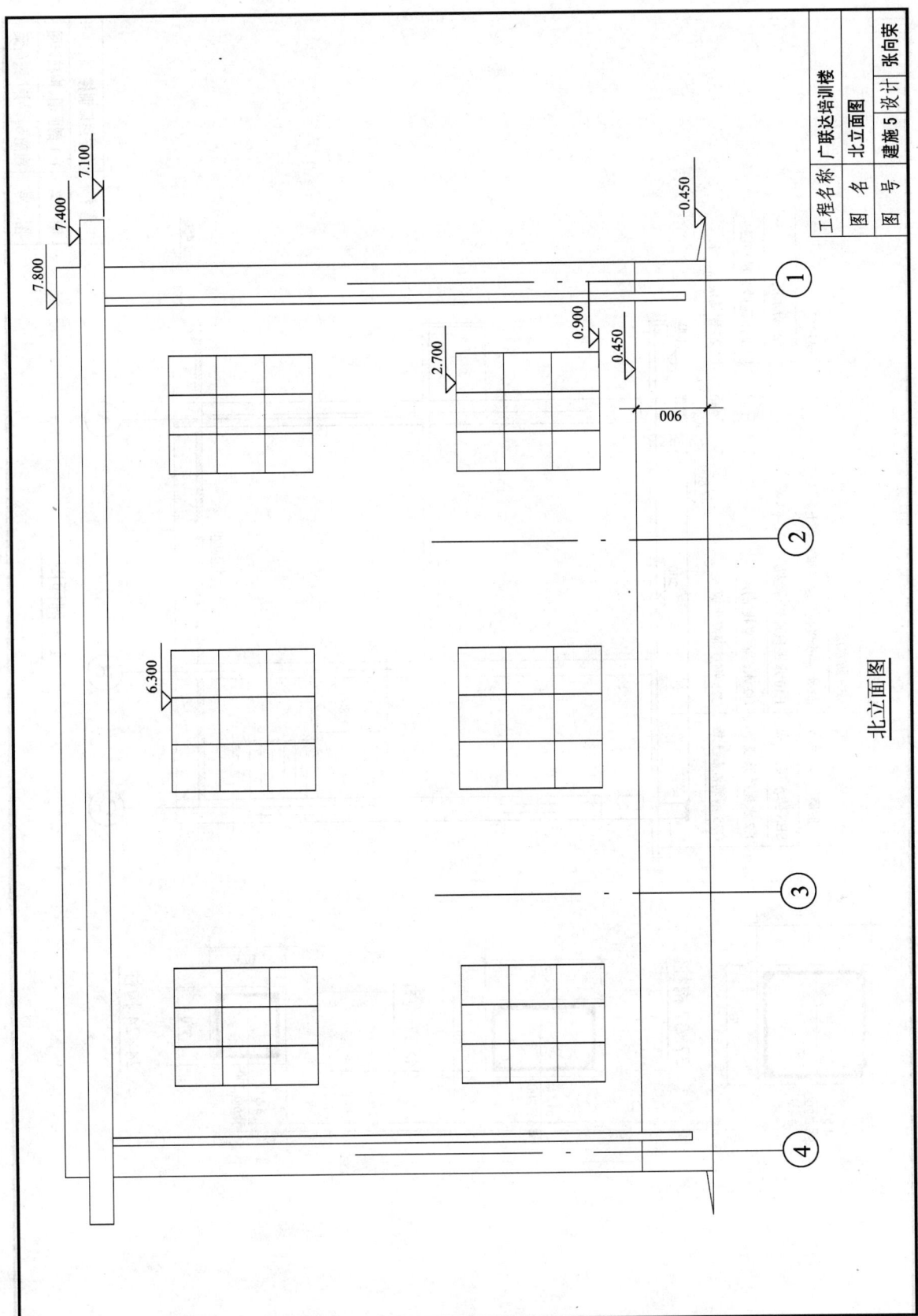

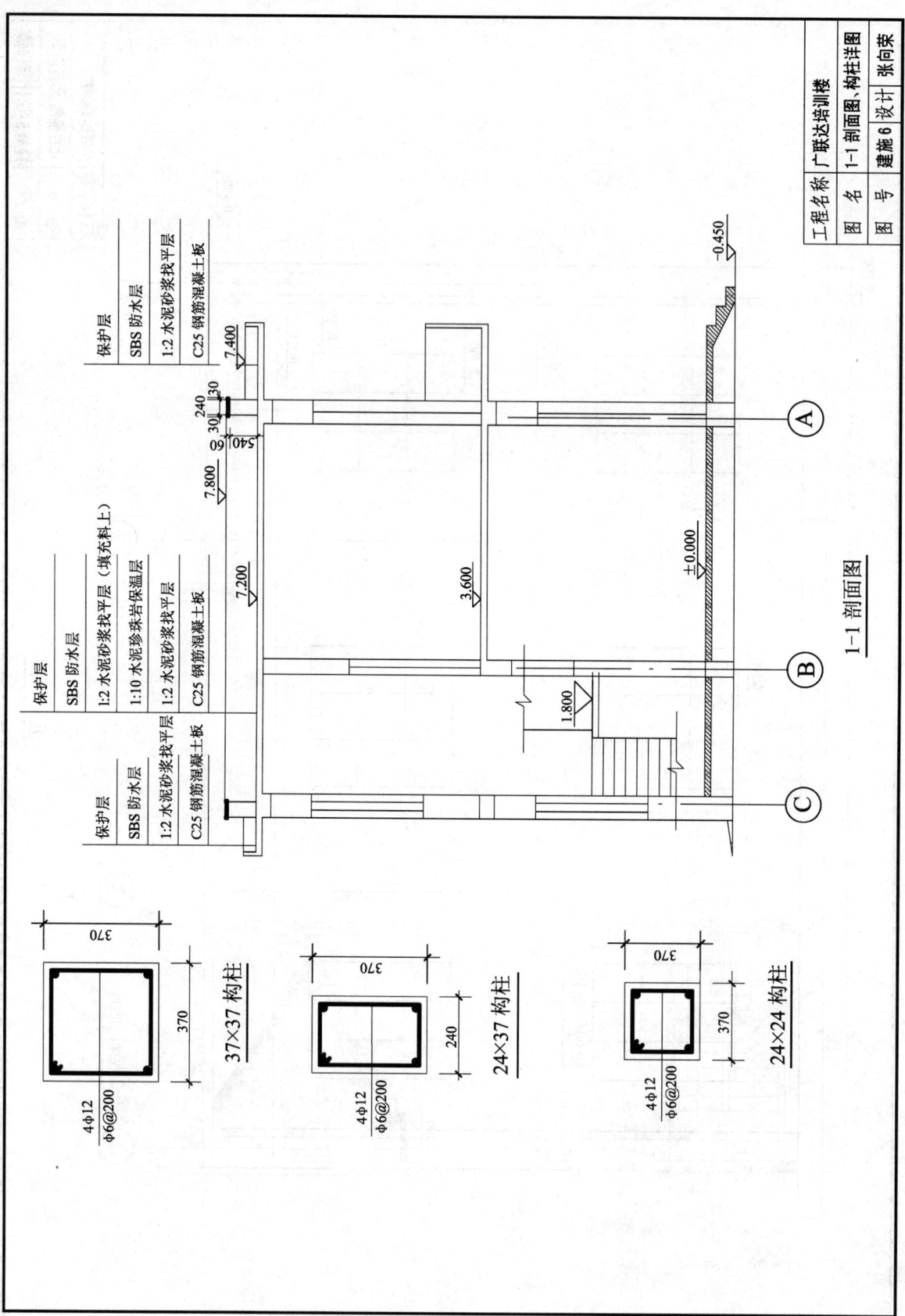

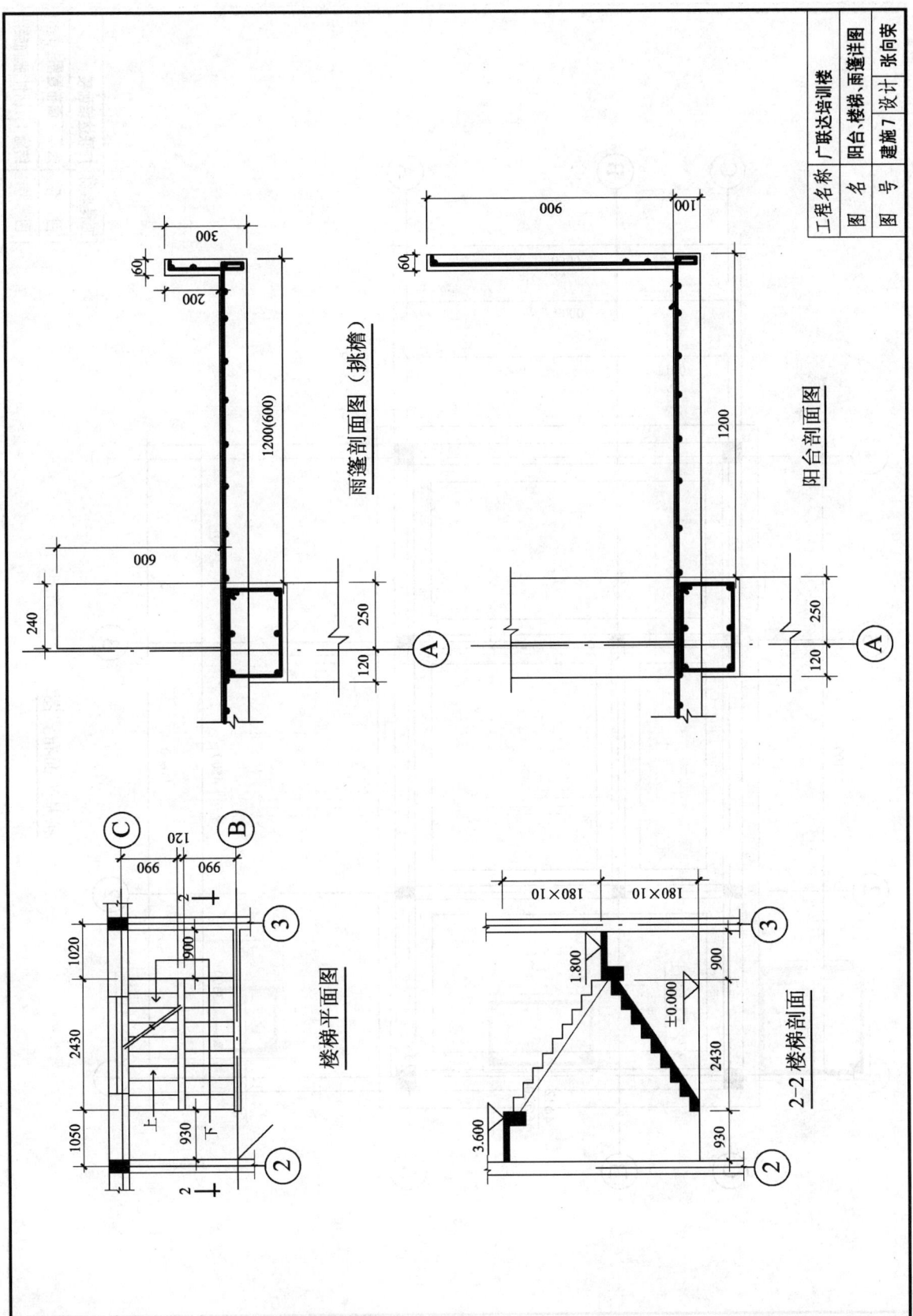

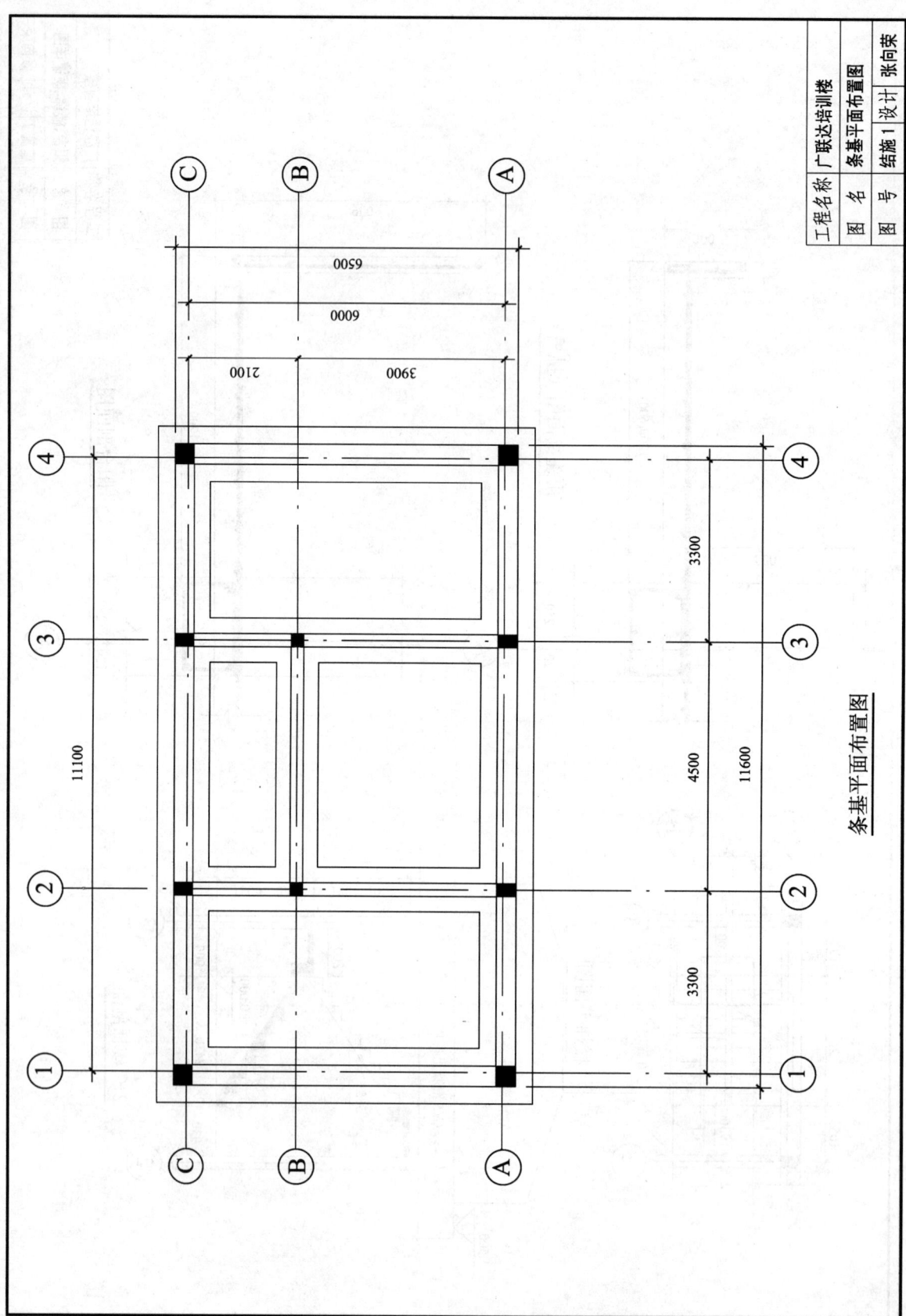

条基平面布置图

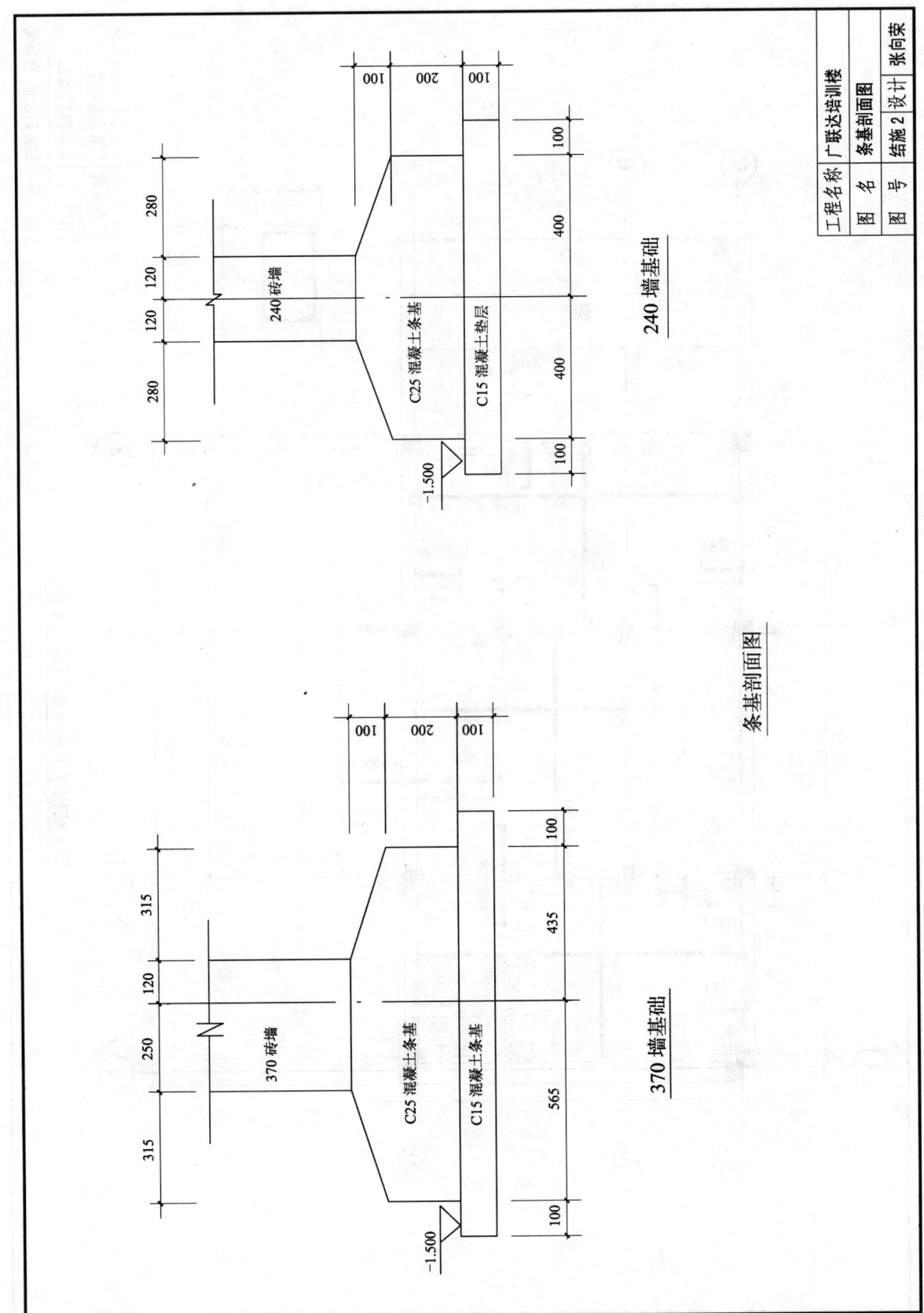

条基剖面图

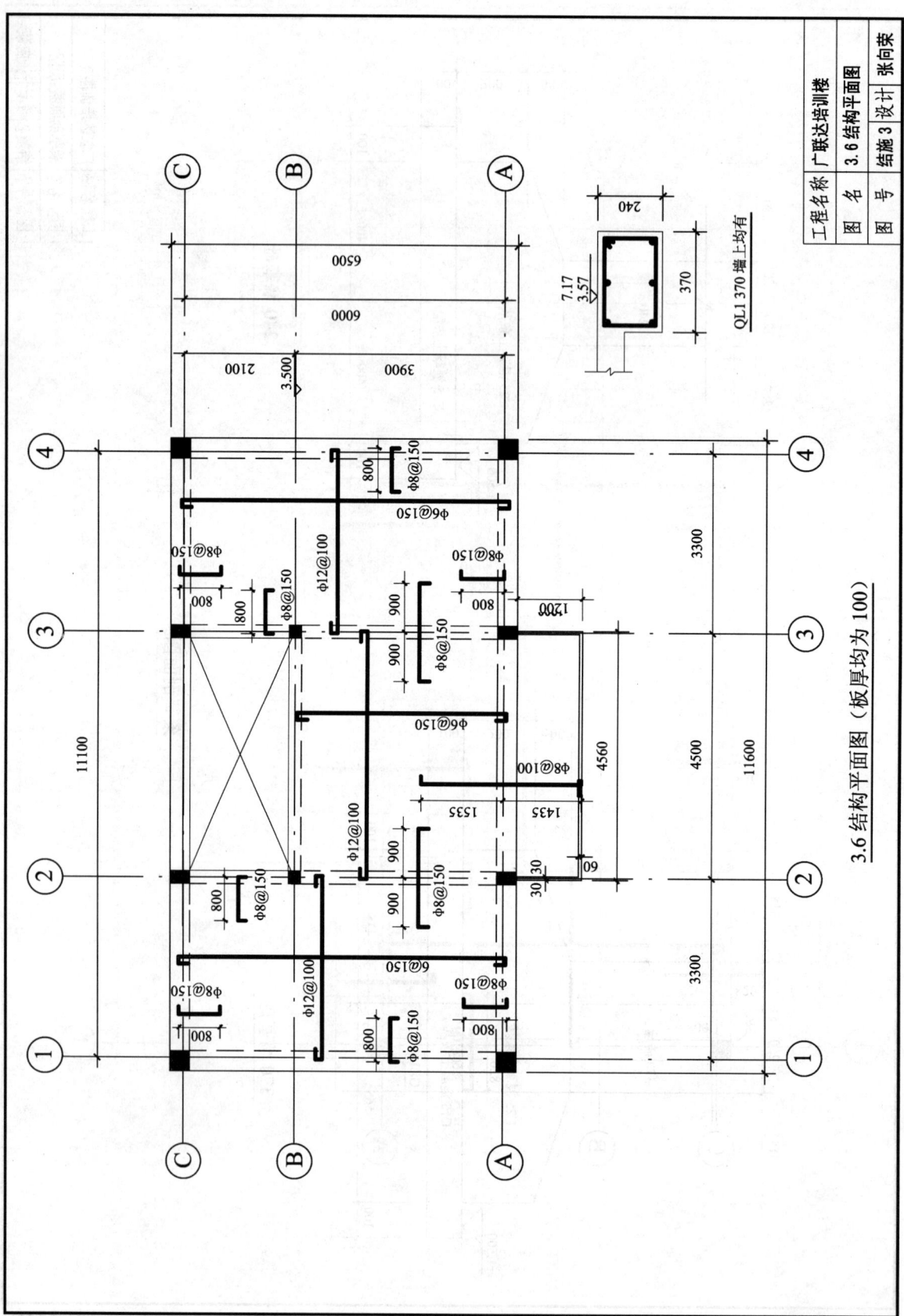

3.6 结构平面图（板厚均为100）

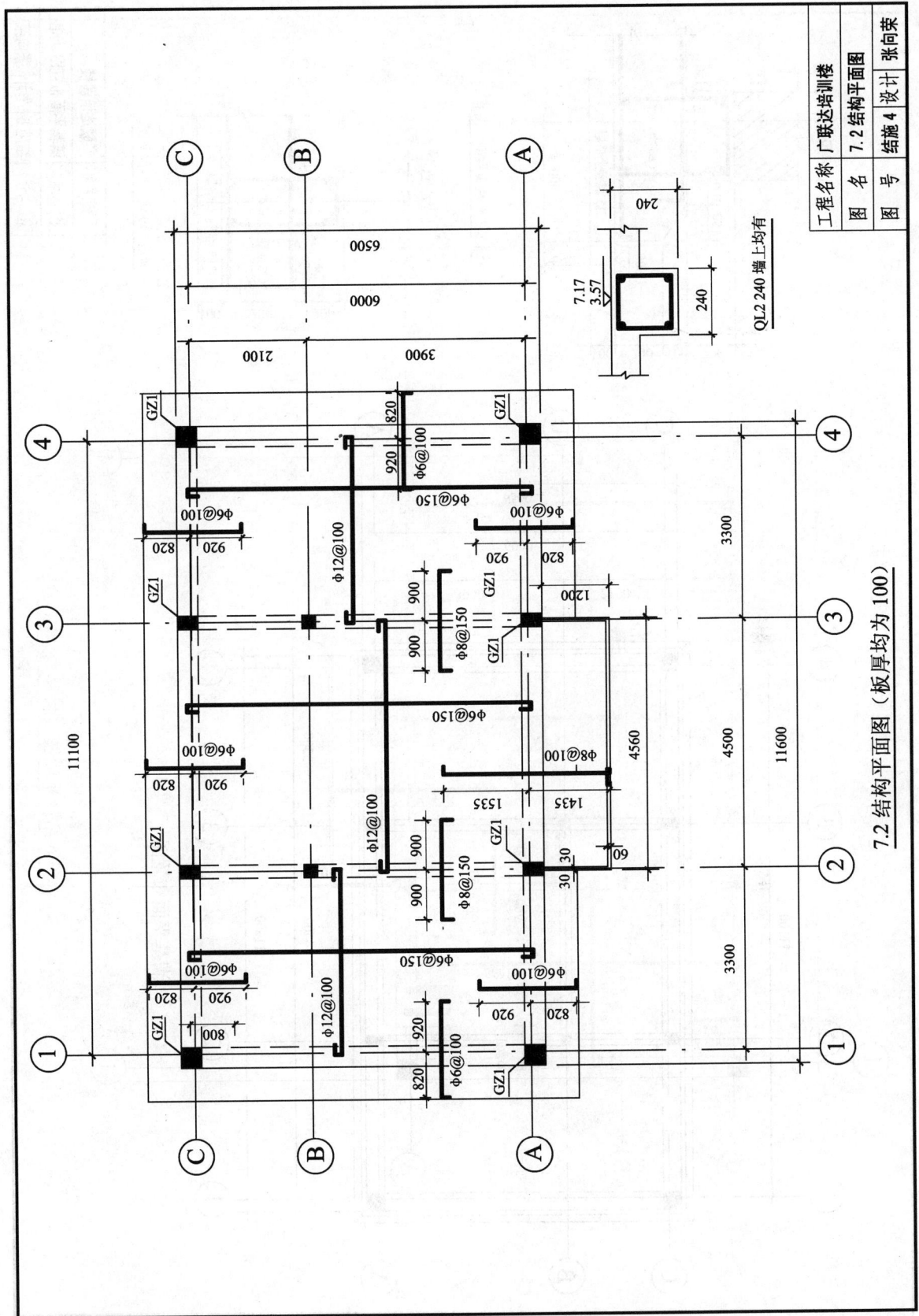

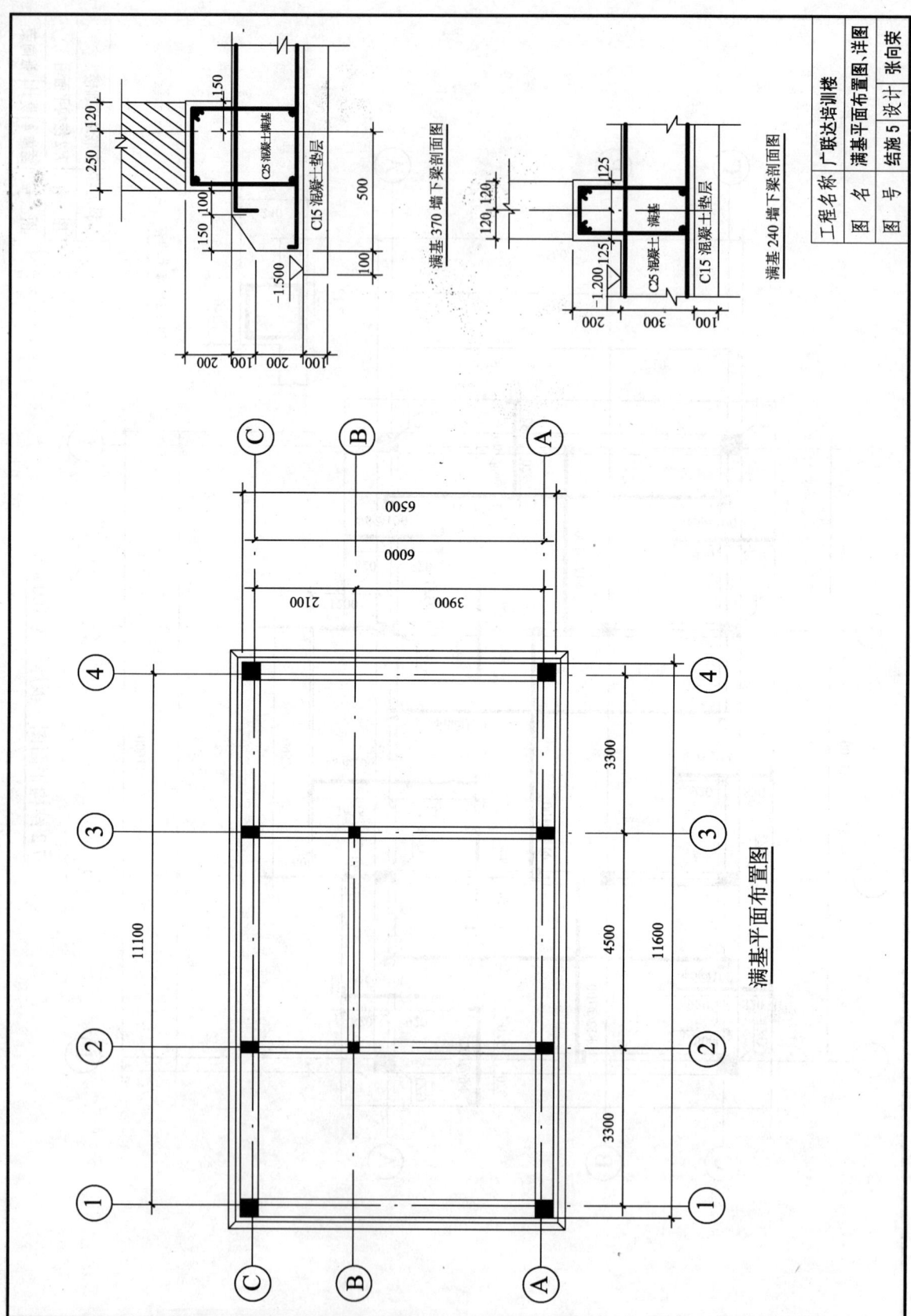

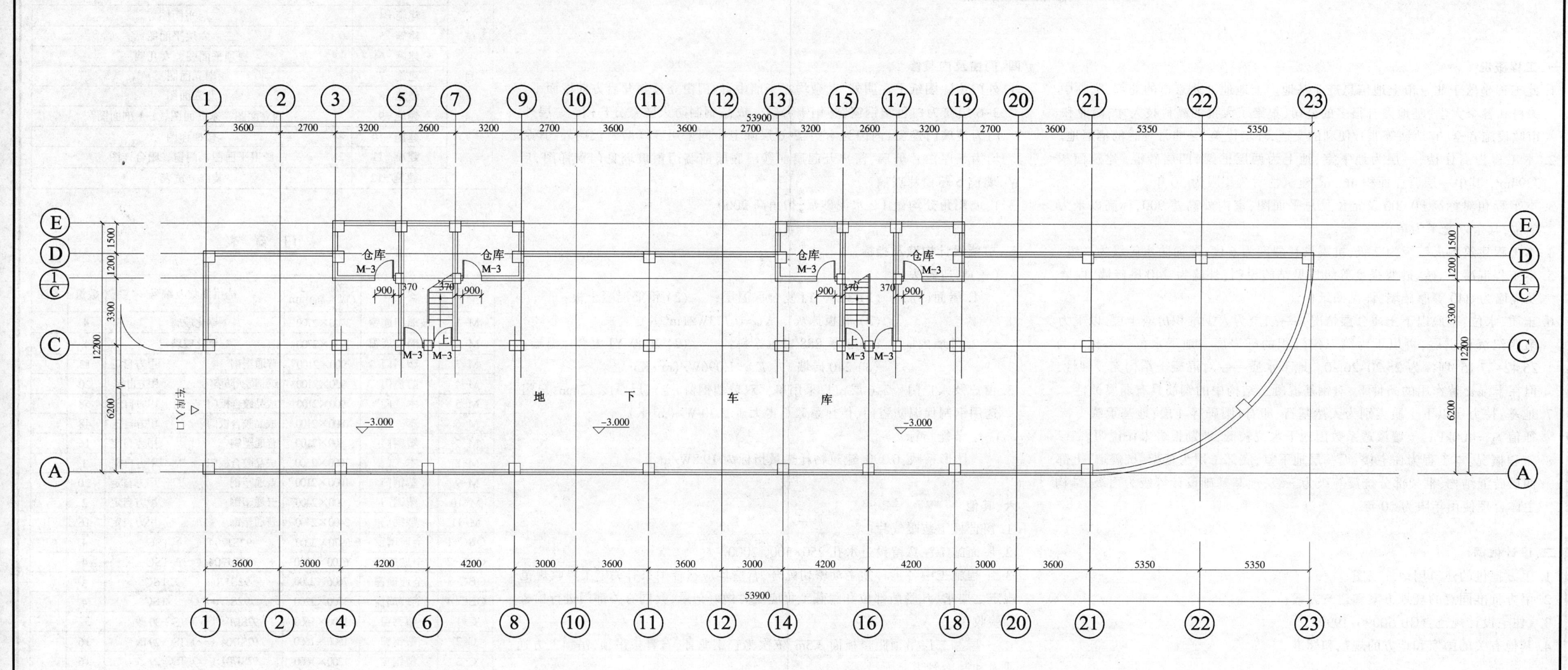

地下室平面图 1:100

建筑设计说明

一、工程概况

1. 此工程坐落于北京市上地信息产业基地。上地地处北京市的北部,紧临中关村和各个大学,基地内有很多的公司,集聚了大批的高科技人才,商业和市政设施齐全,有地铁等非常便利的交通,环境优美,是非常理想的栖居地。
2. 本工程为商住楼,一层为地下室,地上为两层框架,四层砖混。建筑面积3394m²,其中一层营业面积462m²,建筑物耐久年限为50年。
3. 本工程相对标高±0.000及定位见总平面图,室内外高差900,标高以米为单位,其余以毫米为单位。
4. 本工程建筑耐火等级为2级,抗震设计烈度为6度,屋面防水等级为3级。
5. 本工程混凝土、砖、砂浆强度等级详见结施说明;外墙为240厚砖墙,内墙及隔墙为240等厚砖墙,详见图纸标注。
6. 土质、水位:基底以下土质分层情况——表层为人工堆积房渣土层,以下为第四纪沉积土层,再以下为第三纪沉积的砾岩层。地下水位——标高为26.42~27.15;埋深为25.20~26.20。地下水质——对混凝土结构无侵蚀性,但在干湿交替作用的条件下,对钢筋混凝土结构中的钢筋具有弱腐蚀性。
7. 地基:持力层以下土质类别为天然基石、卵石、圆砾等4层;地基承载力特征值f_{ak}=400kPa;土壤渗透系数因地下水位较低,地勘报告未作说明。
8. 工程概况:本工程为住宅楼,设一层地下室,底部二层为框架—抗震墙,上部四层砖混结构,框架部分抗震等级为三级,地基基础设计等级为丙级,结构主体合理使用年限为50年。

二、设计依据

1. 甲方提供的建筑用地红线图;
2. 甲方批准同意的规划方案和建筑方案;
3. 《住宅设计规范》(GB 50096—1999);
4. 其他有关的国家和地方的规范和标准。

三、室外工程

1. 水落管为φ100 UPVC管。
2. 室外均做散水,宽900mm,做法参见编号18。
3. 外墙水平分格带在层高位置。

四、门窗及内装修

1. 外门窗除图纸上注明外,其余均立于墙中;内门窗立樘与开启方向墙面平。
2. 3~6层窗为白色塑钢窗,塑钢阳台门。成品钢制防火防盗分户门,一层外门为玻璃门连窗,内门为木门;2~6层除卫生间采用5厚磨砂玻璃外,其余均为5厚白片玻璃,窗户开起扇加纱扇底层前墙门窗玻璃见门窗详图,后W墙窗5厚白片玻璃。
3. 内墙阳角处均做1:2水泥砂浆,护角高2000。

五、节能设计构造及指标

(一)构造做法

1. 屋面(棚) (1) 30厚YJ复合保温层; (2) 钢筋混凝土板; (3) 底板抹灰 $K_{屋}$=0.773W/(m²·K)。
2. 外墙内侧 (1) 3厚888白色涂料; (2) 20厚YJ复合保温层; (3) 240砖墙 $K_{墙}$=1.096W/(m²·K)。
3. 窗户及入户门 2~6层窗户采用单框双玻塑钢窗,空气层厚度12mm;户门选用钢制保温防盗门,传热系数不得大于2.70 W/(m²·K)。

(二)节能指标

体形系数:0.290,建筑物耗热量指标为19.8W/m。

六、其他

1. 窗台板下装暖气片。
2. 屋面施工注意留设过水孔250×500@2000。
3. 工程施工中各工种须主动密切配合,营造均应符合国家有关施工验收规范规定之要求,凡隐蔽部位和隐蔽工程应及时做好记录,会同有关部门进行检查和验收。
4. 一层和二层吊顶距楼板面3.5m,依次为轻钢龙骨,石膏板吊顶,吊顶上方通通风和制冷管道。
5. 室内踢脚高度均为150mm。
6. 北阳台为玻璃全封闭阳台,南阳台为开敞阳台。
7. 地下室为小区内的停车库。

做法编号见附表

图号	图纸名称
建施-1	设计说明、门窗表、图纸目录
建施-2	地下层平面图
建施-3	一层平面图
建施-4	二层平面图
建施-5	三~六层平面图
建施-6	屋顶平面图、女儿墙
建施-7	南立面图
建施-8	北立面图
建施-9	西立面图、东立面图、1-1剖面图
建施-10	楼梯详图
建施-11	厨卫平面图、门窗、阳台详图
建施-12	装修一览表

门窗表

编号	类别	洞口尺寸(宽×高)mm	选用图集及编号	数量	备注
M-1	玻璃门连窗	3700×2700	钢化玻璃	4	
M-2	玻璃门连窗	7938×2700	钢化玻璃	1	
M-3	塑钢门	900×2100	普通塑钢 甲方自定	12	
M-4	防盗门	950×2100	钢制防火防盗门 甲方自定	20	
M-5	木门	900×2100	成品胶合板门 甲方自定	68	
M-6	木门	800×2100	成品胶合板门 甲方自定	48	
M-7	塑钢门	800×2100	普通塑钢 甲方自定	16	
M-8	木门	1000×2500	成品胶合板门 甲方自定	1	
M-9	塑钢门	1000×2100	普通塑钢 甲方自定	20	
M-10	塑钢门	900×2400	普通塑钢 甲方自定	2	
M-11	塑钢门	2400×2400	普通塑钢 甲方自定	16	
QBC-1	全玻璃窗	5970×2200	92SJ704(一)TSC	4	
QBC-2	全玻璃窗	6100×2200	92SJ704(一)TSC	4	
QBC-3	全玻璃窗	7606×2200	92SJ704(一)TSC	3	
QBC-4	全玻璃窗	3700×2200	92SJ704(一)TSC	4	
C-1	塑钢窗	1800×1600	92SJ704(一)TSC-30改	32	
C-2	塑钢窗	1500×1600	92SJ704(一)TSC-29改	16	
C-3	塑钢窗	1200×1600	92SJ704(一)TSC-29改	16	
C-4	塑钢窗	900×1600	92SJ704(一)TSC-28改	8	
C-5	塑钢窗	900×1600	92SJ704(一)TSC-28改	16	
C-6	塑钢窗	900×1600	92SJ704(一)TSC-18	16	
C-7	塑钢窗	1200×1400	92SJ704(一)TSC-29改	12	
C-8	塑钢窗	1800×2000	92SJ704(一)TSC-03	8	
C-9	塑钢窗	1500×2000	92SJ704(一)TSC-02	8	
C-10	塑钢窗	1200×2000	92SJ704(一)TSC-01	8	
C-11	塑钢窗	2400×2000	92SJ704(一)TSC-09	4	
C-12	塑钢窗	1800×1600	92SJ704(一)TSC-30改	16	

工程名称	
项目	住宅楼A
图纸名称	设计说明、门窗表、图纸目录
设计阶段	施工图
图号	建施-1
日期	2004.11

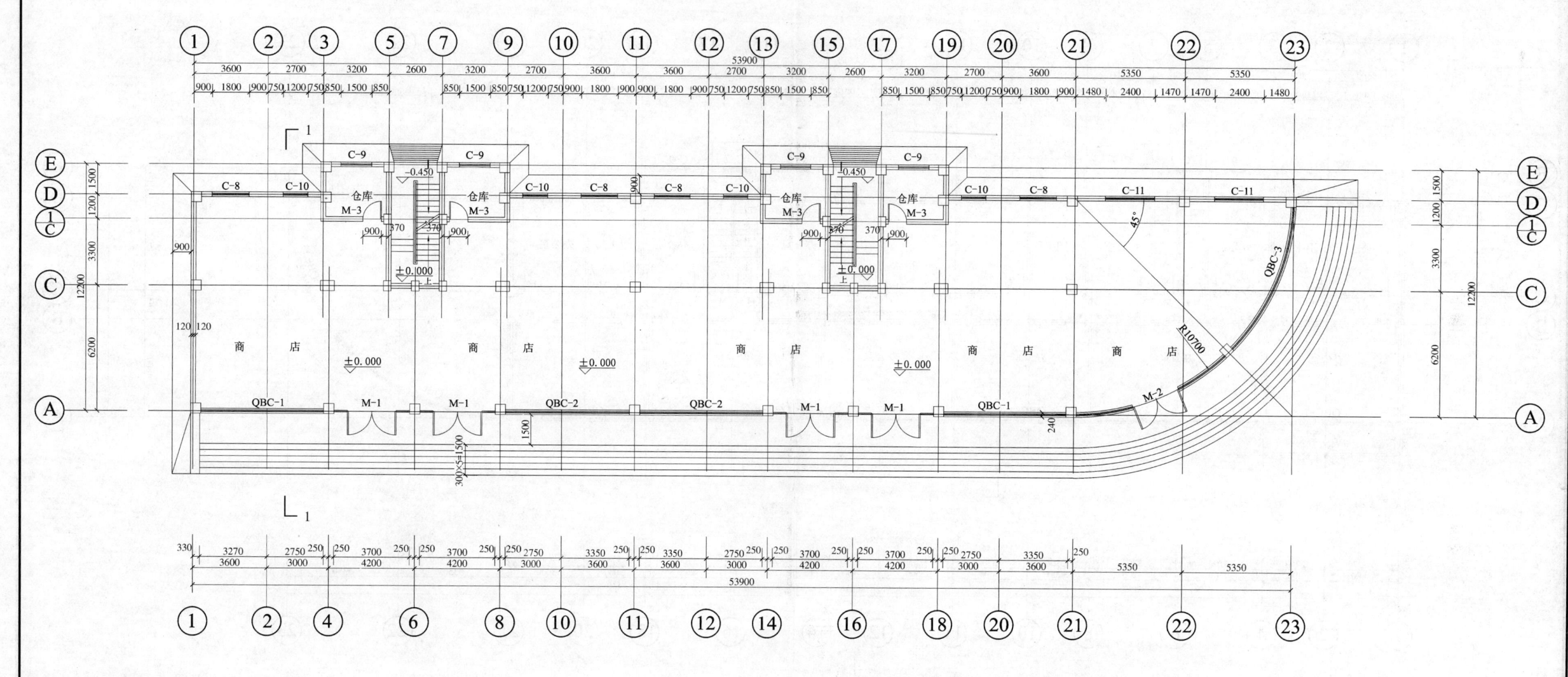

一层平面图 1:100

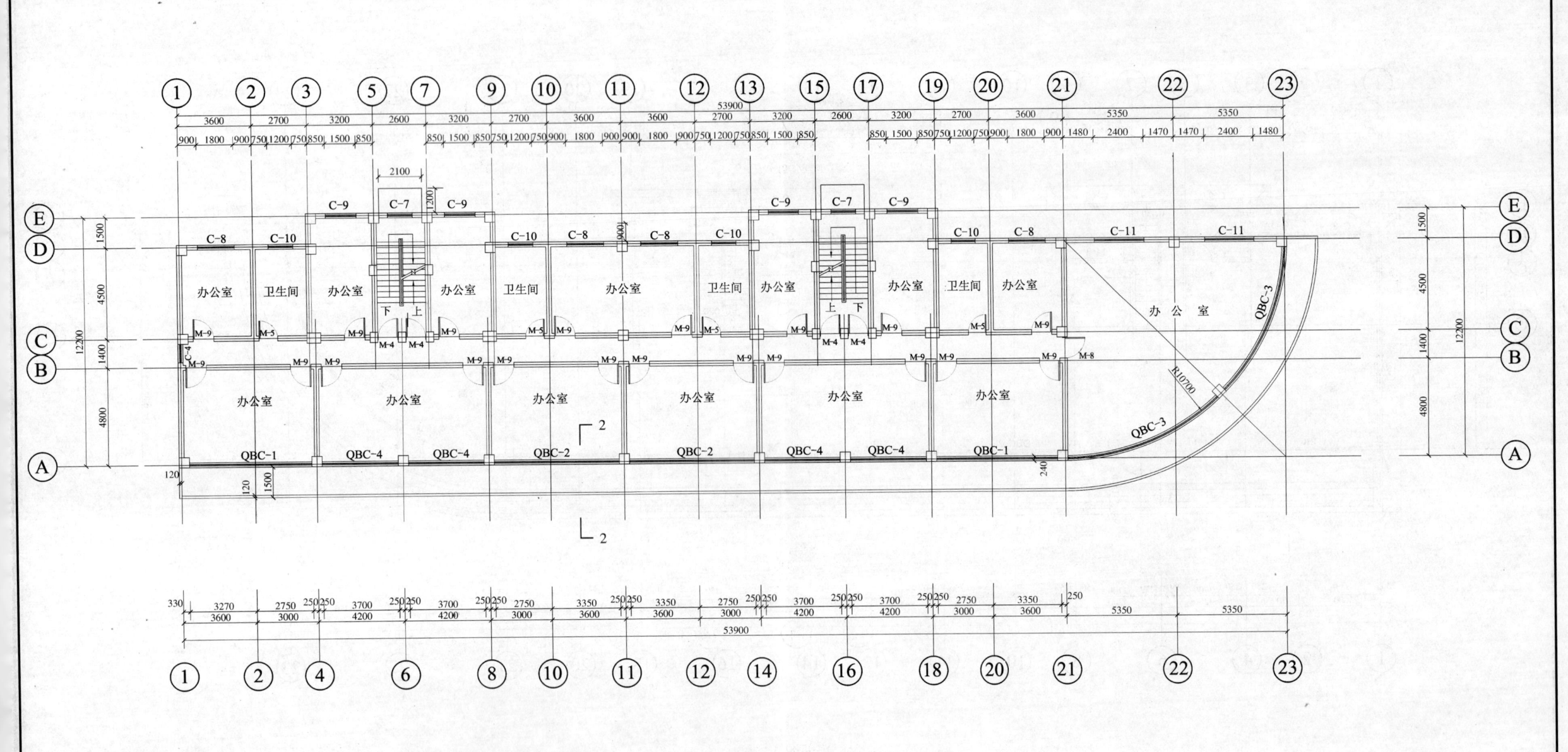

二层平面图 1:100

工程名称	
项目	住宅楼A
审定	专业负责人
审核	校对
项目负责人	设计

设计号	
设计阶段	施工图
图号	建施-4
日期	2004.11

二层平面图

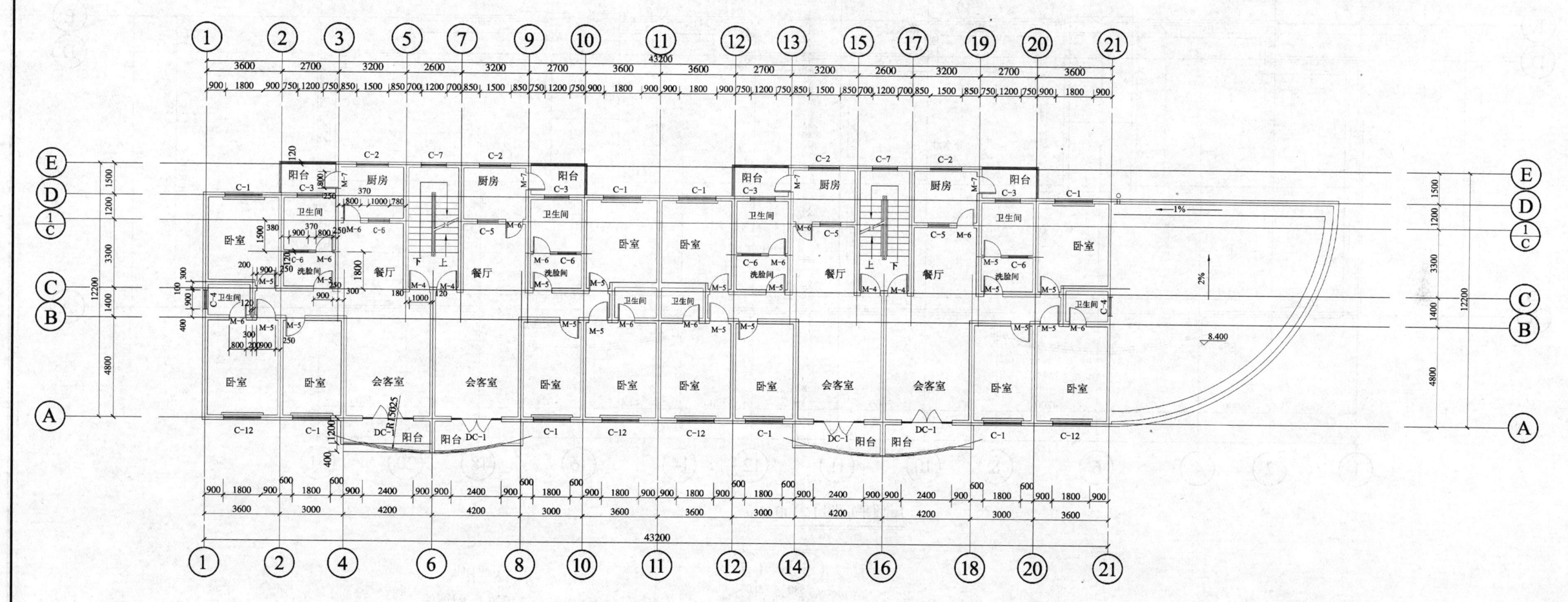

三~六层平面图 1:100

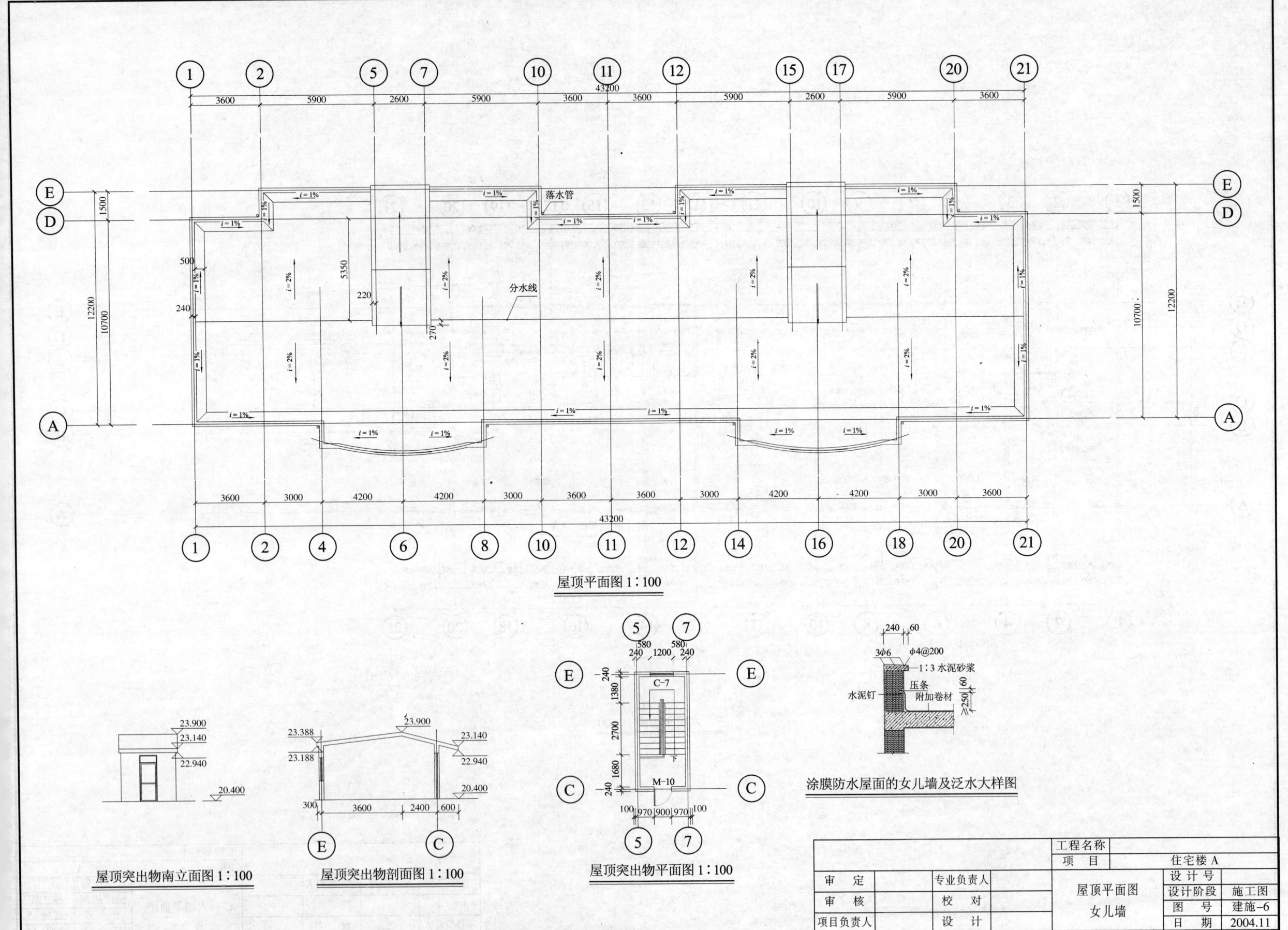

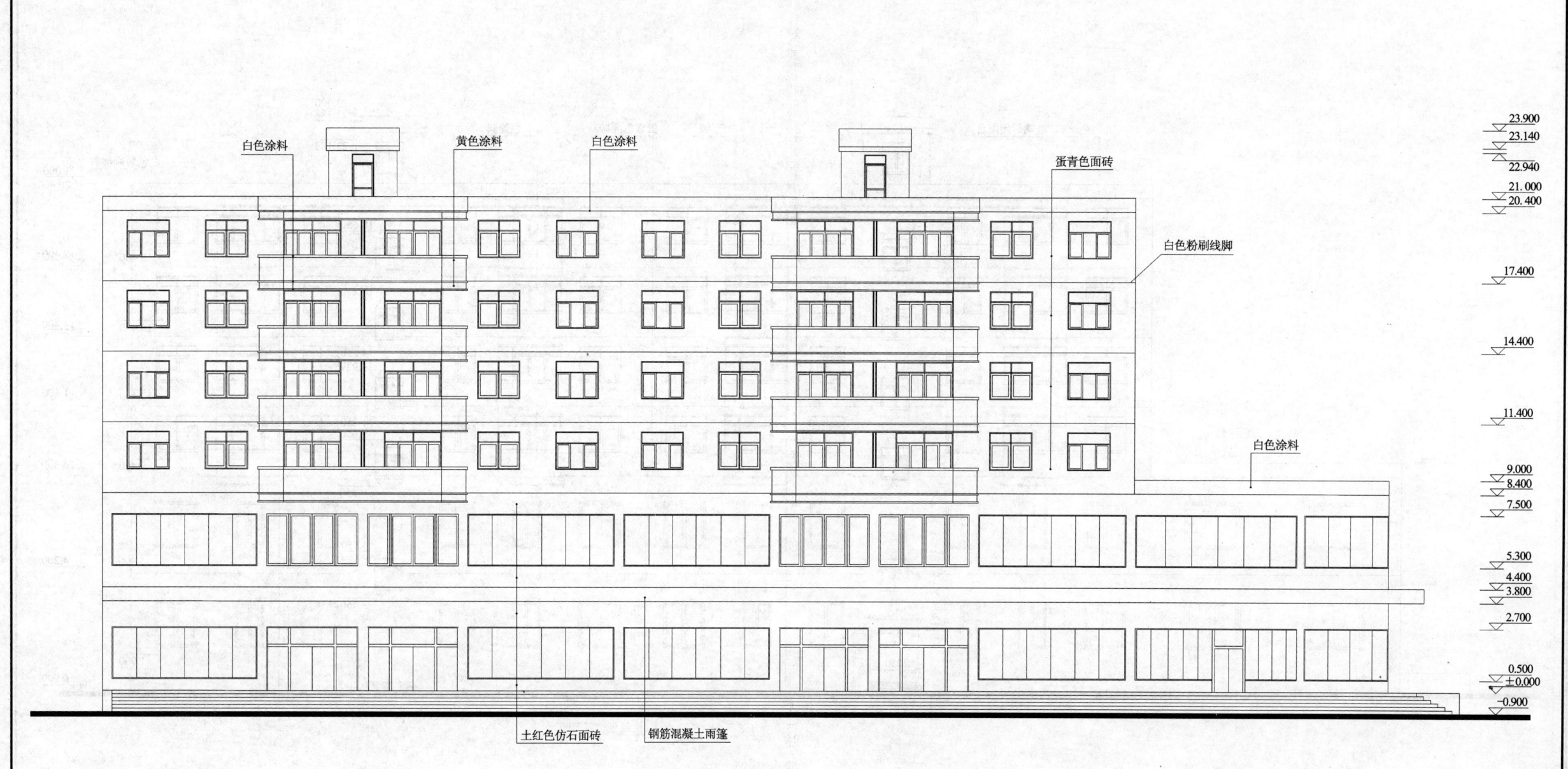

南立面图 1:100

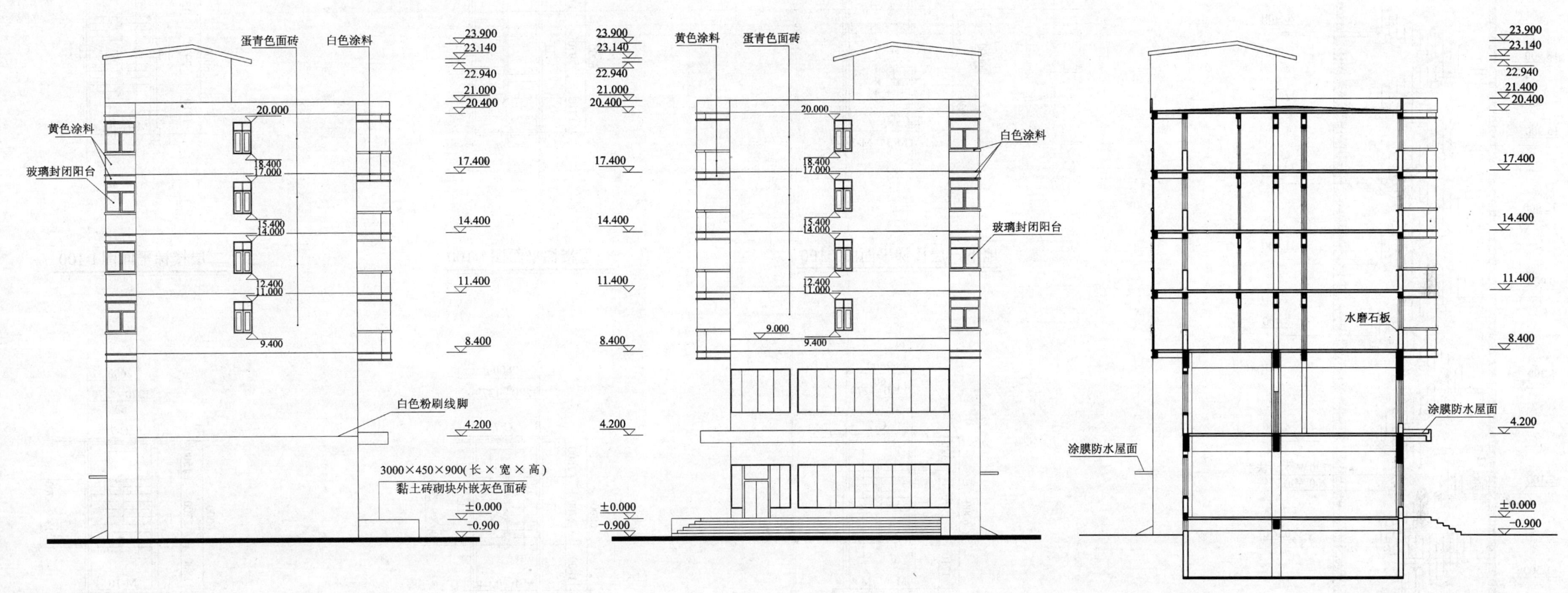

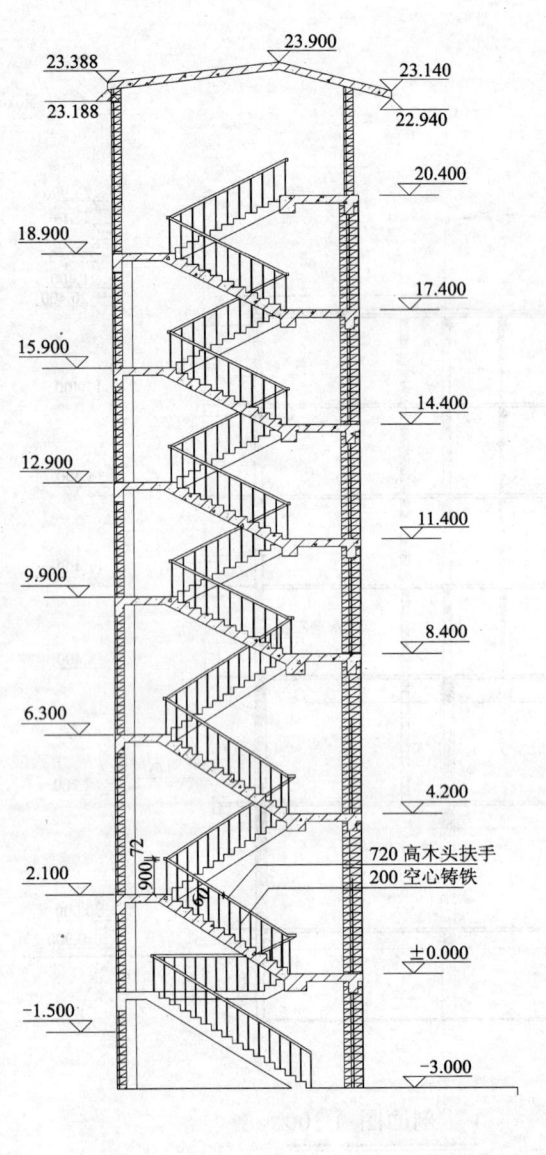

楼梯剖面图 1:100

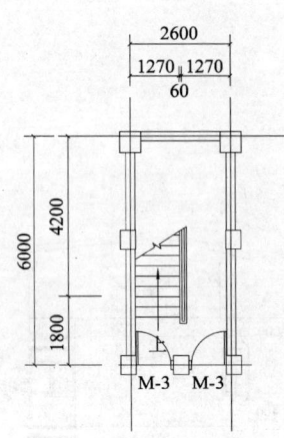

地下一层楼梯平面图 1:100

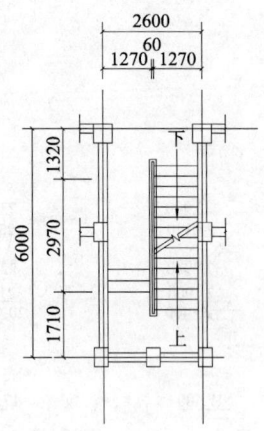

一层楼梯平面图 1:100

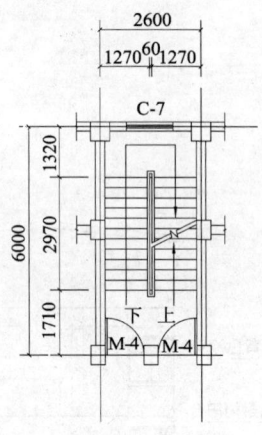

二层楼梯平面图 1:100

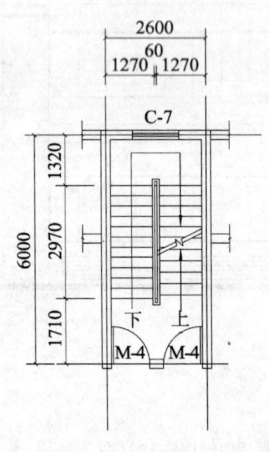

三层楼梯平面图 1:100

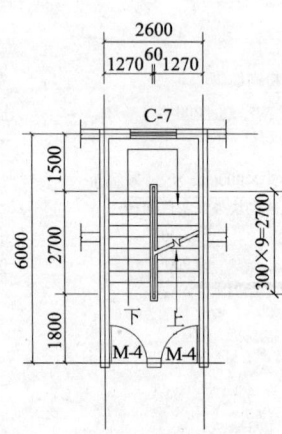

四～五层楼梯平面图 1:100

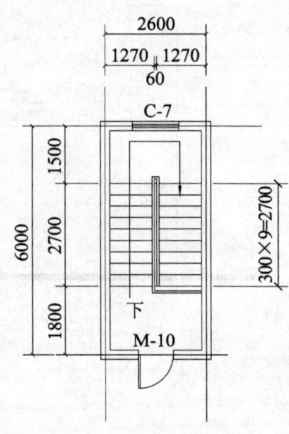

顶层楼梯平面图 1:100

		工程名称		
		项　目	住宅楼 A	
审　定	专业负责人		设 计 号	
审　核	校　对	楼梯详图	设计阶段	施工图
项目负责人	设　计		图　号	建施-10
			日　期	2004.11

10

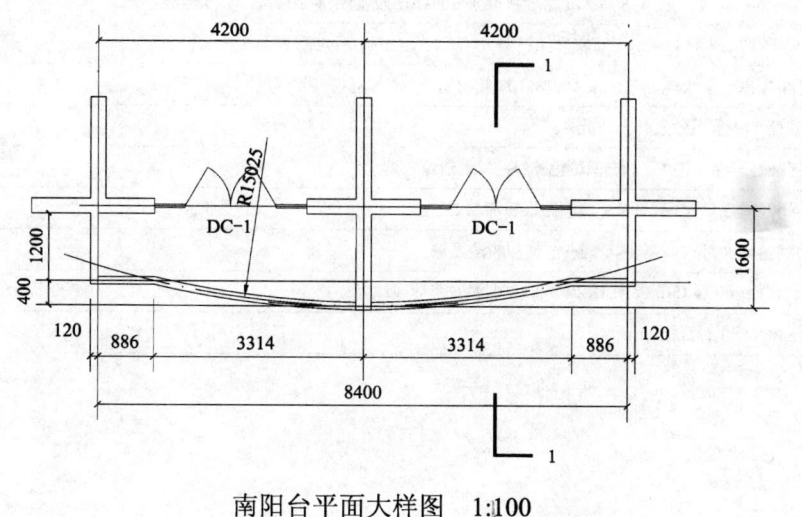

厨卫平面大样图 1:100

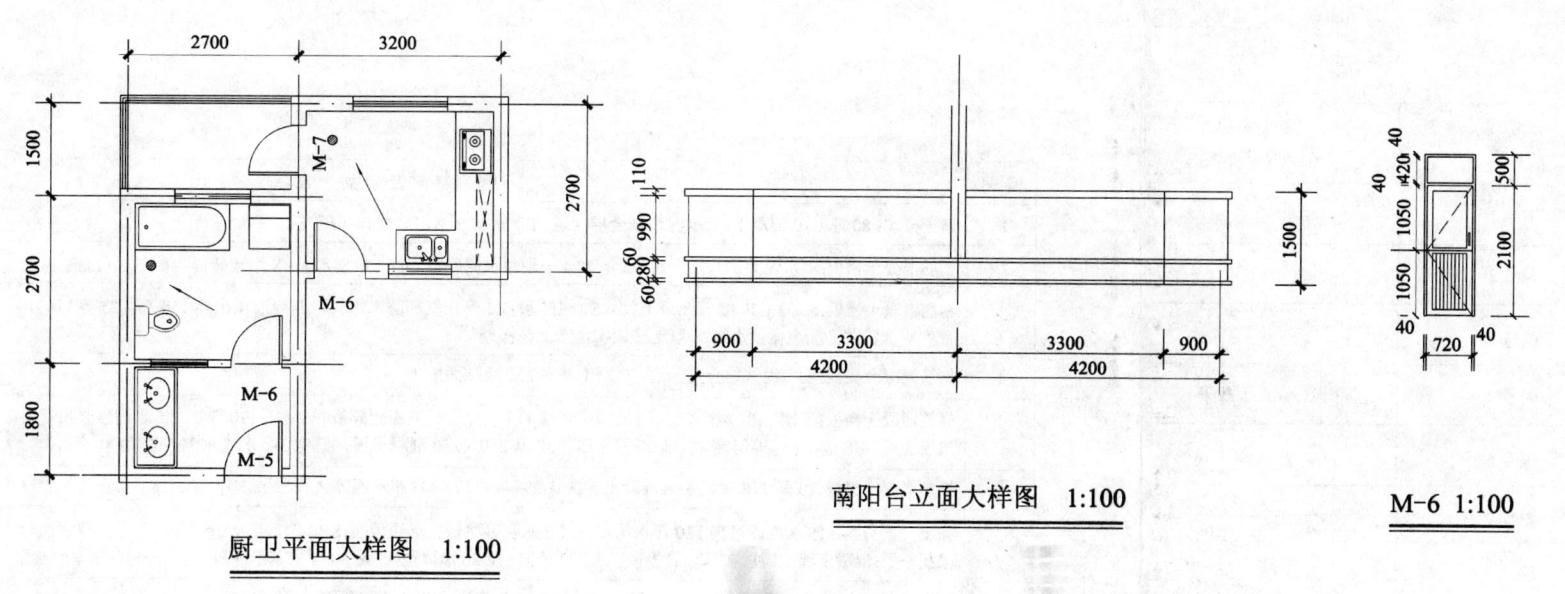

南阳台立面大样图 1:100

M-6 1:100

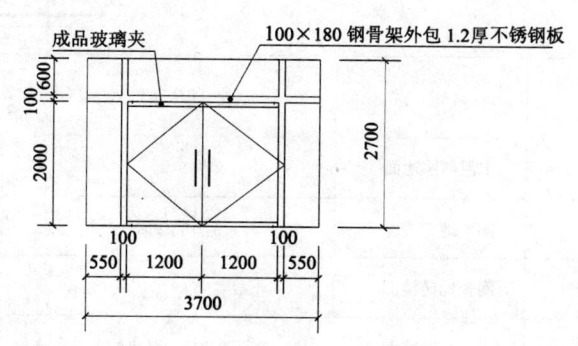

M-1 玻璃厚=10 1:100

南阳台平面大样图 1:100

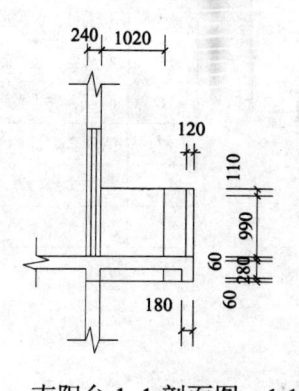

南阳台 1-1 剖面图 1:100

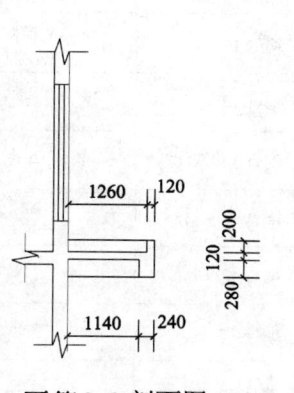

雨篷 2-2 剖面图 1:100

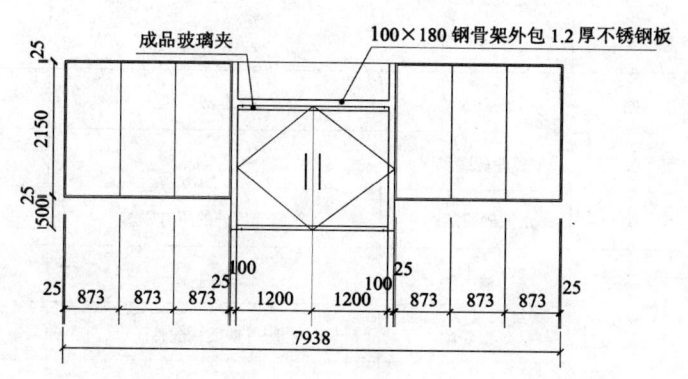

M-2 玻璃厚=10 1:100

工程名称			
项 目	住宅楼 A		
审 定	专业负责人	设计号	
审 核	校 对	设计阶段	施工图
		图 号	建施-11
项目负责人	设 计	厨卫平面图、门窗、阳台详图	
		日 期	2004.11

11

装修一览表

类别	名称	使用部位	做法编号	备注
地面	水泥砂浆地面	全部	编号1	
楼面	陶瓷地砖楼面	一层楼面	编号2	
楼面	陶瓷地砖楼面	二至五层的卫生间、厨房	编号3	
楼面	水泥砂浆楼面	除卫生间、厨房外全部	编号4	水泥砂浆毛面找平
屋面	卷材屋面	二层、六层顶屋面	编号5	
屋面	卷材屋面	除前一项外的所有屋面	编号6	
外墙	卷材防水	地下室外墙	编号7	
外墙	面砖	见立面标注	编号8	颜色见立面
外墙	涂料	见立面标注	编号9	颜色见立面
内墙	混合砂浆	除卫生间、厨房外全部	编号10	表面刮888仿瓷涂料两遍
内墙	面砖墙面	卫生间、厨房	编号11	
顶棚	混合砂浆	全部	编号12	表面刮888仿瓷涂料两遍
踢脚	面砖踢脚	一层全部	编号13	
踢脚	水泥砂浆踢脚	除前一项外的所有踢脚	编号14	除卫生间厨房外
油漆	清漆	木门	编号15	
油漆	银粉漆	所有铁质构配件	编号16	
油漆	调和漆	楼梯栏杆	编号17	棕色
散水	混凝土散水	全部	编号18	$B=900$
吊顶	白色石膏板	一层吊顶	编号19	

编号	用料及做法
1	素土夯实；80厚C10混凝土；素水泥浆结合层一道；20厚1:2水泥砂浆抹面压光
2	钢筋混凝土楼板；素水泥浆结合层一道；25厚1:4干硬性水泥砂浆，面上撒素水泥；8厚地砖铺实拍平，水泥浆擦缝
3	钢筋混凝土楼板；50厚C20细石混凝土找0.5%~1%坡；1.5厚聚氨酯防水涂料，四周沿墙上翻150高；25厚1:4干硬性水泥砂浆，面上撒素水泥；8厚地砖铺实，水泥浆擦缝
4	钢筋混凝土楼板；素水泥浆结合层一道；20厚1:2水泥砂浆抹面压光
5	钢筋混凝土楼板；干铺150厚加气混凝土砌块；20厚1:8水泥加气混凝土碎渣找2%坡；20厚1:2.5水泥砂浆找平层；二层3厚SBS改性沥青防水卷材；铺25厚中砂；30厚250×250混凝土板，缝宽3~5；1:1水泥砂浆填缝
6	钢筋混凝土楼板；20厚1:8水泥加气混凝土碎渣找2%坡；20厚1:2.5水泥砂浆找平层；3厚SBS改性沥青防水卷材
7	黏土分层夯实；M5水泥砂浆砌120厚保护墙；1:2.5水泥砂浆保护墙边填实；SBS改型沥青卷材防水层；20厚水泥砂浆找平层；混凝土墙体。注：在基础底板顶以上200处向上，120取消，改为30厚聚苯泡沫板保护卷材，直到室外地面
8	15厚1:3水泥砂浆；3~4厚1:1水泥砂浆加水中20%107胶镶贴；4~5厚陶瓷锦砖
9	12厚1:3水泥砂浆；8厚1:2.5水泥砂浆木抹搓平喷或滚刷涂料二遍
10	5厚1:0.5:3水泥石灰砂浆；15厚1:1:6水泥石灰砂浆，分两次抹灰；刷107素水泥砂浆一遍
11	15厚1:3水泥砂浆；刷素水泥浆一遍；4~5厚1:1水泥砂浆加20%107胶镶贴；8~10厚面砖，水泥浆擦缝
12	钢筋混凝土板底清理干净；7厚1:1:4水泥石灰砂浆；5厚1:0.5:3水泥石灰砂浆；表面888涂料
13	17厚1:3水泥砂浆；3~4厚1:1水泥砂浆加水中20%107胶镶贴；8~10厚面砖
14	6厚1:3水泥砂浆；6厚1:2水泥砂浆抹面压光
15	木基层清理、除污、打磨等；润粉；刮腻子、磨光、刷色；漆片二遍；清漆三遍
16	清理金属面除锈；防锈漆或红丹一遍；刮腻子、磨光；银粉漆二遍
17	清理金属面除锈；防锈漆或红丹一遍；刮腻子、磨光；调和粉漆二遍
18	素土夯实；60厚中砂铺垫；60厚C15混凝土；20厚1:2水泥砂浆抹面压光
19	轻钢龙骨下吊白色500×500石膏板

		工程名称		住宅楼A
		项 目		
审 定	专业负责人		设 计 号	
			设计阶段	施工图
审 核	校 对	装修一览表	图 号	建施-12
项目负责人	设 计		日 期	2004.11

结构设计总说明

一、工程概况
本工程为商住楼，设一层地下室，底部一、二层为框架-抗震墙，上部四层砖混结构。框架部分抗震等级为三级，地基基础设计等级为丙级；结构主体合理使用年限为 50 年。

二、设计依据
1. 《建筑结构可靠度设计统一标准》GBJ 50068-2001；
2. 《建筑结构荷载规范》GB 50009-2001；
3. 《混凝土结构设计规范》GBJ 50010-2002；
4. 《建筑抗震设计规范》GB 50011-2001；
5. 《建筑地基基础设计规范》GB 50007-2002；
6. 《砌体结构设计规范》GB 50003-2001。

三、自然条件
1. 场地工程地质条件。
根据地质工程勘察院提供的《岩土工程勘察报告》，本工程基础采用钢筋混凝土筏板基础，持力层为粉质黏土。地基承载力特征值：$f_{ak}=165kPa$。
2. 基本风压：$W=0.45kN/m^2$。
3. 地震基本烈度：本工程抗震设防烈度为 6 度，设计分组第一组。
4. 场地类别：Ⅱ类。
5. 抗震重要性类别：丙类。
6. 建筑物安全等级：二级。

四、标高、尺寸
本工程图纸所注尺寸除注明者外，标高以米计，其余均以毫米计。

五、活荷载标准值
1. 屋面活荷载
不上人屋面：$0.5kN/m^2$，准永久值系数为 0。
2. 楼面活荷载
厨房：$2.0kN/m^2$，准永久值系数为 0.5；
阳台：$2.5kN/m^2$，准永久值系数为 0.5；
卫生间：$2.0kN/m^2$，准永久值系数为 0.4；
楼梯：$2.0kN/m^2$，准永久值系数为 0.4。

六、材料
1. 混凝土强度等级：基础垫层 C15，基础 C30；标高 4.200 以下的梁、柱、板：C35；标高 4.200 以上的梁、柱、板：C20；所有预制构件、过梁、楼梯、构造柱：C20。
2. 钢筋：HPB 235 级钢筋，HRB 400 级钢筋。
3. 型钢/钢板/螺栓：Q235。
4. 焊条：E43 用于 HPB 235 级钢和 Q235，E50 用于 HRB 400 级钢。
5. 墙体：±0.000 以下：MU 10 机制砖，M10.0 水泥砂浆砌筑；一、二层：MU 10 机制砖，M10 混合砂浆砌筑；三~六层：MU 10 机制砖，M7.5 混合砂浆砌筑。

七、基坑施工要点
1. 基坑开挖必须采取有效的护坡措施，保证与本工程相邻的已有建筑物的安全。
2. 基坑开挖时，如遇坟、坑、井、软弱土层等异常情况应通知勘察与设计单位协同处理。
3. 基坑开挖完毕，应进行钎探，然后会同勘察、设计单位验槽。

八、构造及施工要求
1. 构件主钢筋净保护层厚度除不小于主钢筋直径外还应符合以下要求：

基础底板：	40
地下室外墙的外侧竖筋/内侧竖筋：	15
框架柱：	30
梁：	25
楼板、梯板：	15

2. 本工程钢筋的锚固、搭接长度，按 03G101-1 执行。
3. 板预留洞处，当洞口小于等于 250 时，板筋绕过洞口不得切断；洞口大于 250 时，洞口四周上下各增设 2Φ12，长度超过洞口边 400。
4. 板内未注明的分布钢筋均为 φ6@200。
5. 在梁跨内凡有次梁处，两边各附设附加箍筋 3 根，间距 50，直径同梁箍筋直径；次梁上筋应置于主梁上筋之上，钢筋位置应安放准确，确保钢筋的受力高度及保护层厚度。当梁高 $h≥450mm$ 时，在梁的两个侧面应沿高度配置纵向构造钢筋，纵向构造钢筋间距 $a≤200$；当梁宽≤350 时，拉筋直径为 6mm；梁宽>350 时，拉筋直径为 8mm，拉筋间距为非加密区箍筋间距的两倍。当设有多排拉筋时，上下两排拉筋竖向错开设置。
6. 圈梁沿墙体满布圈梁尺寸及标高见详图；构造柱、圈梁详细做法见结施-12；过梁剖面见结施-8；圈梁兼做过梁时，当洞口尺寸 $L≥1500$ 时，下部钢筋加设 2Φ12；当洞口尺寸 $L<1500$ 时，下部钢筋加设 1Φ12；过梁长度为洞口两边各加 250mm。
7. 本工程基础设计平法表示及结构构造均按照国标图集 04G101-3 执行；框架梁、柱结构设计平法表示均按照国标图集 03G101-1 执行。

九、其他
结构施工中应与建筑、设备各工种的图纸密切配合。浇筑混凝土前应该仔细检查预埋件、插筋、预留孔洞及预埋管线是否遗漏，位置是否正确，经查对无误方可浇筑。

图纸目录

图 号	图 纸 名 称
结施-1	结构设计总说明
结施-2	基础结构平面图
结施-3	基础梁配筋图
结施-4	地下室结构平面图
结施-5	地下室梁配筋图
结施-6	地下室柱平面配筋图
结施-7	一层结构平面图、构造柱大样图
结施-8	一层梁配筋图、过梁配筋图
结施-9	二层结构平面图
结施-10	二层梁配筋图
结施-11	一层、二层柱平面配筋图
结施-12	三~六层结构平面图、构造柱大样图、圈梁断面图
结施-13	楼梯配筋图
结施-14	楼梯平板配筋图

工程名称	住宅楼 A		
项 目		设 计 号	
审 定	专业负责人	设计阶段	施工图
审 核	校 对	图 号	结施-1
项目负责人	设 计	日 期	2004.11
结构设计总说明			

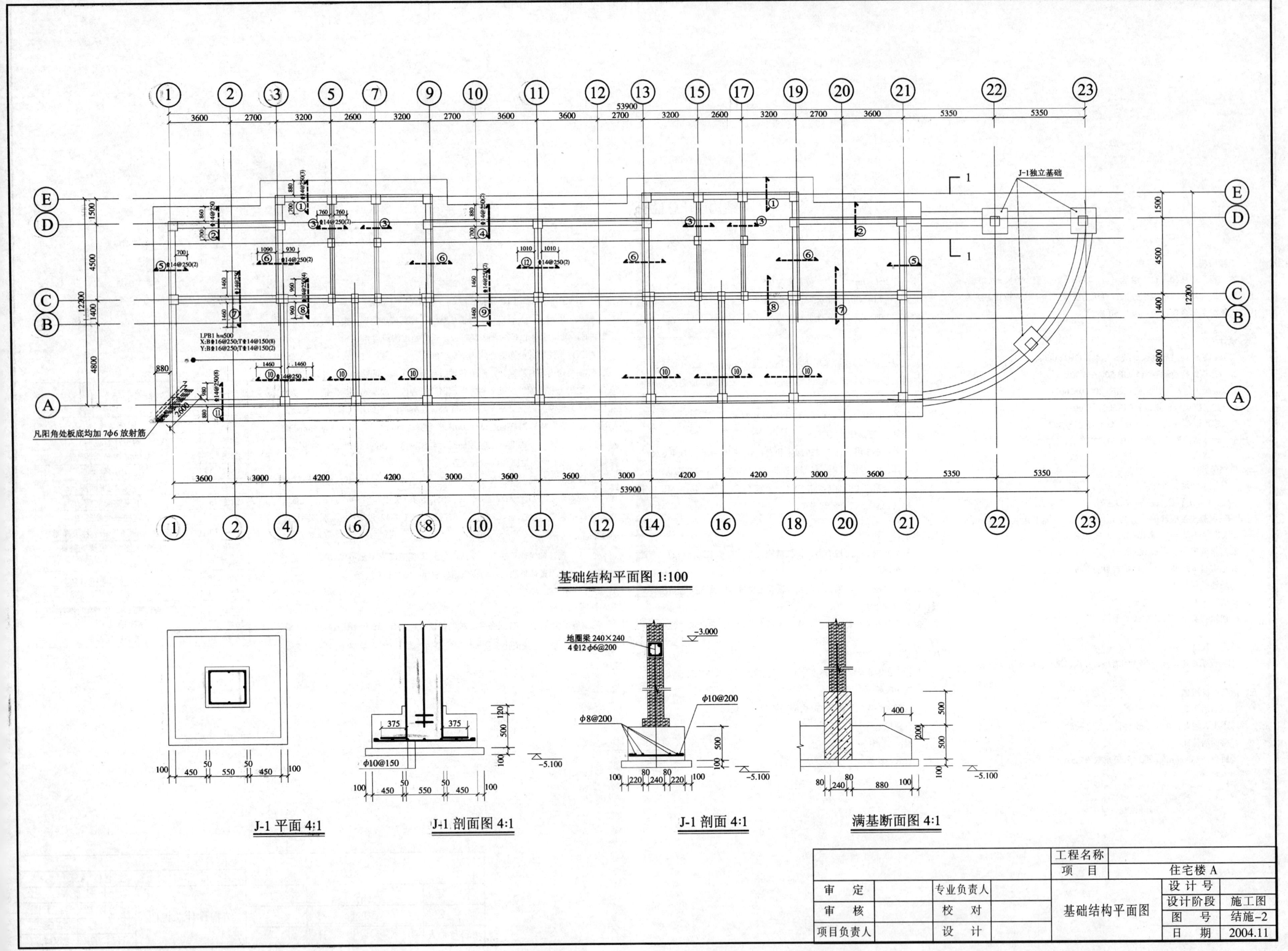

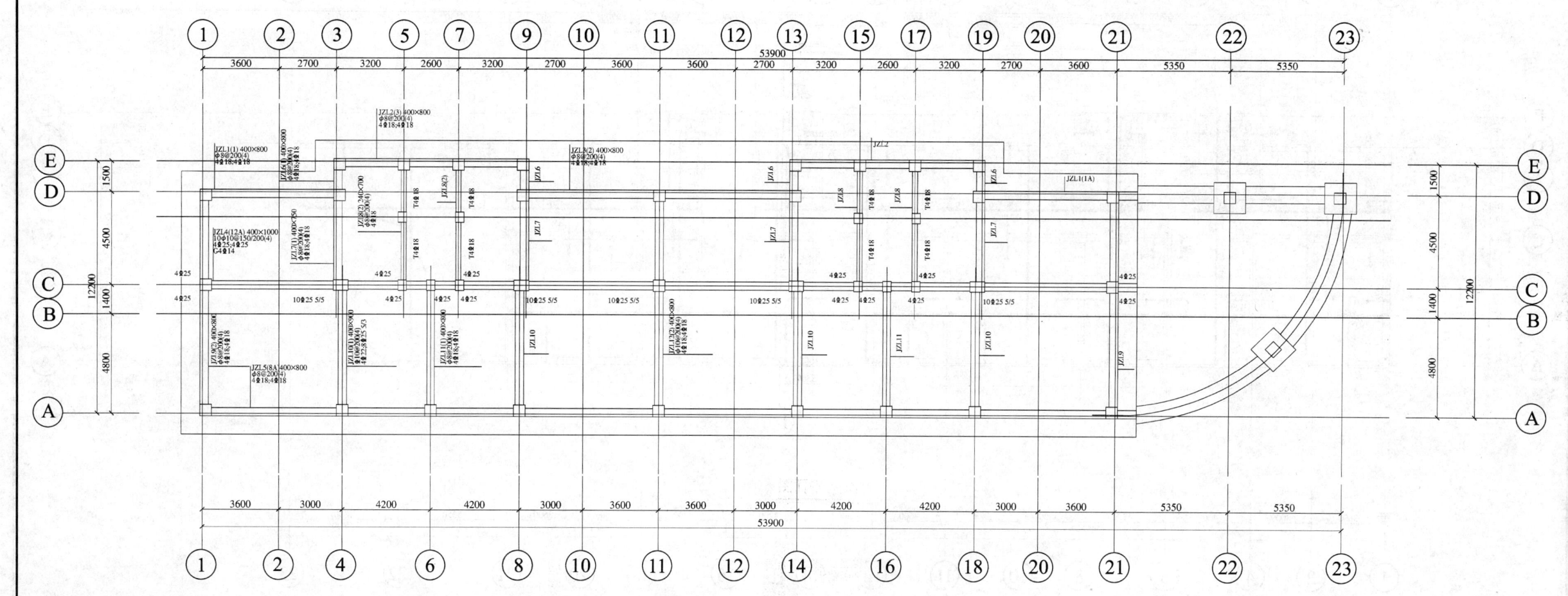

基础梁配筋图 1:100

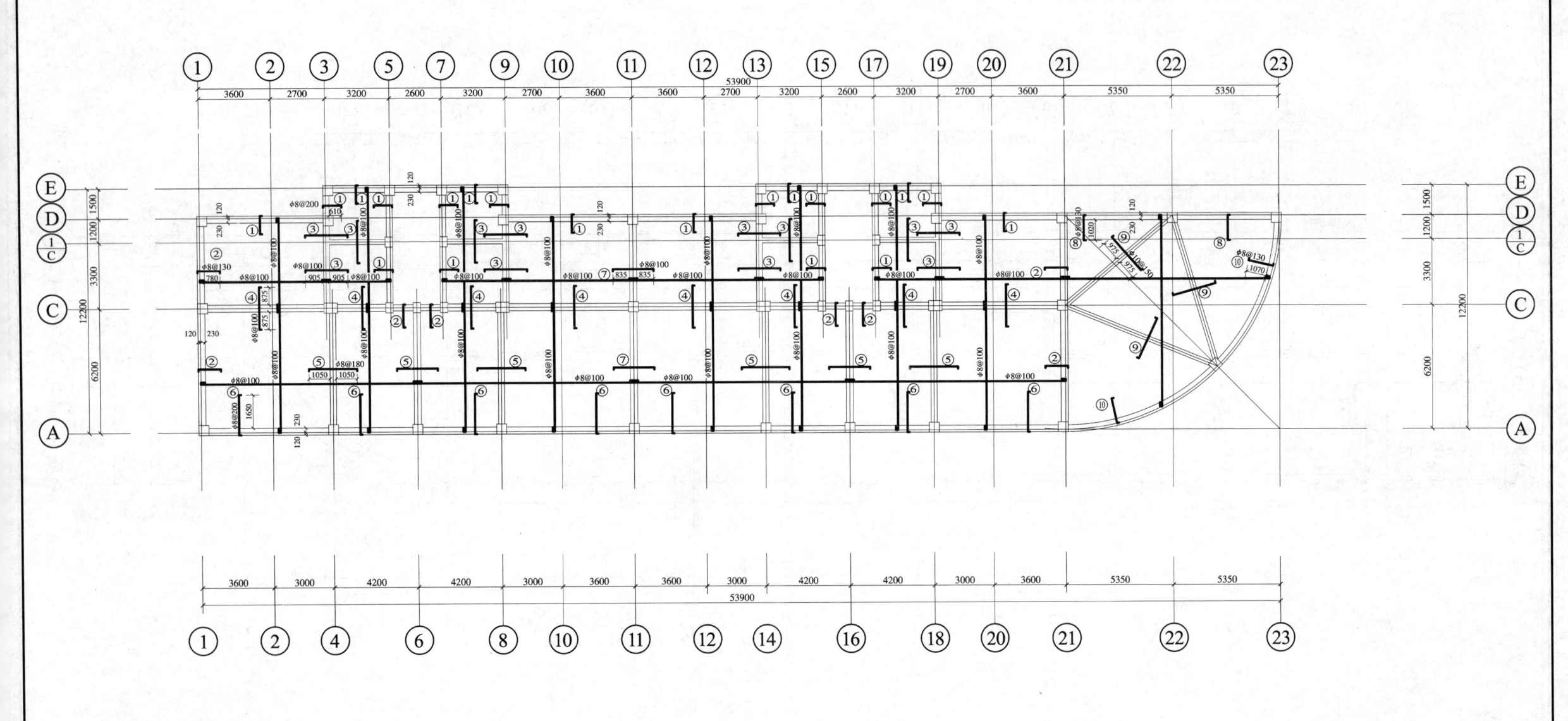

地下室结构平面图 1:100

本层板厚均为200，板顶标高均为±0.000

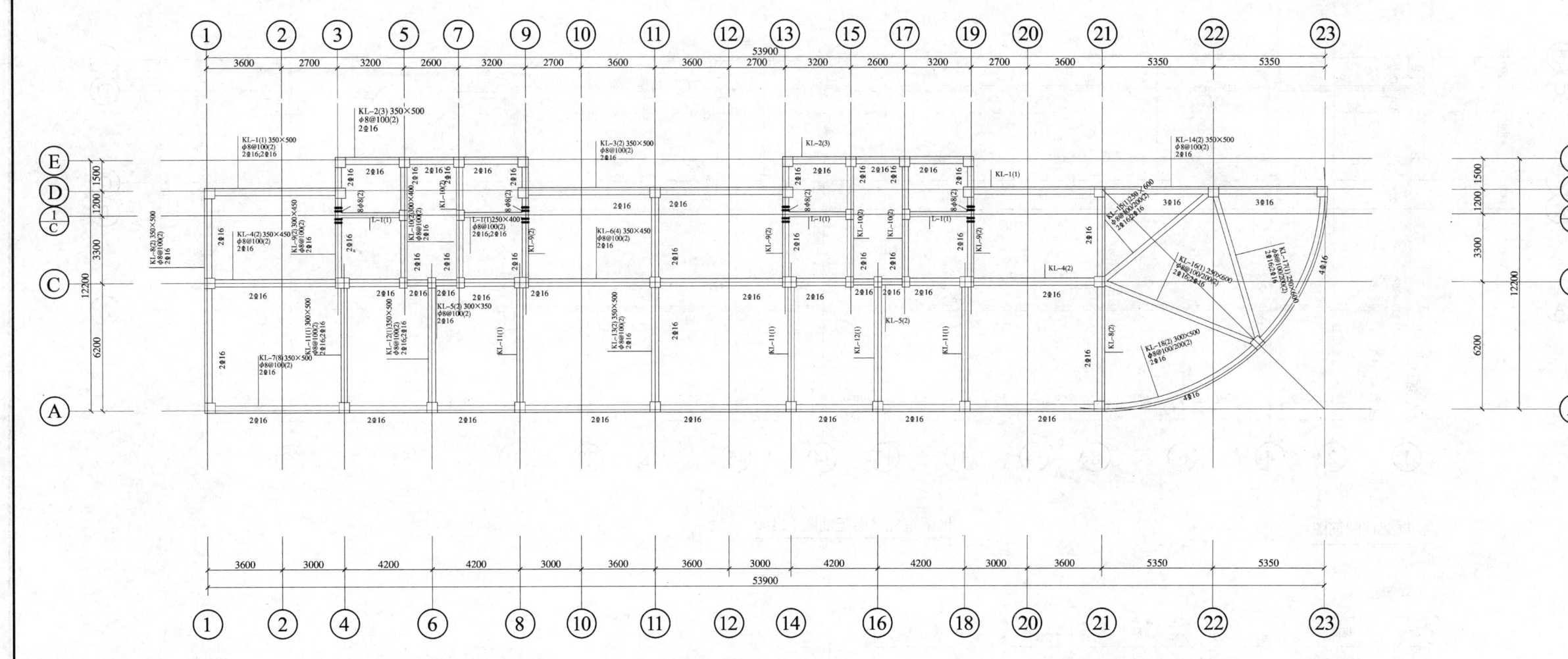

地下室梁配筋图 1:100

图中主梁与次梁相交部位
吊筋未注明的均为 2Φ18
梁顶标高均为 ±0.000

工程名称		住宅楼A	
项 目			
审 定	专业负责人	设计号	
		设计阶段	施工图
审 核	校 对	地下室梁配筋图	
		图 号	结施-5
项目负责人	设 计	日 期	2004.11

17

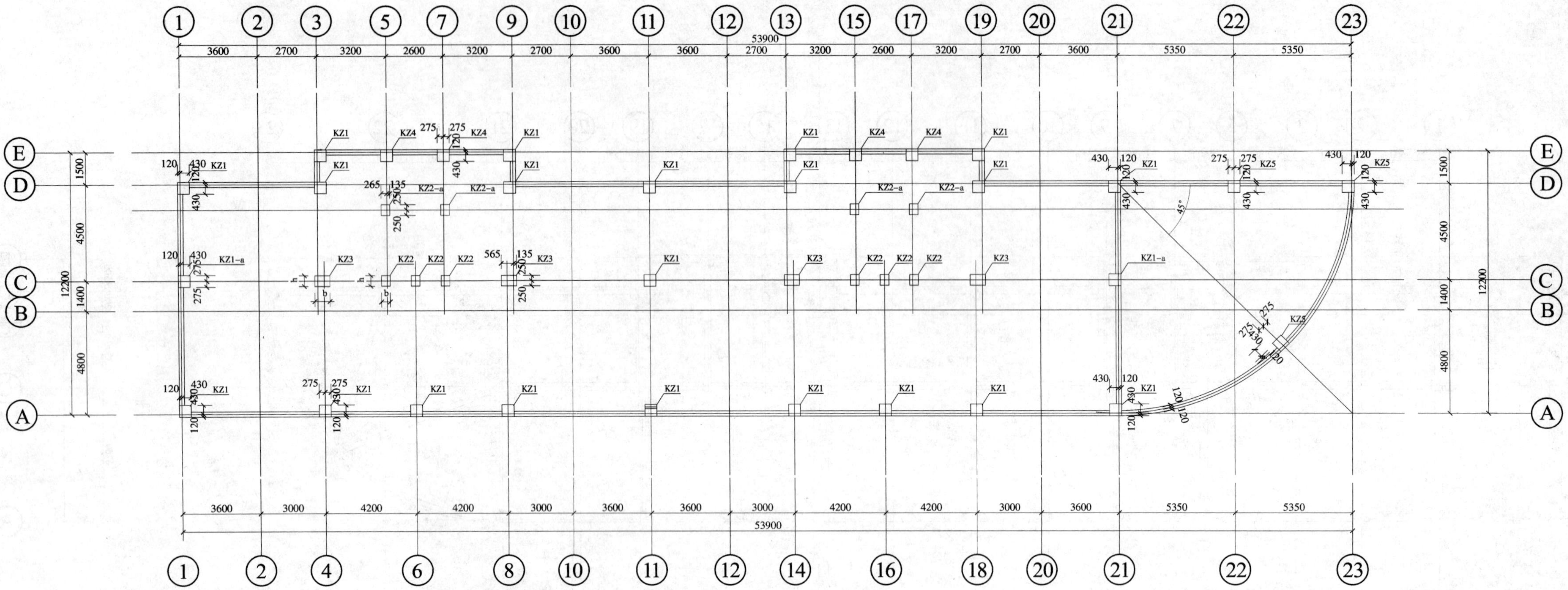

地下室柱平面配筋图 1∶100

框架柱配筋图

柱号	标高	$b\times h$（圆柱直径D）	全部纵筋	角筋	b边一侧中部筋	h边一侧中部筋	箍筋类型号	箍筋
KZ1（KZ1-a）	−5.000~±0.00（−5.000~±0.00）	550×550	12Φ25	4Φ25	2Φ25	2Φ25	1(4×4)	φ8@100/150
	±0.000~8.400	500×500	12Φ25	4Φ25	2Φ25	2Φ25	1(4×4)	φ8@100/150
KZ2（KZ2-a）	−5.000~±0.00（−5.000~±0.00）	400×500	14Φ16	4Φ16	2Φ16	3Φ16	1(4×5)	φ8@100/200
	±0.000~8.400	370×500	14Φ16	4Φ16	2Φ16	3Φ16	1(4×5)	φ8@100/200
KZ3	−5.000~±0.00	700×500	14Φ25	4Φ25	3Φ25	2Φ25	1(5×4)	φ8@100/200
	±0.000~8.400	670×500	14Φ25	4Φ25	3Φ25	2Φ25	1(5×4)	φ8@100/200
KZ4	−5.000~±0.00	550×550	12Φ25	4Φ20	2Φ20	2Φ20	1(4×4)	φ8@100/150
	±0.000~8.400	500×500	12Φ25	4Φ20	2Φ20	2Φ20	1(4×4)	φ8@100/150
KZ5	−5.000~±0.00	550×550	12Φ20	4Φ20	2Φ20	2Φ20	1(4×4)	φ8@100/200
	±0.000~8.400	500×500	12Φ20	4Φ20	2Φ20	2Φ20	1(4×4)	φ8@100/200

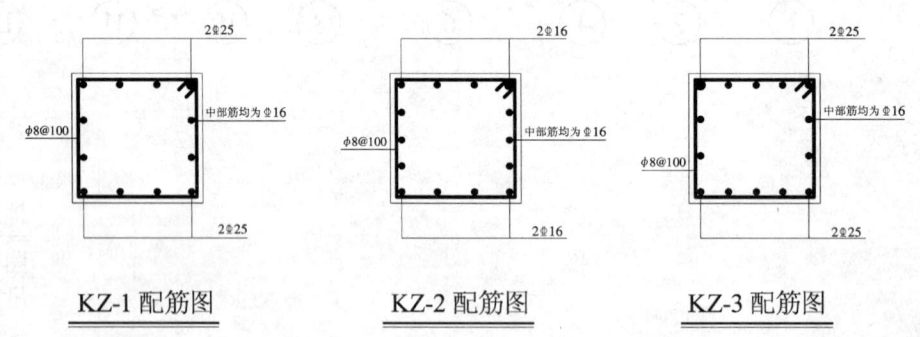

KZ-1 配筋图

KZ-2 配筋图

KZ-3 配筋图

				工程名称	
				项　目	住宅楼 A
审　定		专业负责人		地下室柱平面配筋图	设 计 号	
审　核		校　对			设计阶段	施工图
项目负责人		设　计			图　号	结施-6
					日　期	2004.11

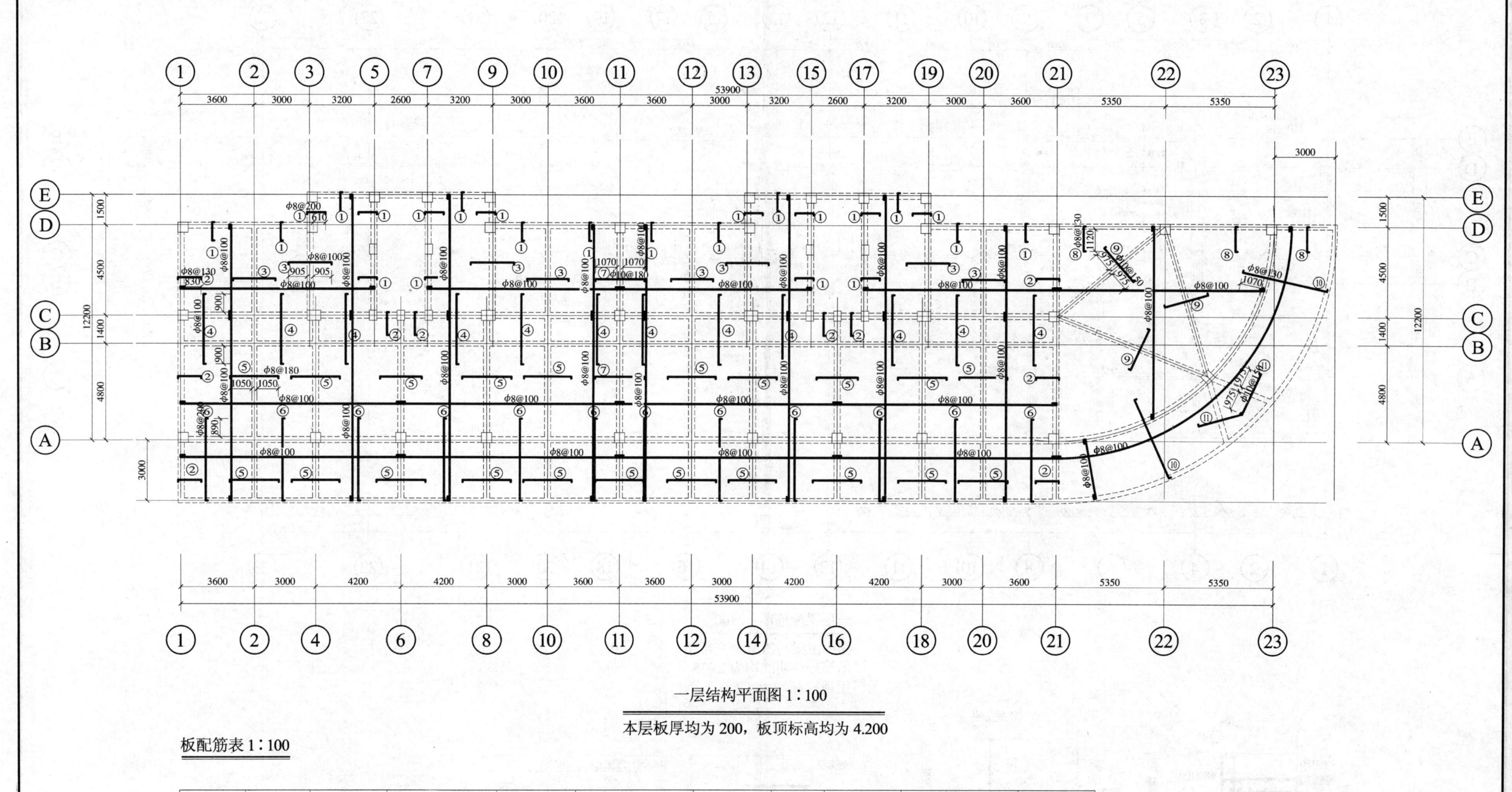

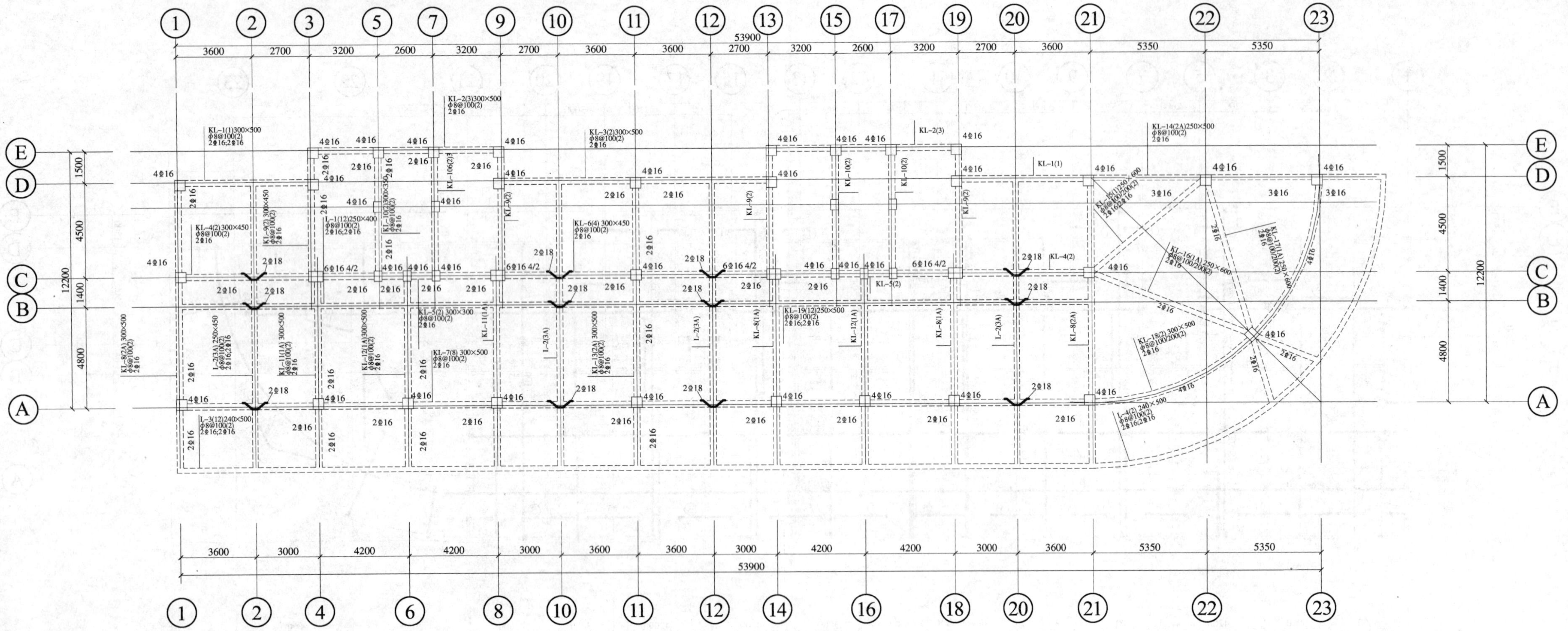

一层梁配筋图 1:100

图中主梁与次梁相交部位
吊筋未注明的均为 2Φ18
梁顶标高均为 4.200

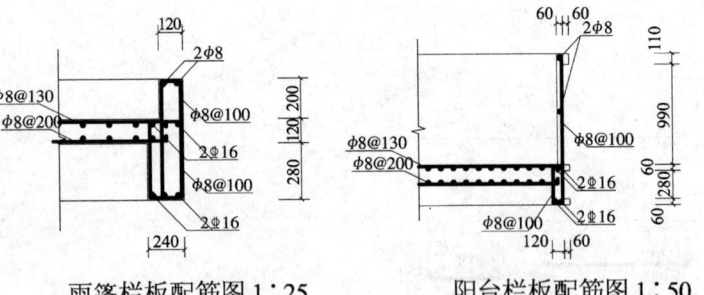

雨篷栏板配筋图 1:25　　阳台栏板配筋图 1:50

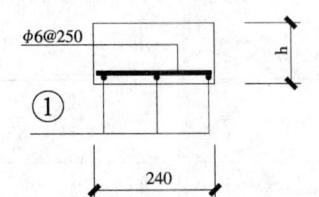

洞口跨度 L	钢筋①	h
L ≤ 900	3φ10	120
900 < L ≤ 1800	3φ10	180
1800 < L < 2400	3φ12	240

过梁配筋表 1:100

工程名称		住宅楼 A	
项 目			
审　定	专业负责人	一层梁配筋图 过梁配筋图	设计号
审　核	校　对		设计阶段 施工图
项目负责人	设　计		图　号 结施-8
			日　期 2004.11

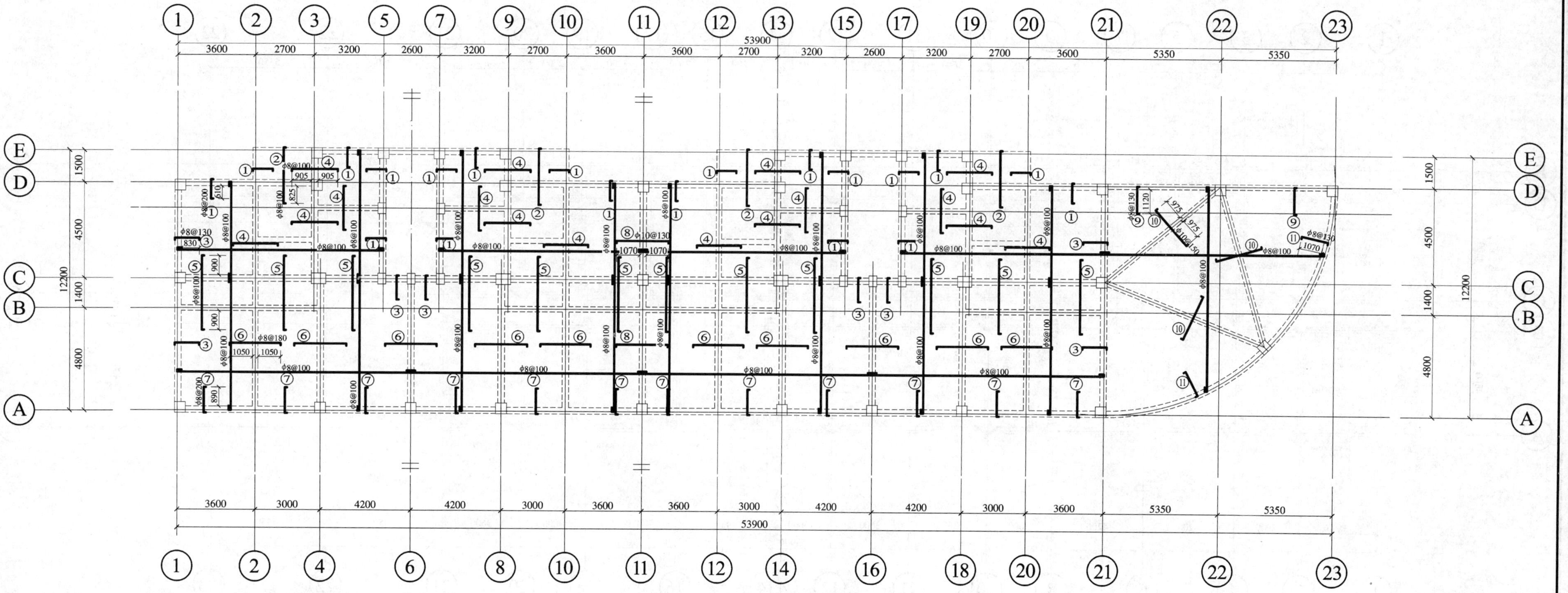

二层结构平面图 1:100

本层板厚均为200，板顶标高均为8.400

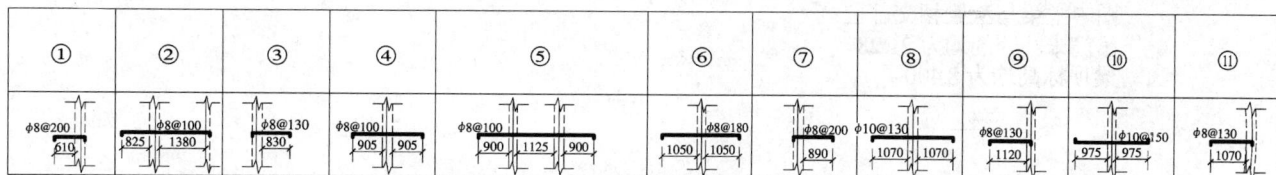

板配筋表 1:100

工程名称		
项 目	住宅楼A	
审 定	专业负责人	设计号
审 核	校 对	二层结构平面图	设计阶段 施工图
项目负责人	设 计		图 号 结施-9
			日 期 2004.11

21

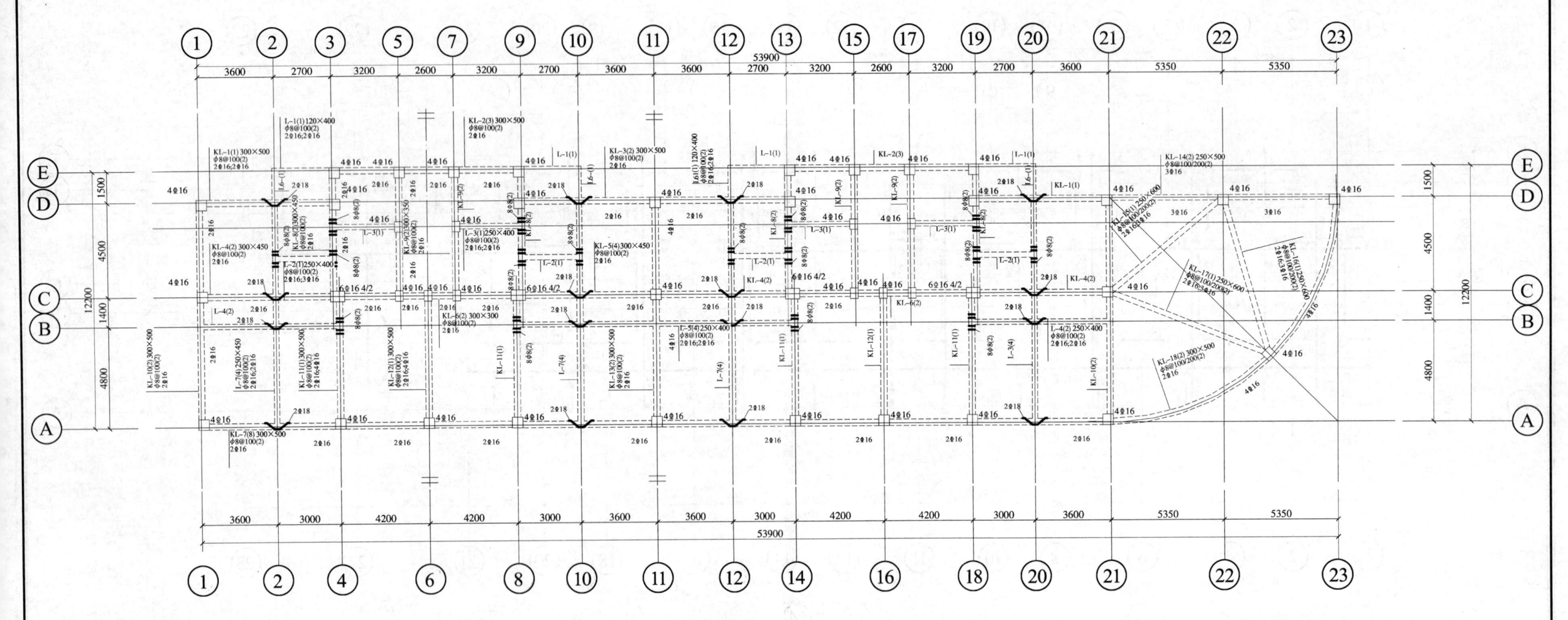

二层梁配筋图 1:100

图中主梁与次梁相交部位
吊筋未注明的均为 2Φ28
梁顶标高均为 8.400

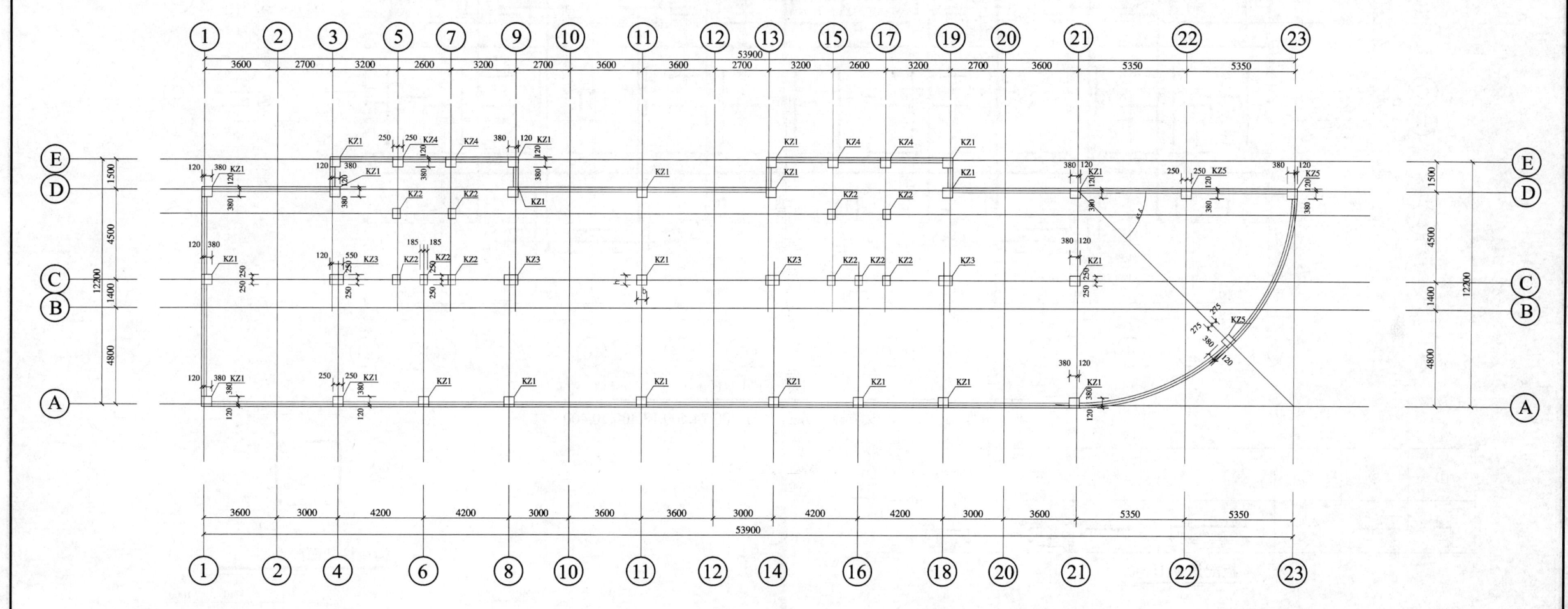

一层、二层柱平面配筋图 1:100

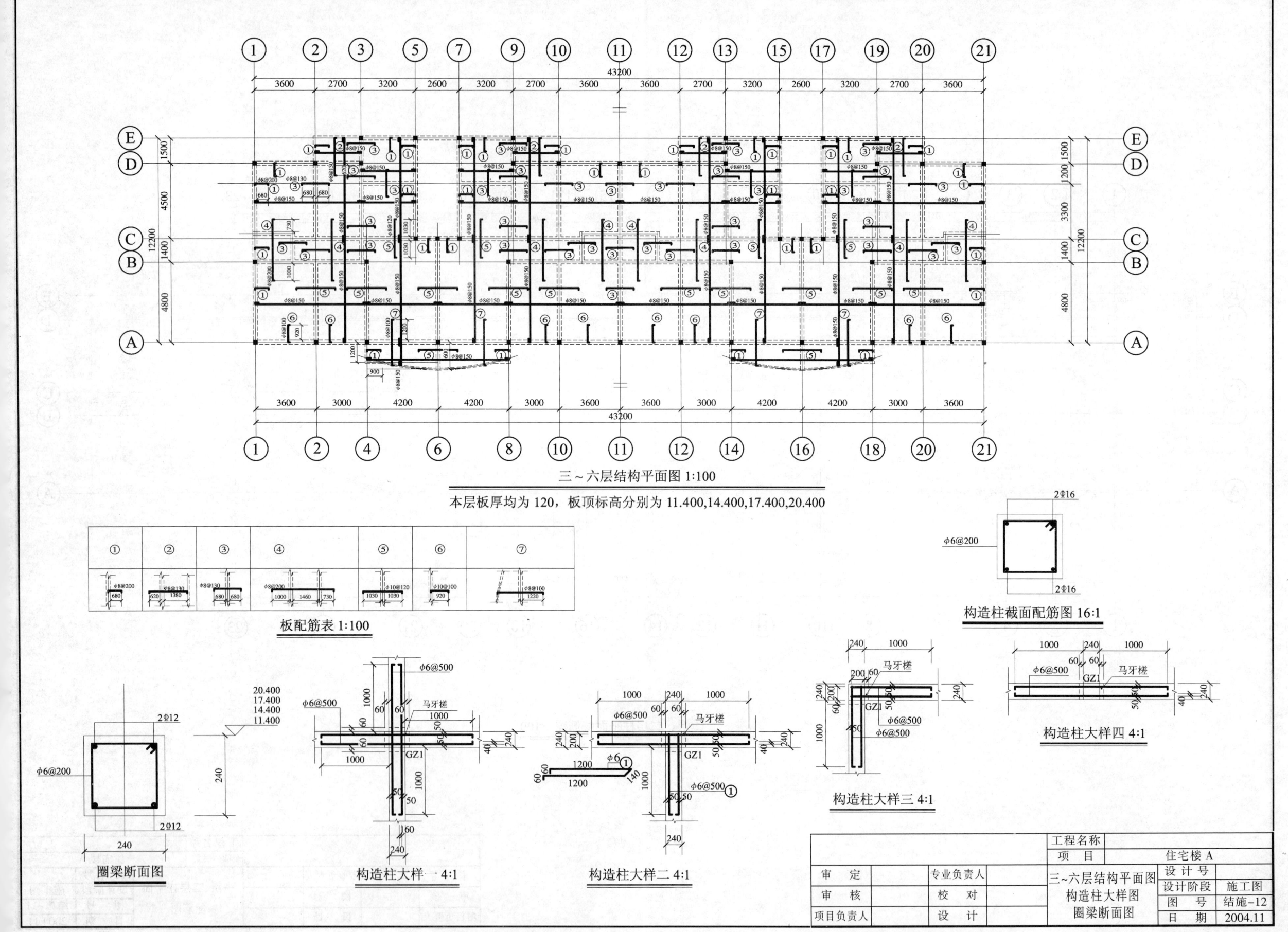

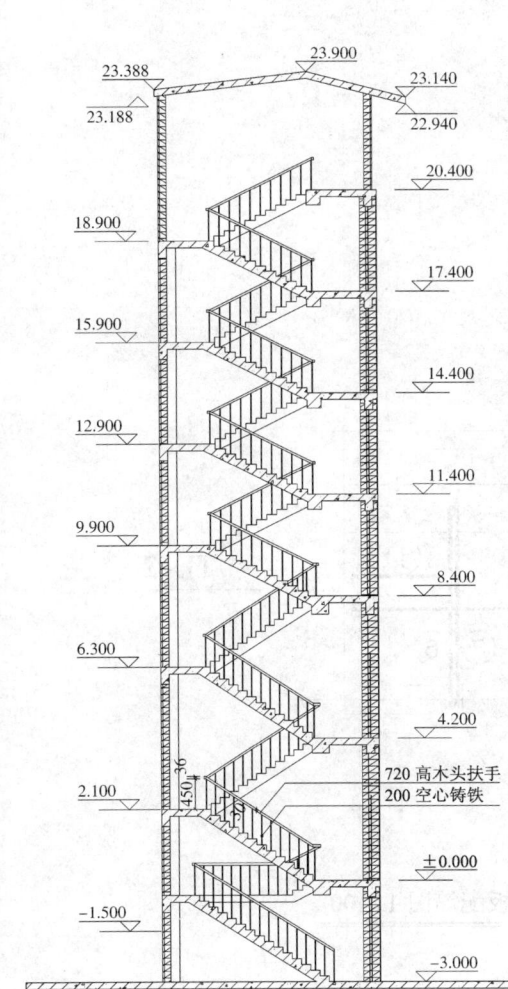

楼梯剖面图 1:100

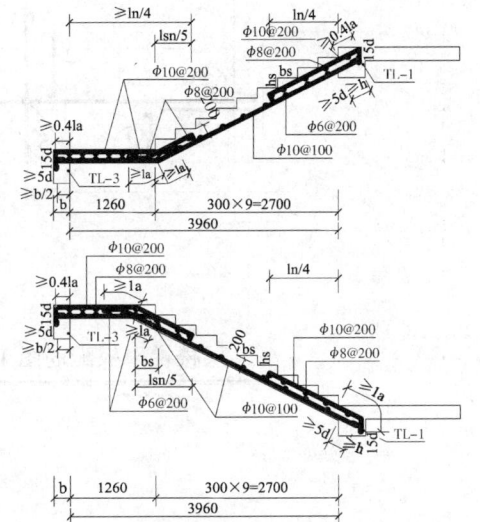

楼梯配筋图 1:50 8.4000~20.4000

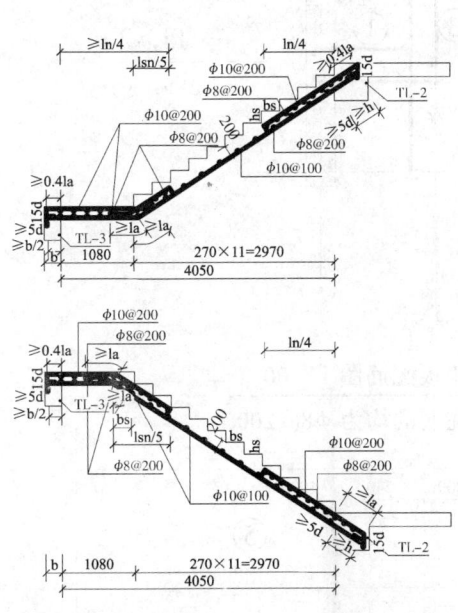

楼梯配筋图 1:50 ±0.000~8.400

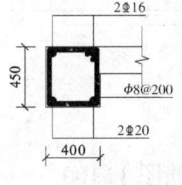

TL-1 4:1

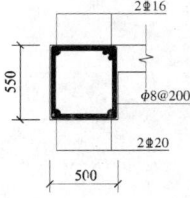

TL-2 4:1

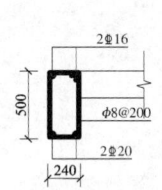

TL-3 4:1

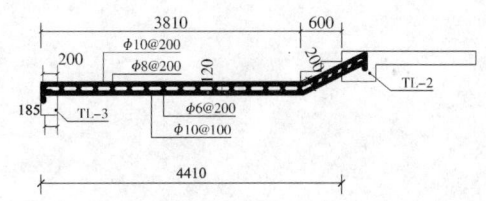

楼梯配筋图 1:50 -0.450~±0.000

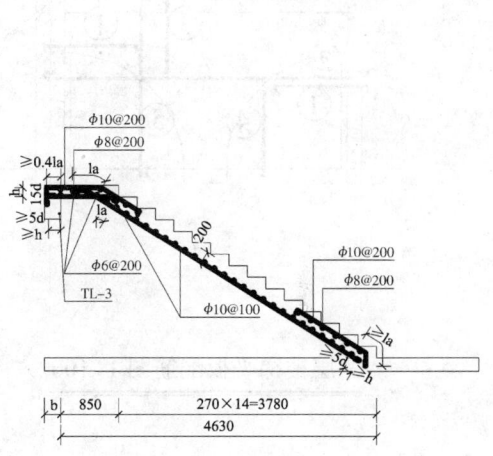

楼梯配筋图 1:50 -3.000~-0.450

工程名称				
项 目			住宅楼 A	
审 定		专业负责人	设 计 号	
审 核		校 对	楼梯配筋	设计阶段	施工图
项目负责人		设 计		图 号	结施-13
				日 期	2004.11

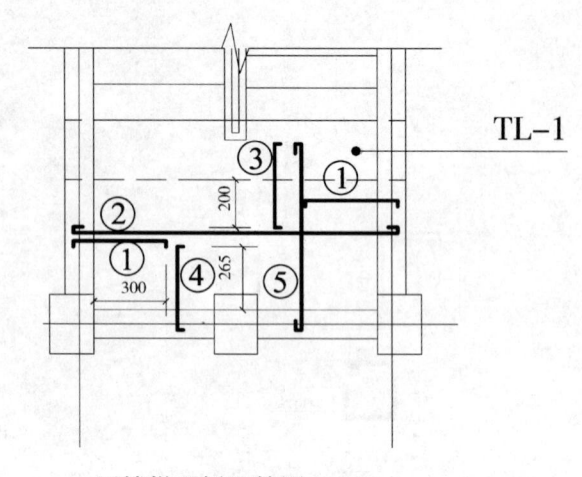

一层楼梯平板配筋图 1:100

二层楼梯平板配筋图 1:100

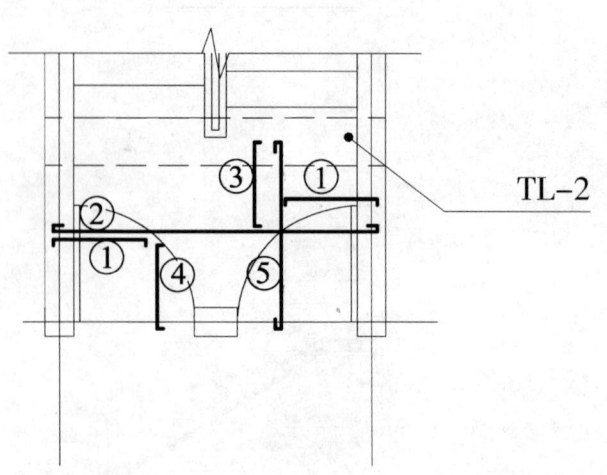

三层楼梯平板配筋图 1:100

四～五层楼梯平板配筋图 1:100
平台板的配筋未注明的均为 φ8@200

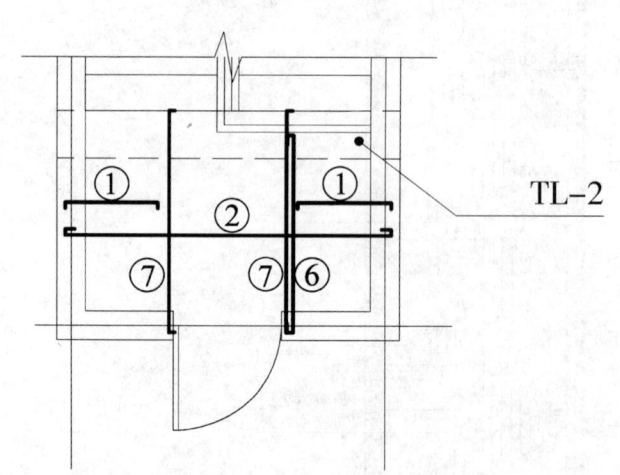

顶层楼梯平板配筋图 1:100

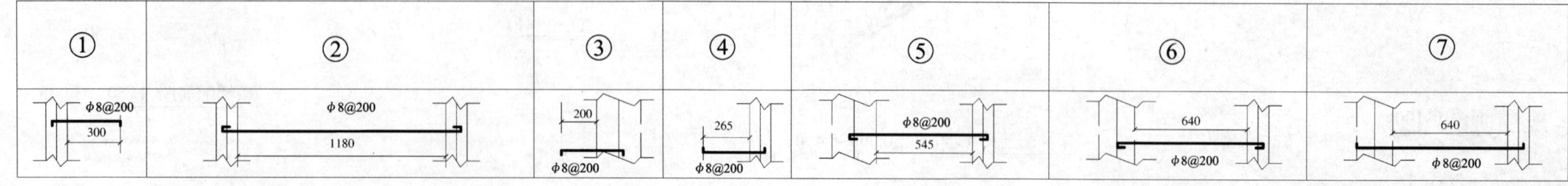

板配筋表 1:100

工程名称	住宅楼A
项 目	
审 定 　 专业负责人	设计号
审 核 　 校 对	设计阶段　施工图
项目负责人　设 计	楼梯平面配筋图　图 号　结施-14
	日 期　2004.11